高等职业教育系列教材

机械制造工艺与工装

冯　丰　编著

机 械 工 业 出 版 社

本书是依据国家高职示范校教学改革的要求，结合“工学结合、任务驱动、载体分级”人才培养模式编写的，注重职业能力培养，主动适应区域经济发展、产业结构调整和升级以及企业岗位用人和技术进步的需求，按照岗位应具备的综合能力设置教学项目。每个项目都从典型“任务”导入，按照“任务”完成的进程，介绍相应的知识点和技能训练点。全书共7个项目。项目1、2，主要介绍机械加工工艺规程制订和工艺装备的基本理论与基本知识。项目3~6，介绍轴类、套筒类、箱体类、叉杆类四种典型零件的机械加工工艺的制订方法及实施办法，同时介绍不同类别零件工艺装备的选用与简单设计，每类零件选用两个具有代表性的案例进行介绍，并给出一个真实零件作为实训任务。项目7主要介绍装配工艺的基本知识和装配操作方法与要点。

本书可作为高职高专院校机械制造类、机电类、数控类、模具类等专业的教材，也可作为机械制造等行业工程师、技术员和技术工人的参考用书。

本书配套授课电子教案，需要的教师可登录机械工业出版社教材服务网 www.cmpedu.com 免费注册后下载，或联系编辑索取（QQ：1239258369，电话：010-88379739）。

图书在版编目（CIP）数据

机械制造工艺与工装/冯丰编著. —北京：机械工业出版社，2015.6（2025.1重印）
高等职业教育系列教材
ISBN 978-7-111-50252-4

Ⅰ.①机… Ⅱ.①冯… Ⅲ.①机械制造工艺-高等职业教育-教材②金属切削-工艺装备-高等职业教育-教材 Ⅳ.①TH16

中国版本图书馆CIP数据核字（2015）第183749号

机械工业出版社（北京市百万庄大街22号 邮政编码100037）
策划编辑：曹帅鹏 责任编辑：曹帅鹏 周璐婷
责任校对：张晓蓉 责任印制：郜 敏
北京富资园科技发展有限公司印刷
2025年1月第1版第8次印刷
184mm×260mm · 17印张 · 420千字
标准书号：ISBN 978-7-111-50252-4
定价：59.90元

电话服务
客服电话：010-88361066
010-88379833
010-68326294

网络服务
机 工 官 网：www.cmpbook.com
机 工 官 博：weibo.com/cmp1952
金 书 网：www.golden-book.com
机工教育服务网：www.cmpedu.com

出版说明

《国务院关于加快发展现代职业教育的决定》指出：到2020年，形成适应发展需求、产教深度融合、中职高职衔接、职业教育与普通教育相互沟通，体现终身教育理念，具有中国特色、世界水平的现代职业教育体系，推进人才培养模式创新，坚持校企合作、工学结合，强化教学、学习、实训相融合的教育教学活动，推行项目教学、案例教学、工作过程导向教学等教学模式，引导社会力量参与教学过程，共同开发课程和教材等教育资源。机械工业出版社组织国内80余所职业院校（其中大部分是示范性院校和骨干院校）的骨干教师共同规划、编写并出版的"高等职业教育系列教材"，已历经十余年的积淀和发展，今后将更加紧密结合国家职业教育文件精神，致力于建设符合现代职业教育教学需求的教材体系，打造充分适应现代职业教育教学模式的、体现工学结合特点的新型精品化教材。

在本系列教材策划和编写的过程中，主编院校通过编委会平台充分调研相关院校的专业课程体系，认真讨论课程教学大纲，积极听取相关专家意见，并融合教学中的实践经验，吸收职业教育改革成果，寻求企业合作，针对不同的课程性质采取差异化的编写策略。其中，核心基础课程的教材在保持扎实的理论基础的同时，增加实训和习题以及相关的多媒体配套资源；实践性课程的教材则强调理论与实训紧密结合，采用理实一体的编写模式；实用技术型课程的教材则在其中引入了最新的知识、技术、工艺和方法，同时重视企业参与，吸纳来自企业的真实案例。此外，根据实际教学的需要对部分内容进行了整合和优化。

归纳起来，本系列教材具有以下特点：

1）围绕培养学生的职业技能这条主线来设计教材的结构、内容和形式。

2）合理安排基础知识和实践知识的比例。基础知识以"必需、够用"为度，强调专业技术应用能力的训练，适当增加实训环节。

3）符合高职学生的学习特点和认知规律。对基本理论和方法的论述容易理解、清晰简洁，多用图表来表达信息；增加相关技术在生产中的应用实例，引导学生主动学习。

4）教材内容紧随技术和经济的发展而更新，及时将新知识、新技术、新工艺和新案例等引入教材。同时注重吸收最新的教学理念，并积极支持新专业的教材建设。

5）注重立体化教材建设。通过主教材、电子教案、配套素材光盘、实训指导和习题及解答等教学资源的有机结合，提高教学服务水平，为高素质技能型人才的培养创造良好的条件。

由于我国高等职业教育改革和发展的速度很快，加之我们的水平和经验有限，因此在教材的编写和出版过程中难免出现疏漏。我们恳请使用这套教材的师生及时向我们反馈质量信息，以利于我们今后不断提高教材的出版质量，为广大师生提供更多、更适用的教材。

机械工业出版社

前　言

本书是根据国家示范性高职院校教学改革的要求，结合“工学结合、任务驱动、载体分级”人才培养模式，突出教学内容的“职业性”和“应用性”而编写的。随着高等职业教育课程改革不断深化，本书围绕以职业能力为主线，以岗位需求为依据，以工作任务为构架，以工作情境为支撑，以工作过程为基础的课程改革的核心理念，按照岗位职业能力要求，遴选企业真实的典型工作任务作为项目的切入点，按照从事技能型操作员、工艺技术员等岗位所需的知识、技能、素质来选取教材内容，紧密结合企业元素，教材内容丰富新颖。

本书以项目为基本写作单元，共设置7个项目。项目1、2为机械加工工艺规程制订和工艺装备的基本理论与基本知识。项目3~6为典型零件机械加工工艺的制订方法及实施办法，同时介绍不同类别零件工艺装备的选用与简单设计。项目7主要介绍装配工艺的基本知识和装配操作方法与要点。

本书采用项目教学和典型“任务”的形式，从生产实际出发，强调课程内容的“职业性”和“应用性”这两个精髓的同时，结合工艺与工装理论知识分别进行阐述，具有以下明显特点。

1）按照岗位能力需求设置教学项目，每个项目从生产实际出发，以若干典型“任务”导入，通过任务分析和大量图样，突出岗位的应用性。任务的遴选具有实用性和针对性，且大都从生产现场选取，突显职业性，符合生产实际的需要，既能使学生较快适应企业生产实际，又能为学生可持续发展提供一定的理论基础。

2）根据“任务驱动”的教学模式，以生产实际任务为“载体”，在完成“载体”的工作流程中，学会岗位所需的知识，提高实操技能，培养综合职业素质。

3）教材编写打破传统教材编写模式，充分体现“项目导向、任务驱动”的教学理念，通过任务导入，在教学中突出学生的主体作用，真正达到教、学、做一体化的目的，全面提升学生解决和处理实际问题的实战经验和能力。

4）遴选生产典型工作“任务”的同时，将“任务”按照教学要求分解、修正，将每个项目的目标“任务”与理论知识有机结合，通过任务导入、任务内容和目标、知识网络结构、教学情景分析反映每个“任务”的重点内容。在教学过程中，以“想一想”“注意”“做一做”等方式，强化和拓展知识的理解能力和应用能力，既通俗易懂，又紧密联系实际。

5）典型任务中，有些是学生顶岗实习期间的毕业设计课题，增强了校企合作衔接度。此外，增添了实物图片，增强了教学感官认识，以达到更好地掌握实操技能的效果。

本书由冯丰编著，由天津电子信息职业技术学院陈志刚教授主审。在本书编写过程中，企业技术专家张桂华、周继红等为本书提出了宝贵意见，在此表示衷心感谢！

由于编者水平和经验有限，时间仓促，书中难免有欠妥与疏漏之处，恳请广大师生和读者批评指正。

编　者

目　录

项目 1　机械加工工艺规程制订

教学导航

学习目标	掌握编制零件机械加工工艺规程的基本概念、步骤、方法、一般原则及相关的工艺尺寸链计算等
工作任务	按零件技术要求拟订零件机械加工工艺规程
教学重点	零件加工工艺性分析、定位基准的选择、工艺路线的拟订
教学难点	机械加工工艺路线的拟订
教学方法建议	任务导入，任务分析、实施、评价
选用案例	阶梯轴零件
教学设施、设备及工具	教学课件、零件实物、情境教室、实训车间
考核与评价	任务成果评定、学习团队评定
参考学时	20 学时

在机械加工中，我们应遵循一定的规程，才能把图样上的零件加工出来，并满足图样的要求，这就是本项目学习的主要内容——制订机械加工工艺规程的基本知识。

任务 1.1　了解生产过程

任务导入

如图 1-1 所示为一台数控车床，它是如何将原材料转变成一工件的？其中经历了哪些工艺过程？实施了哪些工艺手段？

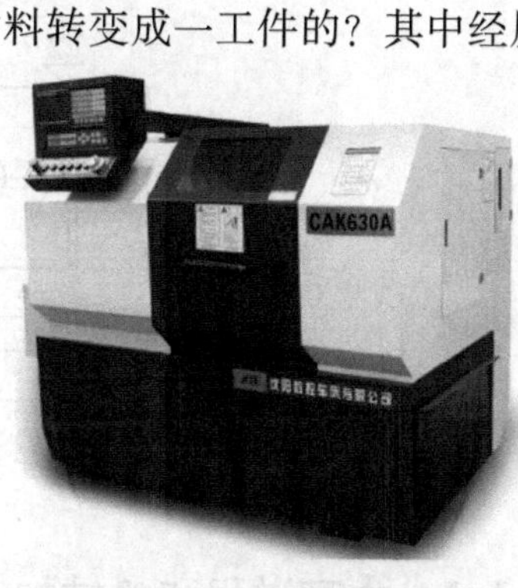

图 1-1　数控车床

任务内容和目标

掌握产品的生产过程、工艺过程概念，了解生产过程是由多少个工艺过程组成，重点掌握从毛坯到合格零件的机械加工工艺过程的基本定义和组成。通过该任务的实施，能够针对某一个零件机械加工工艺过程较清晰地划分出工序，并将每个工序划分出安装、工位、工步的数目。

知识网络结构

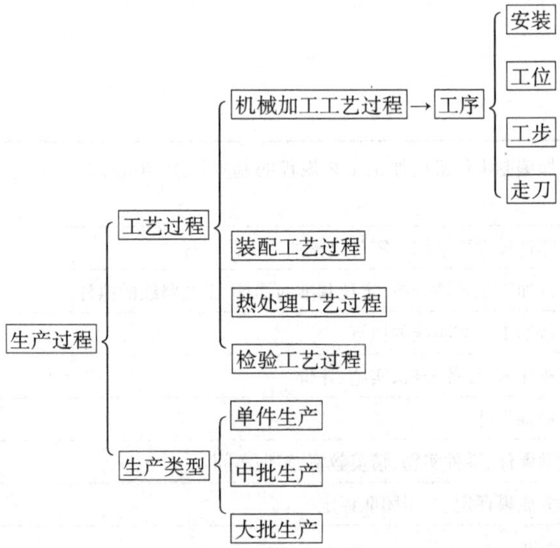

教学情景分析

利用前序实训课程知识，在实训车间加工如图 1-2 所示的小阶梯轴（材料为铝），在学、做过程中进一步加深理解机械加工工艺过程概念以及工序、安装、工步、工位的概念。

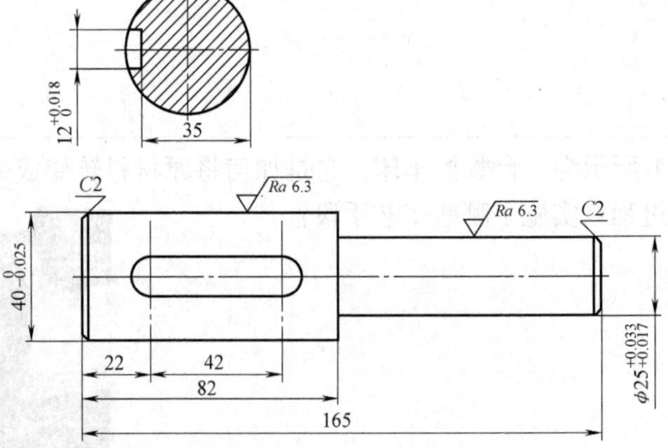

图 1-2　小阶梯轴

1.1.1　生产过程和机械加工工艺过程

1. 生产过程

生产过程是指在机械产品制造时，由原材料或半成品转变为成品的全过程，它包括生产技术准备、原材料的运输和保管、毛坯制造、机械加工、热处理和表面处理、部件和产品的装配、测试检验、涂漆和包装等。生产过程可以由一个工厂完成，也可以由多个工厂联合完成；可以指整台机器的制造过程，也可以指一种零件或部件的制造过程。

2. 工艺过程和机械加工工艺过程

工艺过程是改变生产对象的形状、尺寸和相对位置等，使其成为成品或半成品的过程。工艺过程是生产过程的重要组成部分，可具体分为毛坯制造、机械加工、热处理、装配等工艺过程。

机械加工工艺过程是利用机械加工的方法，直接改变毛坯的形状、尺寸和表面质量，使其成为合格零件的过程。如切削加工、磨削加工、特种加工、精密和超精密加工等都属于机械加工工艺过程。

注意

深刻理解生产过程中“原材料”的宽泛性。

想一想

汽车生产中“原材料”与“产品”的概念。

1.1.2 机械加工工艺过程的组成

机械加工工艺过程（以下简称工艺过程）由一系列按顺序排列的工序组成。通过这些工序对工件进行加工，将毛坯逐步变为合格的零件。工序是工艺过程的基本单元，也是编制生产计划和进行成本核算的基本依据。工序又可细分为安装、工位、工步和走刀等。

1. 工序

工序是一个或一组工人，在一个工作地点对同一个或同时对几个工件所连续完成的那一部分工艺过程。工人、工作地、工件和连续作业是构成工序的四个要素，其中一个要素的变更就构成了新的工序。划分工序的主要依据是工件加工过程中的工作地是否变动。

图1-3a 所示为阶梯轴零件，按单件生产制订的工艺过程见表1-1，按成批生产制订的工

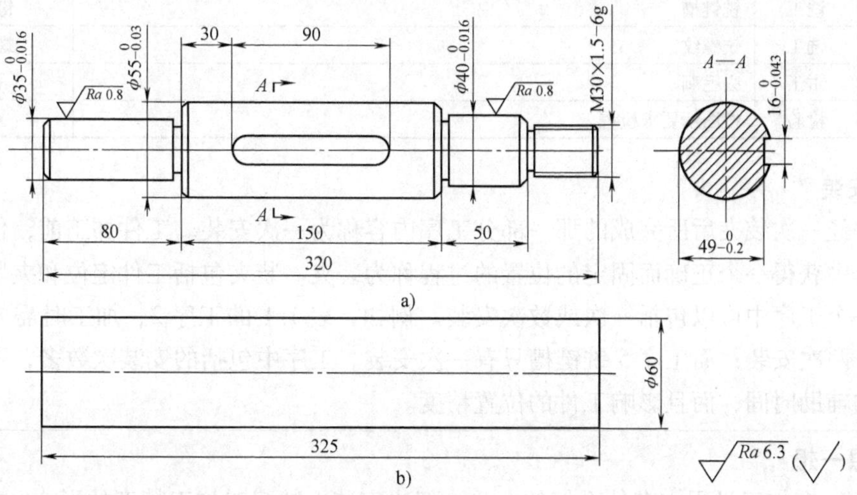

图1-3　阶梯轴

a）阶梯轴零件　b）零件毛坯

艺过程见表1-2。单件生产时，所有车削与磨削内容分别集中在一台车床与一台磨床上进行。成批生产时，车削内容被分配到三台车床上进行，三个外圆的磨削也分别由三台磨床完成。由于后者工作地发生了变动，因此，车削与磨削各有三个工序。

注意

在工序定义中，“工作地”指一台机床、一个钳工台或一个装配地点。“连续”是指一个具体的工件是连续加工的，中间没有另一个工件的加工插入。

表1-1 单件生产制订的机械加工工艺过程

工序号	工序名称	工 序 内 容	工作地
1	毛坯	下料 ϕ60mm×325mm	锯床
2	车工	车两端面及钻中心孔，车全部外圆，切槽及倒角，外圆留磨量，车螺纹	卧式车床
3	热处理	调质28～32HRC	热处理车间
4	磨工	磨各外圆至图示尺寸要求	外圆磨床
5	铣工	铣键槽，去毛刺	立式铣床
6	检验	按图示要求检查	检验台

表1-2 成批生产制订的机械加工工艺过程

工序号	工序名称	工 序 内 容	工作地
1	毛坯	下料 ϕ60mm×325mm	锯床
2	车工	车两端面至总长，钻中心孔	中心孔机床
3	车工	车右端三个外圆（两外圆留磨量），切槽及倒角	仿形车床
4	车工	车左端一个外圆（留磨量），切槽及倒角	卧式车床
5	热处理	调质28～32HRC	热处理车间
6	钳工	研磨中心孔	钻床
7	磨工	磨削各外圆 $\phi 55_{-0.030}^{0}$mm 至要求	外圆磨床
8	磨工	磨削各外圆 $\phi 40_{-0.016}^{0}$mm 至要求	外圆磨床
9	磨工	磨削各外圆 $\phi 35_{-0.016}^{0}$mm 至要求	外圆磨床
10	铣工	铣键槽	键槽铣床
11	铣工	铣螺纹	螺纹铣床
12	钳工	去毛刺	钳工台
13	检验	按图示要求检查	检验台

2. 安装

工件经一次装夹后所完成的那一部分工序内容称为一次安装。工件加工前，使其在机床上或夹具中获得一个正确而固定的位置的过程称为装夹。装夹包括工件定位和夹紧两部分内容。在一个工序中可以包括一次或数次安装。例如，表1-1的工序2，加工时需要调头装夹工件，有两次安装；而工序5铣键槽只有一次安装。工序中包括的安装次数多，不仅增加工件装卸的辅助时间，而且影响工件的位置精度。

想一想

在加工过程中有什么好的办法来解决安装次数多对加工精度的影响？接下来我们会逐步讲到，注意归纳整理哟！

3. 工位

为了完成一定的工序内容，工件在一次安装中，通过分度回转（或移动）装置，使工件相对于机床床身或刀具变换加工位置，每个加工位置所完成的那部分工序内容称为一个工位。

为了减少工序中安装的数量，在成批生产中常采用各种转位（或移位）夹具，使工件经一次装夹后，在加工中，可获得几个不同的加工位置。如图1-4所示，在第一个加工位置（第一工位）铣削阶台Ⅰ后，不卸下工件重新装夹，仅拔出定位销*D*，将夹具回转部分连同工件一起回转180°，再插入定位销，使工件进入第二个加工位置（第二工位）铣削阶台Ⅱ。采取多工位加工，可减少工件装夹次数，缩短辅助时间，提高生产率。

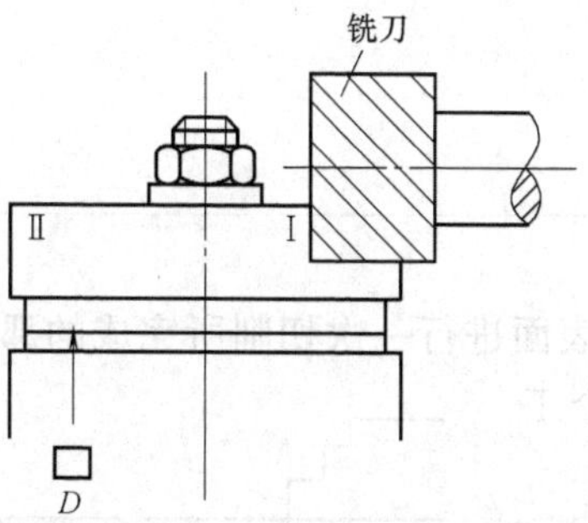

图1-4　多工位加工

注意

要想存在“工位”的变化，必须使用各种转位（或移位）夹具或装置。其目的是解决安装次数多而带来的不足。

4. 工步

在加工表面、切削刀具、切削速度和进给量都不变的情况下所完成的那部分工序称为工步。构成工步的任一因素（加工表面或切削刀具）改变后，一般即成为另一新的工步。但是，当几个形状尺寸完全相同的加工表面，用同一工具连续加工时，在工艺过程中习惯上视为一个工步。例如，图1-5所示工件上6个相同孔径的孔的钻削，一般看成一个钻孔工步。

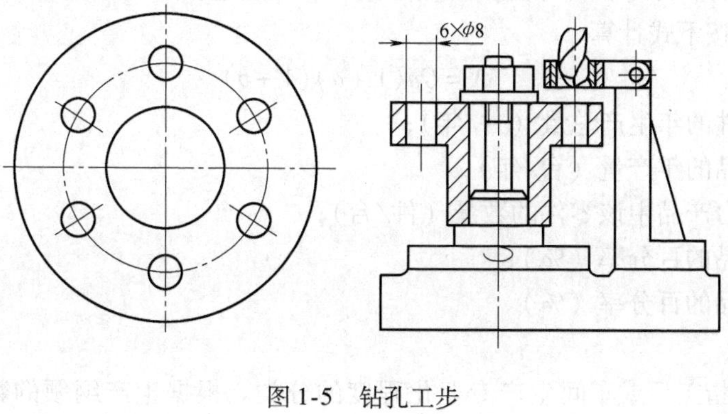

图1-5　钻孔工步

在批量生产中，为了提高生产率，常采用多刀多刃或复合刀具同时加工工件的几个表面，这样的工步称为复合工步。复合工步亦视为一个工步，如图 1-6 所示。

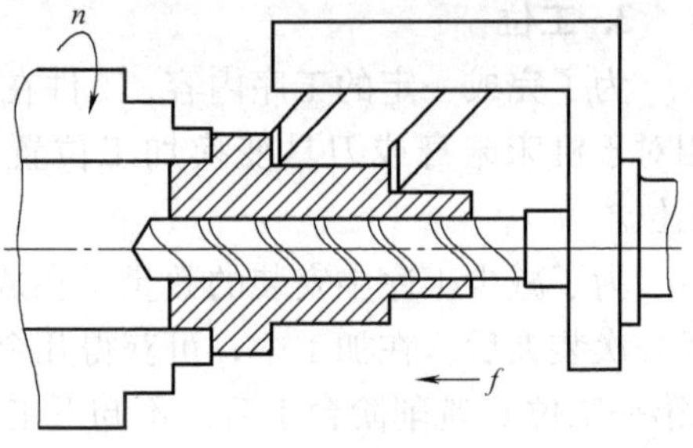

图 1-6 复合工步

> **注意**
> 工步的划分：工步的四个要素（加工表面、切削刀具、切削速度和进给量）中只要有一个要素改变了，就不能认为是同一个工步了。

> **想一想**
> 表 1-1 中工序 1 中有几个工步？
> 表 1-2 中工序 1 中有几个工步？

5. 走刀

走刀（工作行程）是指刀具相对工件加工表面进行一次切削所完成的那部分工步内容。它是构成机械加工工艺过程最小的单元。每个工步可包括一次走刀或几次走刀，如图 1-7 所示。

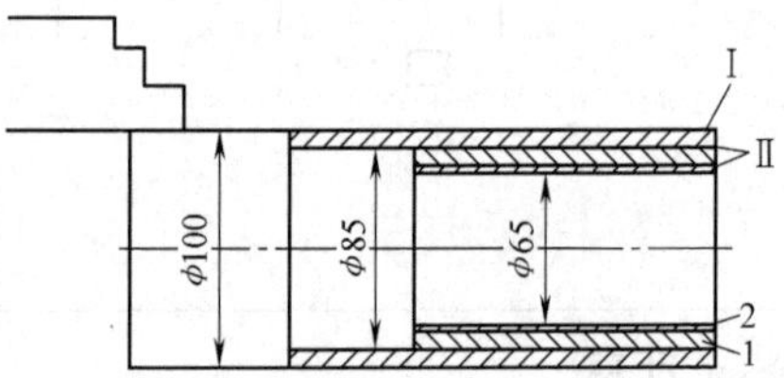

图 1-7 走刀

Ⅰ—第一工步 Ⅱ—第二工步

1—第二工步第一次走刀

2—第二工步第二次走刀

> **注意**
> 机械加工工艺过程的组成是非常复杂的。工艺过程是由许多工序组成，一个工序可能有多次安装，一次安装可能有几个工位，一个工位可能有几个工步，一个工步可能有几个走刀，如此等等。

1.1.3 生产纲领与生产类型

1. 生产纲领

产品（或零件）的生产纲领是指企业在计划期内生产的产品产量和进度计划。计划期为一年的生产纲领称为年生产纲领。

对于零件而言，除了预计年生产计划数量外，还应包括一定数量的备品率和废品率。零件的生产纲领可按下式计算

$$N = Qn(1 + a)(1 + b)$$

式中 N——零件的年生产总量（件/年）；

Q——产品的年产量（台/年）；

n——每台产品中该零件的数量（件/台）；

a——备品的百分率（%）；

b——废品的百分率（%）。

2. 生产类型

生产类型是指工厂或车间生产专业化程度的分类。根据生产纲领的数量和产品（或零

件）的大小，机械制造业的生产可分为三种类型，即单件生产、成批生产和大量生产。

（1）单件生产　单件生产的基本特点是生产的产品品种繁多，每种产品仅制造一个或少数几个，而且很少再重复生产。例如，重型机械产品制造和新产品试制时的生产都属于单件生产。

（2）成批生产　成批生产的基本特点是生产的产品品种较多，每种产品均有一定的数量，各种产品是分期分批地轮番进行生产。例如，机床制造、机车制造和电机制造等多属于成批生产。同一产品（或零件）每批投入生产的数量称为批量。根据产品的特征和批量的大小，成批生产可分为小批生产、中批生产和大批生产。小批生产工艺过程的特点和单件生产相似，大批生产工艺过程的特点和大量生产相似，中批生产的工艺特点则介于两者之间。

（3）大量生产　大量生产的基本特点是产品的产量大，品种少，大多数工作地长期重复地进行某一零件的某一工序的加工。例如，汽车、拖拉机、轴承和自行车等的制造多属于大量生产。

生产类型的划分要考虑生产纲领和产品本身的大小及结构的复杂性，所以在制订出零件的生产纲领后，可根据生产纲领的大小，参考表1-3所列数据确定相应的生产类型。

表1-3　生产类型与生产纲领的关系

生产类型	零件的生产纲领/(件/年)		
	轻型零件(＜4kg)	中型零件(4～30kg)	重型零件(≥30kg)
单件生产	≤100	≤10	≤5
小批生产	100～500	10～200	5～100
中批生产	500～5000	200～500	100～300
大批生产	5000～50000	500～5000	300～1000
大量生产	＞50000	＞5000	＞1000

3. 工艺特征

若生产类型不同，则无论在生产组织、生产管理、车间机床布置，还是在毛坯制造方法、机床种类、工具、加工或装配丰富、工人技术要求等方面有所不同，它们各自的工艺特征见表1-4。

表1-4　各种生产类型的工艺特征

工艺特征	生产类型		
	单件小批	中批	大批大量
加工对象	经常变化	周期性变化	固定不变
毛坯	木模砂型铸件和自由锻件	部分采用金属模铸件和模锻件	广泛采用机器造型、压铸、精铸、模锻、滚锻等
机床设备	通用机床	通用和部分专用机床	高效专用机床及自动机床
工艺装备	大多使用通用夹具、通用刀具和量具	广泛使用专用夹具，较多使用专用刀具和量具	广泛使用高效专用夹具、刀具和量具
对工人的技术要求	技术熟练	技术比较熟练	调整工技术熟练，操作工要求熟练程度较低
生产率	低	一般	高
成本	高	一般	低

任务1.2　了解机械加工工艺规程的作用和要求

任务导入

生产中如何保证生产秩序稳定、产品质量可靠？需要一个合理、规范的规程进行指导，这个生产指导性工艺文件如何制订呢？

任务内容和目标

掌握机械加工工艺规程的基本概念、书写格式、制订步骤、原则，通过这一任务的教与学，做好制订结构零件工艺规程的前期准备工作。

知识网络结构

机械加工工艺规程
- 工艺规程的基本概念
- 工艺规程的作用
- 工艺规程的格式
- 制订工艺规程的步骤
- 制订工艺规程的原则

教学情景分析

在任务1.1中，同学们加工了图1-2所示的小阶梯轴。如果发给每位同学同样的坯料，采用同样的机床、刀具、量具进行加工，会出现多种加工效果，加工质量的稳定性及质量高低会出现较大的差异，原因是大家没有统一的工艺规程进行生产指导，从而，引出工艺规程的概念、作用、内容、制订步骤与原则，同时演示完整的工艺规程，了解工艺规程的格式。

机械加工工艺规程是在总结工人和技术人员实践经验的基础上，依据科学的理论和必要的工艺经验制订的。生产中有了工艺规程生产秩序才能稳定，产品质量才有保证。

机械加工工艺规程是规定产品或零件、部件制造工艺过程和操作方法等内容的工艺文件。

1.2.1　工艺规程的内容

零件的机械加工工艺规程包含的内容有：工艺路线，工序加工的内容与要求，所采用的机床和工艺装备，工件的检验项目及检验方法，切削用量及工时定额等。所谓工艺规程，是指将合理的工艺过程和操作方法，按一定的格式写成文件，用来指导生产，该文件称为工艺规程。

1.2.2　工艺规程的作用

（1）工艺规程是指导生产的主要技术文件　工艺规程是在总结广大工人和技术人员的实践基础上，依据工艺理论和必要的工艺试验而制订的。按照工艺规程组织生产可以达到高质、优产和最佳的经济效益。

（2）工艺规程是生产、组织和管理工作的基本依据　从工艺规程所涉及的内容可以看出，在生产管理中，原材料和毛坯的供应、机床设备和工艺装备的调配、专用工艺装备的设计和制造、作业计划的编排、劳动力的组织以及生产成本的核算等都是以工艺规程作为基本依据的。

（3）工艺规程是生产准备和技术准备的基本依据　根据工艺规程能正确地确定生产所需的机床和其他设备的种类、规格、数量，车间的面积，机床的布置，工人的工种、等级和数量，以及辅助部分的安排等。

随着科学技术的进步和生产的发展，工艺规程在实施过程中会出现某些不相适应的问题，因而需定期整顿，及时吸收合理化建议、技术革新成果、新技术和新工艺，使工艺规程更加完善和合理。

注意

对于经过审定和批准的工艺规程，工厂有关人员必须严格执行，不得随意变更，这是工人在生产中必须遵守的纪律！

1.2.3　工艺规程的格式

机械加工工艺规程的格式有下列几种。

1. 机械加工工艺过程卡

在单件小批生产中，一般以机械加工工艺过程卡指导生产而不再编写详细的工艺文件。机械加工工艺过程卡的格式见表 1-5。

表 1-5　机械加工工艺过程卡

	机械加工工艺过程卡		生产型号		零(部)件图号				
			产品名称		零(部)件名称		共( )页		第( )页
	材料牌号		毛坯种类	毛坯外形尺寸		每个毛坯可制作件数	每台件数		备注
	工序号	工序名称	工序内容	车间	工段	设备	工艺装备	工时 准备终结	单件
描图									
描校									
底图号									
						设计（日期）	审核（日期）	标准化（日期）	会签（日期）
装订号									
	标记	处数	更改文件号	签字	日期	标记	处数	更改文件号	签字	日期

2. 机械加工工艺卡

机械加工工艺卡主要在成批生产中使用，也用于小批生产中比较重要的零件。机械加工工艺卡的格式见表1-6。

表1-6 机械加工工艺卡

<table>
<tr><td rowspan="2">（工厂名）</td><td rowspan="2">机械加工工艺卡</td><td>产品名称</td><td colspan="2"></td><td>零件图号</td><td colspan="2"></td><td colspan="2">文件编号</td><td colspan="2"></td></tr>
<tr><td>型号规格</td><td colspan="2"></td><td>零件名称</td><td colspan="2"></td><td colspan="2">共　页</td><td colspan="2">第　页</td></tr>
<tr><td>材质</td><td>材料规格</td><td rowspan="2">毛坯</td><td>种类</td><td></td><td rowspan="2">零件重量/kg</td><td>毛重</td><td colspan="2"></td><td>每料件数</td><td>每台件数</td><td>每批件数</td></tr>
<tr><td></td><td></td><td>尺寸</td><td></td><td>净重</td><td colspan="2"></td><td></td><td></td><td></td></tr>
<tr><td rowspan="2">工序号</td><td rowspan="2">安装</td><td rowspan="2">工步号</td><td rowspan="2">工序内容</td><td rowspan="2">加工车间</td><td rowspan="2">设备名称及编号</td><td colspan="4">工艺装备名称及编号</td><td colspan="2">工时定额</td></tr>
<tr><td>夹具</td><td>刀具</td><td>量具</td><td>辅助工具</td><td>准备终结</td><td>单件</td></tr>
<tr><td></td><td></td><td></td><td></td><td></td><td></td><td></td><td></td><td></td><td></td><td></td><td></td></tr>
<tr><td></td><td></td><td></td><td></td><td></td><td></td><td></td><td></td><td></td><td></td><td></td><td></td></tr>
<tr><td></td><td></td><td></td><td></td><td></td><td></td><td></td><td></td><td></td><td></td><td></td><td></td></tr>
<tr><td></td><td></td><td></td><td></td><td></td><td></td><td></td><td></td><td></td><td></td><td></td><td></td></tr>
<tr><td></td><td></td><td></td><td></td><td></td><td></td><td></td><td></td><td></td><td></td><td></td><td></td></tr>
<tr><td></td><td></td><td></td><td></td><td></td><td></td><td></td><td></td><td></td><td></td><td></td><td></td></tr>
<tr><td></td><td></td><td></td><td></td><td></td><td></td><td></td><td></td><td></td><td></td><td></td><td></td></tr>
<tr><td></td><td></td><td></td><td></td><td></td><td></td><td></td><td></td><td></td><td></td><td></td><td></td></tr>
<tr><td></td><td></td><td></td><td></td><td></td><td></td><td></td><td></td><td></td><td></td><td></td><td></td></tr>
<tr><td></td><td></td><td></td><td></td><td></td><td></td><td></td><td></td><td></td><td></td><td></td><td></td></tr>
<tr><td colspan="12">更改内容</td></tr>
<tr><td>制订</td><td></td><td>审核</td><td></td><td>校对</td><td></td><td>会签</td><td></td><td>批准</td><td></td><td>日期</td><td></td></tr>
</table>

3. 机械加工工序卡

机械加工工序卡是在机械加工工艺过程卡的基础上按每道工序所编写的一种工艺文件，一般有工序简图，并详细说明该工序中，每一个工步的加工内容、工艺参数、操作要求以及所用设备等。机械加工工序卡主要用于大批量生产中所有零件、中批生产中的重要零件和单件小批生产中的关键工序。实际生产中，并不需要各种文件样样俱全，各企业可根据各自工艺条件和产品需要，有所增减。机械加工工序卡的格式见表1-7。

1.2.4 制订工艺规程的步骤

1. 原始资料的准备

制订工艺规程时，应具备下列原始资料。

1）产品的装配图和零件图。

2）技术说明书。它是针对技术设计中确定的产品结构、工作原理、技术性能等方面的说明性文件。

3）产品验收的质量标准。

4）产品的生产纲领和生产类型。

表1-7　机械加工工序卡

机械加工工序卡	产品型号		零(部)件图号			
	产品型号		零(部)件图号		共(　)页	第(　)页

车间	工序号	工序名称	材料牌号	
毛坯种类	毛坯外形尺寸	每个毛坯可制件数	每台件数	
设备名称	设备型号	设备编号	同时加工件数	
夹具编号	夹具名称	切削液		
工位器具编号	工位器具名称	工序工时		
		准备终结	单件	

工步号	工步内容	工艺装备	主轴转速 r/min	切削速度 m/min	进给量 mm/m	切削深度 mm	进给次数	工步工时 机动	工步工时 辅助
描图									
描校									
底图号						设计(日期)	审核(日期)	标准化(日期)	会签(日期)
装订号	标记	处数	更改文件号	签字	日期	标记	处数	更改文件号	签字	日期				

5）现有的生产条件，包括毛坯的生产条件或协作关系，工厂的设备和工艺装备的情况，专用设备和专用工艺装备的制造能力，工人的技术等级，各种工艺资料，如工艺手册、图册和各种标准。

2. 制订工艺规程的步骤

制订零件机械加工工艺规程的工作，主要步骤如下。

1）收集和熟悉制订工艺规程的有关资料图样，进行零件的结构工艺性分析。

2）毛坯的类型及制造方法。

3）选择定位基准

4）拟定工艺路线

5）确定各工序的工序余量、工序尺寸及其公差

6）确定各工序的设备、刀具、夹具、量具和辅助工具。

7）确定各工序的切削用量及时间定额。

8）确定各工序的技术要求及检验方法。

9）填写工艺卡片。

1.2.5　制订工艺规程的原则

制订工艺规程首先要保证产品质量，在此前提下，最大限度地提高生产效率，满足产品的数量要求，并尽可能降低生产成本，保证良好的经济效益。所以制订工艺规程的原则是优质、高产和低成本。在具体制订时，应注意下列问题：

1）在制订工艺规程时，应从生产实际出发，充分利用现有生产条件，并尽可能采用国内外先进的工艺和工艺装备。

2）在制订工艺规程时，应通过成本核算或多种方案比较，选择经济上最合理的方案，使产品生产成本最低。

3）在制订工艺规程时，应尽量采取机械化或自动化，以减轻工人繁重的体力劳动，并保证良好的劳动条件，同时应避免环境污染。

注意

制订工艺规程一定要结合企业现有的生产实际条件，因涉及的知识面广，会出现各种问题，所以必须对制订的工艺规程反复分析，修改完善，才能用于指导生产。

任务 1.3　零件的工艺性分析

任务导入

如图 1-8 所示零件（材料为 45 钢），制订工艺规程时，在做好各种准备工作，确定了零件的生产纲领、生产类型后，接下来首要的任务是什么呢？

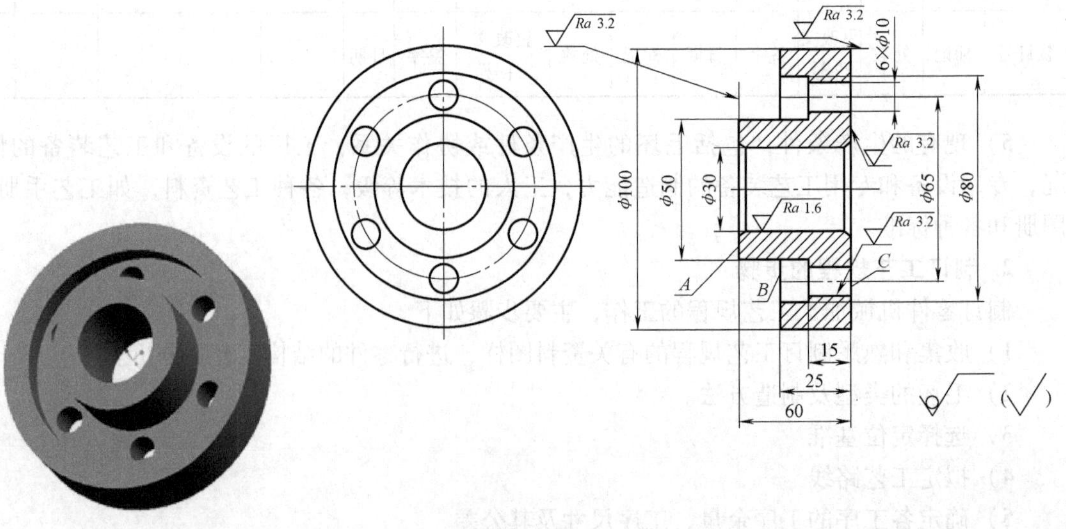

图 1-8　联轴器

任务内容和目标

精读零件图或产品装配图，在此基础上对零件进行全面分析，包括零件的技术要求和其在加工中的结构工艺性分析。为后面拟定机械加工工艺路线做好准备。

知识网络结构

- 零件的工艺性分析
  - 分析零件图及产品装配图
    - 分析零件图的完整性和正确性
    - 结合装配图分析零件的技术要求
  - 零件结构工艺性分析
    - 从零件的装夹方面分析
    - 从零件的加工方面分析

教学情景分析

零件图是制订工艺规程最重要的原始资料，在制订工艺规程时，首先要对零件图加以认真分析，此外，还须认真分析产品的装配图，了解产品的用途、性能及工作条件，熟悉零件在产品中的功能和零件上各表面的功用，了解技术要求、制订的依据，以及判断材料的选择是否合理等。对零件的结构工艺性也要进行详尽分析。

1.3.1　零件图及产品装配图分析

1. 检查零件图的完整性和正确性

在了解零件的形状和结构之后，应检查零件图是否正确、完整，表达是否直观、清楚，绘制是否符合国家标准，尺寸、公差以及技术条件的标注是否齐全、合理等。

2. 零件的技术要求分析

1）加工表面的尺寸精度。

2）主要加工表面的形状精度。

3）主要加工表面间的相互位置精度。

4）加工表面的表面粗糙度以及表面质量方面的其他要求。

5）热处理要求。

6）其他方面的要求（如动平衡、未注圆角、倒角、去毛刺等）。

在对零件图上的技术要求进行分析时，应考虑以下问题：

① 分析零件在产品部件或整个产品中的作用，理清其主要加工表面。

② 分析零件各项技术要求是否合理，是否便于加工与装配。

1.3.2　零件的结构工艺性分析

零件的结构工艺性是指所设计的零件在满足使用性能要求的前提下，制造该零件的可行性和经济性。功能相同的零件，其结构工艺性可以有很大的差异。所谓结构工艺性好，是指在现有工艺条件下，既能方便制造，又有较低的制造成本。表1-8列举了一些在常规工艺条件下零件结构工艺性分析的实例。

表 1-8　零件结构工艺性分析

序号	结构工艺性不好	结构工艺性好	说　明
1	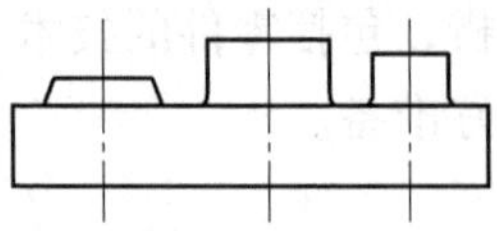	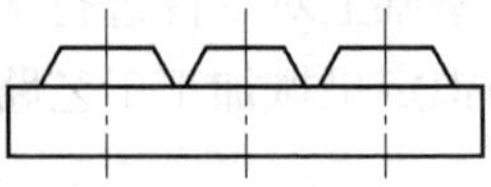	左图所示的凸台加工面不等高,需两次调整刀具,如改为右图,可在一次走刀中加工出所有的凸台面
2	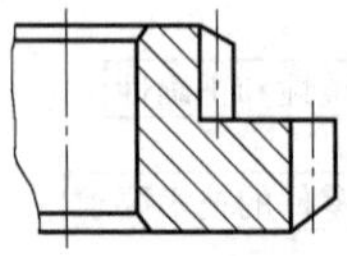	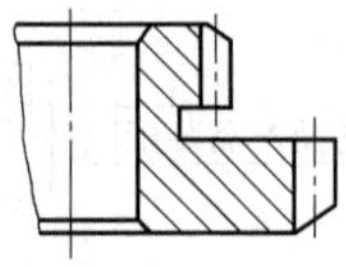	左图所示的双联齿轮,插齿没有退刀槽,小齿轮无法加工,如改为右图,则大齿轮可用滚齿或插齿加工,小齿轮用插齿加工
3	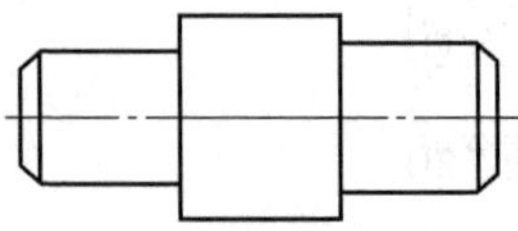	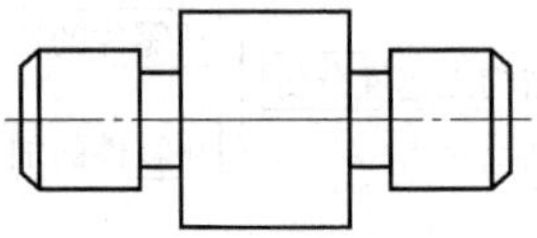	左图所示零件的轴颈在磨削时,因砂轮圆角而不能清根,如改为右图,增加越程槽后,磨削时就可清根
4	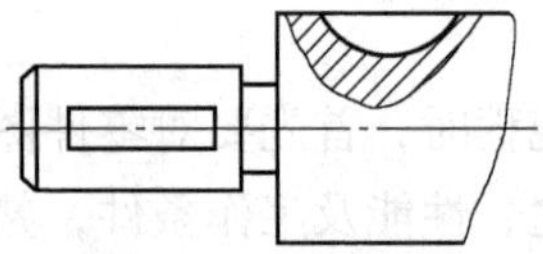	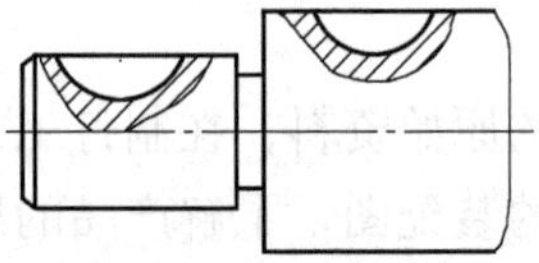	左图所示零件的键槽设置在 90°方向上,需两次装夹加工,如改为右图,键槽在同一方向上,一次装夹即可对两个键槽加工
5	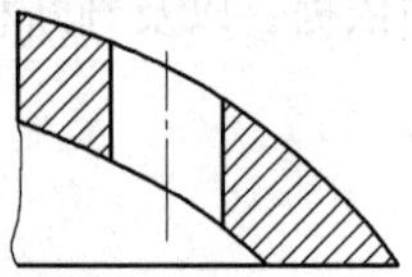	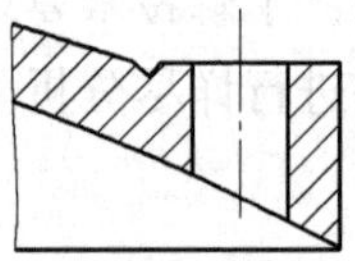	左图所示的结构,因在斜面上钻孔会使钻头偏斜或折断,只要结构允许,改为右图,留出平台,使孔的轴线与平面垂直,就可直接钻孔
6	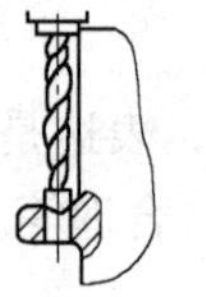		左图所示的箱体结构,孔距离箱体壁太近而无法加工,如改为右图的结构,加长箱耳则能顺利地进行钻孔
7	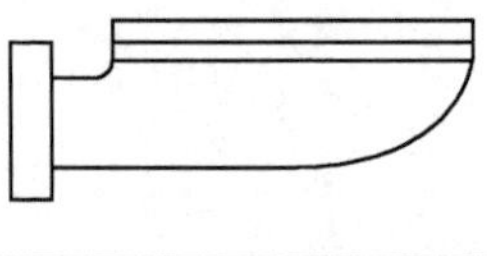	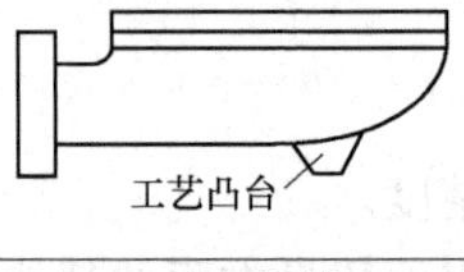	左图所示机床床身,在加工上平面时困难,如改为右图结构,增加工艺凸台,则能很容易地定位,满足加工要求,加工后再切除凸台
8	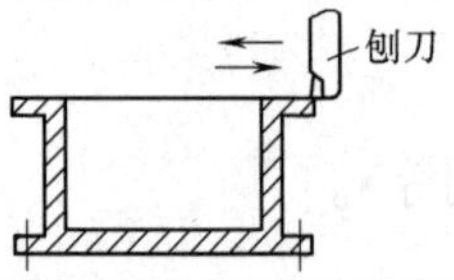	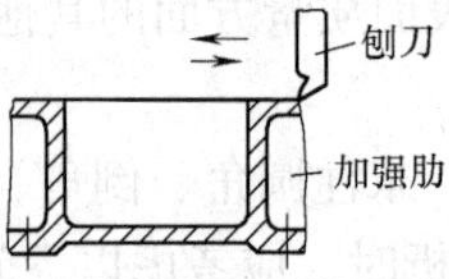	左图所示零件的结构刚性较差,零件因受刨刀切削时的冲击易产生变形,如右图增加加强肋板后,提高了零件的刚性
9	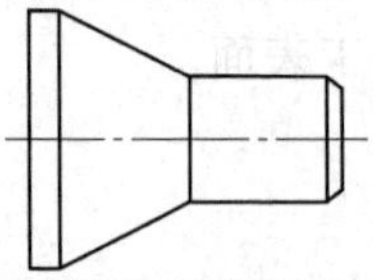	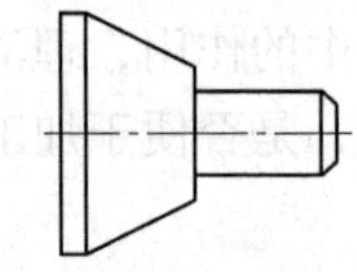	左图所示的结构在加工圆锥面时,易碰伤圆锥面,若改为右图结构,则能顺利地进行加工
10	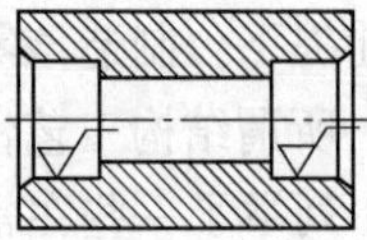	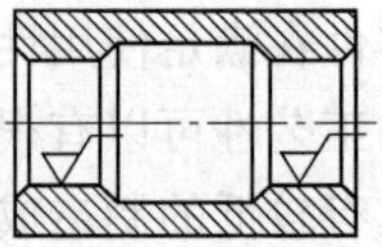	左图所示的轴零件,需分别从两端进行加工,不能满足较高的同轴度要求,若改为右图结构,则可在一次装夹中加工两孔,且保证其位置精度

零件结构工艺性除了考虑满足使用性能、制造成本之外，其可行性主要考虑满足：

（1）装配方面　装配周期短，劳动量小，且容易保证装配质量。

（2）毛坯制造方面　铸造毛坯应便于造型，零件壁厚均匀，不应有尖角、尖边；锻造方面毛坯形状尽量简单，也不应有尖角、尖边，模锻件应易于出模等。

（3）加工方面　应便于加工和减少工时，即应尽量简化零件的结构形状，尽量减少加工面数量和减少加工面面积，合理标注零件的技术要求。

注意

1）零件图是设计人员绘制设计出来，工艺规程是工艺设计人员要完成的工作，故设计某零件工艺规程时，首先做零件图完整性、正确性分析工作。

2）分析零件技术条件时要分清主次，抓住主要、重要加工表面。

注意

零件结构工艺性的好坏对其加工工艺性影响非常大，结构不同、使用性能相同的两个零件，它们的制造成本就有可能出现很大差别。

知识链接

机械加工对零件结构的要求如下：

1）便于装夹。零件的结构应便于加工时的定位、夹紧，安装次数少。

2）便于加工。零件的结构尽可能采用标准化数值，以便采用标准化刀具、量具。还应注意进刀和退刀，易于保证加工精度要求，减少加工面积和减少难加工表面数量。

3）便于测量。零件结构考虑测量的可行性和方便性。

4）便于数控机床加工。

做一做

请对图1-2中的零件进行结构工艺性分析和技术要求分析。

任务1.4　选择毛坯

任务导入

机械加工工工艺过程的起点是毛坯，终点是合格零件。毛坯的选择是否合理不仅影响毛坯制造工艺与成本，而且直接影响零件的机械加工工艺与加工质量，为此合理确定毛坯的种类、结构形状是拟定机械加工工艺过程的重要工作之一。

任务内容和目标

了解毛坯的种类，清楚选择毛坯应考虑的因素，依据不同类型的结构零件，学会正确选择对应的毛坯。

知识网络结构

零件的毛坯选择
- 毛坯的种类
- 选择毛坯应考虑的因素
- 毛坯的形状与尺寸

教学情景分析

“零件”的机械加工工艺过程是从毛坯开始的，其选择是否合理，对零件的机械加工工艺、经济性、生产效率将产生直接影响，本任务主要介绍如何正确选择毛坯，为拟定零件的机械加工工艺规程做好准备。

1.4.1　选择毛坯的种类

毛坯的种类选择不仅影响毛坯的制造工艺和费用，而且也与零件的机械加工工艺和加工质量密切相关。为此需要毛坯制造和机械加工两方面的工艺技术人员配合，合理地确定毛坯的种类、结构形状，并绘出毛坯图。

常见的毛坯种类有以下几种（见表 1-9）。

表 1-9　常见毛坯种类

毛坯种类	铸件	锻件	型材	焊接件	冲压件
图形					

（1）铸件　用于形状复杂的零件毛坯。目前生产中的铸件一般采用木模、金属模砂型铸造和金属型铸造，对于一些大型、复杂汽车模具，采用聚苯乙烯泡沫模砂型铸造。对于小尺寸的回转零件，采用离心铸造，此外，可采用压力铸造、熔模铸造等特种铸造方法。

（2）锻件　用于强度要求较高、形状比较简单的零件毛坯。

锻件有自由锻和模锻两种。自由锻的锻件的精度低，加工余量大，生产率不高且结构简单，但不需要模具，适于单件小批量生产或锻造大型零件。

模锻需要采用专用锻模，这种锻件的精度较自由锻的锻件高，表面质量有所改善。毛坯的形状也可较复杂一些，加工余量较小，模锻的材料纤维呈连续型，其机械强度较高。模锻的生产效率也较高，适于产量较大的中、小型零件的毛坯。

（3）型材　分热轧与冷拉两种。热轧型材的尺寸较大，规格多，精度低，多用于一般零件毛坯；冷拉型材尺寸较小，精度较高，规格不多，价格较贵，主要用毛坯精度较高的中、小型零件。有时表面可不经加工直接选用。对于批量较大、不需经过热处理的零件尤为适宜。

（4）焊接件　一般用于大件毛坯。焊接件毛坯制造简单方便，生产周期短，但变形较大。需要进行时效处理才能进行机械加工。

（5）冲压件 用于形状复杂的板料零件毛坯。

（6）其他 有挤压、热轧、粉末冶金件等毛坯。

1.4.2 选择毛坯应考虑的因素

选择毛坯应考虑以下因素。

（1）零件的材料及其物理和力学性能 零件的材料是决定毛坯种类及其制造方法的主要因素。一般零件材料选定后，其毛坯种类大体就可确定。如铸铁、青铜材料不能锻造，只能选铸件；重要的钢质零件，为保证较高的强度和硬度，不论结构形状复杂或简单，均须选用锻件而不用型材。

（2）零件的结构形状及其外形尺寸 这是影响毛坯选择的重要因素。对于回转体零件，如阶台轴，各阶台直径相差不大，可采用型材圆棒料；若直径相差较大，则宜采用锻件。又如，形状复杂和薄壁的铸件毛坯，不宜采用金属型铸造；尺寸较大的毛坯，不宜采用压铸、模锻。

（3）生产类型 它在很大程度上决定了采用某种毛坯制造方法的经济性。生产规模大，则应采用高精度、高效率的毛坯制造方法，以提高生产率，降低成本。同时，由于精度高、生产效率高的毛坯制造方法（如电机箱体的压力铸造），既能减少耗材，又能减少机加工劳动量，节约资源，改善工人劳动条件。此外，缩短机械加工工艺过程，会最终降低产品的总费用。

（4）零件的功用 零件的功用也会影响毛坯的类型及其制造方法。对一些功用相同，力学性能尽量一致的配件往往采用合制毛坯的方法，例如磨床的主轴部件三块瓦轴承、车床丝杠的开合螺母、发动机的连杆体与连杆盖等。

（5）工厂现场生产条件 包括工厂设备情况、工艺水平、工人技术水平等。

（6）新工艺、新技术及新材料的利用 从节省材料和节约能源考虑，精密铸造、精密锻造、冷轧、冷挤、粉末冶金和工程塑料等应用日益增多，这些新工艺、新技术及新材料的使用，大大减少了机械加工量，有时甚至不必再进行机械加工，其经济效益十分显著。

零件常用毛坯的特点及应用范围见表1-10。

表1-10 零件常用毛坯的特点及应用范围

毛坯制造方法		主要特点	应用范围
铸造	木模手工砂型	可铸出形状复杂的铸件。但铸件的毛坯精度低，表面有气孔、砂眼、硬皮等缺陷，废品率高，生产率低，加工余量较大	单件及小批量生产。适于铸造铁碳合金、有色金属及其合金
	金属模机械砂型	可铸出形状复杂的铸件，铸件精度较高，生产率较高，铸件加工余量小，但铸件成本高	大批量生产。适于铸造铁碳合金、有色金属及其合金
	金属型浇注	可铸出形状不太复杂的铸件。铸件尺寸精度可达0.1～0.5mm，表面粗糙度 Ra 值可达12.5～6.3μm。铸件力学性能较好	中小型零件的大批量生产。适于铸造铁碳合金、有色金属及其合金
	离心铸造	铸件公差等级约为IT8～IT9，表面粗糙度 Ra 值可达12.5μm，铸件力学性能较好，材料消耗较低，生产率高，但需要专用设备	空心旋转体零件的大批量生产。适于铸造铁碳合金、有色金属及其合金
	熔模浇注	可铸造形状复杂的小型零件，铸件精度高，尺寸公差可达0.05～0.15mm。表面粗糙度 Ra 值可达12.5～3.2μm。可直接铸出成品	单件及成批生产。适于铸造难加工材料
	压铸	铸造形状的复杂程度取决于模具，铸件精度高，尺寸公差可达0.05～0.15mm。表面粗糙度 Ra 值可达6.3～3.2μm。可直接铸出成品，生产率最高。但设备昂贵	大批量生产，适于压铸有色金属零件

（续）

毛坯制造方法		主要特点	应用范围
锻造	自由锻造	锻造的形状简单，精度低，毛坯加工余量1.5～10mm，生产率低	单件、小批生产。适于锻造碳素钢、合金钢
	模锻	锻造形状复杂的毛坯，尺寸精度较高，尺寸公差0.1～0.2mm，表面粗糙度 *Ra* 值为12.5μm。毛坯的纤维组织好，强度高，生产率较高。但需要专用锻模及锻锤设备	大批量生产。适于锻造碳素钢、合金钢
	精密模锻	锻件形状的复杂程度取决于锻模，尺寸精度高，尺寸公差0.05～0.1mm，锻件变形小，能节省材料和工时，生产率高，但需专门的精锻机	成批及大量生产。适于锻造碳素钢、合金钢
冲压		可冲压出形状复杂的零件，毛坯尺寸公差达0.05～0.5mm，表面粗糙度 *Ra* 值为1.6～0.8μm，再进行机械加工或只进行精加工，生产率高	批量较大的中小尺寸的板料零件
冷挤压		可挤压形状简单、尺寸较小的零件，公差等级可达IT6～IT7，表面粗糙度 *Ra* 值为1.6～0.8μm，可不经切削加工	单件及成批生产，适于焊接碳素钢及合金钢
板材	热轧	型材截面形状有圆形、方形、扇形、六角形及其他形状，尺寸公差一般为1～2.5mm，表面粗糙度 *Ra* 值为12.5～6.3μm	适于各种批量生产
	冷轧	截面形状同热轧型材，精度比热轧高，尺寸公差一般为0.05～1.5mm，表面粗糙度 *Ra* 值为3.2～1.6μm。价格较高	大批量生产
粉末冶金		由于成形较困难，一般形状比较简单，尺寸精度较高，尺寸公差可达0.02～0.05mm，表面粗糙度 *Ra* 值为0.4～0.1μm，所用设备较简单，但金属粉末生产成本高	大批量生产。以铁基、铀基金属粉末为原料

1.4.3　确定毛坯的形状与尺寸

毛坯形状尽可能接近零件形状，以利于节约材料和减少机械加工工作量。毛坯形状主要取决于毛坯种类、零件形状和各加工表面的总余量，同时还要考虑下列因素。

1）是否需要制出工艺凸台以利于工件的装夹，如图1-9a所示。

2）是一个零件制成一个毛坯还是几个零件制成一个毛坯。如图1-9b所示，连杆的大头孔在锻造时是一体的，加工时，需要切断。如图1-9c所示，车床开合螺母外壳，其毛坯是两件合制的。

3）考虑哪些表面，毛坯不要求制出，如孔、槽、凹坑等。

知识链接

毛坯的画法：包括毛坯形状、尺寸、公差、分型面及浇注口位置、起模斜度及圆角。在毛坯图中，毛坯的外形用粗实线表示，零件外形用双点画线表示，加工后的零件尺寸应标在括号内，作为参考尺寸注在毛坯尺寸之中，各表面的加工余量用细交叉线表示。

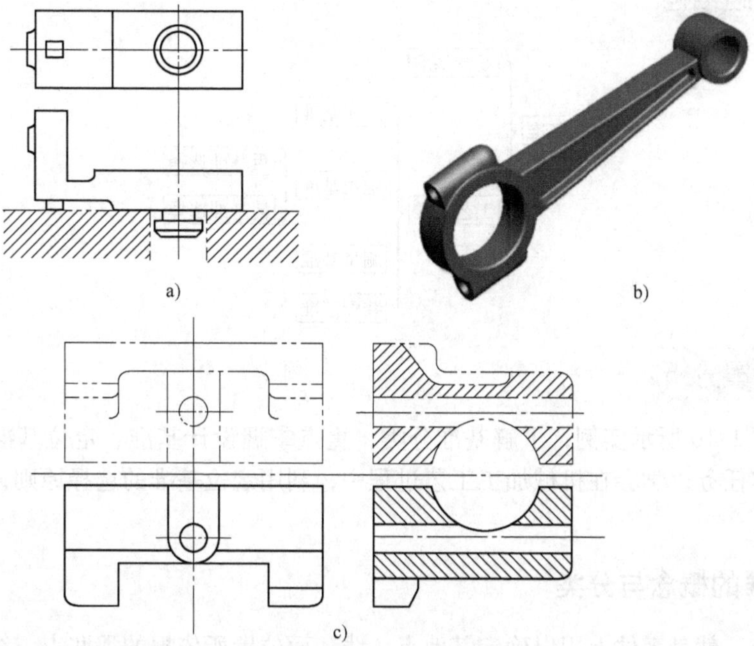

图 1-9　毛坯结构尺寸确定

任务 1.5　选择定位基准

任务导入

在制订机械加工工艺规程中，需要考虑的重要问题之一是怎样将工件装夹在机床或机床夹具上。这里的装夹有两个含义，即定位和夹紧。其中定位的准确性对工件的加工质量起着关键作用，如何保证定位准确、正确、合理，选择定位基准又是关键中的关键。

图 1-10 所示零件，加工其上的缺口表面时，如何定位？如何选择定位基准？

图 1-10　零件举例

任务内容和目标

了解机械加工中基准的分类，掌握不同类型基准的基本概念，重点掌握与机械加工工艺过程紧密相关的定位基准、工序基准。掌握定位粗、精基准的选择原则，能够正确选择粗、精定位基准。

知识网络结构

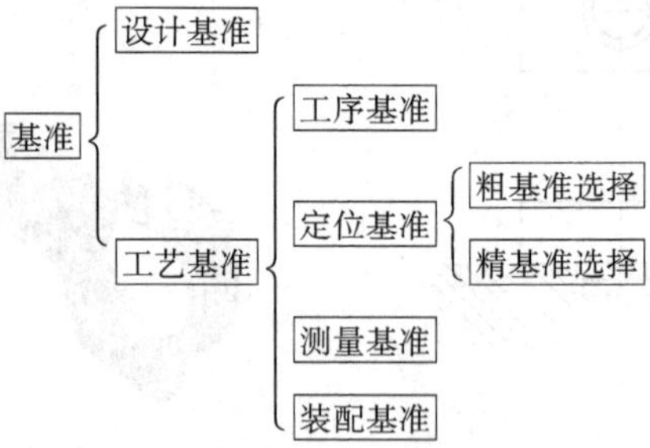

教学情景分析

利用如图 1-10 所示实例，了解基准分类，重点掌握设计基准、定位基准、工序基准的概念，通过本任务，学会在机械加工工艺过程中，利用定位基准的选择原则，如何正确选择定位基准。

1.5.1　基准的概念与分类

所谓基准，就是零件上用以确定其他点、线、面位置所依据的那些点、线、面。

基准是机械制造中应用得十分广泛的一个概念，用来确定生产对象上几何要素之间的几何关系所依据的那些点、线、面。机械产品从设计、制造到出厂经常要遇到基准问题。设计时零件尺寸的标注，加工时工件的定位，检验时尺寸的测量，装配时零件、组件、部件的装配位置，都要用到基准的概念。

从设计和制造两个方面看基准可分为两大类，即设计基准和工艺基准。

1. 设计基准

设计者在设计零件时，根据零件在装配结构中的装配关系以及零件本身结构要素之间的相互位置关系，确定标注尺寸（角度）的起始位置。这些尺寸（角度）的起始位置称为设计基准。简言之，在零件工作图上用以确定其他点、线、面位置时所依据点、线、面称为设计基准。

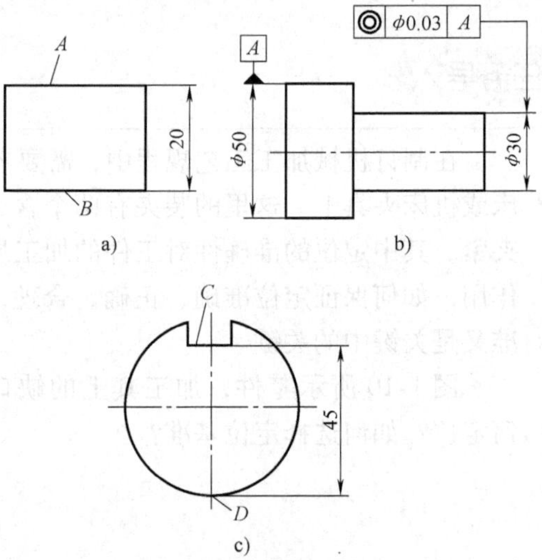

图 1-11　零件设计基准

根据图 1-11a 所示零件可知，对尺寸 20mm 而言，*A*、*B* 面互为设计基准。

图 1-11b 中，ϕ50mm 的设计基准是 ϕ50mm 的轴线，ϕ30mm 面的设计基准是 ϕ30mm 的轴线。就同轴度而言，ϕ50mm 的轴线是 ϕ30mm 轴线的设计基准。

图 1-11c 所示零件，圆柱面的下母线 *D* 为槽底面 *C* 的设计基准。

注意

1）某一加工表面设计基准的数目，取决于该表面与几个点、线、面有位置关系。不要误认为一个加工表面只有一个设计基准，它可能有一个或者两个以上的设计基准。

2）充当设计基准的点、线、面 一般情况下是工件上其他的点、线、面，有时则为工件的几何中心、对称线、对称平面等。

2. 工艺基准

零件在工艺过程中采用的基准称为工艺基准。按其用途可分为工序基准、定位基准、测量基准和装配基准。

（1）工序基准　在工序图中用以确定本工序被加工表面加工后的尺寸、形状、位置的基准，它是工序所要达到加工尺寸的起点。图 1-12 所示为钻孔工序图中孔的两种工序基准选择示例。

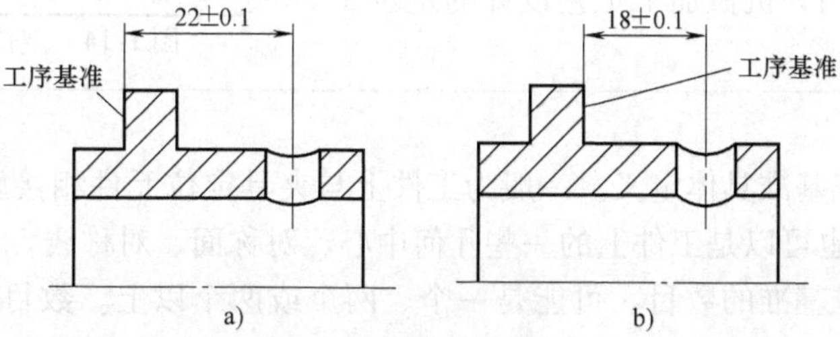

图 1-12　钻孔工序图

注意

设计工序基准时

1）应首先考虑用设计基准作为工序基准。

2）所选工序基准应尽可能用于工件的定位和工序尺寸的检验。

3）当采用设计基准为工序基准有困难时可另选工序基准，但必须保证零件设计尺寸的技术要求。

4）工序基准的数目取决于本工序有几个加工表面及每一个加工表面与几个表面、线、点有相互位置关系。

5）充当工序基准的点、线、面可以是工件上的实际的点、线、面，或是一些几何中心、对称中心、对称面。

（2）定位基准　在加工时，用以确定工件在机床或机床夹具中的正确位置所采用的基准，称为定位基准。定位基准一般为工件上与夹具定位元件相接触的实际的点、线、面。此外，也可以是工件上的一些几何中心，对称面、对称线。图 1-13 中顶尖孔Ⅰ、Ⅱ的中心为加工零件外圆表面的定位基准。

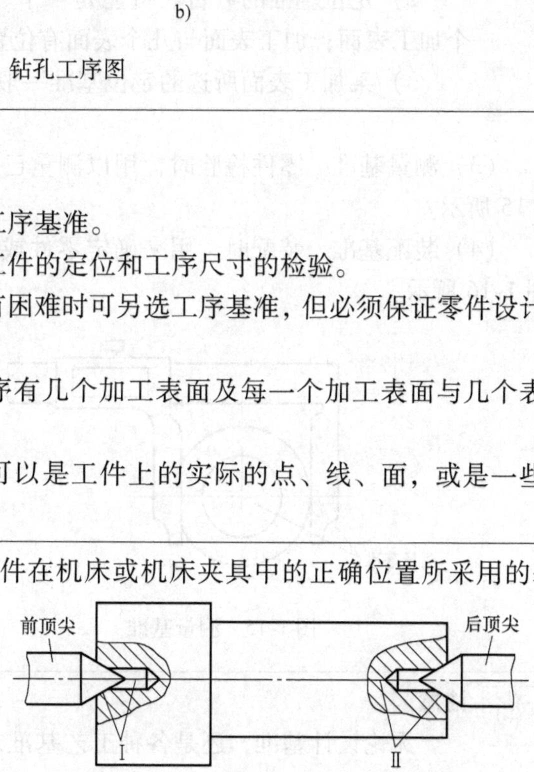

图 1-13　定位基准

如图 1-14 所示，零件加工其上的缺口面 3、6，保证尺寸 L_1、L_2，采用图 1-14 所示的定位方式，加工 3 面时，以 1 面为定位基准，加工 6 面时，以 4 面为定位基准。

定位基准是获得零件尺寸的直接基准，占有十分重要的地位。定位基准可以进一步分为粗基准、精基准，另外，还有附加基准。

粗基准：未加工表面为定位基准。机械加工工艺规程中的第一道工序所采用的定位基准都是粗基准。

精基准：已加工表面为定位基准。

辅助基准：零件上根据机械加工工艺需要而专门设计的定位基准。例如轴零件常用顶尖孔定位，顶尖孔就是专门为机械加工工艺设计的定位基准。

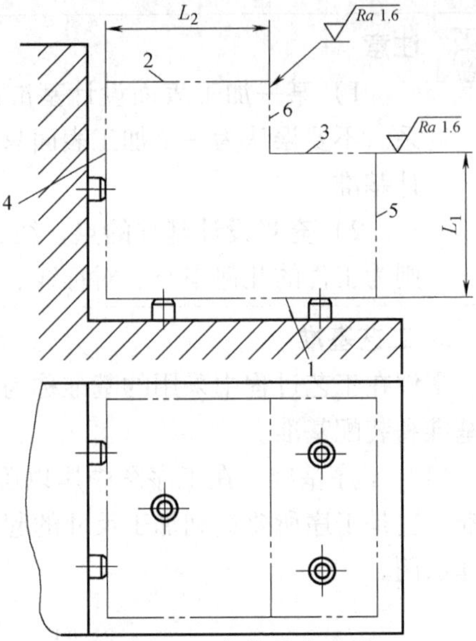

图 1-14　定位基准示例

注意

1）定位基准具体定义。一般为工件上与夹具定位元件相接触的实际的点、线、面，此外，也可以是工件上的一些几何中心、对称面、对称线。

2）定位基准的数目。可能是一个、两个或两个以上。数目的多少取决于有几个加工表面；加工表面与几个表面有位置关系。

3）某加工表面所选的定位基准一般为其设计基准（即基准重合）。

（3）测量基准　零件检验时，用以测量已加工表面及位置的基准称为测量基准，如图 1-15 所示。

（4）装配基准　装配时，用来确定零件或部件在产品中的相对位置所采用的基准。如图 1-16 所示。

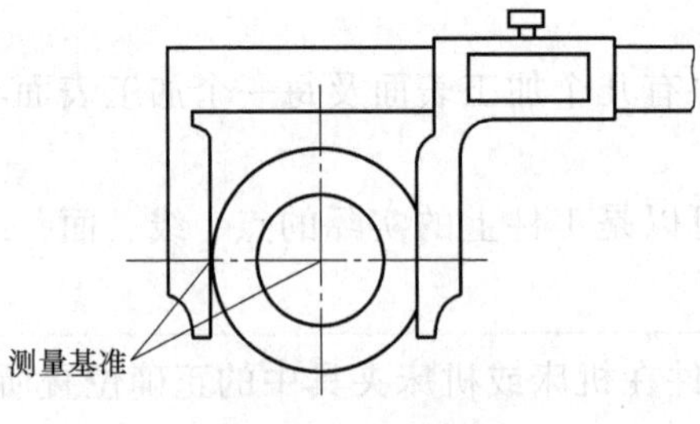

图 1-15　测量基准

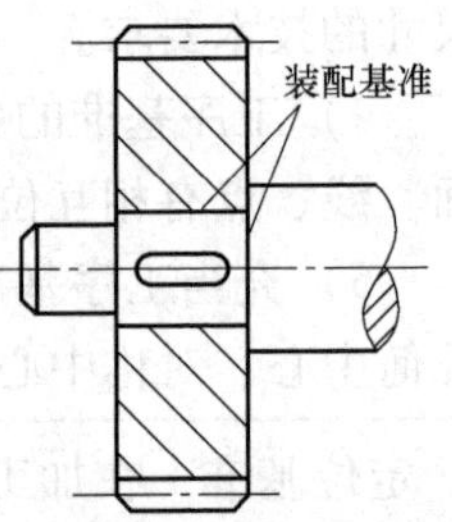

图 1-16　装配基准

注意

无论设计基准，还是各种工艺基准，基准一定是工件上的点、线、面，或是工件的几何中心、对称面、对称线。

1.5.2 定位基准的选择

想一想

图1-17所示为某机床主轴箱体的一个视图，其中孔 ϕd_1 为该箱体主轴孔，是重要孔，加工时希望加工余量均匀，同学们想一想加工过程中如何选择定位粗、精基准？

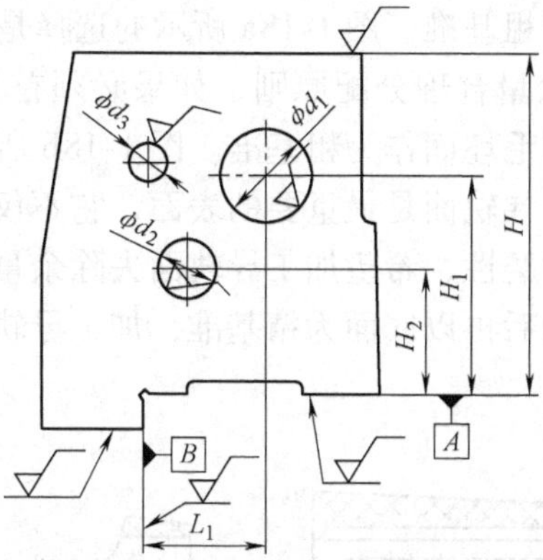

图1-17 箱体一个视图

制订机械加工工艺规程中，需要考虑的关键问题之一，就是怎样选择定位基准。定位基准有粗基准和精基准之分，精基准和粗基准的选择原则是不同的，所以工艺设计人员必须合理、正确选择粗、精定位基准。

1. 粗基准的选择

粗基准的选择对零件的加工会产生重要的影响。如图1-18所示零件毛坯，在铸造时孔2与外圆1难免存在偏心，加工表面为孔2。加工时，如果采用不加工外圆柱面1为粗基准，利用自定心卡盘装夹进行加工，则加工面（孔2）与不加工面（外圆1）同轴，可以保证壁厚均匀，但加工孔2时的加工余量不均匀，如图1-18a所示。

如果采用加工面（孔2）的毛坯孔作为粗基准，利用单动卡盘，按孔2的毛坯孔直接找正装夹进行加工，则加工面孔2与该面的毛坯孔同轴，加工时，加工余量均匀，但加工面孔2的轴心与不加工面（外圆1）的轴心不同轴，即壁厚不均匀，如图1-18b所示。

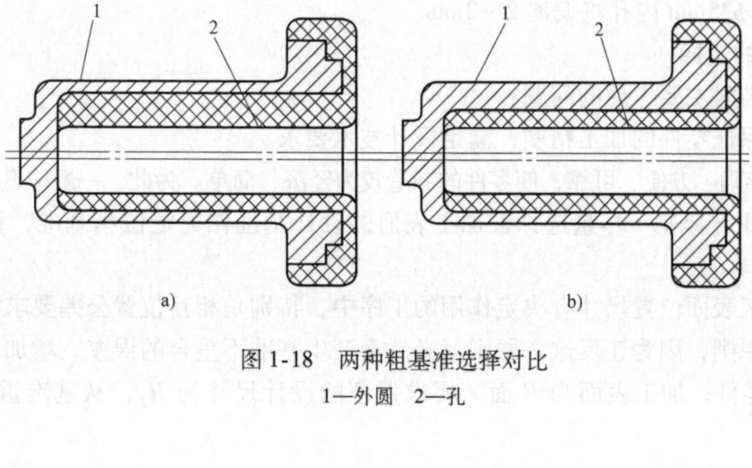

图1-18 两种粗基准选择对比

1—外圆 2—孔

由此可见，选择粗基准时，主要考虑两点：

一是保证加工表面与不加工表面之间的位置和尺寸要求。

二是保证加工表面的加工余量合理分配，即加工余量均匀和足够，此外，第一道粗加工工序首先遇到粗基准的选择问题，因此，正确选择粗基准对保证质量有重大影响。

在选择粗基准时，一般遵循下列原则：

（1）保证相互位置要求原则　如果要保证工件上加工表面与不加工表面的相互位置要求，则应选择不加工表面作为粗基准。图 1-18a 所示的选择是正确的。

（2）保证加工表面加工余量合理分配原则　如果必须首先保证工件某重要加工表面的余量均匀，则应选择该表面的毛坯面作为粗基准。图 1-18b 所示的选择是正确的。

例如在车床床身加工中，导轨面是最重要的表面，它不仅要求精度高，而且要求导轨面有均匀的金相组织和较高的耐磨性，希望加工导轨面去除余量要小而且均匀。因此应以导轨面为粗基准，先加工底面，然后再以底面为精基准，加工导轨面。如图 1-19b 所示的基准是正确的。

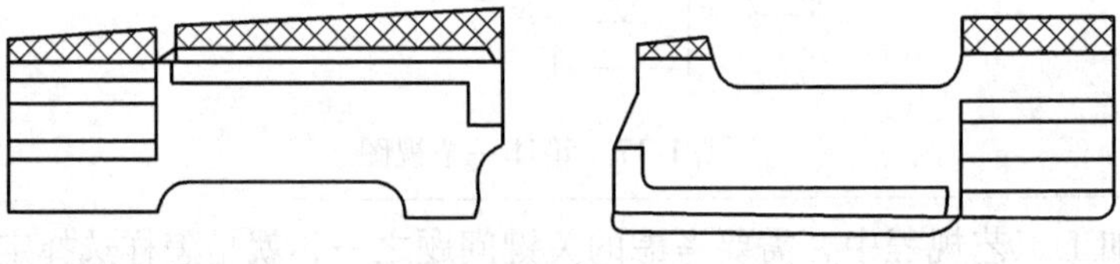

图 1-19　以床腿面为粗基准和以车身导轨面为粗基准

a）以床腿面为粗基准　b）以车身导轨面为粗基准

（3）便于工件装夹的原则　选择定位粗基准时，必须考虑定位准确、夹紧可靠及夹具结构的简化、操作方便等问题。为了保证定位准确，夹紧可靠，要求选用的粗基准尽可能平整、光洁和有足够大的尺寸，不许有锻造飞边，铸造浇、冒口，分型面或其他缺陷。

（4）粗基准一般不得重复使用的原则　同一尺寸方向上，粗基准只能用一次。因为粗基准为毛面，定位基准位移误差较大，若重复使用，将造成较大的加工误差，不能保证加工要求。例如图 1-20a 所示零件，第一道工序以 ϕ50mm 外圆为粗基准车端面、镗孔 ϕ25mm，如图 1-20b 所示，如果第二道工序仍以 ϕ50mm 外圆为粗基准加工 $3\times\phi$10mm 小孔，加工后，ϕ10mm 小孔与 ϕ25mm 内孔将偏离 2 ~ 3mm。

2. 精基准的选择

选择精基准时主要考虑的问题：

一是如何保证零件的加工精度，满足设计技术要求。

二是装夹准确、方便、可靠，使零件的制造较为经济、简单。为此，一般应遵循以下原则：

（1）基准重合原则　尽量选择被加工表面的设计基准作为定位精基准，称之为基准重合原则。

在对于加工表面位置尺寸有决定作用的工序中，特别是相互位置公差要求很小时，一般不应违反这一原则，因为违反这一原则就必然会产生基准不重合的误差，增加加工难度。如图 1-21a 所示零件，加工表面为 B 面，要求保证的设计尺寸为 H_2，从基准重合原则出发，

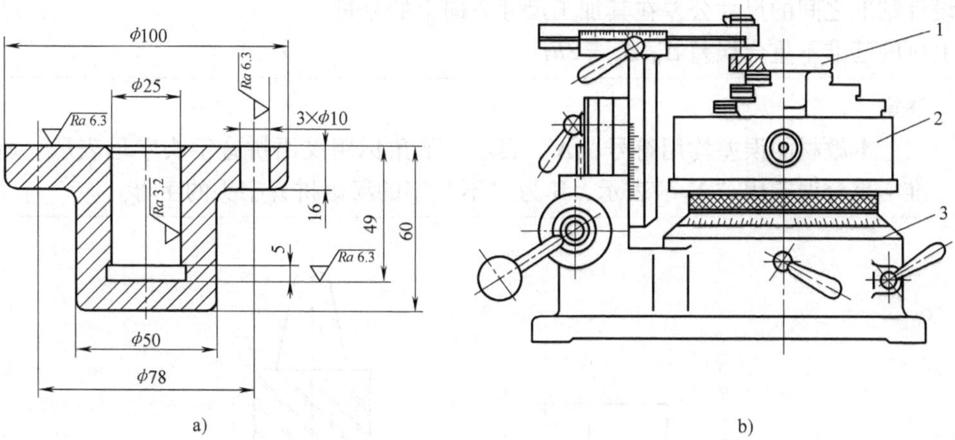

图 1-20　粗基准重复使用

1—工件　2—自定心卡盘　3—转台

应选择 A 面为定位基准，定位方式如图 1-21b 所示。当零件为批量生产，采用调整法加工时，刀具刃口按加工表面 B 到定位支承板定位表面的 H_2 尺寸调整，假若忽略加工过程中的机床、刀具、夹具及工件本身的所有误差因素，处于理想加工状态，加工该批工件，从第 1 个一直到第 n 个零件获得的设计尺寸 H_2 应该是一样的，这种结果的出现，是因为定位基准与设计基准重合。当然，生产实际中不会存在理想加工状态，考虑加工中机床、刀具、夹具及工件的诸多误差因素的影响，对于 H_2 尺寸会在一定的公差带范围内变化。只要误差控制在设计尺寸的技术要求范围内即可。

图 1-21c 所示零件与图 1-21a 所示零件结构完全一样，加工表面也为 B 面，区别是设计人员对 B 面标注的设计尺寸为 H_2 是相对 C 面而言，即 C 面为 B 面的设计基准。从基准重合原则出发，加工时，应选择 C 面为定位基准。显然，若采用 C 面作为定位基准，C 面必须与相应的定位元件定位表面接触，因此，极有可能在加工过程中，出现刀具与夹具发生干涉现象，造成加工不可实施，为此，仍然采用 A 面为定位基准，如图 1-21d 所示定位方式。此时，对于 B 面，设计基准为 C 面，定位基准为 A 面，出现基准不重合的情况，其结果将会产生基准不重合误差。

同样，当零件为批量生产，采用调整法加工时，刀具刃口按加工表面 B 到定位支承板的 H_2'（已经换算）尺寸调整，假如忽略加工过程中的机床、刀具、夹具及工件本身的所有误差因素，在理想加工状态加工该批工件，从第 1 个一直到第 n 个零件所获得的尺寸 H_2' 应该一样的。但 H_2' 尺寸并不是加工表面 B 要求保证的设计尺寸，B 面的设计尺寸为 H_2。由于前序工序中，作为设计基准的 C 面和定位基准的 A 面之间存在尺寸误差 $\pm h_1$，即使略去加工过程中的所有误差因素，所获得的设计尺寸 H_2 仍然在 $\pm h_1$ 误差范围内变化，也就是存在 $\pm h_1$ 加工误差，这种结果的出现，是因为基准不重合造成的。当然，再考虑加工中机床、刀具、夹具及工件的诸多误差因素的影响，对于 H_2 尺寸不仅存在加工过程中的误差，还存在基准不重合带来的误差，因此，对加工面 B，容易出现超差，增加加工难度。

通过上述分析，可以清楚看出，基准不重合误差的存在原因是由于前序工序加工中，设计基准 C 面相对定位基准 A 面存在加工误差造成的，所以基准不重合误差等于所选定位基准到设计基准之间的尺寸公差在其加工尺寸方向上的分量。

上例的基准不重合误差 Δ_B: $\Delta_B = 2h_1$。

注意

本教材的误差均用符号“Δ”表示，下角标用汉语拼音字头字母表示。所以基准不重合误差用“Δ_B”表示，B 为“不”字的汉语拼音字头的字母。

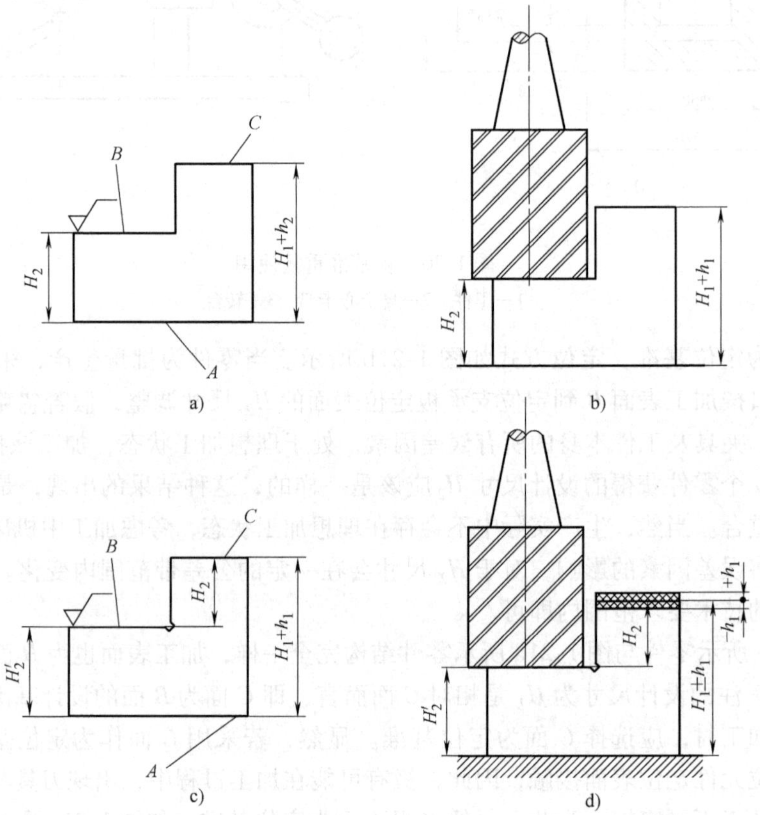

图 1-21 基准不重合误差分析

做一做

如图 1-22 所示为在一平面上钻孔的零件图，为避免基准不重合误差的产生，试选择钻孔加工的精定位基准。

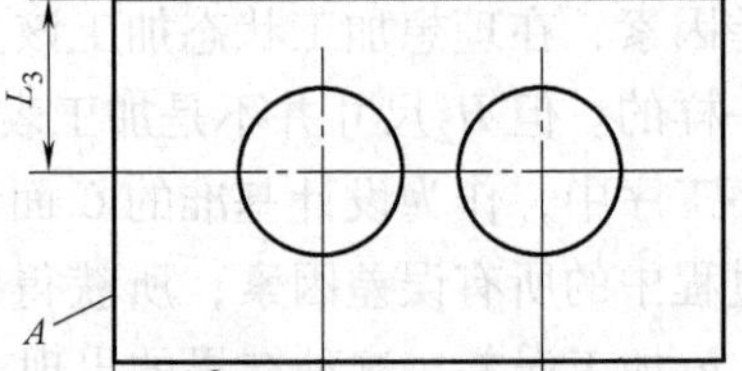

图 1-22 零件图

（2）统一基准原则　在加工过程中尽可能地采用统一的定位基准，可以减少安装时间，避免基准转换所产生的误差，简化夹具的设计和制造。例如轴类零件常采用顶尖孔作为统一基准，箱体常用一面两孔作为精基准，盘类零件常用一端面和一短孔作为精基准。

如表1-11是某厂大批量生产加工车床主轴箱体的加工工艺路线，是基准统一原则的应用实例。在该工艺路线中，所用的统一基准是主轴箱体的顶面和两个销孔（两销孔为机械加工工艺专门设计的定位基准，即两工艺孔，为附加基准），采用“一面双孔”统一基准定位加工主轴箱体。

表1-11　箱体的工艺路线和基准转换表

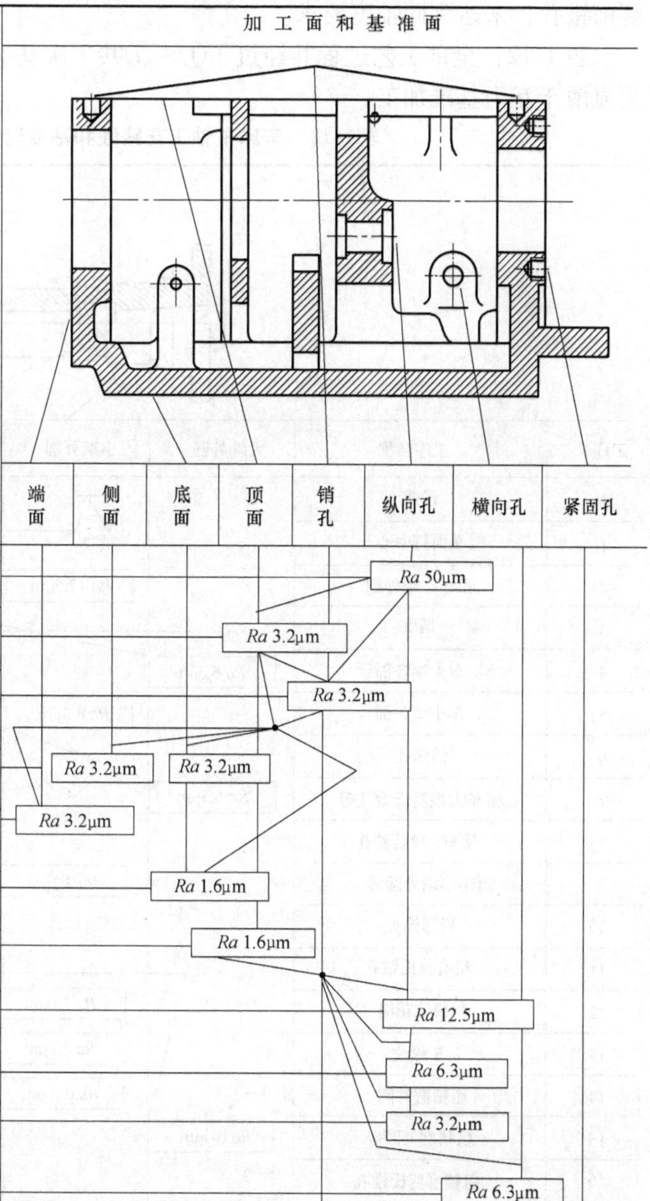

工序号	工序内容
0	
1	粗、半精加工顶面
2	钻两定位销孔和顶面上所有紧固孔
3	加工底面和侧面
4	加工端面
5	精加工底面
6	精加工顶面
7	粗加工纵向孔
8	半精加工纵向孔
9	精加工纵向孔
10	加工横向孔和紧固孔
11	加工其他壁上紧固孔

工序 1、2 先加工出统一基准顶面及两孔，工序 3、4、5 用它作为精基准加工所有其他表面。在工序 6 中，利用精加工后的底面为精基准精修顶面，然后再以提高精度后的统一基准，在工序 7、8、9、10、11 中加工箱体中的孔和孔系。

（3）互为基准原则　对于相互位置精度要求高的表面，可以采用互为基准、反复加工的方法。

例如某车床主轴的前、后支承轴颈与主轴前锥孔的同轴度要求很严格，为了达到这一技术要求，机械加工工艺一般都遵循互为基准的原则，一般先以支承轴颈定位加工锥孔，再以锥孔定位加工支承轴颈，从粗加工到精加工，如此反复加工，最后以前后两支承轴颈定位精磨前锥孔，来达到同轴度要求。

表 1-12：全部工艺过程共经过了①～⑦共 7 次基准转换，其中 5 次（第③次～第⑦次）明显属于互为基准加工。

表 1-12　车床主轴工艺路线和基准转换表（互为基准）

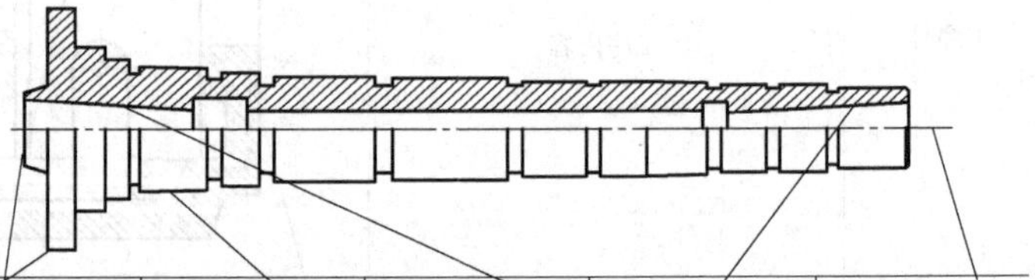

工序号	工序名称	大端外圆	小端外圆	前莫氏锥孔	后锥孔	前后中心孔
0	锻造			①		
1	铣端面打中心孔			②		*Ra* 6.3μm
2	粗车小端外圆		*Ra* 12.5μm	②		
3	调质					
4	车大端各部	*Ra* 6.3μm		②		
5	车小端各部		*Ra* 6.3μm	③		
6	钻深孔			③　③		*Ra* 6.3μm
7	精车大端莫氏锥孔等	*Ra* 6.3μm		*Ra* 3.2μm		
8	精车1:12后锥孔				*Ra* 3.2μm	
9	精车小端外圆等		*Ra* 3.2μm	④		
10	局部淬火			⑤		
11	粗磨莫氏锥孔			⑥ *Ra* 0.8μm		
12	粗精铣花键		*Ra* 1.6μm			
13	车螺纹		*Ra* 6.3μm			
14	粗精磨外圆		*Ra* 0.8μm			
15	粗精磨外圆等	*Ra* 0.4μm		⑦		
16	粗精磨莫氏锥孔			*Ra* 0.4μm		

（4）自为基准原则　当精加工或光整加工工序要求余量小而均匀时，应选择加工表面本身作为定位基准。如图1-23所示导轨面的磨削，是以导轨面自身为基准找正定位的。此外，拉孔、浮动铰孔、浮动镗孔、无心磨外圆及珩磨等都是自为基准的例子。

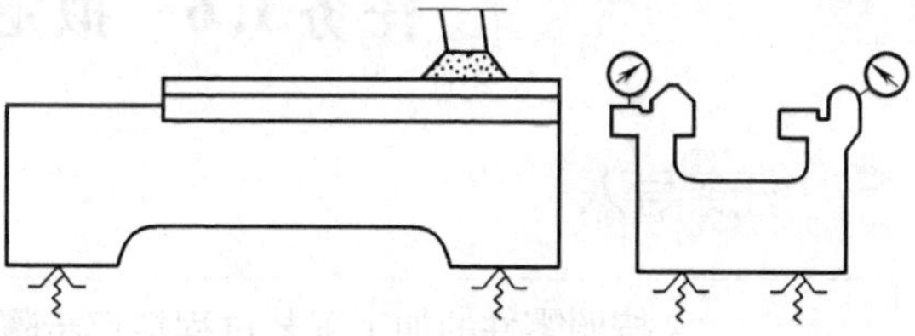

图1-23　自为基准

（5）便于装夹原则　选择精基准时，还应考虑所选精基准能使工件定位准确、稳定，夹紧方便可靠，夹具结构简单，操作方便等因素。

注意

1）定位粗基准的选择将影响到加工表面与不加工面的相互位置关系，或影响到加工余量的分配，并且第一道加工工序首先遇到粗基准选择的问题，因此正确选择粗基准对保证产品质量有重要影响。

2）无论是定位粗基准还是定位精基准，上述原则都不可能同时满足甚至有时还是相互矛盾的。因此，在选择时要根据具体情况进行分析，权衡利弊，保证其主要要求。

3）惟有便于装夹原则始终不能违反。

知识链接

1）定位基准选择是否合理是决定零件机械加工精度的关键因素，零件上的表面存有⌒符号的表示该面为定位基准面。

2）定位基准在机床夹具设计时，定位方案设计能否满足零件加工精度要求，取决于定位基准选择的合理性。

做一做

如图1-24所示车床进刀轴架零件，若已知其机械加工工艺路线为：

1）划线。

2）粗、精刨底面和凸台表面。

3）粗、精镗ϕ32H7孔。

4）钻、扩、铰ϕ16H9孔。

试选择各工序的定位基准。

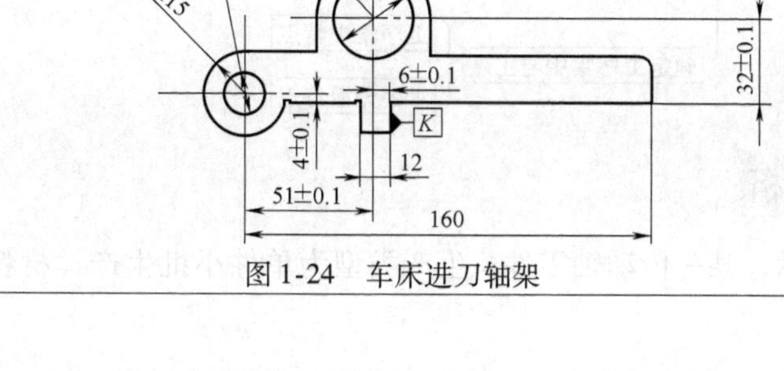

图1-24　车床进刀轴架

任务 1.6　拟定零件的工艺路线

任务导入

按照零件的加工工艺过程拟定步骤，在对零件图及相关装配图详尽分析，正确选择合适的毛坯、定位基准的前提下，接下来就是拟定工艺规程的中心问题。针对零件若干个需要加工的表面，如何以优质、低耗、高效为宗旨，正确选择每一个加工表面的加工方法？如何准确合理地安排其切削加工的先后次序、热处理工序顺序？依据不同的生产类型，如何贯彻工序集中、工序分散的原则是本任务所要解决的问题。

任务内容和目标

在拟定零件工艺规程的过程中，掌握选择各个加工表面的加工方法时应考虑的因素，学会正确选择加工方法；掌握切削加工工序顺序的安排原则，按照原则学会安排各个加工表面的加工顺序，同时能够将热处理工序顺序及辅助工序顺序恰当地安排在切削加工顺序的准确位置，形成一个阶段清晰、主次分明的工艺路线。

知识网络结构

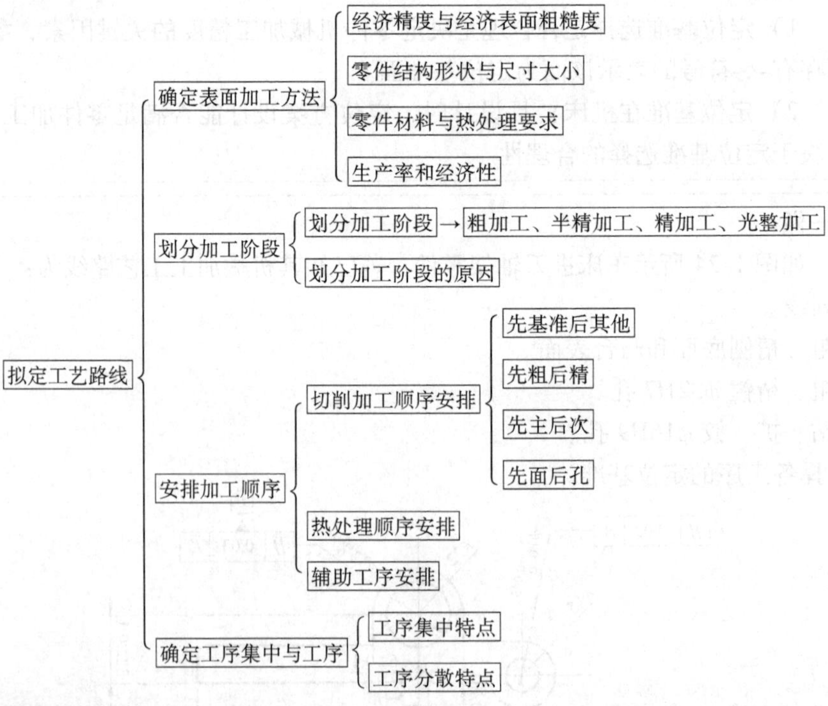

教学情景分析

如图 1-25 所示，某一传动轴零件，生产类型为单件小批生产，材料为 20Cr，在拟定其

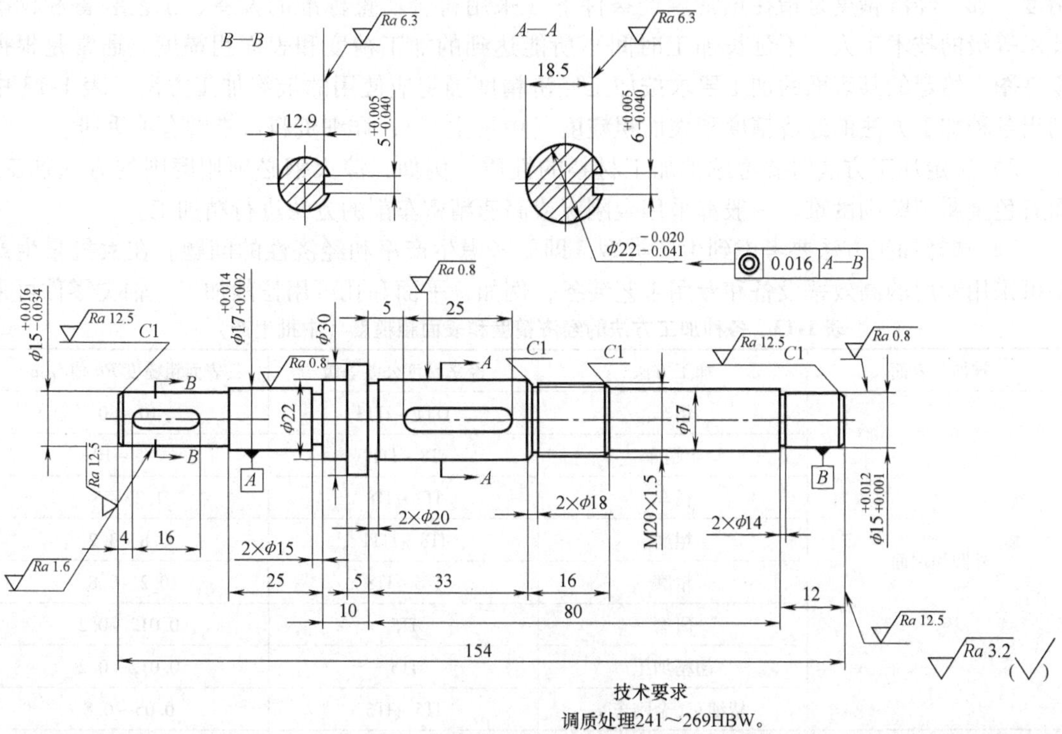

图1-25　传动轴

加工工艺路线时，利用已经学习的工艺理论知识和实训中的实操经验，正确选择各段外圆表面、螺纹及键槽的加工方法，安排其切削加工工序顺序、热处理工序及检验等辅助工序顺序。并依据不同的生产类型，考虑工艺规程是贯彻工序集中还是工序分散原则。

机械加工工艺路线是指主要用机械加工的方法将毛坯加工成零件的整个加工路线。在毛坯确定后，根据零件的技术要求、表面形状、已知的各机床的加工工艺范围、刀具的用途，可以初步拟定零件表面的加工方法，工序的先后次序，工序集中还是分散，如何划分加工阶段等。工艺路线不但影响加工质量和生产效率，而且影响工人的劳动强度，影响设备投资、车间面积、生产成本等。因此，它是拟定工艺规程的关键一步。

1.6.1　表面加工方法的选择

达到同样技术要求的加工方法很多。在选择表面加工方法时，应在了解各种加工方法的特点的基础上，考虑生产率和经济性，考虑零件的结构形状、尺寸大小、材料的热处理要求及工厂的生产条件等，下面分别简要说明表面加工方法选择时主要考虑的因素。

1. 加工方法选择应考虑的因素

1）加工经济精度。确定表面的加工方法，主要由该表面所要求的加工经济精度来确定。任何一种加工方法可以获得的加工精度和表面粗糙度均有一个较大的范围。只要精心操作、细心调整，选择合适的切削用量，其加工精度就可以得到提高，其加工表面粗糙度就可以减小。但是，加工精度提得越高，表面粗糙度减得越小，则所消耗的时间与成本越大。因此，从加工精度、表面粗糙度和加工成本两方面考虑，有一种较为经济的选择，即加工经济精度。加工经济精度是指在正常生产条件下（采用符合质量标准的设备、工艺装备和标准技术等级的技术工人，不延长加工时间）所能达到的加工精度和表面粗糙度。通常是根据零件图上给定的某表面的加工要求按加工经济精度确定应使用的最终加工方法。表 1-13 中列出各种加工方法的经济精度和表面粗糙度（中批生产），详细资料可查阅有关手册。

2）决定加工方法时要考虑被加工材料的性质。例如，淬火钢必须用磨削的方法加工；而有色金属则磨削困难，一般都采用金刚镗或高速精密车削的方法进行精加工。

3）选择加工方法要考虑到生产类型，即要考虑生产率和经济性的问题。在大批量生产中可采用专用的高效率设备和专用工艺装备，例如，平面和孔可用拉削加工，轴类零件可采

表 1-13 各种加工方法的经济精度和表面粗糙度（中批生产）

被加工表面	加工方法	经济精度公差等级	表面粗糙度 Ra 值/μm
外圆和端面	粗车	IT11 ~ IT13	10 ~ 80
	半精车	IT8 ~ IT11	2.5 ~ 10
	精车	IT7 ~ IT8	1.25 ~ 5
	粗磨	IT8 ~ IT11	0.8 ~ 3.2
	精磨	IT6 ~ IT8	0.2 ~ 0.8
	研磨	IT5	0.012 ~ 0.2
	超精加工	IT5	0.012 ~ 0.2
	精细车(金刚车)	IT5 ~ IT6	0.05 ~ 0.8
孔	钻孔	IT11 ~ IT13	6.3 ~ 50
	铸锻孔的粗扩(镗)	IT11 ~ IT13	12.5 ~ 50
	精扩	IT9 ~ IT11	3.2 ~ 6.3
	粗铰	IT8 ~ IT9	1.6 ~ 6.3
	精铰	IT6 ~ IT7	0.8 ~ 3.2
	半精镗	IT9 ~ IT11	3.2 ~ 6.3
	精镗(浮动镗)	IT7 ~ IT9	0.8 ~ 3.2
	精细镗(金刚镗)	IT6 ~ IT7	0.1 ~ 0.8
	粗磨	IT9 ~ IT11	3.2 ~ 6.3
	精磨	IT7 ~ IT9	0.4 ~ 1.6
	研磨	IT6	0.012 ~ 0.2
	珩磨	IT6 ~ IT7	0.1 ~ 0.4
	拉孔	IT7 ~ IT9	0.8 ~ 1.6
平面	粗刨、粗铣	IT11 ~ IT13	12.5 ~ 50
	半精刨、半精铣	IT8 ~ IT11	3.2 ~ 6.3
	精刨、精铣	IT6 ~ IT8	0.8 ~ 3.2
	拉削	IT7 ~ IT8	0.8 ~ 1.6
	粗磨	IT8 ~ IT11	1.6 ~ 6.3
	精磨	IT6 ~ IT8	0.2 ~ 0.8
	研磨	IT5 ~ IT6	0.012 ~ 0.2

用半自动液压仿形车床加工等。甚至在大批量生产中可以从根本上采取改变毛坯的形态，大大减少切削加工的工作量。例如，用粉末冶金制造油泵的齿轮，用石蜡浇注制造柴油机上的小尺寸零件等。在单件小批量生产中，就采用通用设备、通用工艺装备及一般的加工方法。

4）选择加工方法还要考虑本厂（或本车间）的现有设备情况及技术条件，应该充分利用现有设备，挖掘企业潜力，发挥工人群众的积极性和创造性。此外，选择加工方法还应该考虑一些其他因素，例如工件的形状、质量以及加工方法所能达到的表面物理机械性能等。

2. 几种常见表面的加工选择

（1）外圆加工　车削是外圆加工，特别是外圆粗加工和半精加工的主要方法。磨削在外圆精加工中比车削更为经济，而对于淬硬钢，必须采用磨削方式进行精加工。对铜、铝等有色金属及其合金的加工一般都由车削来完成。

（2）加工直径小于30mm的孔　毛坯一般不制出，第一次加工为钻孔。直径大于50mm的孔，由毛坯制出，第一次加工为粗镗。小尺寸孔的加工顺序为：钻→扩→铰；大尺寸孔加工，采用镗削方式。磨孔时，由于砂轮直径受孔径限制，磨削速度低，主要用于淬硬工件的精加工。拉孔主要用于大批量生产中。

（3）平面加工　铣削和刨削是平面加工的主要方法，铣削比刨削效率要高。平面精加工主要是磨削，目前精铣也已成为应用广泛的精加工手段。研磨和刮研是平面光整加工的主要方法。一般地，得到同一精度和表面粗糙度的加工方法多种多样，在实际选择中，要根据零件的结构形状、尺寸大小、工件材料和热处理等因素综合加以考虑。但在大批大量生产中，应采用高效率的加工方法。表1-14、表1-15和表1-16分别介绍了外圆、孔和平面的加工方案。

表1-14　外圆表面加工方案及其经济精度

加工方案	经济精度公差等级	表面粗糙度 $Ra/\mu m$	适用范围
粗车	IT11 ~ IT13	10 ~ 80	适用于除淬火钢以外的金属材料
→半精车	IT8 ~ IT11	2.5 ~ 10	
→精车	IT7 ~ IT8	1.25 ~ 5	
→滚压（或抛光）	IT6 ~ IT7	0.04 ~ 0.32	
粗车→半精车→磨削	IT6 ~ IT7	0.63 ~ 1.25	除不宜用于有色金属外，主要适用于淬火钢件的加工
→粗磨→精磨	IT5 ~ IT7	0.16 ~ 0.63	
→超精磨	IT5	0.02 ~ 0.16	
粗车→半精车→精车→金刚车	IT5 ~ IT6	0.04 ~ 0.63	主要用于有色金属
粗车→半精车→粗磨→精磨→镜面磨	IT5级以上	0.01 ~ 0.04	主要用于高精度要求的钢件加工
→精车→精磨→研磨	IT5级以上	0.01 ~ 0.04	
→粗研→抛	IT5级以上	0.01 ~ 0.16	

表 1-15　孔加工方案及其经济精度

加工方案	经济精度公差等级	表面粗糙度 Ra 值/μm	适用范围
钻 └→扩 　└→铰 　└→粗铰 → 精铰 └→铰 └→粗铰→精铰	IT11 ~ IT13	≥20	加工未淬火钢及铸件的实心毛坯，也可用于加工有色金属（所得表面粗糙度 Ra 值稍大）
	IT10 ~ IT11	10 ~ 20	
	IT8 ~ IT9	2.5 ~ 5	
	IT7	1.25 ~ 2.5	
	IT8 ~ IT9	2.5 ~ 5	
	IT7 ~ IT8	1.25 ~ 2.5	
钻→（扩）→拉	IT7 ~ IT9	1.25 ~ 2.5	大批量生产（精度可因拉刀精度而定），如校正拉削后，Ra 值可降低到 0.63 ~ 0.32μm
粗镗（或扩） └→半精镗（或精扩） 　└→精镗（或铰） 　　└→浮动镗	IT11 ~ IT13	10 ~ 20	除淬火钢外的各种钢材，毛坯上已有铸出或锻出的孔
	IT8 ~ IT9	2.5 ~ 5	
	IT7 ~ IT8	1.25 ~ 2.5	
	IT6 ~ IT7	0.63 ~ 1.25	
粗镗（扩）半精镗 → 磨 └→粗磨 → 精磨	IT7 ~ IT8	0.32 ~ 1.25	主要用于淬火钢，不宜用于有色金属
	IT6 ~ IT7	0.16 ~ 0.32	
钻 →（扩）→ 粗铰 → 精铰 → 珩磨 └→拉 → 珩磨 精镗→半精镗→精镗→珩磨	IT6 ~ IT7	0.04 ~ 0.32	精度要求很高的孔，若以研磨代替珩磨，精度可达标准公差等级 IT6 以上，Ra 值可降低到 0.16 ~ 0.01μm
	IT6 ~ IT7	0.04 ~ 0.32	
	IT6 ~ IT7	0.04 ~ 0.32	

表 1-16　平面加工方案及其经济精度

加工方案	经济精度公差等级	表面粗糙度 Ra 值/μm	适用范围
粗车 └→半精车 　└→精车 　└→磨	IT11 ~ IT13	20 ~ 80	适用于工件的端面加工
	IT8 ~ IT9	5 ~ 10	
	IT6 ~ IT7	1.25 ~ 2.5	
	IT6	0.32 ~ 1.25	
粗刨（或粗铣） └→精刨（或精铣） 　└→刮研	IT11 ~ IT13	20 ~ 80	适用于未淬硬的平面（用面铣刀加工，可得到较低的表面粗糙度值）
	IT7 ~ IT9	10 ~ 2.5	
	IT5 ~ IT6	0.16 ~ 1.25	
粗刨（或粗铣）→精刨（或精铣）→宽刀粗刨	IT6	0.32 ~ 1.25	批量较大，宽刀精刨效率高
精刨（或精铣）→ 精刨（或精铣）→ 磨 └→粗磨 → 粗磨	IT6	0.32 ~ 1.25	适用于精度要求较高的平面加工
	IT5 ~ IT6	0.04 ~ 0.63	

注意

表面加工方法的确定，主要由该表面所要求的加工精度和表面粗糙度来确定，通常是根据零件图上给定的某表面的加工要求，按加工经济精度确定应使用的最终加工方法。

1.6.2　划分加工阶段

1. 工艺路线的几个阶段

对于加工形状较复杂和质量要求较高的零件，常把工艺路线分成以下几个阶段。

（1）粗加工阶段　在这一阶段中要切除较大的加工余量，并为半精加工提供基准。因此主要问题是如何获得高的生产效率。

（2）半精加工阶段　在这一阶段中应为主要表面的精加工做好准备（达到一定的加工精度，保证一定的精加工余量），并完成一些次要表面的加工（钻孔、攻螺纹、铣键槽等），一般在热处理之前进行。

（3）精加工阶段　保证各主要表面达到图样规定的质量要求。此阶段的主要目的是全面保证加工质量。

（4）光整加工阶段　对于精度要求很高、表面粗糙度值要求很小（标准公差等级IT6及以上，表面粗糙度 Ra 值≤0.32μm）的零件，还要有专门的光整加工阶段。光整加工阶段以提高加工表面的尺寸精度和降低表面粗糙度值为主，一般不用以纠正形状精度和位置精度。

有时，由于毛坯余量特别大，表面特别粗糙，在粗加工前还要有去皮加工阶段。为了及时发现毛坯废品以及减少运输工作量，常把去皮加工放在毛坯准备车间进行。

2. 划分加工阶段的原因

（1）保证加工质量　粗加工阶段中切除金属较多，产生的切削力和切削热都较大，所需的夹紧力也应该较大，因而使工件产生的内应力和由此引起的变形也大，不可能达到高的精度和低的表面粗糙度值。因此需要先完成各表面的粗加工，再通过半精加工和精加工逐步减少切削用量、切削力和切削热，逐步修正工件的变形，提高加工精度和降低表面粗糙度值，最后达到零件图要求。同时各阶段之间的时间间隔相当于自然时效，有利于消除工件的内应力，使工件有变形的时间，以便在后一道工序中加以修正。

（2）合理使用设备　划分加工阶段可合理使用机床设备。粗加工时可采用功率大、精度不高的高效率设备；精加工时可采用相应的高精度机床。这样不但发挥了机床设备各自的性能特点，而且也有利于高精度机床在使用中保持高精度。

（3）便于安排热处理工序　为了在机械加工工序中插入必要的热处理工序，同时使热处理发挥充分的效果，这就自然而然地把机械加工工艺过程划分为几个阶段，并且每个阶段各有其特点及应该达到的目的。例如，精密主轴加工，在粗加工后进行去应力时效处理，在半精加工后进行淬火，在精加工后进行冰冷处理及低温回火，最后再进行光整加工。

（4）及时发现毛坯缺陷　粗加工各表面后可及时发现毛坯的缺陷，及时报废或修补，以免继续进行精加工而浪费工时和制造费用。同时，精加工表面的工序安排在最后，可保护这些表面少受损伤或不受损伤。

应当指出上述阶段的划分并不是绝对的。当加工质量要求不高，工件的刚性足够，毛坯质量高、加工余量小时，则可以不划分加工阶段，例如在自动化机床上加工的零件。另外，有些重型零件，由于安装、运输费时又困难，常不划分加工阶段，在一次安装下完成全部粗加工和精加工；或在粗加工后松开夹紧，消除夹紧变形，然后再用较小的夹紧力重新夹紧，进行精加工，这样也有利于保证重型零件的加工质量。但是对于精度要求高的重型零件，仍要划分加工阶段，并插入时效、去除内应力等处理，这就需要根据具体情况来决定。

1.6.3　安排加工顺序

复杂零件的机械加工要经过切削加工、热处理、辅助工序。因此在拟定工艺路线时，工艺人员要将全部加工表面安排在一个合理的加工顺序中加工，因此，要将切削加工、热处理、辅助工序三者统一考虑。这对保证零件的质量、提高生产率、降低加工成本都至关重要。

1. 切削工序顺序安排原则

切削工序安排总原则：前面工序为后续工序创造条件，做好基准准备。

（1）先基面后其他　这一原则包括两个含义：

1）工艺路线开始安排的加工面应该是选作定位基准的精基准面，然后再以它为精基准定位，加工其他表面。

2）为保证足够的定位精度，当加工面的精度要求很高时，精加工前一般先精修一下精基准。

例如，轴类零件都是首先加工出中心孔，齿轮零件首先加工孔和基准端面等，就是遵循了该原则。

（2）先粗后精　先安排粗加工，中间安排半精加工，最后安排精加工和光整加工。即加工阶段要清晰（原因见 1.6.2）。

（3）先主后次　所谓主要表面，是指设计基准、定位基准、装配基准及主要工作表面等；次要表面是指键槽、紧固用孔、螺孔和连接螺纹等。所谓主要表面的加工在先，次要表面的加工在后，是指在主要加工表面达到一定精度后，再以主要加工表面定位加工次要表面。次要表面经常放在主要表面半精加工后，也可放在精加工后进行加工。

（4）先面后孔　箱体、机架、连杆、拨叉类零件，由于轮廓中平面所占尺寸较大，用平面定位比较稳定可靠，因此，工艺过程总是选择平面作为定位精基准，先加工平面，再加工孔。此外在加工过的平面上钻孔比在毛坯面上钻孔不易产生孔中心线的偏斜，容易保证孔的位置尺寸。

注意

主要表面的加工在先，次要表面的加工在后的所谓“后加工”的含义并不一定是整个工艺过程的最后。

知识链接

“先主后次”更深层次理解，零件的加工工艺路线首先是围绕如何完成零件主要加工表面技术要求拟定的，次要加工表面的加工穿插在主要加工表面的工艺路线之中。

2. 热处理工序的安排

热处理可以提高工程材料的力学性能，改善金属的切削性能，消除残余应力。在制订零件加工工艺路线时，应根据零件的技术要求和材料的性质，合理地安排热处理工序。按照热处理的目的，可分为预备热处理和最终热处理。

（1）预备热处理

1）正火、退火。目的是消除内应力，改善材料切削性能，为最终热处理做准备。其工序位置一般为：毛坯→正火（退火）→粗加工。

2）时效处理。目的是消除内应力，减小工件变形。对于精密零件要进行多次时效处理。其工序位置一般为：时效→粗加工→时效→半精加工。

3）调质处理。淬火后进行高温回火，能消除内应力，改善加工性，提高材料综合力学性能。

其工序位置一般安排为：毛坯→粗加工→调质处理→半精加工

（2）最终热处理　包括淬火-回火、渗碳淬火和渗氮处理等。它们的目的是提高零件的硬度和耐磨性，一般安排在半精加工之后、精加工之前进行。其中渗氮处理由于热处理温度较低，零件变形很小，也可安排在精加工之后、光整加工之前。其工序位置一般安排如下：

$$\text{半精加工}\rightarrow\begin{cases}\text{淬火}\\ \text{渗碳淬火}\rightarrow\text{精加工}\\ \text{渗氮}\end{cases}$$

注意

对于高精度零件，如精密丝杠等，应安排多次时效处理，以消除残余应力，减小变形。

3. 辅助工序

零件的检验、去毛刺、清洗、涂防锈油、静平衡或动平衡检测、打标记等称为辅助工序。其中检验工序对保证产品质量和及时发现废品并中止加工有重要作用，一般安排在粗加工全部结束，零件由一个车间转向另一个车间前后，重要工序前后，零件加工全部结束之后进行。将热处理工序和辅助工序合理地安排在以工序为单位的机械加工工序序列之中，一个完整的机械加工工艺路线就形成。

除检验工序之外，其他辅助工序，如表面强化和去毛刺、倒棱、清洗、涂防锈油、静平衡或动平衡检测等，在需要时，不得遗漏，要同等重视。

1.6.4　工序的组合

当把零件各表面加工工步排列成先后顺序之后，还要考虑这一序列中哪几个相邻工步可以合并为一个工序，哪些工步可以单独为一个工序，使得该序列成为以工序为单位排列的工艺过程，这就是工序的组合。工序的组合有两种不同的原则，即工序集中与工序分散。

1. 工序集中

工序集中是指零件的加工集中在少数几个工序中完成，每个工序所包含的加工内容较多。其特点是一次安装可完成工件多个表面的加工，这有利于保证加工表面之间的位置精度和采用高效机床设备及工艺装备，减少装卸工件的辅助时间，减少设备数量，简化生产组织工作，但设备和工艺装备投资大。

2. 工序分散

工序分散是指整个工艺过程工序数目多，每个工序的加工内容比较少。其特点是机床和工艺装备比较简单，调整方便，设备操作简单，可以选用最合理的切削用量，减少基本时间，设备和工艺装备投资少，但设备数量多，加工中辅助时间增加。

工序集中和工序分散，特点不同，要根据生产类型、零件结构特点和技术要求、机床设备等条件进行综合分析，来决定按照哪一种原则安排工艺过程。在单件小批量生产中，一般采用工序集中的原则。在大批大量生产中，既可采用多刀、多轴高效率自动化机床将工序集中，也可将工序分散后组织流水生产。

任务 1.7　确定加工余量

任务导入

图 1-26 所示为拨叉零件，加工时从铸件毛坯开始，那么，对于每一个需要加工的表面，铸造时需要预留多少加工余量呢？多了，浪费材料；少了，余量不够，满足不了加工表面的技术要求。如何解决？

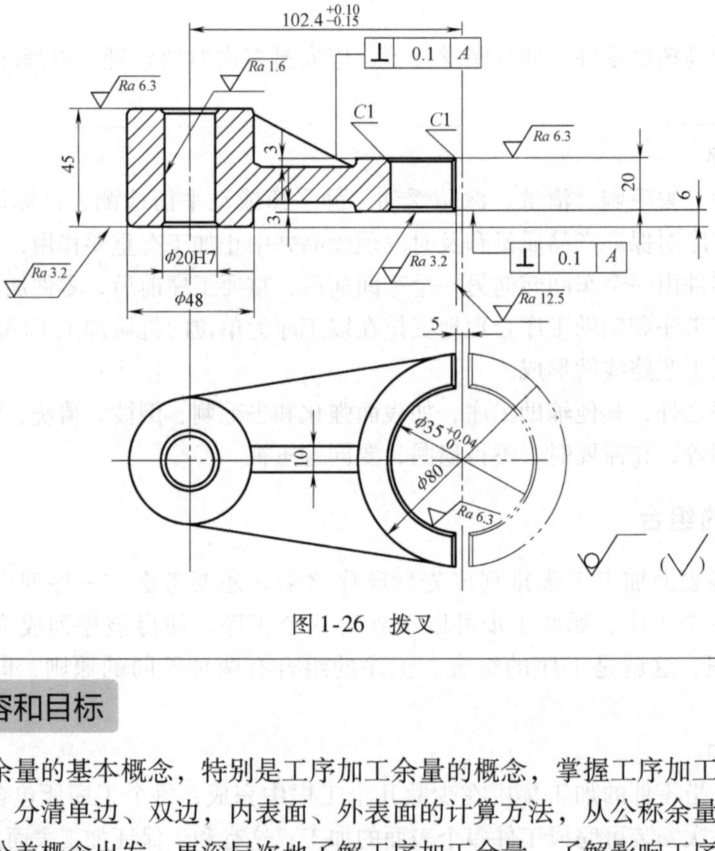

图 1-26　拨叉

任务内容和目标

掌握加工余量的基本概念，特别是工序加工余量的概念，掌握工序加工余量及总加工余量的计算公式，分清单边、双边，内表面、外表面的计算方法，从公称余量、最大余量、最小余量及余量公差概念出发，更深层次地了解工序加工余量。了解影响工序加工余量的各项因素及确定加工余量的方法，学会利用查表修正法确定加工余量。

知识网络结构

- 加工余量
  - 加工余量的概念
  - 影响加工余量的因素
  - 确定加工余量的方法

教学情景分析

图1-26所示拨叉零件中ϕ20H7孔的加工，毛坯为铸件，无底孔，其加工工艺过程采用钻、扩、铰。利用所学工序加工余量的一些基本概念和知识，正确确定拨叉零件中ϕ20H7孔加工余量。

1.7.1　加工余量的概念

加工余量指加工过程中从加工表面上所切除的金属层厚度。加工余量有工序余量和总加工余量之分。

1. 工序余量

工序余量是指某一加工表面在一道工序中被切除的金属层厚度。工序余量等于同一表面相邻两道工序尺寸之差。

图1-27a、b所示平面的加工余量为单边余量，它等于实际切除的金属层厚度。

对于外表面

$$Z_i = L_{i-1} - L_i$$

对于内表面

$$Z_i = L_i - L_{i-1}$$

式中　Z_i——本工序的加工余量；

L_{i-1}——前工序的公称尺寸；

L_i——本工序的公称尺寸。

图1-27c所示为对称结构的表面，其加工余量为双边余量，即

$$2Z_i = L_{i-1} - L_i$$

图1-27d、e所示为回转表面，其加工余量是指直径上的双边余量，实际切削层厚度为加工余量的一半。

对于外圆表面

$$2Z_i = d_{i-1} - d_i$$

对于内圆表面

$$2Z_i = D_i - D_{i-1}$$

式中　$2Z_i$——本工序直径上的加工余量；

d_{i-1}、D_{i-1}——前工序的直径；

d_i、D_i——本工序的直径。

2. 总加工余量

总加工余量是毛坯尺寸与零件图设计尺寸之差，又称毛坯余量。总加工余量等于各工序余量之和。总加工余量与工序余量之间的关系是

$$Z_{总} = Z_1 + Z_2 + \cdots + Z_n = \sum_{i=1}^{n} Z_i$$

由于毛坯制造和各工序尺寸均有误差，各工序实际切除的余量是变动的，所以加工余量又分为公称余量、工序最大余量和工序最小余量。工序余量与工序尺寸及其公差的关系如图1-28所示。余量的公差为

$$T_z = Z_{max} - Z_{min} = T_i + T_{i-1}$$

式中　T_z——工序余量公差；

Z_{max}——工序最大余量；

Z_{min}——工序最小余量；

T_i——加工面在本道工序的尺寸公差；

T_{i-1}——加工面在前道工序的尺寸公差。

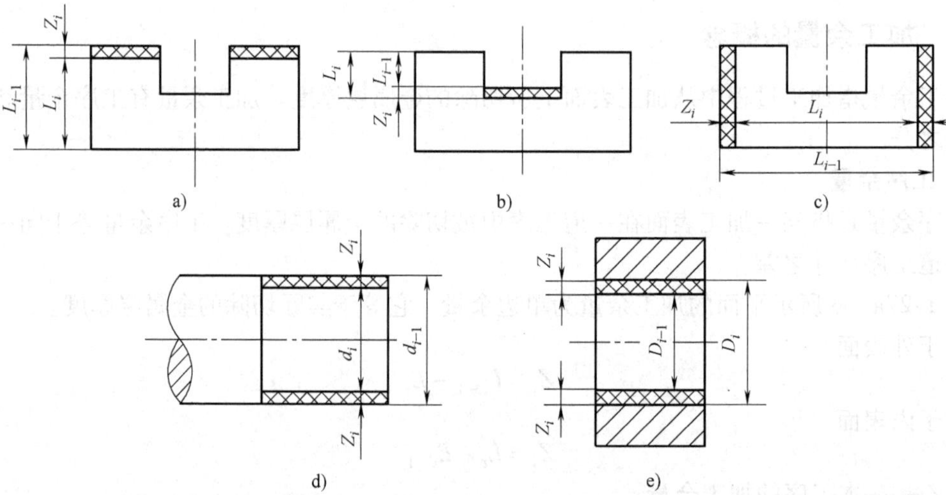

图 1-27　单边余量与双边余量

a）外表面单边余量　b）内表面单边余量　c）对称结构表面双边余量
d）外圆表面双边余量　e）内圆表面双边余量

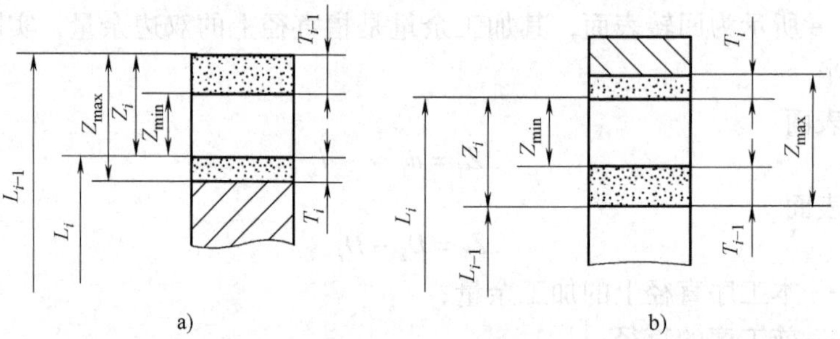

图 1-28　工序余量与工序尺寸及其公差的关系

a）外圆表面　b）内圆表面

注意

加工余量既有公称加工余量，也有最大、最小加工余量，还有余量公差。

1.7.2　影响加工余量的因素

加工余量的大小对工件的加工质量和生产效率有较大影响。加工余量过大，会浪费工时，增加刀具、金属材料及电力的消耗；加工余量过小，既不能消除上道工序留下的各种缺陷和误差，也不能补偿本工序的装夹误差，造成废品。因此，应合理确定加工余量。工序余量的影响因素比较复杂，其中第一道粗加工工序余量与毛坯的制造精度有关，其他各工序的加工余量主要有以下几方面的影响因素。

1. 前工序的尺寸公差 T_{i-1}

由于工序尺寸具有公差，上道工序的实际工序尺寸有可能出现上极限尺寸或下极限尺寸。为了使上道工序的实际工序尺寸在出现极限尺寸时，本工序也能将上工序留下的缺陷层切除，本工序的加工余量应包括上工序的尺寸公差（图1-28）。

2. 前道工序的形位误差 P_{i-1}

工件上有些形状和位置误差不包括在尺寸公差内，如图1-29所示轴零件轴线弯曲对加工余量的影响，这些位置误差有的可能是前道工序加工方法造成的，也有可能是热处理变形造成的，误差必须在本工序加工纠正，所以必须单独考虑这些误差对加工余量的影响。如轴线的直线度、位置度、同轴度等都属于这一类型的误差。如图1-29所示的轴，其轴线的直线度误差为 e，则加工余量应增加 $2e$ 才能保证轴加工后消除弯曲的影响，加工出正确的圆柱体形状。

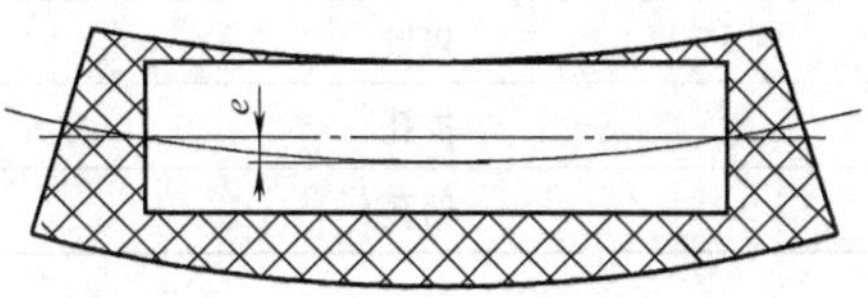

图1-29　前道工序的形位误差

3. 前道工序的表面粗糙度（Ra）和缺陷层（H_{i-1}）

为保证加工质量，本道工序必须将上道工序留下的表面粗糙度 Ra 和缺陷层 H_{i-1} 切除（图1-30）。在光整加工中，该项因素甚至是决定加工余量的唯一因素。

4. 本工序的装夹误差

安装误差包括工件的定位误差和夹紧误差，若用夹具装夹，还应有夹具在机床上的装夹误差。加工余量还必须考虑安装误差的影响。如图1-31所示，用自定心卡盘夹持工件外圆加工孔时，若工件轴心线偏离主轴旋转轴线 e 值，造成孔的切削余量不均匀，为了确保上下工序各项误差和缺陷的切除，孔的直径余量应增加 $2e$。

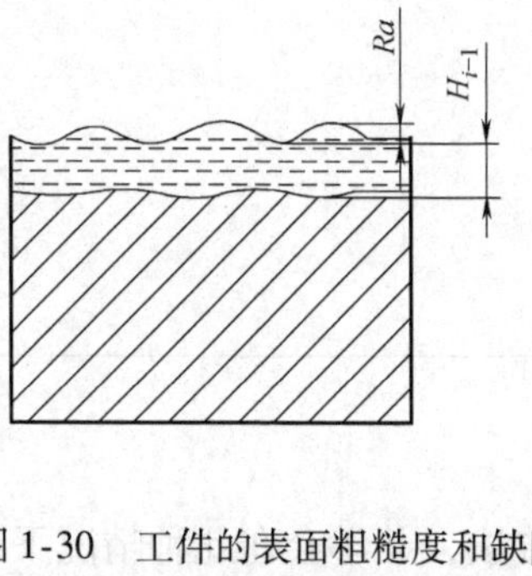

图1-30　工件的表面粗糙度和缺陷层

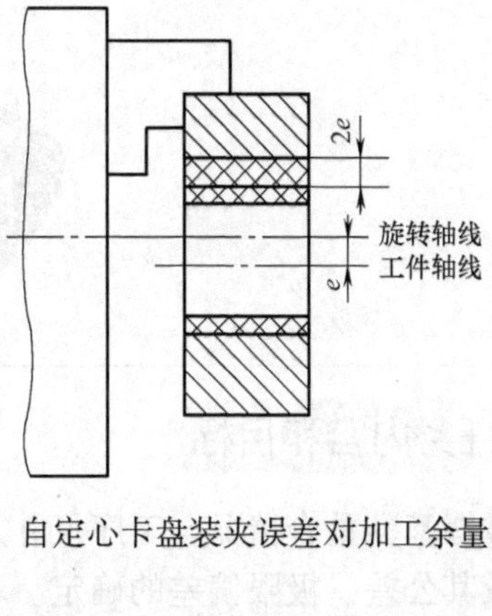

图1-31　自定心卡盘装夹误差对加工余量的影响

1.7.3　确定加工余量的方法

（1）经验估算法　靠经验估算确定，从实际使用情况看，余量选择都偏大，一般用于单件小批生产。

（2）查表修正法　根据工艺手册或工厂中的统计资料查表，并结合具体情况加以修正来确定加工余量，此法在实践中广泛应用。

（3）分析计算法　根据实验资料和计算公式综合确定，比较科学，数据较准确，一般用于大批大量生产（较少使用）。

表 1-17 为图 1-26 所示拨叉零件 ϕ20H7 孔加工中钻、扩、铰各工步的加工余量。

表 1-17　钻、扩、铰各工步的加工余量

工序名称	工序余量/mm
精铰	0.06
粗铰	0.24
扩孔	1.7
钻孔	18

注意

确定工序加工余量最常用的方法是查表修正法。

任务 1.8　确定工序尺寸及其公差

任务导入

如图 1-32 所示小轴的加工。依据零件机械加工工艺规程的拟定步骤，在工艺路线拟定后，需要针对各加工的表面，确定加工余量，但仅仅知道加工余量，不能完成加工，接下来，确定每个加工表面在各工序加工中获得的准确工序尺寸及其公差和极限偏差成为一项非常重要的内容。本任务就是解决此项问题。

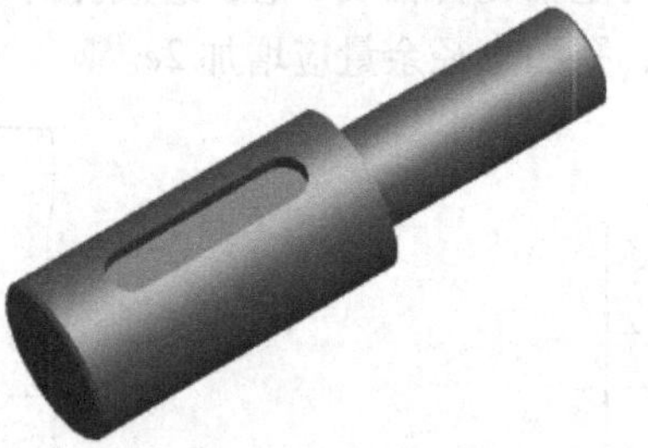

图 1-32　小轴

任务内容和目标

掌握基准重合情况，工序尺寸及其公差的确定步骤和方法，并学会在此种情况下，工序尺寸及其公差、极限偏差的确定。掌握基准不重合情况，工序尺寸及其公差的确定方法，此种情况需要借助加工工艺尺寸链帮助确定，故需要掌握加工工艺尺寸链的概念，封闭环、组成环的概念，学会工艺尺寸链的建立、能够正确判定封闭环、增减环。利用它们完成工序尺寸的换算。

知识网络结构

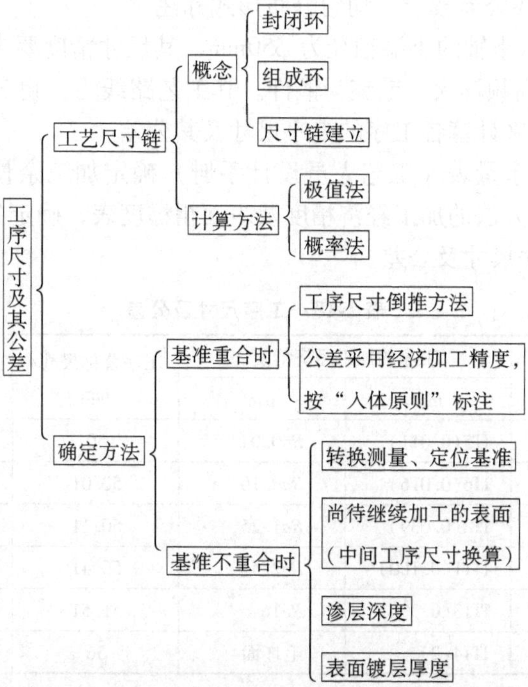

教学情景分析

工件上的设计尺寸一般要经过多道工序的加工才能得到，每道工序应该保证的尺寸称为工序尺寸。工序尺寸是逐步向设计尺寸接近，直至最后工序才能和设计尺寸重合。为此，在编制工艺规程中，确定每道工序的工序尺寸及其公差是十分重要的。

> **想一想**
>
> 每道工序的工序尺寸及其公差应该如何确定？加工余量得知后，工序尺寸又是多少？各工序尺寸之间有没有关联呢？

1.8.1　基准重合时工序尺寸及其公差的确定

生产实际中绝大部分加工表面都是在基准重合（工艺基准与设计基准重合）的情况下进行加工，所以掌握基准重合情况下工序尺寸与公差的确定方法非常重要。

当工序基准、定位基准或测量基准与设计基准重合，表面多次加工时，工序尺寸及公差的计算是比较容易的，例如，加工轴、孔和某些平面时，只需考虑各工序的加工余量和所能达到的精度，其计算顺序是由最后一道工序开始向前推算的。计算步骤如下：

1）确定毛坯总余量和工序余量。

2）确定工序公差。最终工序尺寸公差等于设计尺寸公差，其余工序公差按经济精度确定。

3）求工序公称尺寸。从零件图上的设计尺寸开始，一直往前推算到毛坯尺寸，某工序公称尺寸等于后道工序公称尺寸加上或减去后道工序余量。

4）标注工序尺寸公差。最后一道工序的公差按设计尺寸标注，其余工序尺寸公差按“入体原则”标注。毛坯公差按上下均匀分布形式标注。

例：如图 1-32 所示小轴的小端轴径为 ϕ50mm，其尺寸精度要求为 IT5，表面粗糙度 *Ra* 值为 0.04μm，并要求高频淬火，毛坯为锻件。其工艺路线为：粗车→半精车→高频淬火→粗磨→精磨→研磨。现来计算各工序的工序尺寸及其公差。

首先，通过查加工余量表（工艺人员设计手册）确定加工余量、总余量及其公差，再查外圆加工中各种加工方法的加工经济精度及表面粗糙度表，确定各工序的加工经济精度和公差值。表 1-18 为工序尺寸及公差。

表 1-18　工序尺寸及公差

工序名称	工序余量/mm	工序的加工经济精度		工序公称尺寸/mm	工序尺寸	
		mm	μm		mm	μm
研磨	0.01	IT5(0.011)	*Ra*0.04	50	$\phi 50_{-0.011}^{0}$	*Ra*0.04
精磨	0.1	IT6(0.016)	*Ra*0.16	50.01	$\phi 50.01_{-0.016}^{0}$	*Ra*0.16
粗磨	0.3	IT8(0.039)	*Ra*1.25	50.11	$\phi 50.11_{-0.039}^{0}$	*Ra*1.25
半精车	1.1	IT11(0.160)	*Ra*2.5	50.41	$\phi 50.41_{-0.16}^{0}$	*Ra*2.5
粗车	4.49	IT13(0.390)	*Ra*16	51.51	$\phi 51.51_{-0.39}^{0}$	*Ra*16
锻造	6	IT14(2)	毛坯面	56	$\phi 56 \pm 1$	毛坯面

1.8.2　基准不重合时工序尺寸及其公差的确定

零件加工时，多次转换工艺基准，引起测量基准、定位基准、工序基准与设计基准不重合，这时，需要利用工艺尺寸链原理来进行工序尺寸及其公差的换算

在工艺尺寸链中，直线尺寸链，即全部组成环平行于封闭环的尺寸链应用得最多，因此，主要介绍直线尺寸链在工艺过程中的应用和求解。

注意

基准重合时，工序尺寸及公差确定的方法虽然很简单，但很重要，应用很广泛！

1. 工艺尺寸链的基本概念

（1）工艺尺寸链的定义与特征　在零件加工过程中，由一系列与工艺相互联系的尺寸所形成的尺寸封闭图形（链）称为工艺尺寸链。

如图 1-33a 所示工件，用零件的表面 1 来定位加工表面 2，得到尺寸 A_1。仍以表面 1 来定位加工表面 3，保证尺寸 A_2，则尺寸 A_0 就随之确定，于是 $A_1 \rightarrow A_2 \rightarrow A_0$ 连接成一个封闭的尺寸图形，形成工艺尺寸链，如图 1-33b 所示。其中，A_1、A_2 是在加工过程中直接获得的，尺寸 A_0 是间接保证的。

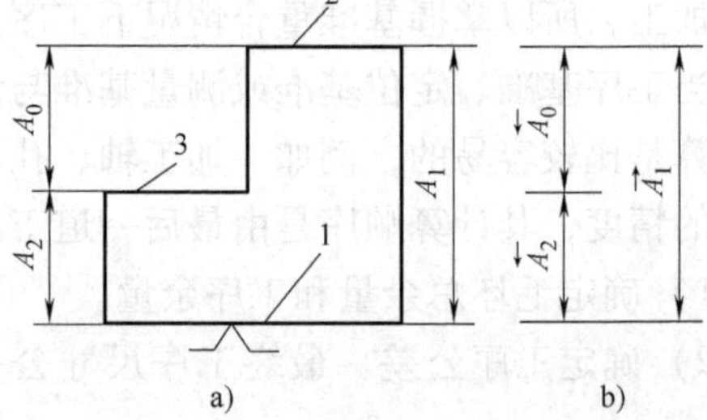

图 1-33　工艺尺寸链示例

（2）特征　通过以上分析可知，工艺尺

寸链的主要特征是封闭性和关联性。

封闭性：工艺尺寸链必须是一组首尾相接并构成一个封闭图形的尺寸组合，其中应包含一个间接得到的尺寸。不构成封闭图形的尺寸组合就不是尺寸链。

关联性：任何一个直接保证的尺寸及其精度的变化，必将影响间接保证的尺寸及其精度，如图1-33b所示尺寸链中的A_1、A_2的变化，都将引起A_0的变化。

2. 工艺尺寸链的组成

（1）环　组成工艺尺寸链的各个尺寸都称为工艺尺寸链的环。图1-33中的尺寸A_1、A_2、A_0都是工艺尺寸链的环。

（2）封闭环　在加工过程中，间接得到、最后自然形成的尺寸称为封闭环。图1-33中的尺寸A_0为封闭环，一个尺寸链中只有一个封闭环。由于封闭环是尺寸链中最后自然获得的尺寸，所以封闭环的实际尺寸将受到尺寸链中的其他尺寸的影响，应用工艺尺寸链分析尺寸计算时，若封闭环判定错误，则全部分析计算结果必然是错误的。

注意

1）封闭环的概念十分重要，而且在判定时与零件的工艺方案密切相关，有一定的灵活性，同学们要注意！

2）封闭环：本书采用下标为“0”的尺寸表示。

3）封闭环具有唯一性。

（3）组成环　除封闭环以外的其他环都称为组成环。图1-33b中的尺寸A_1、A_2都是组成环，组成环又分为增环和减环两种。

1）增环。在其他组成环不变的情况下，该环增大（减小），使封闭环也增大（减小）的环，称之为增环，如图1-33b中的A_1。

2）减环。在其他组成环不变的情况下，该环增大（减小），使封闭环减小（增大）的环，称之为增环，如图1-33b中的A_2。

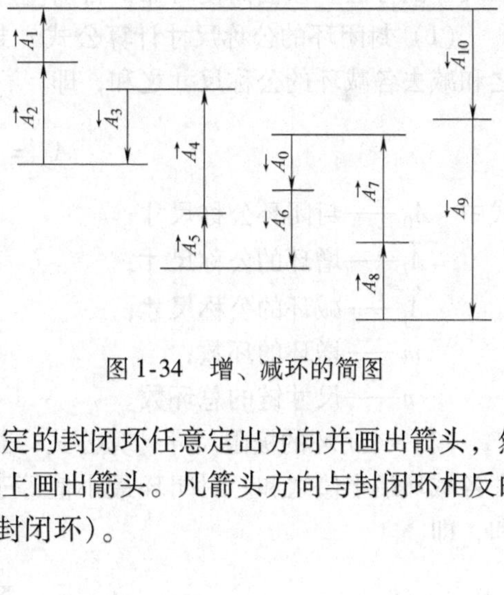

图1-34　增、减环的简图

3）增减环的判定方法。为了正确地判定增环与减环，可在工艺尺寸链图上，先给已经正确确定的封闭环任意定出方向并画出箭头，然后沿此方向环绕尺寸链一周，依次在每一个组成环上画出箭头。凡箭头方向与封闭环相反的为增环，相同的则为减环，如图1-34所示（A_0为封闭环）。

增环：A_1、A_2、A_4、A_5、A_7、A_8。

减环：A_3、A_6、A_9、A_{10}。

知识链接

1）工艺尺寸链具有首尾连接的封闭性和封闭环随组成环变动而变动的关联性。

2）一个尺寸链只能有一个封闭环。

3）工艺尺寸链的形式如下。

按应用场合分为加工工艺尺寸链、装配尺寸链。

按各环所处空间位置分为直线、平面、空间尺寸链。

3. 建立工艺尺寸链的步骤

（1）封闭环的正确确定　这是关键的第一步，封闭环确定错误，后面的工作会出现一系列错误。

> **注意**
> 确定封闭环时应注意：紧扣定义；与工艺方案有密切的关系。

（2）组成环的查找　从封闭环两端起，按照零件表面间的联系，逆向循着工艺过程的顺序，分别向前查找该表面最近一次加工的尺寸，之后再找出该尺寸另一端面的最后一次加工尺寸直至两边汇合为止，所经过的尺寸都为该尺寸链的组成环。

> **注意**
> 所建立的尺寸链必须使组成环数量最少，这样可以更容易满足封闭环的精度或使各组成环的加工更容易、更经济。

1.8.3　工艺尺寸链的计算方法

1. 极值法

极值法是按综合误差最不利的两种极端情况，一种是各增环皆为上极限尺寸而各减环皆为下极限尺寸，另一种是各增环皆为下极限尺寸而各减环皆为上极限尺寸，来计算封闭环极限尺寸的方法。该法简便可靠，目前生产中多采用极值法计算。

（1）封闭环的公称尺寸计算公式　封闭环的公称尺寸等于尺寸链中各增环的公称尺寸之和减去各减环的公称尺寸之和，即

$$A_0 = \sum_{i=1}^{m} \overrightarrow{A_i} - \sum_{j=m+1}^{n-1} \overleftarrow{A_j}$$

式中　A_0——封闭环公称尺寸；

$\overrightarrow{A_i}$——增环的公称尺寸；

$\overleftarrow{A_j}$——减环的公称尺寸；

m——增环的环数；

n——尺寸链的总环数。

（2）封闭环的极限尺寸计算公式　封闭环最大值等于尺寸链中各增环的最大值之和减去各减环最小值之和。封闭环最小值等于尺寸链中各增环最小值之和减去各减环最大值之和，即

$$A_{0\max} = \sum_{i=1}^{m} \overrightarrow{A}_{i\max} - \sum_{j=m+1}^{n-1} \overleftarrow{A}_{j\min}$$

$$A_{0\min} = \sum_{i=1}^{m} \overrightarrow{A}_{i\min} - \sum_{j=m+1}^{n-1} \overleftarrow{A}_{j\max}$$

（3）封闭环极限偏差计算公式　封闭环的上极限偏差等于尺寸链中各增环的上极限偏差之和减去各减环下极限偏差之和，封闭环的下极限偏差等于各增环的下极限偏差之和减去各减环的上极限偏差之和，即

$$\mathrm{ES}(A_0) = \sum_{i=1}^{m} \mathrm{ES}(\overrightarrow{A_i}) - \sum_{j=m+1}^{n-1} \mathrm{EI}(\overleftarrow{A_j})$$

$$EI(A_0) = \sum_{i=1}^{m} EI(\overrightarrow{A_i}) - \sum_{i=m+1}^{n-1} ES(\overleftarrow{A_j})$$

（4）封闭环的公差计算公式　封闭环等于各组成环公差之和，即

$$T(A_0) = \sum_{i=1}^{n-1} T(A_i)$$

2. 概率法

概率法就是利用概率论原理进行尺寸链计算的一种方法。此种方法计算科学、经济、效果好，主要用于组成环数较多的场合，如装配尺寸链中。

（1）封闭环平均尺寸计算公式　封闭环的平均尺寸等于尺寸链中各增环的平均尺寸之和减去各减环的平均尺寸之和，即

$$A_{0M} = \sum_{i=1}^{m} \overrightarrow{A}_{iM} - \sum_{j=m+1}^{n-1} \overleftarrow{A}_{jM}$$

（2）封闭环的平均偏差计算公式　封闭环的平均偏差等于尺寸链中各增环的平均偏差之和减去各减环平均偏差之和，即

$$E_M(A_0) = \sum_{i=1}^{m} E_M(\overrightarrow{A_i}) - \sum_{j=m+1}^{n-1} E_M(\overleftarrow{A_j})$$

（3）封闭环的公差计算公式

$$T(A_0) = K_m \sqrt{\sum_{i-1}^{n-1} T^2(A_i)}$$

3. 计算工艺尺寸链的步骤

工艺尺寸链的计算一般有两种情况：一是已知全部组成环的尺寸，求封闭环的尺寸，称为正计算，多用于验算、校核设计的正确性。二是已知封闭环的尺寸，求组成环的尺寸，称为反计算，多用于设计阶段。

计算工艺尺寸链的步骤为：绘制尺寸链图→确定封闭环→确定增、减环→求未知尺寸→分析验算。若不合理，找出原因进行修正。

1.8.4　举例

1. 定位基准与设计基准不重合时工序尺寸的换算

零件采用调整法加工时，如果定位基准与设计基准不重合，就要进行尺寸换算，重新标注工序尺寸。

例1-1　图1-35a所示零件图，首先以表面A为基准加工表面B，保证工序尺寸$80_{-0.15}^{\ 0}$mm；为了定位与调整方便，用表面A为基准加工表面C，表面B与表面C之间的设计尺寸$40_{\ 0}^{+0.25}$mm就间接获得。问工序尺寸A_1为多少，才能保证设计尺寸？

解： 1）绘制工艺尺寸链图并分析尺寸链。

图1-35b所示为尺寸链图。

封闭环：$40_{\ 0}^{+0.25}$mm。

增环：$80_{-0.15}^{\ 0}$mm。

减环：A_1。

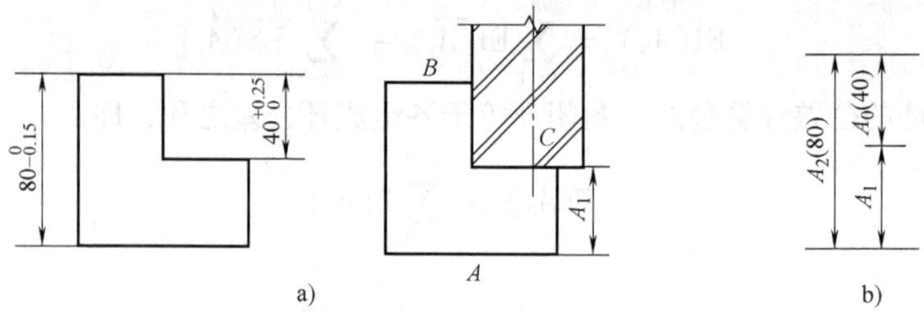

图 1-35　举例
a）零件图　b）尺寸链图

2）计算。

据：

$$A_0 = \sum_{i=1}^{m} \overrightarrow{A_i} - \sum_{j=m+1}^{n-1} \overleftarrow{A_j}$$

$$40\text{mm} = 80\text{mm} - A_1$$

$$A_1 = 40\text{mm}$$

据

$$ES(A_0) = \sum_{i=1}^{m} ES(\overrightarrow{A_i}) - \sum_{j=m+1}^{n-1} EI(\overleftarrow{A_j})$$

$$0.25\text{mm} = 0 - EI(A_1)$$

$$EI(A_1) = -0.25\text{mm}$$

$$EI(A_0) = \sum_{i=1}^{m} EI(\overrightarrow{A_i}) - \sum_{j=m+1}^{n-1} ES(\overleftarrow{A_j})$$

$$0 = (-0.15\text{mm}) - ES(A_1)$$

$$ES(A_1) = -0.15\text{mm}$$

所以 $A_1 = 40_{-0.25}^{-0.15}$ mm。

通过分析以上的计算结果发现，由于基准不重合而进行的尺寸换算，将带来以下两个问题。

① 提高了各组成环的测量精度和加工精度要求。零件图本身标注 C 面的设计尺寸为 $40_{\ 0}^{+0.25}$，公差为 0.25mm，计算后的工序尺寸为$40_{-0.25}^{-0.15}$mm，公差为 0.10mm，按计算的工序尺寸加工，公差减小了 0.15mm，无疑提高了加工的难度。

②“假废品”问题。显然，按重新标注的工序尺寸，对 C 面进行加工，如果保证尺寸 $40_{-0.25}^{-0.15}$mm，说明零件加工是合格的。假若加工后，C 面获得尺寸比 $40_{-0.25}^{-0.15}$ mm 偏大 0.14mm 或偏小 0.14mm，说明该零件加工后为废品，实际情况是不是这样呢？若比尺寸 $40_{-0.25}^{-0.15}$ mm 的最大值还大了 0.14mm，即（40 − 0.01）mm，此时，A 面与 B 面的尺寸出现最大值 80mm，计算 C 面到 B 面的尺寸等于［80 −（40 − 0.01）］mm =（40 + 0.01）mm，该零件的设计尺寸为 $40_{\ 0}^{+0.25}$mm，很显然，没有超出零件设计尺寸要求，不能称之为废品。同样，若比尺寸 $40_{-0.25}^{-0.15}$mm 的最小值还小了 0.14mm，即（40 − 0.39）mm，此时，A 面与 B 面的尺寸出现最小值（80 − 0.15）mm，计算 C 面到 B 面的尺寸等于（80 − 0.15）mm −（40 − 0.39）mm =（40

+0.24)mm，该零件的设计尺寸为$40^{+0.25}_{0}$mm，很显然，没有超出零件设计尺寸要求，也不能称之为废品。这种现象就称为“假废品”。

造成“假废品”的原因，主要是因为选择的定位基准与设计基准不重合，另外尺寸链计算中，采用极值法公式计算。

避免“假废品”的措施是，对计算后工序尺寸（A_2）或测量尺寸超差的零件，应该重新测量其他组成环的尺寸，再计算封闭环尺寸，最后判断是否是合格产品。不要盲目断定是废品。

2. 测量基准与设计基准不重合时工艺尺寸及其公差的确定

在工件加工过程中，有时会遇到一些表面加工之后，按设计尺寸不便直接测量的情况，因此需要在零件上另选一容易测量的表面作为测量基准进行测量，以间接保证设计尺寸的要求，这时就需要进行工艺尺寸的换算。

例1-2　如图1-36a所示轴承座，内孔端面C的设计尺寸为$50^{\ 0}_{-0.1}$mm，其设计基准为B面，内孔加工后，检验其是否合格，需要测量设计尺寸，显然，图中所示设计尺寸$50^{\ 0}_{-0.1}$mm无法直接测量，因此，需要重新选择另一个表面作为测量基准，即以A面为测量基准，标注新的测量尺寸X，且通过测量尺寸X来间接保证设计尺寸$50^{\ 0}_{-0.1}$mm。

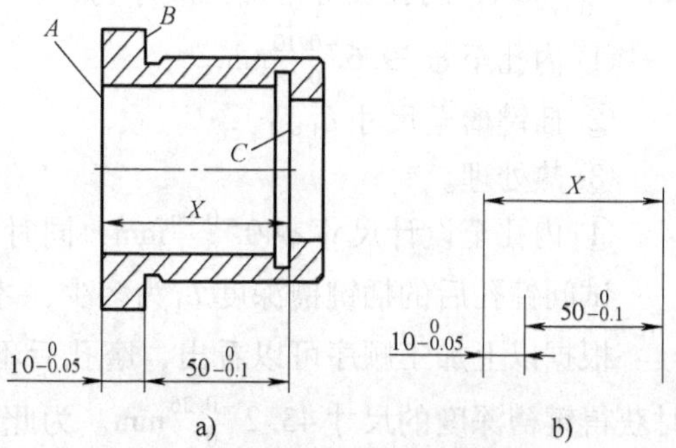

图1-36　测量基准与设计基准不重合

a）零件图　b）尺寸链图

解：1）绘制工艺尺寸链图，并分析尺寸链。

图1-36b所示为工艺尺寸链图。

封闭环：$50^{\ 0}_{-0.1}$mm。

增环：X。

减环：$10^{\ 0}_{-0.05}$mm。

2）计算。

据

$$A_0 = \sum_{i=1}^{m} \overrightarrow{A}_i - \sum_{j=m+1}^{n-1} \overleftarrow{A}_j$$

$$50\text{mm} = X - 10\text{mm}$$

$$X = 60\text{mm}$$

据

$$\mathrm{ES}(A_0) = \sum_{i=1}^{m} \mathrm{ES}(\overrightarrow{A}_i) - \sum_{j=m+1}^{n-1} \mathrm{EI}(\overleftarrow{A}_j)$$

$$0 = \mathrm{ES}(X) - (-0.05\text{mm})$$

$$\mathrm{ES}(X) = -0.05\text{mm}$$

$$\mathrm{EI}(A_0) = \sum_{i=1}^{m} \mathrm{EI}(\overrightarrow{A}_i) - \sum_{j=m+1}^{n-1} \mathrm{ES}(\overleftarrow{A}_j)$$

$$-0.10\text{mm} = \mathrm{EI}(X) - 0$$

$$EI(X) = -0.10mm$$

所以 $X = 60_{-0.10}^{-0.05}$ mm。

想一想

分析本例中存在“假废品”的现象吗?

3. 从尚需继续加工的表面上标注的工序尺寸计算

在零件加工中，有些加工表面的测量基准或定位基准是一些尚需继续加工的表面。当加工这些基面时，不仅要保证本工序对该加工基面的一些精度要求，而且要同时保证对原加工表面的要求，即一次加工要同时保证两个尺寸的要求。此时，就需要进行工艺上的尺寸换算。

例 1-3　图 1-37a 所示为齿轮内孔，孔径设计尺寸为 $\phi 40_{0}^{+0.06}$ mm，键槽设计深度为 $43.2_{0}^{+0.36}$ mm，内孔及键槽加工顺序为

① 内孔至 $\phi 39.6_{0}^{+0.10}$ mm。

② 插键槽至尺寸 L_1。

③ 热处理。

④ 内孔至设计尺寸 $\phi 40_{0}^{+0.06}$ mm，同时要求保证键槽深度为 $43.2_{0}^{+0.36}$ mm。

试问镗孔后的插键槽深度 L_1 为多少，才能最终保证得到合格的产品?

根据以上加工顺序可以看出，磨孔后不仅要保证内孔的尺寸 $\phi 40_{0}^{+0.06}$ mm，而且要能同时获得键槽深度的尺寸 $43.2_{0}^{+0.36}$ mm。为此，必须正确计算出插键槽的工序尺寸。

显然，磨孔后，并没有加工键槽，键槽深度尺寸 $43.2_{0}^{+0.36}$ mm 之所以与插键槽时的深度尺寸 L_1 不同，关键是孔经过磨削，孔径变化了，键槽深度也随之变化了。那么，键槽的深度尺寸 $43.2_{0}^{+0.36}$ mm 就是在加工过程中间接获得，自然形成的尺寸，也就是封闭环。

解：1）绘制工艺尺寸链图并分析尺寸链。

图 1-37b 所示为尺寸链图。

封闭环：$L_0 = 43.2_{0}^{+0.36}$ mm。

增环：L_1、$20_{0}^{+0.03}$ mm。

减环：$19.8_{0}^{+0.05}$ mm。

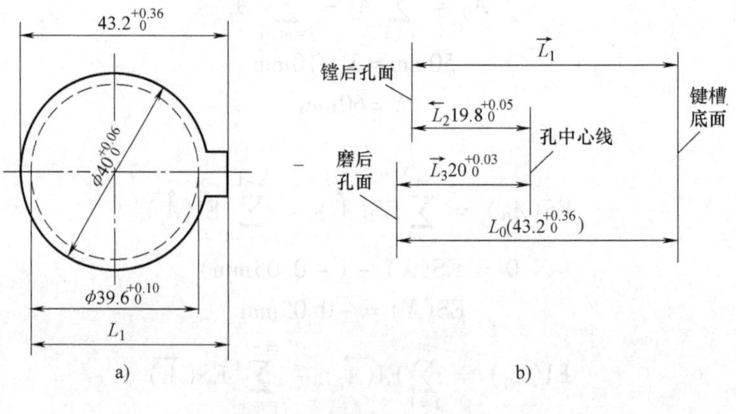

图 1-37　齿轮内孔插键槽

2）计算。

据

$$A_0 = \sum_{i=1}^{m} \overrightarrow{A_i} - \sum_{j=m+1}^{n-1} \overleftarrow{A_j}$$

$$43.2\text{mm} = (L_1 + 20\text{mm}) - 19.8\text{mm}$$

$$L_1 = 43\text{mm}$$

据

$$\text{ES}(A_0) = \sum_{i=1}^{m} \text{ES}(\overrightarrow{A_i}) - \sum_{j=m+1}^{n-1} \text{EI}(\overleftarrow{A_j})$$

$$0.36\text{mm} = [\text{ES}(L_1) + 0.03\text{mm}] - 0$$

$$\text{ES}(L_1) = 0.33\text{mm}$$

据

$$\text{EI}(A_0) = \sum_{i=1}^{m} \text{EI}(\overrightarrow{A_i}) - \sum_{i=m+1}^{n-1} \text{ES}(\overleftarrow{A_j})$$

$$0 = [\text{EI}(L_1) + 0] - 0.05\text{mm}$$

$$\text{EI}(L_1) = 0.05\text{mm}$$

所以 $L_1 = 43^{+0.33}_{+0.05}\text{mm}$。

按入体原则标注为 $L_1 = 43.05^{+0.28}_{\ 0}\text{mm}$。

注意

在绘制尺寸链图时，当有直径尺寸时，一般应考虑用半径尺寸来绘制。

1）首先绘制出具有直径尺寸的加工表面的中心线。

2）从中心线出发，按照加工顺序，以半径尺寸代替直径尺寸绘制。

3）半径尺寸的公差取直径公差的一半，半径的偏差标注形式保持直径偏差的标注形式。

4. 零件进行表面处理时的工序尺寸计算

对那些要求淬火和渗氮处理，加工精度要求又比较高的表面，常常在淬火和渗氮处理之后安排磨削加工。为了保证磨削后有一定厚度的淬火层和渗氮层，需要进行有关的工艺尺寸计算。

例 1-4　如图 1-38a 所示零件，内孔材料为 38CrMoAlA，内孔孔径为 $\phi 145^{+0.04}_{\ 0}$，需渗氮处理，渗氮深度为 0.3 ~ 0.5mm。

其加工顺序如下：

① 粗磨孔至 $\phi 144.76^{+0.04}_{\ 0}\text{mm}$。

② 渗氮处理，控制渗氮层深度 t_1。

③ 精磨孔至 $\phi 145^{+0.04}_{\ 0}\text{mm}$，同时保证渗氮层深度 $t_0 = 0.3 \sim 0.5\text{mm}$。

试求渗氮时的深度 t_1。

解： 1）绘制工艺尺寸链图并分析尺寸链。

图 1-38b 所示为尺寸链图，因为磨后渗氮层深度 t_0 为间接保证，所以是封闭环。

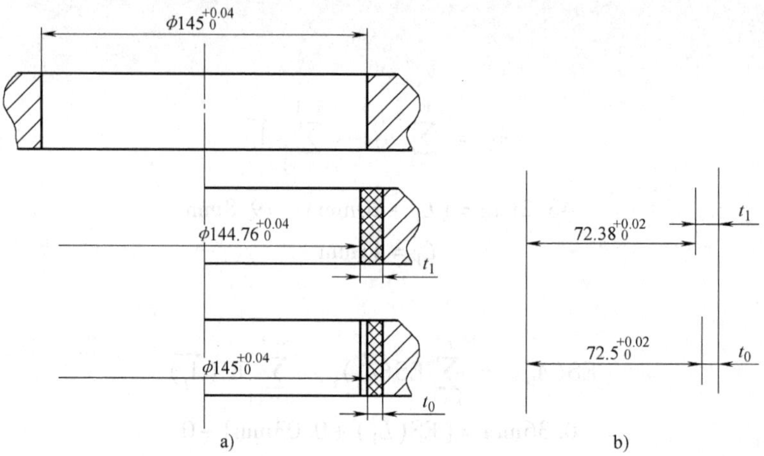

图 1-38　保证渗氮深度的尺寸换

封闭环：$t_0=0.3^{+0.2}_{0}$

增环：$72.38^{+0.02}_{0}$mm、t_1。

减环：$72.5^{+0.02}_{0}$ mm。

2）计算。

据

$$A_0 = \sum_{i=1}^{m}\overrightarrow{A_i} - \sum_{j=m+1}^{n-1}\overleftarrow{A_j}$$

$$0.3\text{mm} = (72.38\text{mm} + t_1) - 72.5\text{mm}$$

$$t_1 = 0.42\text{mm}$$

据

$$\text{ES}(A_0) = \sum_{i=1}^{m}\text{ES}(\overrightarrow{A_i}) - \sum_{j=m+1}^{n-1}\text{EI}(\overleftarrow{A_j})$$

$$0.2\text{mm} = 0.02\text{mm} + \text{ES}(t_1) - 0$$

$$\text{ES}(t_1) = +0.18\text{mm}$$

$$\text{EI}(A_0) = \sum_{i=1}^{m}\text{EI}(\overrightarrow{A_i}) - \sum_{j=m+1}^{n-1}\text{ES}(\overleftarrow{A_j})$$

$$0 = [0 + \text{EI}(t_1)] - 0.02\text{mm}$$

$$\text{EI}(t_1) = 0.02\text{mm}$$

所以 $t_1=0.42^{+0.18}_{+0.02}$mm。

注意

例 1-1 ~ 例 1-4 计算过程中依据公式的形式为通式，公式中的尺寸（环）的符号用“A”表示，实际计算时，公式中的尺寸可以是 A、L、H、T 等。

项目 2　认识机床夹具

教学导航

学习目标	掌握机床夹具设计的基本原理、定位元件选择、定位误差分析计算、夹紧装置设计和计算的夹具设计的基本知识
工作任务	按零件加工技术要求设计零件某加工工序的夹具方案
教学重点	定位基本原理、定位元件选择、定位误差分析计算、夹紧装置设计及计算
教学难点	夹具定位方案设计
教学方法建议	任务导入，任务分析、实施、评价
选用案例	套类零件
教学设施、设备及工具	教学课件、零件实物、情境教室
考核与评价	任务成果评定、学习团队评定
参考学时	10 学时

想一想

如图 2-1 所示轴承套零件，钻削其上 ϕ4mm 小孔的夹具方案如何设计？

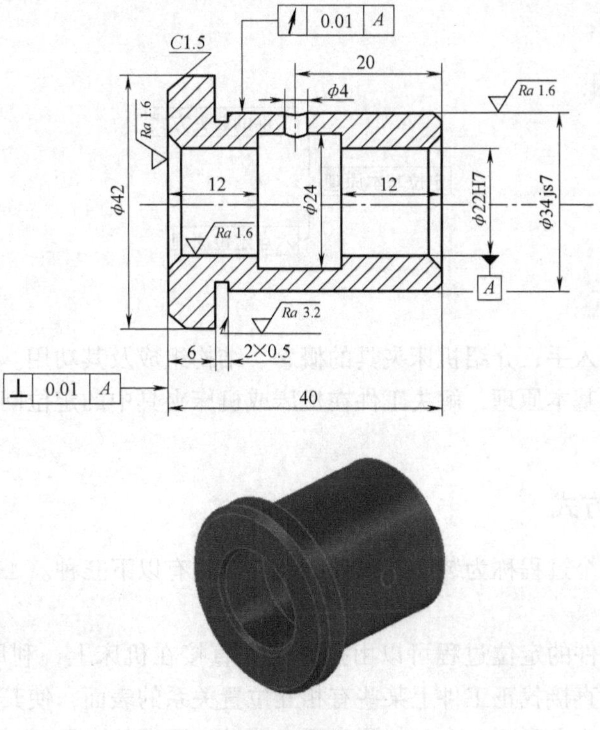

图 2-1　轴承套

任务 2.1　了解定位的基本原理及工件装夹方式

任务导入

如图 2-2 所示为钻削轴承套零件上的 ϕ4mm 小孔的钻床夹具，夹具设计的关键是加工零件如何在夹具中定位与夹紧，该任务主要解决此类问题。

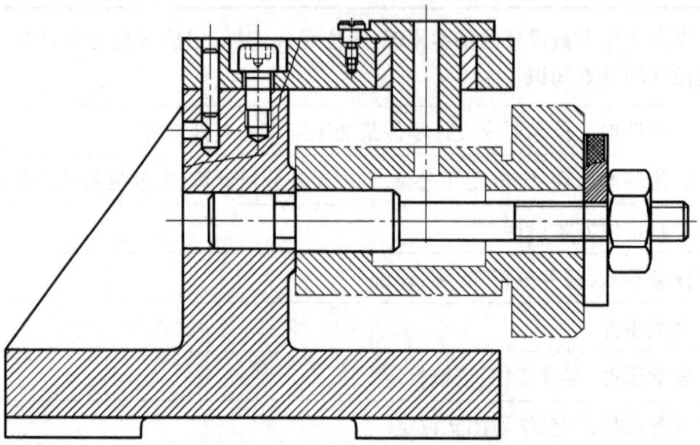

图 2-2　钻床夹具

任务内容和目标

掌握零件在加工过程中的装夹，重点学会加工零件在机床夹具中的定位与夹紧的基本原理与结构的初步设计。

知识网络结构

- 定位基本原理
  - 工件的装夹方式
  - 六点定位原理

教学情景分析

从机床夹具实物入手，介绍机床夹具的概念、结构组成及其功用。利用夹具实物中的定位结构，引入定位的基本原理，解决工件在机床或机床夹具中的定位问题，进而延伸到夹具定位方案设计。

2.1.1　工件装夹方式

定位和夹紧的整个过程称为装夹，工件的装夹方式有以下三种。

1. 直接找正法

直接找正法是工件的定位过程可以由操作工人直接在机床上，利用千（百）分表、划针或目测，在机床上直接找正工件上某些有相互位置关系的表面，使其获得正确位置的一种装夹方法。例如在磨床上磨削一个与外圆表面有同轴度要求的内孔时，加工前将工件装在单动卡盘上，用千分表直接找正外圆表面，如图 2-3a 所示，即可获得工件的正确位置。又如在牛头刨床上加工一个同工件底面及侧面有平行度要求的槽时，用百分表找正工件的右侧面，如图 2-3b 所示，即可使工件获得正确的位置。用直接找正法装夹工件时，找正面即为定位基准。直接找正法生产效率低，但找正精度可以很高，对工人技术水平要求高，一般用于单件小批量生产。

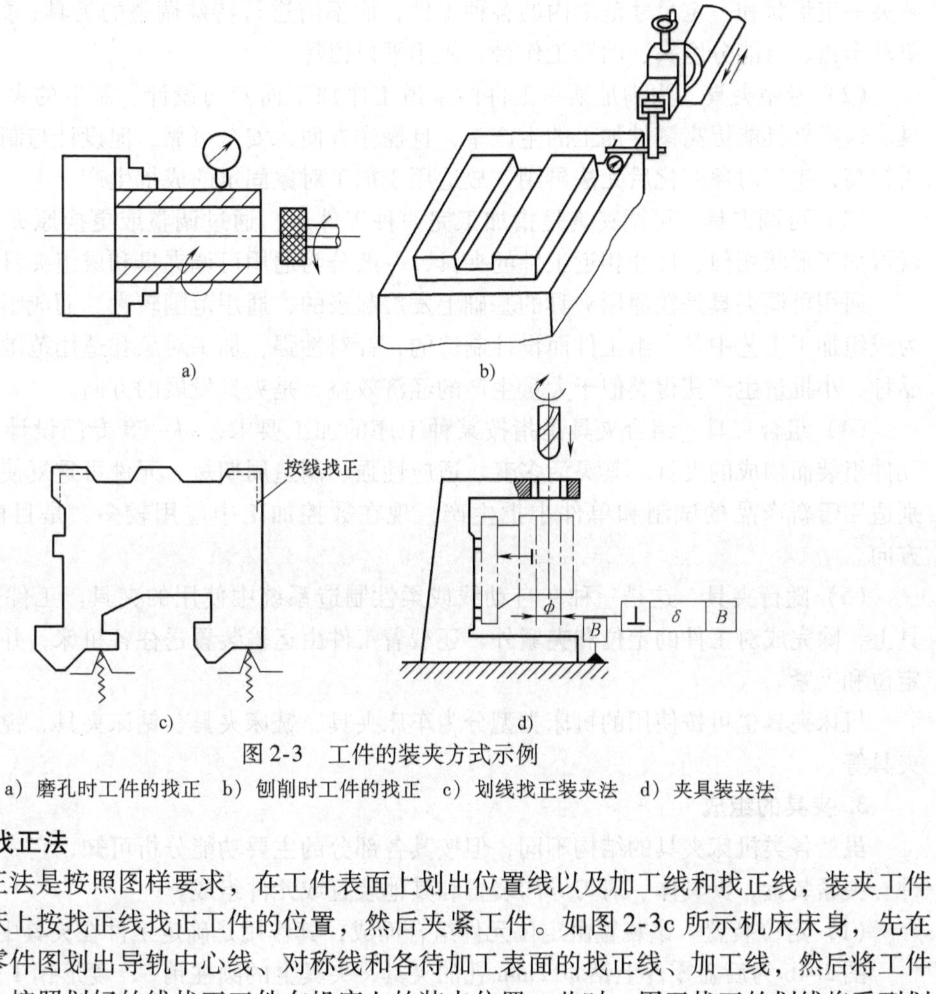

图 2-3 工件的装夹方式示例

a）磨孔时工件的找正 b）刨削时工件的找正 c）划线找正装夹法 d）夹具装夹法

2. 划线找正法

划线找正法是按照图样要求，在工件表面上划出位置线以及加工线和找正线，装夹工件时，先在机床上按找正线找正工件的位置，然后夹紧工件。如图 2-3c 所示机床床身，先在毛坯上按照零件图划出导轨中心线、对称线和各待加工表面的找正线、加工线，然后将工件装在机床上，按照划好的线找正工件在机床上的装夹位置，此时，用于找正的划线将受到划线精度及找正精度的限制。此方法多用于生产批量较小、毛坯精度较低以及大型零件等不便于使用夹具的粗加工中。

3. 夹具装夹法

夹具装夹法是用夹具上的定位元件使工件获得正确位置的一种方法。如图 2-3d 所示，此时工件与定位元件相接触的面即为定位基准。采用夹具装夹，迅速方便，生产率高，定位精度高，但需设计、制造专用夹具，广泛用于成批生产和大量生产中。

2.1.2 机床夹具的分类及其组成

1. 机床夹具

机床夹具是机床上用以装夹工件的一种装置。其作用是使工件相对于机床或刀具有一个正确的位置，并在加工过程中保持这个位置不变。

2. 夹具的分类

目前夹具尚无统一的分类方法，一般按夹具的应用范围和所使用的机床来分类。按其应用范围可分为以下五种基本类型。

（1）通用夹具　通用夹具是指结构、尺寸已规格化，且具有一定的通用性，可以用来装夹一定形状和一定尺寸范围内的各种工件，而不需进行特殊调整的夹具，如自定心卡盘、单动卡盘、万能分度头、回转工作台、机用平口钳等。

（2）专用夹具　为满足某一工件的某道工序加工而专门设计、制造的夹具称为专用夹具。这类夹具能提高零件加工的生产率，且操作方便，安全可靠，但设计与制造周期长，费用较高，生产对象变化后无法再用，故适用于加工对象固定的成批生产。

（3）可调夹具　可调夹具是指加工完一种工件后，通过调整或更换原夹具上个别元件就可加工形状相似、尺寸相近工件的夹具，一般分为通用可调夹具和成组夹具。

通用可调夹具是在通用夹具的基础上发展起来的，通用范围较大。而成组夹具则是专门为成组加工工艺中某一组工件而设计制造的，针对性强，加工对象和适用范围明确，可使多品种、小批量生产获得类似于大量生产的经济效益，是夹具发展的方向。

（4）组合夹具　组合夹具是指按某种工序的加工要求，将一套专门设计、制造的标准元件组装而构成的夹具。其灵活多变、适应性强、制造周期短、元件可重复使用。因此，特别适用于新产品的试制和单件小批生产，现在数控加工中应用较多，是目前夹具发展的方向。

（5）随行夹具　这是一种在自动线或柔性制造系统中使用的夹具。工件安装在随行夹具上，除完成对工件的定位和夹紧外，还载着工件由运输装置送往各机床，并在各机床上被定位和夹紧。

机床夹具也可按使用的机床类型分为车床夹具、铣床夹具、钻床夹具、镗床夹具、磨床夹具等。

3. 夹具的组成

虽然各类机床夹具的结构不同，但按其各部分的主要功能分析可知，它一般是由定位元件、夹紧装置、夹具体、对刀导向装置和其他装置或元件组成。

（1）定位装置　该装置由定位元件组合而成，其作用是确定工件在夹具中的正确位置。图 2-4b 为后盖零件上钻 ϕ12mm 孔的夹具，夹具上的圆柱销 5、菱形销 1 和支承板 6 都是定位元件，通过它们使工件在夹具中占据正确的位置。

（2）夹紧装置　夹紧装置的作用是保证工件在夹具中已定位好的正确位置在加工过程中不因外力的影响而变化，使加工顺利进行。如图 2-4b 中的螺杆 2（与圆柱销合成的一个零件）、螺母 3 和开口垫圈 4 组成了夹紧装置。

（3）夹具体　夹具体是夹具的基础件，如图 2-4b 中的件 7，通过它将夹具的所有部分连接成一个整体。整副夹具与机床的连接也靠夹具体。

（4）对刀导向装置　用于确定引导刀具，使刀具与夹具、机床有一个正确的相对位置。图 2-4b 中的钻套 9 与钻模板 8 就是为了引导钻头而设置的对刀导向装置。

（5）其他装置或元件　夹具除上述四部分外，还有一些根据需要设置的其他装置或元件，如分度装置、夹具与机床之间的连接元件等。

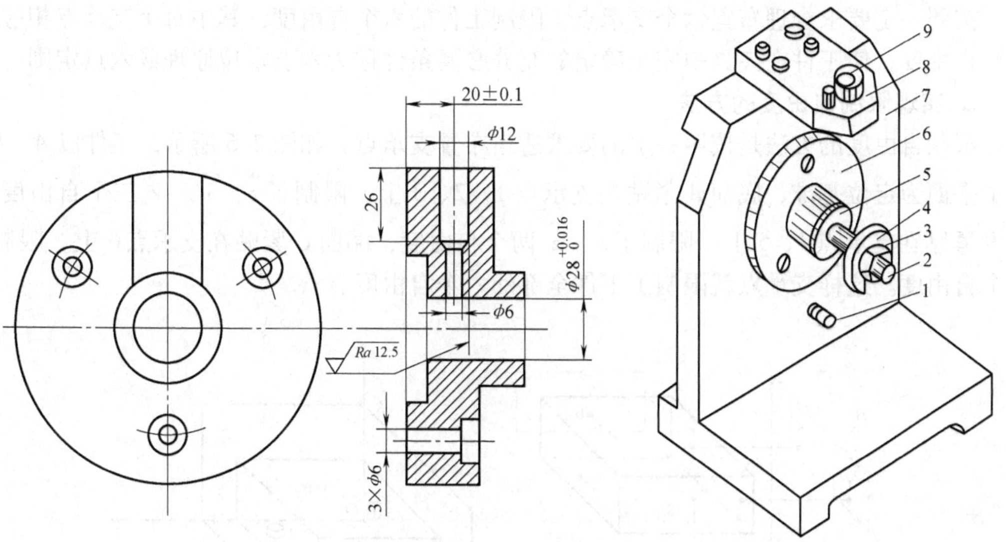

a)　　　　　　　　　　b)

图2-4　后盖零件图及后盖钻夹具

a）后盖零件图　b）后盖钻夹具

1—菱形销　2—螺杆　3—螺母　4—开口垫圈　5—圆柱销　6—支承板　7—夹具体　8—钻模板　9—钻套

> **注意**
>
> 一副机床夹具的结构组成中，不是必须具有所有结构装置，一般情况下必须具备三个基本组成部分，即定位装置、夹紧装置和夹具体。

2.1.3　六点定位原理

工件在夹具中的定位问题，是夹具设计中首先要解决的重要问题。因为定位问题是夹具设计的出发点，定位方案未确定，便无法进行夹紧装置、对刀、引导元件及整个夹具体等的设计工作。而定位方案一经确定，则夹具其他组成部分的总体装配也大体上随之确定。

1. 六点定位原理

任何一个尚未定位的工件，在空间直角坐标系中都可看成是自由物体，具有六个自由度，即沿三个互相垂直的坐标轴的移动自由度和绕三个坐标轴的旋转自由度。如图2-5所示，在工件定位分析中，用$\vec{x}$、$\vec{y}$、$\vec{z}$分别表示沿x轴、y轴、z轴的移动自由度，用$\overset{\frown}{x}$、$\overset{\frown}{y}$、$\overset{\frown}{z}$分别表示绕x轴、y轴、z轴的转动自由度。要使工件沿某方向的位置确定，就必须限制该方向的自由度。因此，定位就是限制自由度。工件沿某坐标轴或绕某坐标轴的自由度限制，说明其沿某坐标轴或绕某坐标轴的位

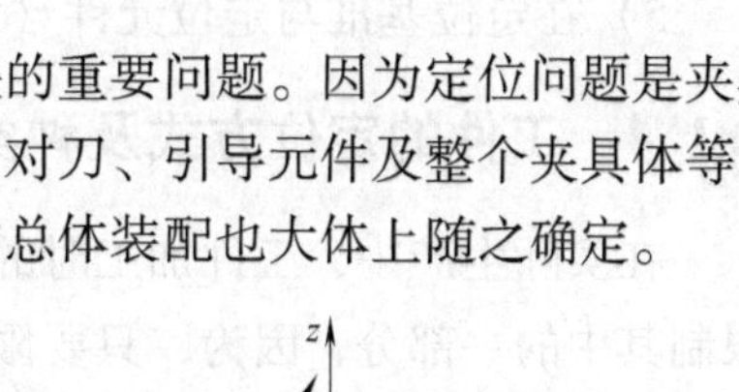

图2-5　工件的六个自由度

置已确定。若工件六个自由度全部被限制，则说明工件在空间中的位置完全被确定下来。

按照一定要求合理布置六个支承点，限制工件的六个自由度，其中每个支承点相应限制一个自由度，使工件在夹具中完全确定的充分必要条件称为六点定位原理或六点定则。

2. 实现限制自由度的方法

限制自由度的方法是按照一定的要求适当布置支承点。如图 2-6 所示，工件以 A、B、C 三个平面为定位基准，底面 A 紧贴在支承点 1、2、3 上，限制了 $\overrightarrow{z}$、$\overset{\frown}{x}$、$\overset{\frown}{y}$ 三个自由度，侧面 B 紧贴在支承点 4、5 上，限制了 $\overrightarrow{x}$、$\overset{\frown}{z}$ 两个自由度，端面 C 紧贴在支承点 6 上，限制了 $\overrightarrow{y}$ 一个自由度。这样支承点就限制了工件全部的六个自由度。

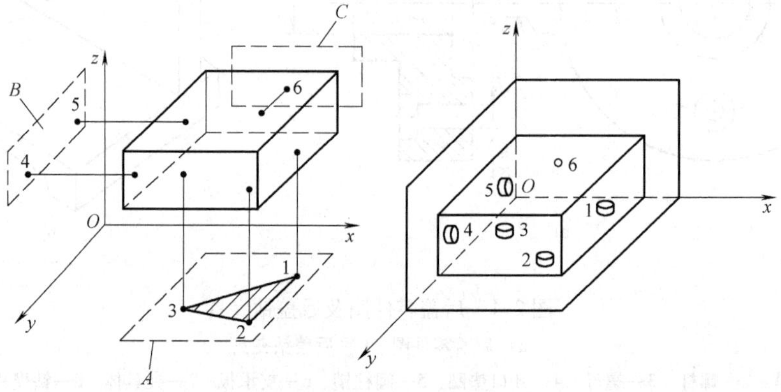

图 2-6　六点定位原理

3. 应用六点定位原理时应注意的几个问题

1）定位支承点含义。实际的定位元件能限制几个自由度，就相当于几个支承点。

2）六点定位原理是分析工件定位问题普遍适用的原理。

3）讨论定位问题一定不要考虑外力因素作用，必须与夹紧过程区分开来，不要混淆。

4）以一批工件作为讨论定位问题的对象。

5）在定位基准与定位元件（定位支承点）“接触”情况下讨论定位，否则无定位可言。

2.1.4　工件的定位方式及种类

在实际生产中，工件加工时的定位，可能需要将其六个自由度全部都限制，也可能只需限制其中的一部分，因为，只要限制那些影响加工精度的自由度就行了。工件的定位方式有以下几种：

1. 完全定位

工件上的六个自由度全部被限制的定位称为完全定位，如图 2-7 所示。在铣床上加工一批零件的沟槽时，为了保证图中 x、y、z 三个尺寸的加工精度，就必须限制零件的六个自由度。一般工件在三个坐标方向上均有尺寸要求时，要用此方式定位。

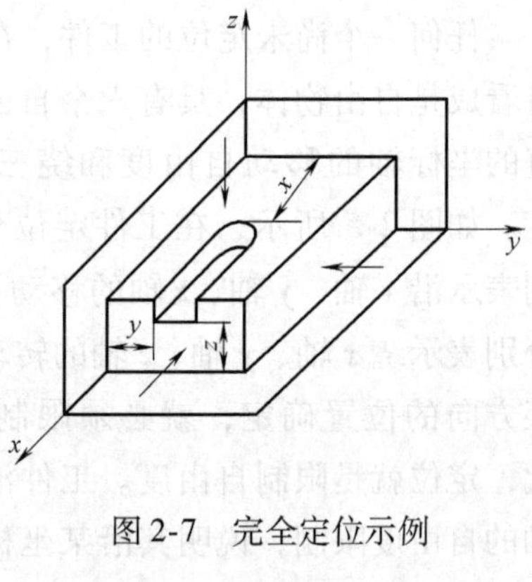

图 2-7　完全定位示例

2. 不完全定位

根据加工要求，在保证加工要求的前提下，只限制部分自由度的定位称为不完全定位。

如图 2-8a 所示套零件，在车床上车削通孔时，由于孔在 x 方向的移动和转动都不会影响其加工精度，所以不需要限制 $\vec{x}$、$\overset{\frown}{x}$ 自由度，只需限制其余四个自由度就能满足加工要求。又如图 2-8b 所示的零件，在磨床上采用电磁工作台定位磨平面时，由于工件只有厚度尺寸 H_Z 的加工要求，所以只需限制 $\vec{z}$、$\overset{\frown}{x}$、$\overset{\frown}{y}$ 三个自由度就能满足加工需要。再如图 2-8c 所示球体零件，在 ϕD 球上铣出一个平面，保证尺寸 H，从理论上分析，保证此项加工要求，只需限制 $\vec{z}$ 一个自由度，但是，实际定位时，只限制 $\vec{z}$ 一个自由度，肯定不能保证定位的准确性和稳定性，因此，需至少限制 $\vec{x}$、$\vec{y}$、$\vec{z}$ 三个自由度。

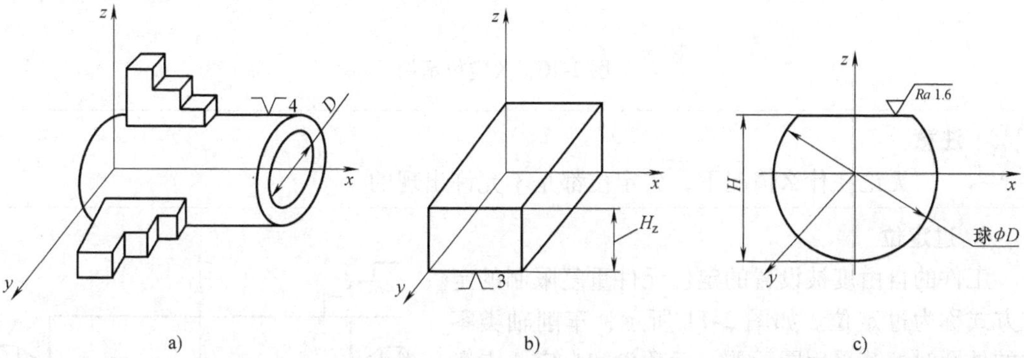

a)　　b)　　c)

图 2-8　不完全定位示例

注意

生产实际中，利用六点定位原理分析定位问题时，为保证定位的准确性和稳定性，至少应限制三个自由度。

想一想

如图 2-9 所示，在小轴零件上加工出一个缺口，利用六点定位原理分析，保证该零件加工要求，应限制几个自由度，它属于哪种定位方式？

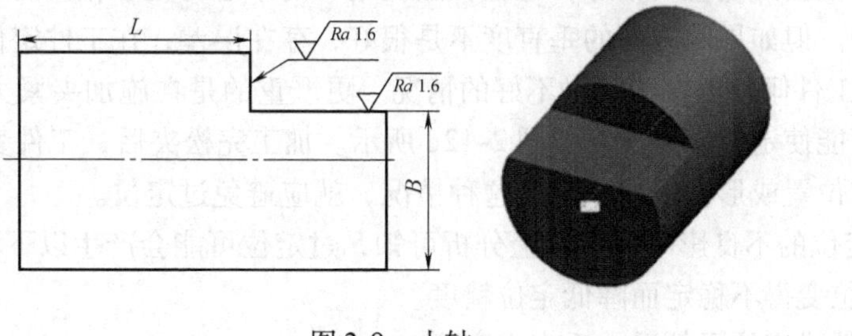

图 2-9　小轴

3. 欠定位

应该限制的自由度在定位时未被限制的定位称为欠定位。这种定位方式显然是无法保证工序所规定的加工要求，因此，在实际生产中欠定位是绝对不允许出现的。如图 2-10a 所示轴零件，在其上铣键槽，槽宽为 $12^{+0.25}_{0}$ mm，且相对 A 基准保证对称度 0.05mm 要求。如果只采用 V 形块 1、2 及止推销 3 定位，如图 2-10b 所示，工件绕其轴线回转方向的位置将不确定，铣出的键槽将难以保证对称度要求，出现欠定位。为此，改为图 2-10c 所示，在宽为 8mm 的槽内布置一个防转销 4，就解决了欠定位的问题。

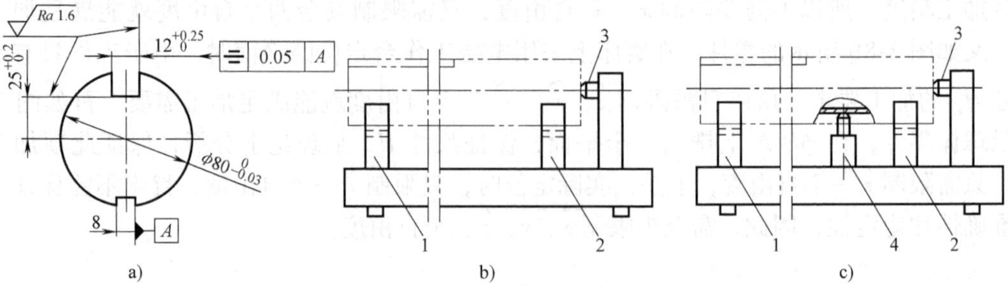

图 2-10　欠定位示例

> **注意**
>
> 无论在什么情况下，欠定位都是不允许出现的。

4. 过定位

工件的自由度被设置的定位元件重复限制的定位方式称为过定位。如图 2-11 所示，车削轴类零件的外圆时，若采用图示前、后顶尖和自定心卡盘安装，由于前后顶尖已限制了 $\vec{x}$、$\vec{y}$、$\vec{z}$、$\widehat{y}$、$\widehat{z}$ 五个自由度，而自定心卡盘也限制了 $\vec{y}$、$\vec{z}$ 两个自由度，出现了过定位。

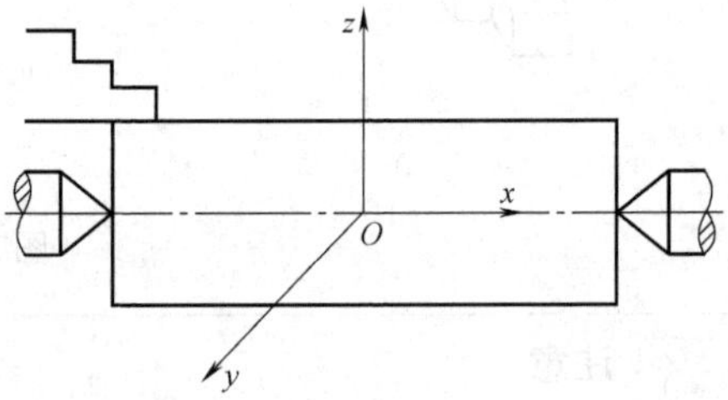

图 2-11　过定位示例

又如图 2-12a 所示加工连杆小头孔的定位方案，支承板 2 限制 $\vec{z}$、$\widehat{x}$、$\widehat{y}$ 三个自由度，短圆柱销 1 限制 $\vec{x}$、$\vec{y}$ 两个自由度，挡销 3 限制 $\widehat{z}$ 一个自由度，从而实现完全定位。若将短圆柱销 1 改成长圆柱销 1′，因其限制工件的 $\vec{x}$、$\vec{y}$、$\widehat{x}$、$\widehat{y}$ 四个自由度，从而引起 $\widehat{x}$、$\widehat{y}$ 两个自由度被重复限制，出现了过定位。如果工件上的孔中心与其端面的垂直度很好，定位长圆柱销 1′的中心与支承板 2 的垂直度也很好，则过定位是允许的。但如果两方面的垂直度不是很好，存在误差，在工件定位时，就会出现如图 2-12b 所示的工件倾斜及端面接触不好的情况，更严重的是在施加夹紧力后会使连杆产生弹性变形，还可能使定位销变形，如图 2-12c 所示。加工完松夹后，工件变形恢复，就形成加工表面严重的位置或形状误差。出现这种情况，就应避免过定位。

（1）过定位的不良影响　由以上分析可知，过定位可能会产生以下不良影响：

1）使定位变得不稳定而降低定位精度。

2）使工件或定位元件受力后产生变形。

3）妨碍工件装入等。

有些时候，实际生产中，在采取适当工艺措施的情况下，可利用过定位来提高工件的定位刚度。只要解决好以下两个问题，过定位是允许存在的，有时甚至是必要的。

（2）允许过定位出现的情况

1）重复限制自由度的支承之间，不会使工件的安装发生干涉。

2）因过定位而引起的不良后果，在采取相应措施后，仍能保证工件的加工要求。

如图 2-12 所示，若连杆大头孔与端面的垂直度误差很小，长圆柱销与支承板的垂直度误差也很小，此时就可利用大头孔与长圆柱销的配合间隙来补偿这种较小的垂直度误差，并不致引起相互干涉，仍能保证连杆端面与平面支承可靠接触，就不会产生图 2-12b 的定位不确定情况，也不会造成图 2-12c 夹紧后的严重变形，因而是允许采用的。采用这种方式定位，由于整个端面接触，增强了切削时的刚度和定位稳定性，而且用长圆柱销定位大头孔，有利于保证被加工孔相对大头孔轴线的平行度。

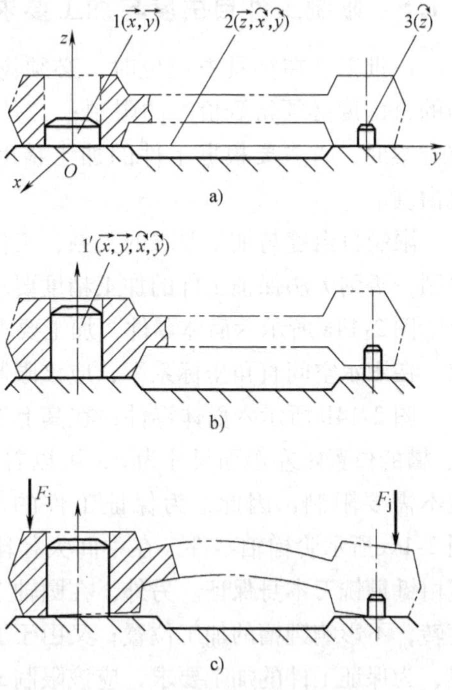

图 2-12　连杆定位分析

a）完全定位　b）过定位　c）过定位的不良后果

1—短圆柱销　1′—长圆柱销　2—支承板　3—挡销

（3）常用的处理过定位的方法

① 适当提高定位基准之间以及定位元件工作表面之间的位置精度（但要考虑工艺的可行性、经济合理性），使产生的误差在允许的范围内。

② 改变定位元件的结构和组合方式，避免过定位。

③ 采用浮动支承。

注意

过定位现象是否允许，要视具体情况而定

1）如果工件的定位面是经过机械加工，且形状、尺寸、位置精度均较高，则过定位是允许的，有时还是必要的，因为合理的过定位不仅不会影响加工精度，还会起到加强工艺系统刚度和增强定位稳定性的作用。

2）如果工件的定位面是毛坯面，或虽经过机械加工，但加工精度不高，这时过定位一般是不允许的，因为它可能造成定位不准确，或定位不稳定，或发生定位干涉等情况。

想一想

如图 2-13 所示套零件，采用图中定位方式，利用六点定位原理分析各定位元件所能限制的自由度，有无过定位现象。如果有，如何解决？

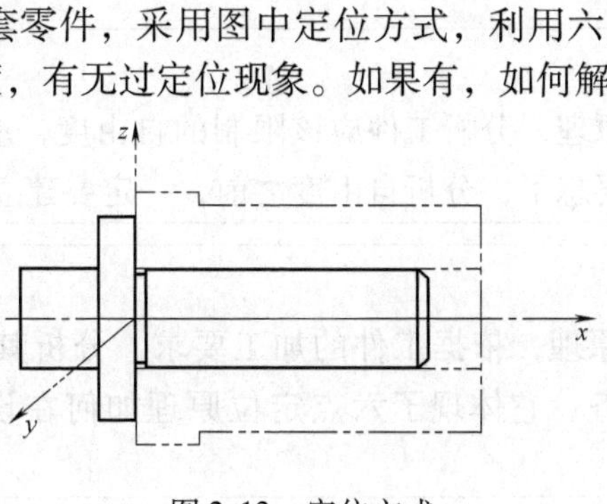

图 2-13　定位方式

2.1.5　限制工件自由度与加工要求的关系

一批工件在夹具中定位时，必须满足以下两条要求，定位方案才可行，一是需要限制的自由度必须得到恰当的限制；二是保证必要的定位精度和定位稳定性。因此确定定位方案时，首先要根据工件的加工精度要求，利用六点定位原理，分析工件应该限制的自由度。

限制自由度与加工要求的关系：工件哪些方面有加工要求，哪些方面的自由度就应该受限制，否则无法保证工件的加工精度要求。

图2-14a所示六面体零件，加工要求是铣削上表面，保证尺寸h。为满足工件的加工要求，在图示空间直角坐标系下，应该限制工件的三个自由度$\vec{z}$、$\overset{\frown}{x}$、$\overset{\frown}{y}$。

图2-14b所示六面体零件，在其上表面上加工一个通槽，槽宽为b、槽底距底面距离为h、槽的位置距左侧面尺寸为a，可以看出，由于加工的是通槽，所以沿y方向的移动自由度不需要限制，因此，为保证工件的加工要求需要限制$\vec{x}$、$\vec{z}$、$\overset{\frown}{x}$、$\overset{\frown}{y}$、$\overset{\frown}{z}$五个自由度。图2-14c所示阶梯轴零件，在中间大径段加工键槽，槽宽为b，槽深为h。加工键槽时，槽宽由键槽铣刀本身保证。另外，在圆轴上加工键槽时，工件绕轴本身的轴线旋转，即绕y轴旋转，不影响键槽的加工位置；又由于加工的槽为通槽，不需限制沿y轴移动的自由度，所以，为保证工件的加工要求，应该限制$\vec{x}$、$\vec{z}$、$\overset{\frown}{x}$、$\overset{\frown}{z}$四个自由度。

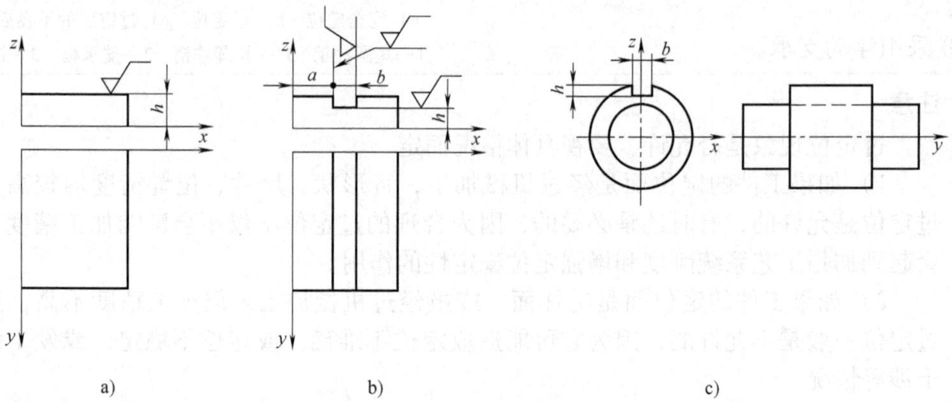

图2-14　加工零件自由度分析

注意

利用六点定位原理，分析工件应该限制的自由度，应根据工件的具体加工要求而定。另外千万不要忘了，分析自由度之前，一定要建立坐标系哦！

注意

利用六点定位原理，依据工件的加工要求，分析其应该限制的自由度是定位方案设计的核心任务，它体现了六点定位原理如何在设计中去“用”，同学们必须学会哟！

任务2.2　定位方案的设计

任务导入

根据工件的加工要求，利用六点定位原理，分析了工件应该限制的自由度后，接下来的重点工作就是如何将应该限制的自由度实施约束，真正实现工件加工位置的确定，即定位方案的设计。

定位方案的设计工作是机床夹具设计的关键步骤，也是本任务主要学习解决的问题。图2-15所示为加工连杆零件上右边孔的定位方案。

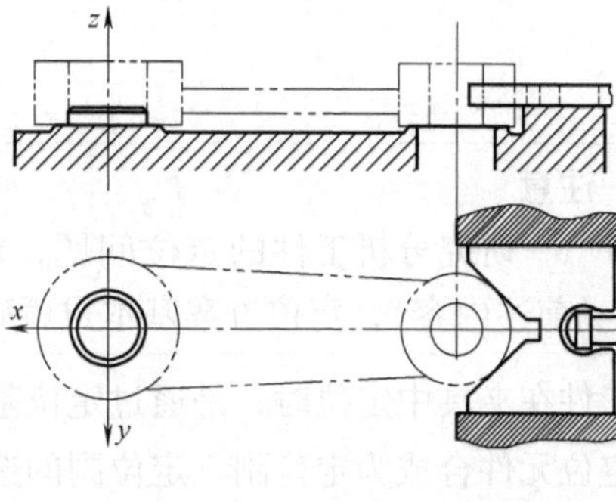

图2-15　连杆定位方案

任务内容和目标

利用前述内容，在正确选择定位基准的前提下，了解不同的定位方式所使用的各种定位元件，掌握并学会正确选用定位元件的方法，实现正确定位。掌握定位误差的分析计算，学会判断定位方案能否满足加工精度的要求。

知识网络结构

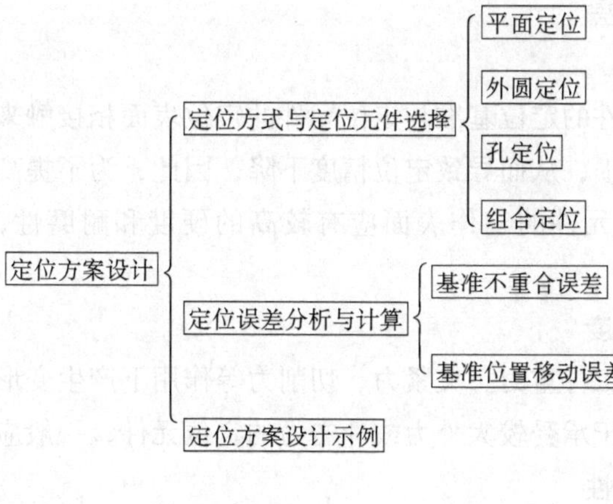

教学情景分析

利用机床夹具的基础知识，结合夹具实物，学习如何正确选择定位元件、设计合理的定位方案，学习定位误差的分析计算，掌握判定定位精度能否满足加工要求的方法。在教师的指导下，设计一副结构较简单的机床夹具的定位方案，为后续任务做准备。

定位方案的设计步骤：

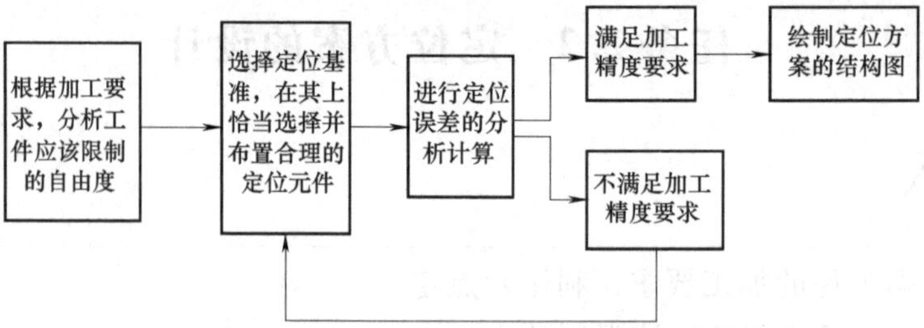

注意

研究分析工件的定位问题，定位基准的选择是一个关键：选定工件定位基准（前述内容），定位方案基本也就确定了，夹具设计的关键部分就已完成。

工件在夹具中定位时，是通过定位基准面和定位元件相接触或配合来实现的，定位基准面和定位元件合成为定位副。定位副的选择及其制造精度将直接影响工件的定位精度和夹具的工作效率以及制造、使用性能，故对定位副的选择须提出必要的原则和要求（定位基准的选择不再赘述）。

2.2.1　定位元件的基本要求

定位元件作为夹具结构中的重要元件之一，它一般应具备以下基本要求。

1. 足够的精度

定位元件的工作表面精度与定位误差有很大的关系，将会直接影响工件的加工精度。精度过低，保证不了工件的加工要求；过高又会使加工困难。通常可根据有关资料或生产经验确定定位元件的制造公差。

2. 耐磨性好

由于定位是通过工件的定位基准与定位元件的定位表面相接触来实现的，而工件的装卸将会使定位元件表面磨损，从而导致定位精度下降，因此，为了提高夹具的使用寿命，长期保持其定位精度，定位元件的工作表面应有较高的硬度和耐磨性，特别是在大批量生产场合。

3. 足够的强度和刚度

为避免定位元件在工件重力、夹紧力、切削力等作用下产生变形或损坏，定位元件应有足够的强度和刚度。对于承受较大外力或冲击力的定位元件，一般应内韧外硬。

4. 良好的结构工艺性

定位元件的结构应便于制造、装配和维修。通常标准化的定位元件有良好的工艺性，设计时应优先选用标准元件。

5. 便于清除切屑

定位元件工作表面的形状应有利于清除切屑，否则，会因切屑而影响定位精度，而且切屑还会损伤定位基准表面。

2.2.2　选择常用定位方法及定位元件

1. 工件以平面定位

（1）固定支承　固定支承有支承钉和支承板两种形式。在使用过程中，它们是固定不变的。

1）支承钉。图2-16所示是标准支承钉结构（JB/T 8029.2—1999），A型是平头支承钉，用于已加工过的精定位基准定位；B型是球头支承钉，用于未加工毛坯的粗定位基准定位；C型是齿纹面支承钉，常用于侧面定位以增大摩擦力。一般一个支承钉只限制一个自由度，因此一个毛坯平面只能用三个球头支承钉定位，以保证接触点固定，使其定位稳定。若工件是以加工过的平面为定位基准，则可用三个或更多的平头支承钉定位，但必须保证这几个平头支承钉的定位工作面位于同一平面内，否则，就会出现过定位，使各支承钉不能全部与工件接触，造成定位不稳定。

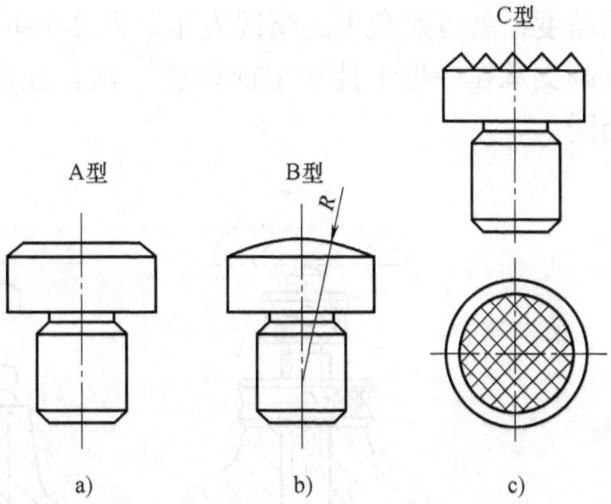

图2-16　支承钉

知识链接

支承钉与夹具体的配合可用H7/r6或H7/n6。

2）支承板。图2-17所示是标准支承板结构（JB/T 8029.1—1999），用于精定位基准定位。A型支承板结构简单，制造容易，但孔边切屑不易清除，故适用于侧面及顶面定位。B型支承板因开有斜槽，容易清除切屑，易保证工作面清洁，故适用于底面定位。

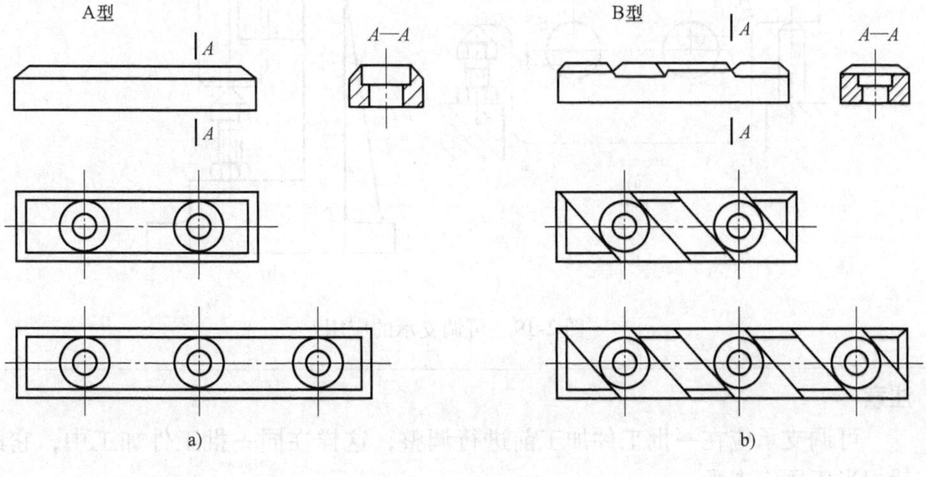

图2-17　支承板

（2）可调支承　支承点位置可以调整的支承称为可调支承，图 2-18 所示为几种常用的可调支承。调整时要先松后调，调好后用防松螺母锁紧。可调支承主要用于工件以粗基准面定位或定位基面的形状复杂（如成形面、台阶面等），以及各批毛坯的尺寸、形状变化较大时的情况。如图 2-19a 所示工件，毛坯为砂型铸件，先以 B 面定位铣 A 面，再以 A 面定位镗双孔。铣 A 面时，若采用固定支承，由于定位基准面 B 的尺寸和形状误差较大，铣完后，A 面与两毛坯孔（图中虚线）的距离尺寸 H_1、H_2 变化也大，致使镗孔时余量很不均匀，甚至余量不够。因此，固定支承必须改为可调支承，再根据每批毛坯的实际误差大小调整支承钉的高度，就可避免上述情况发生。图 2-19b 所示为利用可调支承加工不同尺寸的相似工件。可调支承在一批工件加工前调整一次，在同一批工件加工中保持不变，其作用与固定支承相同。

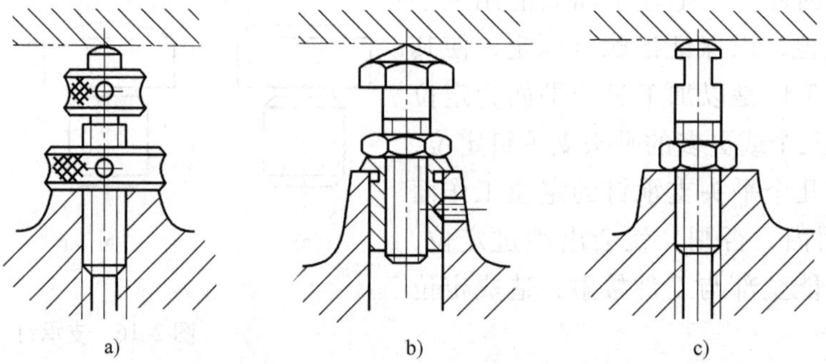

图 2-18　可调支承

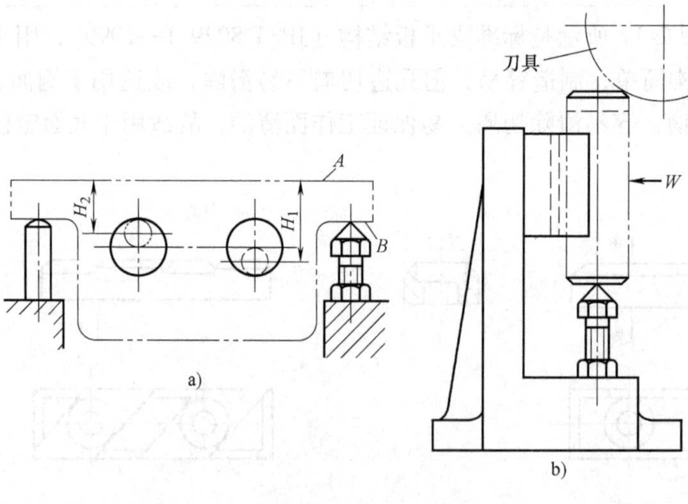

图 2-19　可调支承的应用

注意

可调支承应在一批工件加工前进行调整，这样在同一批工件加工中，它的作用就相当于固定支承。

（3）自位支承　在工件定位过程中，能自动调整位置的支承称为自位支承（也称浮动支承）。图2-20a、b所示为两点式自定位支承。这类支承的特点是：支承点的位置能随着工件定位基准面的不同而自动调节，工件定位基准面压下其中一点，其余点便上升，直至各点都与工件接触。接触点数的增加，提高了工件的装夹刚度和稳定性，但其作用仍相当于一个固定支承，只限制工件一个自由度。自位支承一般用于粗定位基准定位。

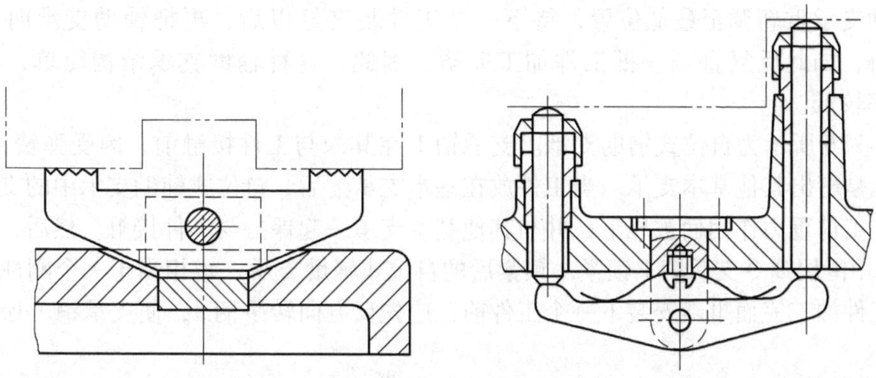

a)　　b)

图2-20　自位支承

（4）辅助支承　生产中，由于工件形状以及夹紧力、切削力、工件重力等原因可能使工件在定位后还产生变形或定位不稳定。为了提高工件的安装刚性和稳定性，常常设置辅助支承。如图2-21所示，当工件的重心超出基本支承所形成的稳定区域时，工件上重心所在的一端便会下垂，而使另一端向上翘起，于是使工件上的定位基准脱离定位元件。为了避免出现这种情况，在将工件放在定位元件上时，能基本接近其正确定位位置，这时应在工件重心所在部位下方设置辅助支承，以实现预定位。

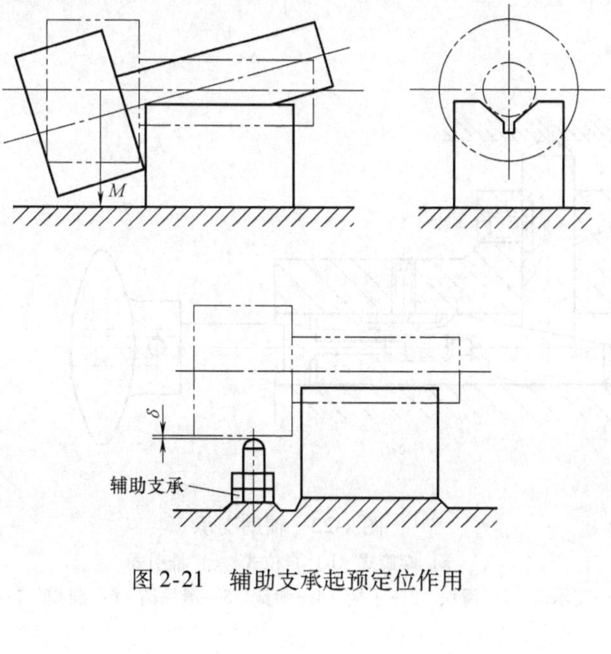

图2-21　辅助支承起预定位作用

需要指出的是：辅助支承只能起提高工件支承刚性的辅助定位作用，而绝不能允许它破坏基本支承应起的主要定位作用，即辅助支承不起限制自由度的作用。因此，使用辅助支承时，需等工件定位夹紧以后，再调整辅助支承的高度，使其与工件的有关表面接触并锁紧。

图 2-22 所示为三种常用辅助支承的结构。

图 2-22a 所示为螺旋式辅助支承。使用此类辅助支承加工工件时，应在工件装夹前，先调节辅助支承至最低位置，等工件装夹好后再向上调节与工件接触。加工完毕后，必须把辅助支承重新调至最低位置，待下一个工件装夹好以后，再把辅助支承向上调节与工件接触，如此反复直到一批工件加工完毕。因此，这种辅助支承结构简单，但操作费时，效率较低。

图 2-22b 所示为自位式辅助支承。支承销 1 在其未与工件接触前，因受弹簧 4 的作用，其高度总是超出其他基本支承。当工件放在基本支承上后，自位式辅助支承中的支承销 1 也同时受到工件重力作用而被压下，并与其他基本支承一起保持与工件接触。然后，通过转动手柄 3，用滑块 2 令支承销 1 锁紧。锁紧后的自位式辅助支承，才相当于一个刚性支承。在上一个工件加工完而重新安装下一个工件前，应先反方向转手柄 3，使支承销 1 松开而重新

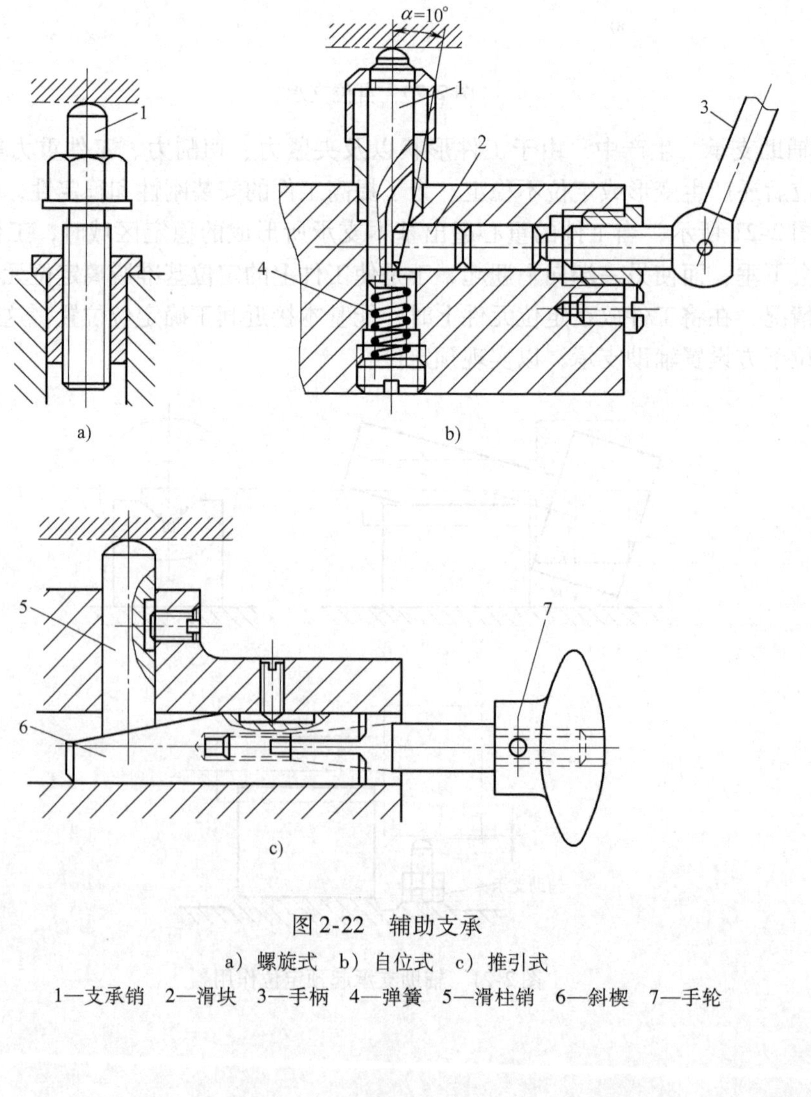

图 2-22　辅助支承

a）螺旋式　b）自位式　c）推引式

1—支承销　2—滑块　3—手柄　4—弹簧　5—滑柱销　6—斜楔　7—手轮

向上弹至其原始自由位置。否则，由于仍处于锁紧状态的辅助支承相当于一个刚性支承，因此它将喧宾夺主而取代基本支承的作用，从而破坏原基本支承的定位精度，严重时甚至引起工件报废。弹力的大小应能使支承销弹出，但不能顶起工件。滑块2的斜面角（一般为10°）不能大于自锁角。

图2-22c所示为推引式辅助支承。工件装夹好后，推动手轮7使滑柱销5与工件接触，然后转动手轮使斜楔6的开槽部分胀开而锁紧。它适用于工件较重、垂直作用的切削负荷较大的场合。斜楔6的斜面角可取8°~10°，过小则滑柱销升程短，过大则可能失去自锁作用。

想一想

以上介绍的各定位元件，哪种能起限制自由度的作用？能限制自由度的定位元件分别对工件限制几个自由度？限制什么自由度？

2. 工件以圆孔定位

工件以圆孔表面作为定位基准面时，常用以下定位元件。

（1）圆柱定位销　图2-23所示为常用圆柱定位销结构。当工件直径小于10mm时，为避免销因撞击而折断或热处理淬裂，通常将根部倒出圆角R，应用时在夹具体上锪出沉孔，使定位销圆角部分沉入孔内而不影响定位，如图2-23a所示。大批量生产时，为了便于更换定位圆柱销可采用图2-23d所示带衬套结构的可卸圆柱销。圆柱定位销的工作部分直径通常根据加工要求按g5、g6、f6、f7制造，定位销与夹具体的配合可查阅手册，参考国家标准。

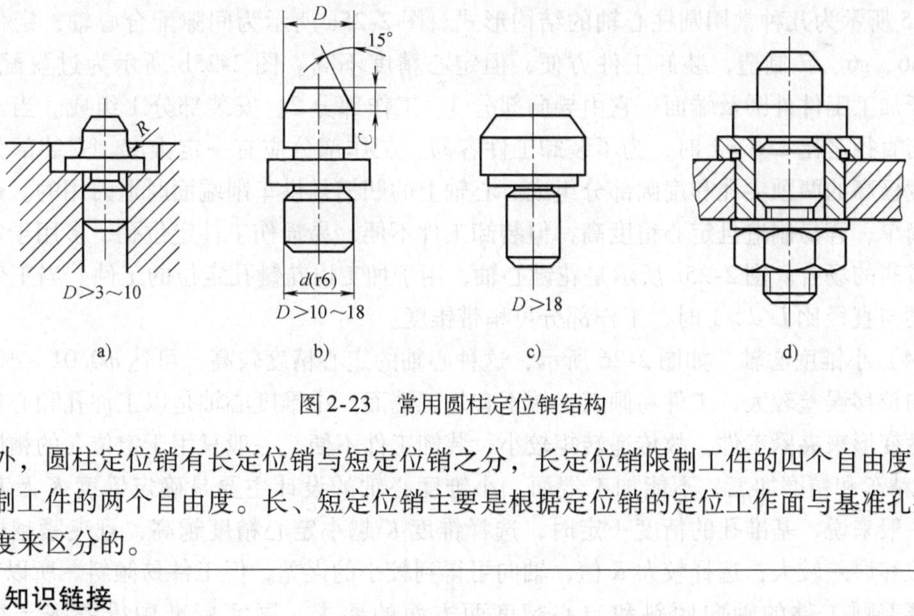

图2-23　常用圆柱定位销结构

此外，圆柱定位销有长定位销与短定位销之分，长定位销限制工件的四个自由度，短定位销限制工件的两个自由度。长、短定位销主要是根据定位销的定位工作面与基准孔接触的相对长度来区分的。

知识链接

固定式圆柱销与夹具体之间采用过盈配合，可选用H7/r6。使用可卸圆柱销时，圆柱销与套衬内径之间采用间隙配合，并用螺母拉紧，可选用H7/h6或h7/g6；而衬套与夹具体之间采用过渡配合，可选用H7/n6。由此可以看出，可卸圆柱销与衬套之间存在装配间隙，故其位置精度比固定圆柱销的低。

（2）圆锥定位销　图2-24所示为工件以圆孔在圆锥销上的定位示意图。它限制了工件的三个自由度，圆锥销与圆孔沿孔口接触，孔口的形状直接影响接触情况，从而影响定位精度。图2-24a所示为整体圆锥销，适用于加工过的圆孔，若圆孔是毛坯孔，由于孔的误差大，为保证两者接触均匀，采用图2-24b所示结构。

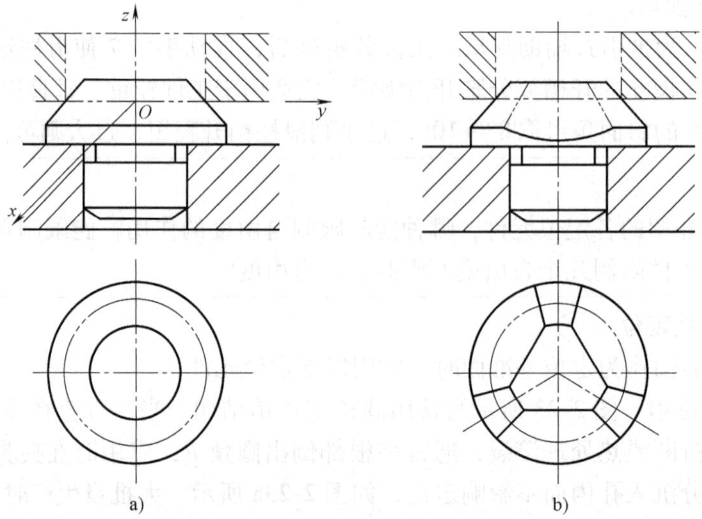

图2-24　圆锥定位销

（3）圆柱定位心轴　圆柱定位心轴主要用在车床、铣床、磨床上加工套类和盘类零件。图2-25所示为几种常用圆柱心轴的结构形式。图2-25a所示为间隙配合心轴，定位部分直径按h6、g6、f7制造，装卸工件方便，但定心精度不高。图2-25b所示为过盈配合心轴，适用于加工工件外圆及端面。它由导向部分3、工作部分2、安装部分1组成。当工件孔的长度与直径之比 $L/d>1$ 时，为了装卸工件容易，工作部分应有一定锥度。安装部分1是由同轴度极高的两顶尖孔和扁圆部分组成。心轴上的凹槽是供车削端面时退刀用的。这种心轴结构简单，容易制造且定心精度高，但装卸工件不便，易损伤工件定位孔，多用于定心精度要求较高的场合。图2-25c所示是花键心轴，用于加工以花键孔定位的工件。当工件定位孔的长度与直径比 $L/d>1$ 时，工作部分可稍带锥度。

（4）小锥度心轴　如图2-26所示，这种心轴的定心精度较高，可达 $\phi0.01\sim\phi0.02$mm，但轴向位移误差较大，工件易倾斜，故不宜加工端面。小锥度心轴是以工件孔和心轴工作面的弹性变形来夹紧工件，故传递转矩较小，装卸工件不便。一般只用于定位孔的精度不低于IT7的精车和精磨加工，不能加工端面。小锥度心轴的设计主要是确定锥度 K 及其结构尺寸。一般来说，基准孔的精度一定时，选择锥度 K 越小定心精度越高，且夹紧越可靠，但轴向位移误差较大；选择较大 K 值，轴向可得到较小的误差，但工件易倾斜。所以在确定 K 值时要兼顾工件的轴向倾斜和定心精度两方面的要求，国家标准中推荐 $K=1/5000\sim1/1000$。一般情况下工件长度与直径之比（L/D）小时，为了防止工件倾斜，K 取小值，但随着 K 值的减小，锥度心轴的刚度下降。工件长度与直径比（L/D）大时，K 取大值，心轴结构尺寸的确定可查阅夹具设计手册，参考国家标准。

3. 工件以外圆柱面定位

工件以外圆柱面定位时，常用的定位元件有V形块、半圆套、定位套等。

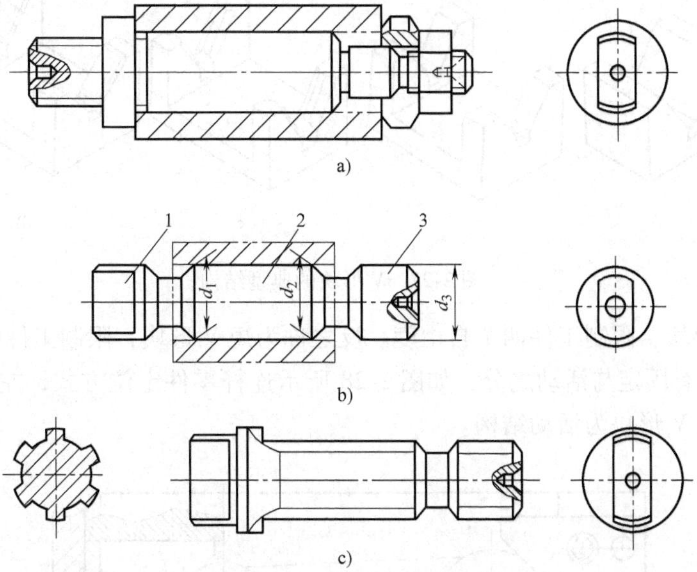

图 2-25　圆柱心轴

1—安装部分　2—工作部分　3—导向部分

（1）V 形块

1）V 形块的典型结构。图 2-27 所示为常用 V 形块。图 2-27a 所示是用于精基准定位的短 V 形块；图 2-27b 所示是用于精基准定位的长 V 形块；图 2-27c 所示是用于粗基准定位的长 V 形块，也可定位两段粗基准外圆相距较远的阶梯轴；图 2-27d 所示为大重量工件用镶淬硬垫块或镶硬质合金 V 形块。采用这种结构除制造经济性好之外，又便于 V 形块定位工作面磨损后更换，还可通过更换不同厚度的垫块以适应不同直径的工件定位，使结构通用化。

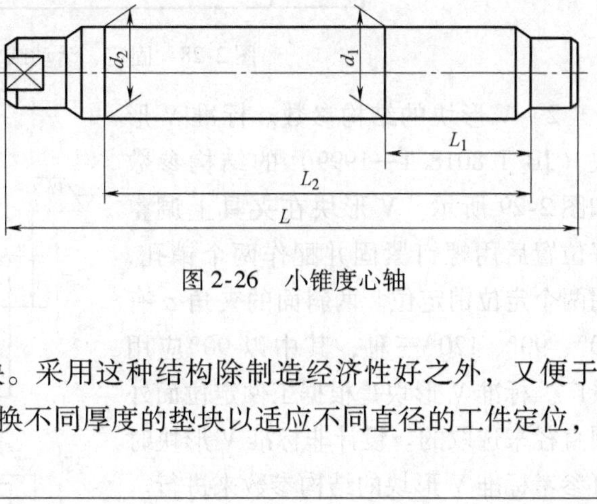

图 2-26　小锥度心轴

注意

长定位销与短定位销的界定没有定量指标，其界定是依据销的长度（L）与工件定位基准的长度（l）进行比较，当 $L/l>1/2$ 时为长定位销；$L/l\leqslant 1/2$ 时为短定位销。

知识链接

间隙配合圆柱心轴与工件定位孔之间可以选用 H7/g6，过盈配合圆柱心轴与工件定位孔之间可以选用 H7/r6。

V 形块也有长、短之分，工件的外圆柱面与 V 形块接触长（大于 V 形块长度的 1/2）

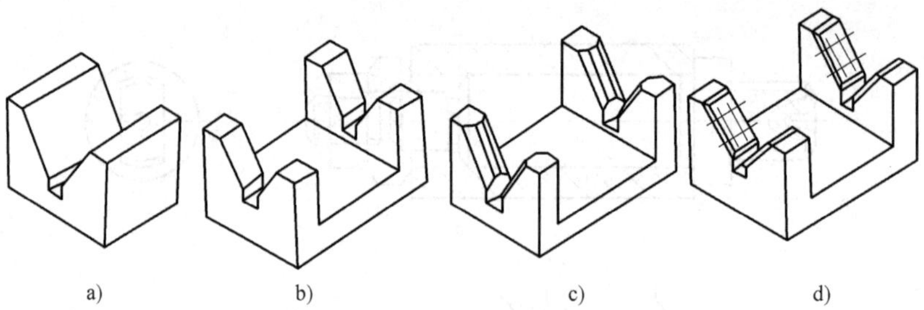

图 2-27　V 形块的典型结构

时，称为长 V 形块，限制工件四个自由度。反之称为短 V 形块，限制工件两个自由度。

V 形块还可有固定与活动之分，如图 2-28 所示连杆零件定位方式，左边的 V 形块为固定结构，右边的 V 形块为活动结构。

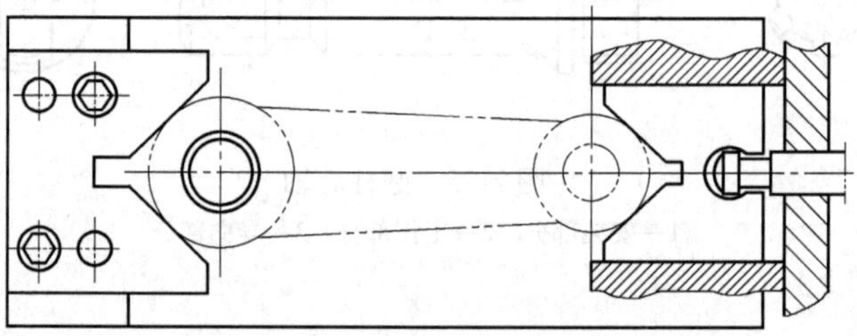

图 2-28　固定、活动结构 V 形块的应用

2）V 形块的结构参数。标准 V 形块（JB/T 8018.1—1999）的结构参数如图 2-29 所示。V 形块在夹具上调整好位置后用螺钉紧固并配作两个销孔，用两个定位销定位。两斜面的夹角 α 有 60°、90°、120° 三种，其中以 90° 应用最广。标准 V 形块是根据工件定位面外圆直径来选取的。设计非标准 V 形块时可参考标准 V 形块的结构参数来进行。

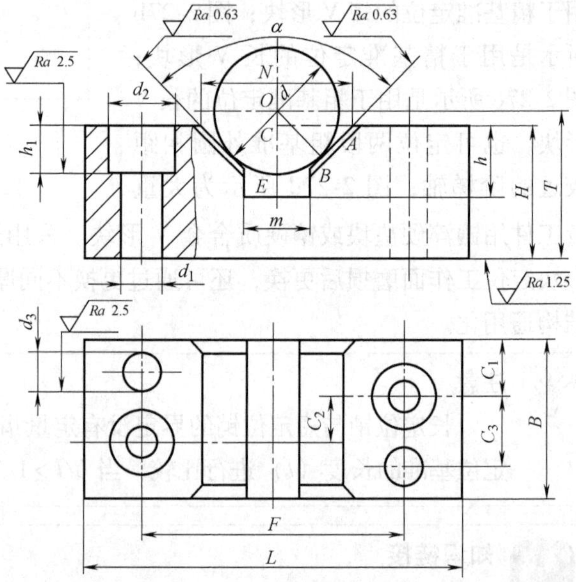

图 2-29　V 形块的结构尺寸

3）V 形块的定位特性

① V 形块定位的最大优点是对中性好，它可使一批工件的定位基准轴线始终对中在 V 形块两支承斜面的对称面上，而不受定位基准直径误差的影响。

② V 形块定位的另一个特点是无论定位基准是否经过加工，是完整的圆柱面还是局部的圆弧面，都可以采用 V 形块定位。因此在以外圆柱面定位时，V 形块是用

得最多的定位元件。

③ V形块以两支承斜面与工件的外圆接触起定位作用。工件的定位面是外圆柱面，但其定位基准是外圆轴心线，即V形块起定心作用，这个概念对后边分析V形块的定位误差有着重要意义。

（2）定位套　工件以外圆柱面定位时，也可采用图2-30a所示的定位套。图2-30a所示为短定位套，限制工件两个自由度，图2-30b所示为长定位套，限制工件四个自由度。定位套结构简单，容易制造，但是定心精度不高，一般适用于精基准定位。长、短定位套的区分与长、短V形块的区分相同。

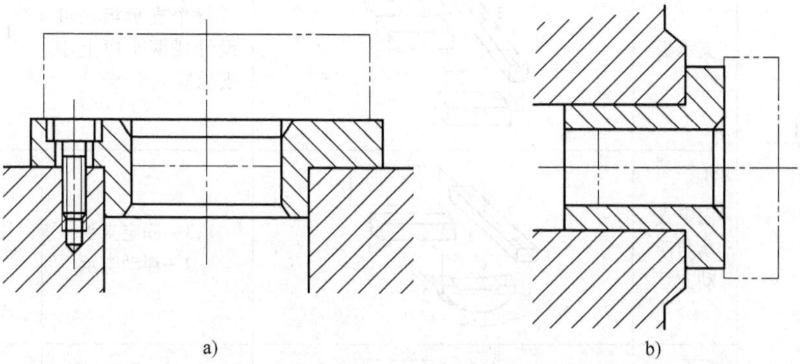

图2-30　定位套

a）短定位套　b）长定位套

（3）半圆套　图2-31所示为两种结构的半圆套定位装置，主要用于大型轴类工件及不便轴向装夹的工件定位。工件定位面精度不低于IT8～IT9，上半圆套1起夹紧作用，下半圆套2起定位作用。

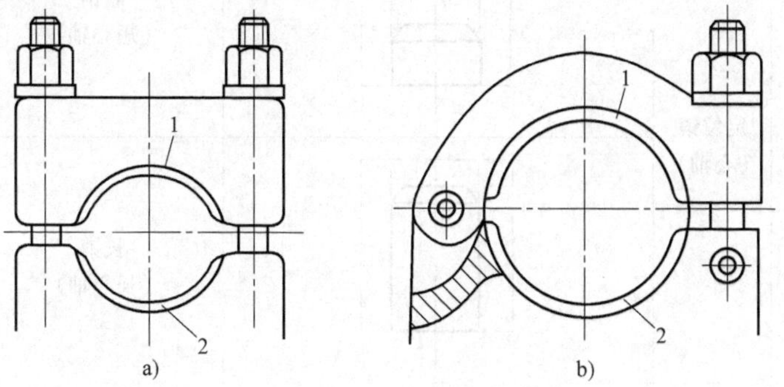

图2-31　半圆套

1—上半圆套　2—下半圆套

想一想

以上介绍的各定位元件分别对工件限制几个自由度？限制什么自由度？

常见定位元件及其组合所能限制的自由度见表2-1。

表 2-1　常见定位元件及其组合所能限制的自由度

工件定位基准面	定位元件	定位方式简图	定位元件特点	限制的自由度
平面 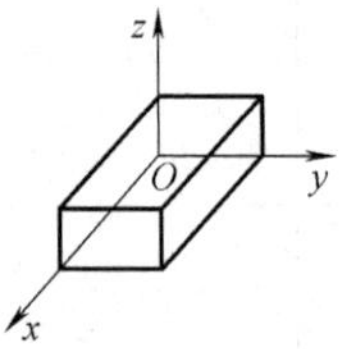	支承钉	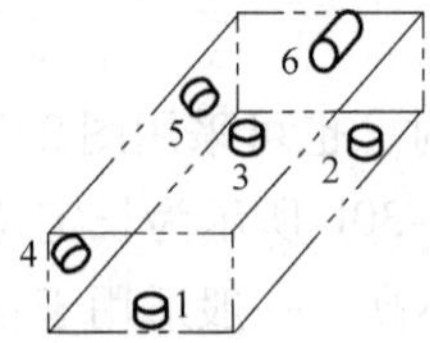	1、2、3、4、5、6—固定支承	1,2,3—$\vec{z}$, $\overset{\frown}{x}$, $\overset{\frown}{y}$ 4,5—$\vec{y}$, $\overset{\frown}{z}$ 6—$\vec{x}$
	支承板	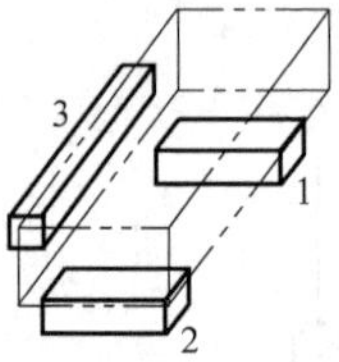	每个支承板也可设计成两个以上小支承板	1,2 — $\vec{z}$, $\overset{\frown}{x}$, $\overset{\frown}{y}$ 3 — $\vec{y}$, $\overset{\frown}{z}$
	固定支承与浮动支承	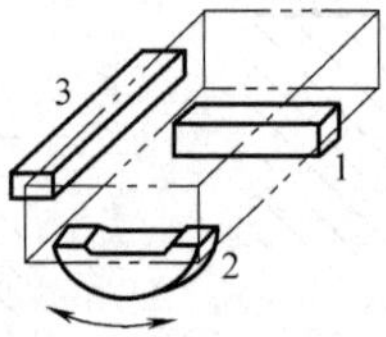	1,3—固定支承 2—浮动支承	1,2—$\vec{z}$, $\overset{\frown}{x}$, $\overset{\frown}{y}$ 3—$\vec{y}$, $\overset{\frown}{z}$
	固定支承与辅助支承	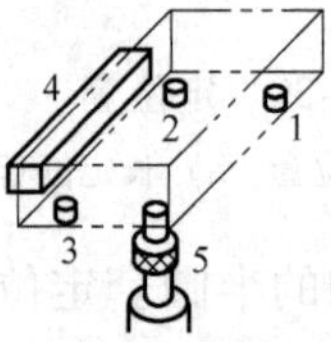	1、2、3、4—固定支承 5—辅助支承	1,2,3—$\vec{z}$, $\overset{\frown}{x}$, $\overset{\frown}{y}$ 4—$\vec{y}$, $\overset{\frown}{z}$ 5—增强刚性，不限制自由度
圆孔 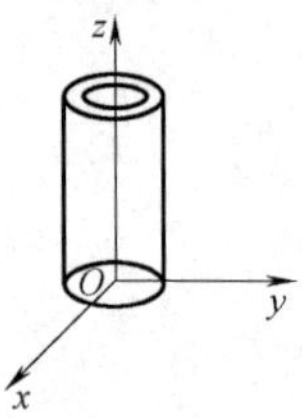	定位销（心轴）	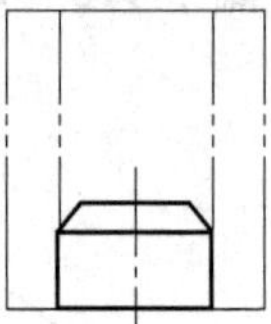	短销（短心轴）	$\vec{x}$, $\vec{y}$
		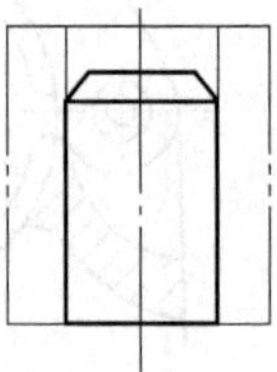	长销（长心轴）	$\vec{x}$, $\vec{y}$ $\overset{\frown}{x}$, $\overset{\frown}{y}$
	锥销	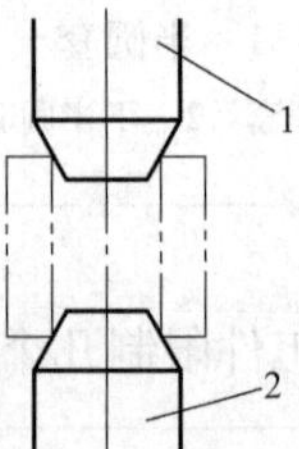	1—固定销 2—活动销	$\vec{x}$, $\vec{y}$, $\vec{z}$ $\overset{\frown}{x}$, $\overset{\frown}{y}$

（续）

工件定位基准面	定位元件	定位方式简图	定位元件特点	限制的自由度
外圆柱面 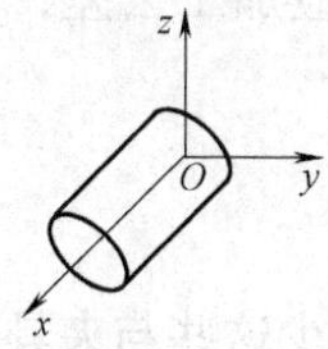 	支承板或支承钉	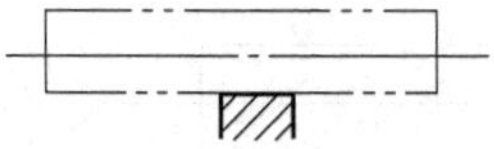	短支承板或支承钉	$\vec{z}$(或 y)
		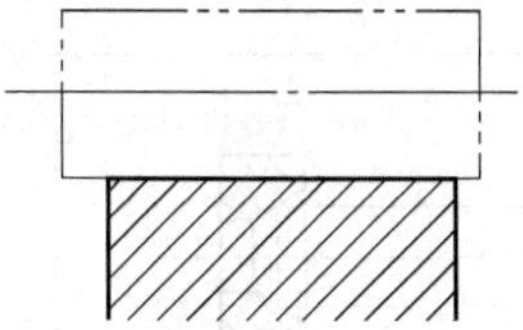	长支承板或两个支承钉	$\vec{z}$，$\overset{\frown}{y}$
	V形块	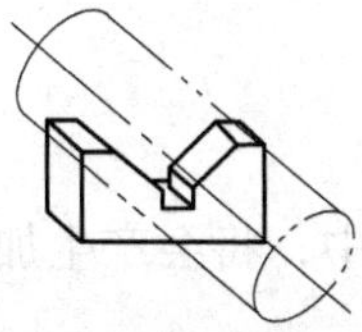	短V形块	$\vec{y},\vec{z}$
		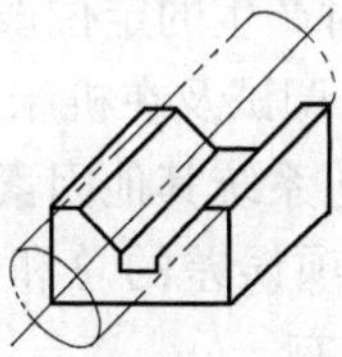	长V形块	$\vec{y}$(或 $\vec{z}$) $\vec{y},\vec{z}$ $\overset{\frown}{y}$，$\overset{\frown}{z}$
	定位套	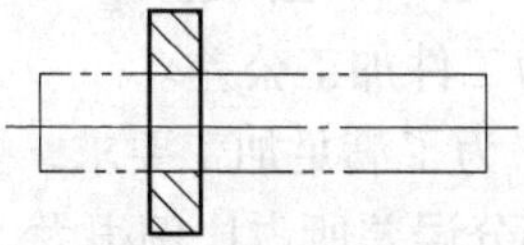	短套	$\vec{y},\vec{z}$
		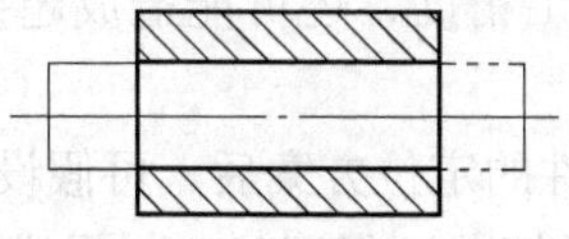	长套	$\vec{y},\vec{z}$ $\overset{\frown}{y},\overset{\frown}{z}$
	半圆孔	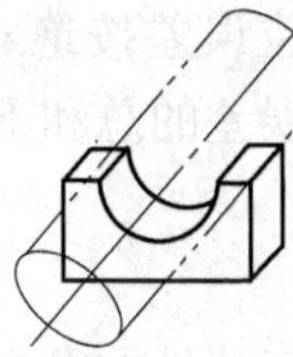	短半圆孔	$\vec{y},\vec{z}$
		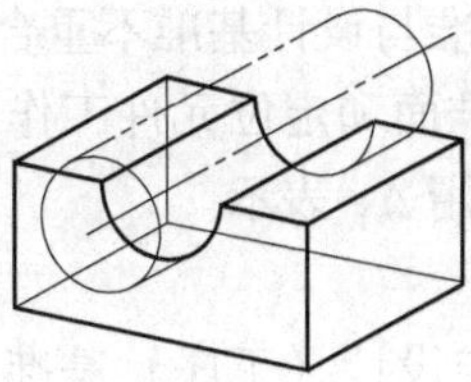	长半圆孔	$\vec{y},\vec{z}$ y,z

（续）

工件定位基准面	定位元件	定位方式简图	定位元件特点	限制的自由度
外圆柱面 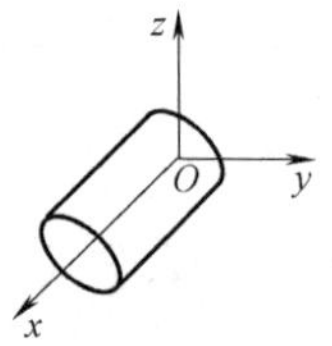	锥套	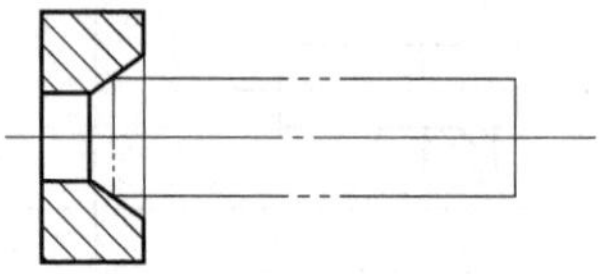	单锥套	$\vec{x},\vec{y},\vec{z}$
		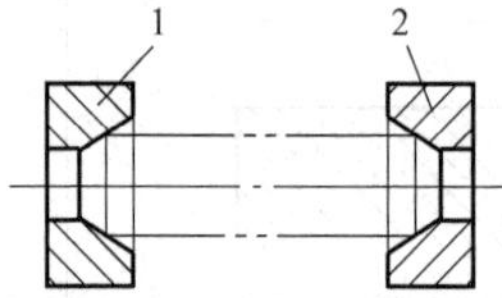	1—固定锥套 2—活动锥套	$\vec{x},\vec{y},\vec{z}$ $\overset{\frown}{y},\overset{\frown}{z}$

2.2.3　定位误差的分析计算

采用夹具来安装工件进行加工的过程中，将会产生加工误差，引起加工误差的因素主要有以下几方面。

① 定位误差 Δ_D：工件在夹具中定位时产生的定位误差。

② 调整安装误差 $\Delta_{T\text{-}A}$：夹具的制造、调试及在机床上安装时产生的误差。

③ 加工过程误差 Δ_G：除夹具外与工艺系统其他因素有关的加工误差。

为了获得合格的零件，必须使上述各项误差的总和 $\sum\Delta$ 不超过零件相应加工公差，即 $\sum\Delta \leqslant \delta_{公差}$。而 $\sum\Delta = \Delta_D + \Delta_{T\text{-}A} + \Delta_G$，从而有

$$\Delta_D + \Delta_{T\text{-}A} + \Delta_G \leqslant \delta_{公差}$$

此式称为误差计算不等式，$\delta_{公差}$ 为工件加工公差。

由此可见，在夹具设计与制造中，为了满足加工要求，要尽可能设法减少这些与夹具有关的加工误差（$\Delta_D + \Delta_{T\text{-}A}$）。如果这部分误差所占比例很大，则留给补偿其他加工误差的比例就很小，结果可能会降低工件的加工精度，还可能造成超差而导致工件报废。本项任务中，重点讨论定位误差问题。

在根据经验或类比法初步确定工件的定位方案后，可假设误差计算不等式中的三项误差各占工件公差的1/3，最后可根据实际情况进行调整。如果满足：$\Delta_D \leqslant \delta_{公差}/3$，则选定的定位方案是可行的；若 $\Delta_D > \delta_{公差}/3$ ，表明定位误差按绝对平均法所分得的允许公差已经超差，此时应按综合调整法相互调整，使三项误差的总和不超过工件的相应加工公差要求，或采取相应工艺措施解决超差问题。

1. 定位误差产生的原因

定位误差是指用调整法进行加工时，由于工件在夹具中定位所引起的一种误差。产生定位误差的原因有两个：一是由于定位基准与设计基准不重合引起的加工误差，称为基准不重合误差，用 Δ_B 表示；二是由于定位基准面和定位元件工作面的制造误差及配合间隙的影响引起的加工误差，称为基准位移误差，用 Δ_Y 表示。

（1）基准不重合误差 Δ_B

1）基准不重合误差。因定位基准与设计（工序）基准不重合而引起的定位误差，称为

基准不重合误差，以 Δ_B 表示。

2）基准不重合误差存在与否取决于选择的定位基准是否与设计基准重合。

3）基准不重合误差计算。

基准重合：$\Delta_B=0$。

基准不重合：Δ_B = 定位基准到设计（工序）基准的尺寸公差在其加工尺寸方向上的分量。

例如，图2-32a所示为多半圆盘工件，在其上加工 ϕ8mm 小孔，保证位置尺寸（25 ± 0.05）mm 和夹角40°。采用图2-32b所示的定位方式，三个支承钉和一个窄支承板定位。对于 ϕ8mm 小孔，标注设计尺寸为（25 ± 0.05）mm，故设计基准为圆盘的中心，定位基准为半圆盘的平面，其与支承板接触，此时，出现了基准不重合的现象，存在基准不重合误差，其大小为定位基准到设计基准的尺寸（28 ± 0.03）mm 的公差在加工尺寸（25 ± 0.05）mm 方向的最大分量，又因为二者之间夹角为40°，故基准不重合误差大小为

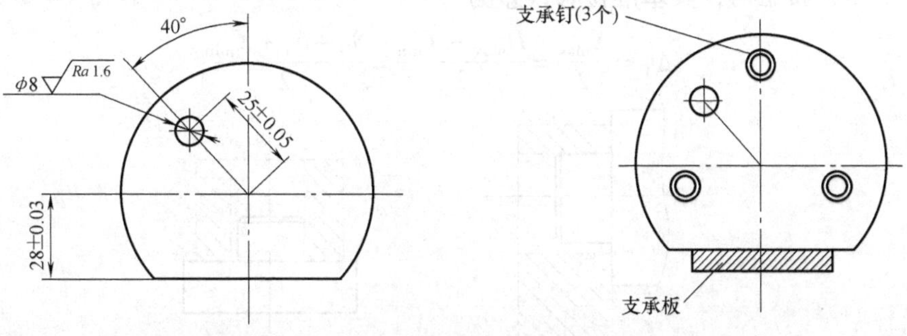

图2-32　基准不重合误差示例

$$\Delta_B=(2\times0.03\text{mm})\cos40^\circ=0.06\text{mm}\times0.766=0.046\text{mm}$$

（2）基准位移误差 Δ_Y　对于有些定位方式来说，即使基准重合，也会产生另一种形式的定位误差，即由于定位基准本身发生位移而引起的基准位移误差。

1）基准位移误差。工件在夹具中定位时，由于定位副制造不准确及最小配合间隙的影响，定位基准本身在加工尺寸方向上会产生一定的位移量，从而导致各个工件的位置不一致，造成加工误差，这种误差称为基准位移误差，以 Δ_Y 表示。

2）基准位移误差取决于定位副的制造精度及配合间隙。

3）基准位移误差的计算。不同的定位方式，其基准位移误差的分析和计算方法也不同。下面针对常用定位方式的基准位移误差的计算进行介绍。

① 工件以圆柱孔定位。采用圆柱定位销、圆柱心轴定心定位。

当圆柱定位销、圆柱心轴与被定位的工件内孔为过盈配合时，不存在间隙，定位基准（内孔轴心线）相对定位元件的轴心线没有位置变化，则：$\Delta_Y=0$。

当定位为间隙配合时，如图2-33所示，

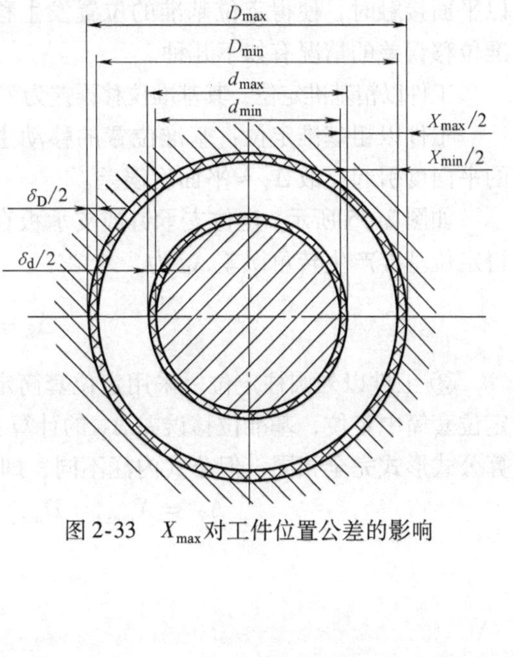

图2-33　X_{max}对工件位置公差的影响

由于间隙的影响，会使工件的中心发生偏移，其偏移量即为最大配合间隙，可按下式计算

$$\Delta_Y = X_{max} = D_{max} - d_{min} = \delta_D + \delta_d + X_{min}$$

式中　X_{max}——定位副最大配合间隙；

δ_D——工件定位基准孔的直径公差；

δ_d——圆柱定位销或圆柱定位心轴的直径公差；

X_{min}——定位副所需最小间隙，由设计时确定。

基准位移误差的方向是任意的，减小定位副配合间隙，即可减小 Δ_Y 值，提高定位精度。

注意

图 2-34 所示工件以圆柱孔在圆柱销或圆柱心轴上定位，其基准位移误差方向，分为任意边接触和单边接触方向。

单边接触时，其基准位移误差为

$$\Delta_Y = \frac{X_{max}}{2} = \frac{D_{max} - d_{min}}{2} = \frac{\delta_D + \delta_d + X_{min}}{2}$$

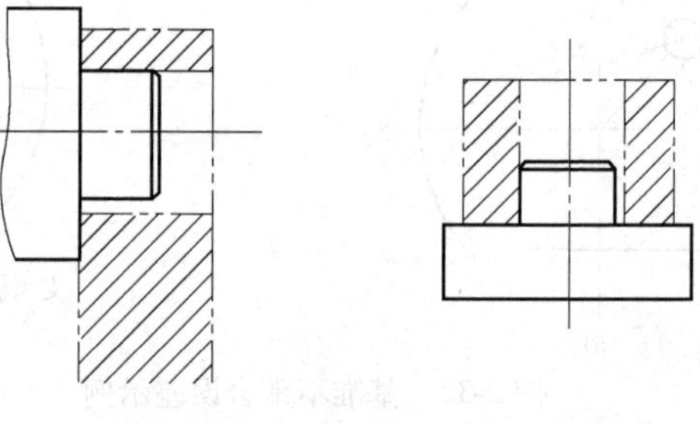

a)　　b)

图 2-34　采用圆柱销定位

a）单边接触　b）任意边接触

如图 2-24、图 2-26 所示，工件以圆柱孔在圆锥销（小锥度心轴）上定位，可以消除间隙，所以 $\Delta_Y = 0$。

② 以平面定位。由于工件定位面与定位元件工作面以平面接触时，使得定位基准的位置发生移动而产生基准位移误差的情况有如下几种。

工件以精基准定位：其基准位移误差为零。即 $\Delta_Y \approx 0$。

工件以粗基准定位：基准位置的移动主要是由平面的平面度引起，故 $\Delta_Y \approx$ 平面度误差。

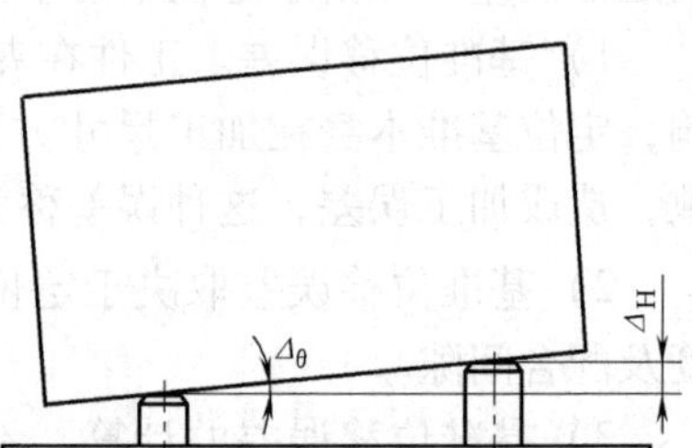

图 2-35　定位基准产生转角误差 Δ_θ

如图 2-35 所示，定位支承钉或支承板存在高度差使得定位基准产生转角误差 Δ_θ 为

$$\Delta_\theta = \arctan \frac{\Delta_H}{L}$$

③ 工件以外圆柱定位。采用定位套筒定位，如图 2-30 所示定位套，工件以外圆柱面在定位套筒中定位，基准位移误差 Δ_Y 的计算公式与圆柱孔采用圆柱心轴（销）定位的 Δ_Y 计算公式形式完全相同，但公式内涵不同，即

$$\Delta_Y = X_{max} = D_{max} - d_{min} = \delta_D + \delta_d + X_{min}$$

式中　X_{max}——定位副最大配合间隙；

δ_D——定位套筒中孔的直径公差；

δ_d——工件的外圆柱直径公差；

X_{min}——定位副所需最小间隙，由设计时确定。

采用 V 形块定位。如图2-36a所示，工件以外圆在 V 形块上定位，必须明确，工件的定位表面虽是外圆，但定位基准是外圆轴心线。由于一批工件外圆直径尺寸的变化引起定位基准相对定位元件发生位置变化，从而产生基准位移误差。基准位移误差分两个方向讨论。

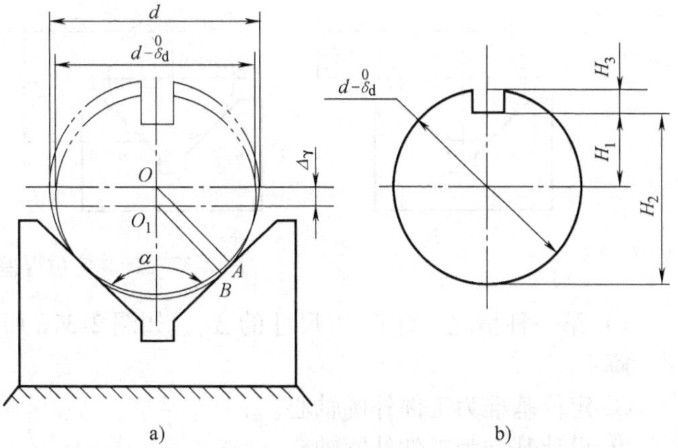

图 2-36　工件以外圆在 V 形块上定位

沿垂直方向

$$\Delta_{Y垂直} = \frac{\delta_d}{2\sin(\alpha/2)}$$

式中　δ_d——在 V 形块上定位的工件外圆柱直径公差（mm）；

α——V 形块两支承斜面夹角。

沿水平方向：由于 V 形块突出的优点是对称性好，所以

$$\Delta_{Y水平} = 0$$

注意

1）工件在夹具中定位时，不仅要限制工件的自由度，使工件在加工尺寸方向上有确定的位置，而且还必须尽量设法减少定位误差，保证有足够的定位精度。

2）一批工件在夹具中定位时产生定位误差的原因有两个。

一是由于定位基准与工序基准不重合，引起一批工件的工序基准相对定位基准产生了位置变化，即存在基准不重合误差 Δ_B。

二是由于定位副制造不准确，引起一批工件的定位基准相对定位元件发生了位置变化，即存在基准位移误差 Δ_Y。

（3）分析计算定位误差时应注意的问题

1）由以上分析可知，工序基准相对于被加工表面在加工尺寸方向上所产生的最大位移量，便是定位误差。假如工序基准的位移方向与加工方向不一致，则只要考虑工序基准在加工尺寸方向上的最大位移即可。

2）工序的定位方案可以对本工序所有加工精度参数产生不同的定位误差，因此，应对所有精度参数逐个分析，计算其定位误差。

3）定位误差主要发生在采用夹具装夹工件，并按调整法保证加工精度的情况。如果按逐件试切法加工，则不存在定位误差分析计算。

4）分析计算得出的定位误差值是指加工一批工件时可能产生的最大定位误差值，它是一个界限值，而不是指某一工件精度参数的定位误差具体数值。

2. 定位误差的分析与计算

定位误差由基准不重合误差 Δ_B 和基准位移误差 Δ_Y 组成。

例 2-1　如图 2-36b 所示，在轴上铣键槽，键槽的高度分别按工序尺寸 H_1、H_2、H_3 进行标注，工件均采用 V 形块定位，如图 2-37a、b、c 所示，分别计算 H_1、H_2、H_3 的定位误差。

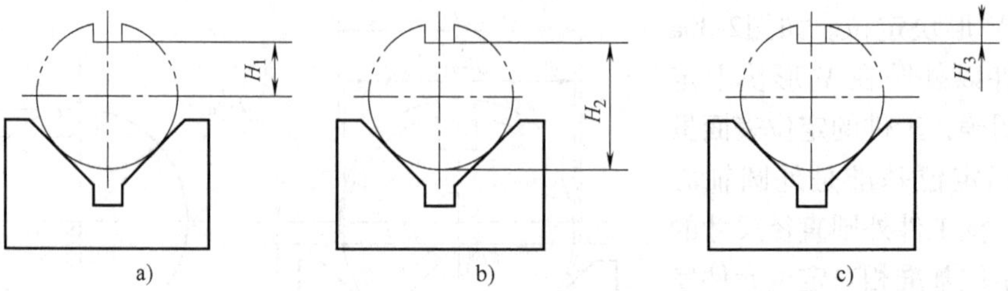

图 2-37　计算定位误差

1）第一种情况。计算 H_1 尺寸的 Δ_D，如图 2-37a 所示。

解：

① 定位基准为工件外圆轴心。

② 设计基准为工件外圆轴心。

③ 基准不重合误差为 $\Delta_B=0$。

④ 基准位移误差为

$$\Delta_{Y垂直}=\frac{\delta_d}{2\sin\alpha/2}$$

⑤ 定位误差为

$$\Delta_D=\Delta_B+\Delta_Y=\frac{\delta_d}{2\sin\alpha/2}$$

2）第二种情况。计算 H_2 尺寸的 Δ_D，如图 2-37b 所示。

① 定位基准为工件外圆轴心。

② 设计基准为工件的下母线。

③ 基准不重合误差为　$\Delta_B=\dfrac{\delta_d}{2}$

④ 基准位移误差为

$$\Delta_{Y垂直}=\frac{\delta_d}{2\sin\alpha/2}$$

⑤ 定位误差为

$$\Delta_D=\Delta_Y-\Delta_B=\frac{\delta_d}{2\sin\alpha/2}-\frac{\delta_d}{2}$$

注意

按 H_2 尺寸标注时，因 δ_d 变大时，Δ_B、Δ_Y 引起尺寸 H_2 的工序基准作反方向变化，故有

$$\Delta_D=\Delta_Y-\Delta_B$$

出现这种情况是比较特殊的。

一般情况：

$$\Delta_D=\Delta_B+\Delta_Y$$

3）第三种情况。计算 H_3 尺寸的 Δ_D，如图 2-37c 所示。

① 定位基准为工件外圆轴心。

② 设计基准为工件的上母线。

③ 基准不重合误差为

$$\Delta_B = \frac{\delta_d}{2}$$

④ 基准位移误差

$$\Delta_{Y垂直} = \frac{\delta_d}{2\sin\alpha/2}$$

⑤ 定位误差

$$\Delta_D = \Delta_Y + \Delta_B = \frac{\delta_d}{2\sin\alpha/2} + \frac{\delta_d}{2}$$

例 2-2　本工序需在套类工件上钻 ϕ1mm 小孔，小孔的位置尺寸分别标注为 L_1、L_2、L_3，套类工件均以 ϕ22H7 的孔在 ϕ22g6 圆柱销及销端面上定位，如图 2-38 所示定位方案，试分别计算被加工孔的位置尺寸 L_1、L_2、L_3 的定位误差。

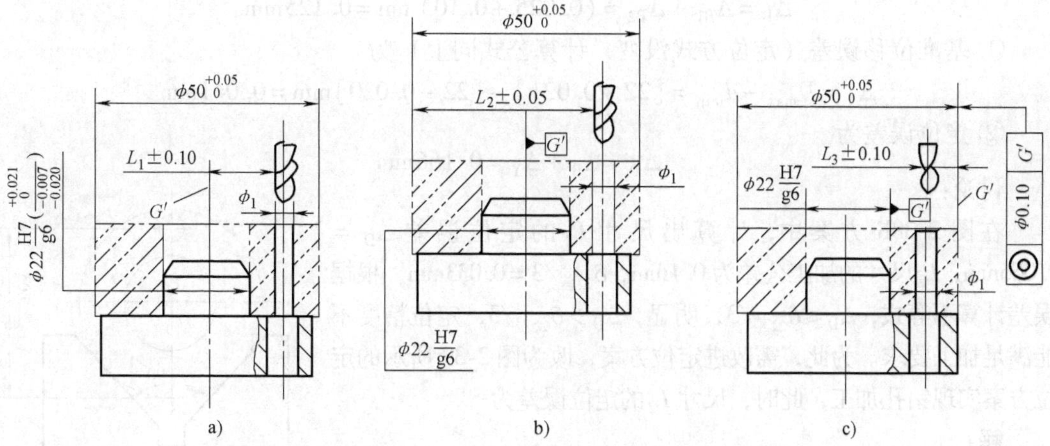

图 2-38　心轴定位误差的分析计算

1）第一种情况。计算 L_1 尺寸的 Δ_D，如图 2-38a 所示。

解：

① 定位基准为 ϕ22H7 孔中心。

② 设计基准为 ϕ22H7 孔中心。

③ 基准不重合误差为

$$\Delta_B = 0$$

④ 基准位移误差为

$$\Delta_Y = D_{max} - d_{min} = [22 + 0.021] - [22 - 0.020]\,\text{mm} = 0.041\,\text{mm}$$

⑤ 定位误差为

$$\Delta_D = \Delta_B + \Delta_Y = 0.041\,\text{mm}$$

2）第二种情况。计算 L_2 尺寸的 Δ_D，如图 2-38b 所示。

解：

① 定位基准为 ϕ22H7 孔中心。

② 设计基准为 $\phi 50^{+0.05}_{0}$mm 外圆左侧母线。

③ 基准不重合误差为 $\Delta_B = (0.05/2)\text{mm} = 0.025\text{mm}$

④ 基准位移误差为

$$\Delta_Y = D_{max} - d_{min} = [22 + 0.021] - [22 - 0.020]\text{mm} = 0.041\text{mm}$$

⑤ 定位误差为

$$\Delta_D = \Delta_B + \Delta_Y = 0.066\text{mm}$$

3）第三种情况。计算 L_3 尺寸的 Δ_D，如图 2-38c 所示。

解：

① 定位基准为 ϕ22H7 孔中心。

② 设计基准为 $\phi 50^{+0.05}_{0}$外圆右侧母线。

③ 基准不重合误差为 $\Delta_{B1} = (0.05/2)\text{mm} = 0.025\text{mm}$

由于$\phi 50^{+0.05}_{0}$mm 外圆中心与 ϕ22H7 孔中心存在同轴度误差，也会造成定位基准相对设计基准不重合，故存在基准不重合误差 $\Delta_{B2} = 0.10\text{mm}$。

综合考虑

$$\Delta_B = \Delta_{B1} + \Delta_{B2} = (0.025 + 0.10)\text{mm} = 0.125\text{mm}$$

① 基准位移误差（定位方式没变，计算公式同上）为

$$\Delta_Y = D_{max} - d_{min} = [22 + 0.021] - [22 - 0.020]\text{mm} = 0.041\text{mm}$$

② 定位误差为

$$\Delta_D = \Delta_B + \Delta_Y = 0.166\text{mm}$$

讨论：

在图 2-38b 方案中，计算出尺寸 L_2 的定位误差 Δ_D = 0.066mm，L_2尺寸的加工公差为 0.1mm，$\delta_{公差}/3 = 0.033\text{mm}$，根据误差计算不等式，$\Delta_D \leqslant \delta_{公差}/3$，明显，$\Delta_D > \delta_{公差}/3$，定位精度不能满足加工要求。为此，需改进定位方案，改为图 2-39 所示的定位方案实现钻孔加工，此时，尺寸 L_2的定位误差为

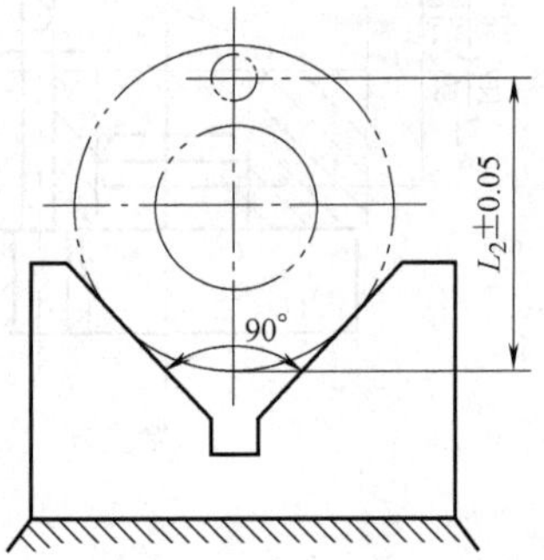

图 2-39　钻孔定位误差计算

解：

① 定位基准为 $\phi 50^{+0.05}_{0}$mm 外圆中心。

② 设计基准为 $\phi 50^{+0.05}_{0}$mm 外圆下母线。

③ 基准不重合误差为

$$\Delta_B = (0.05/2)\text{mm} = 0.025\text{mm}$$

④ 基准位移误差为

$$\Delta_{Y垂直} = \frac{\delta_d}{2\sin\alpha/2} = \frac{0.05}{2\sin 45^\circ} = 0.035$$

⑤ 定位误差为

$$\Delta_D = \Delta_Y - \Delta_B = (0.035 - 0.025)\text{mm} = 0.01\text{mm}$$

分析：Δ_D = 0.01mm，$\delta_{公差}/3 = 0.033\text{mm}$，满足 $\Delta_D \leqslant \delta_{公差}/3$

注意

计算定位误差是分析比较定位方案，并从中选择合理方案的重要依据。

例 2-3　如图 2-40 所示定位方案，加工工件上的小孔，已知 $d_1=\phi 20_{-0.013}^{\ 0}$ mm，$d_2=\phi 40_{-0.016}^{\ 0}$ mm，两外圆的同轴度公差为 ϕ0.02mm，V 形块夹角 $\alpha=90°$；试计算对距离尺寸 $H\pm0.20$mm 产生的定位误差，并分析其定位精度。

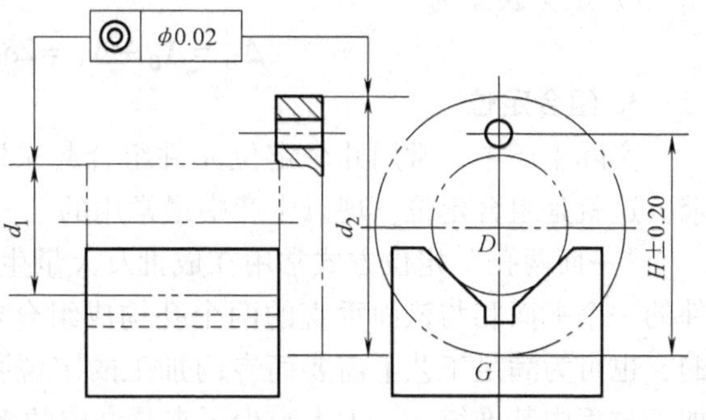

图 2-40　台阶轴在 V 形块上定位

解：

① 定位基准为 $\phi 20_{-0.013}^{\ 0}$ mm 外圆中心。

② 设计基准为 $\phi 40_{-0.016}^{\ 0}$ mm 外圆下侧母线。

③ 基准不重合误差为

$\Delta_{B1}=(0.016/2)$mm$=0.008$mm（假若考虑大、小外圆不存在同轴度误差）

由于 $\phi 40_{-0.016}^{\ 0}$mm 外圆中心与 $\phi 20_{-0.013}^{\ 0}$mm 外圆中心存在同轴度误差 $e=\phi0.02$mm，也会造成定位基准相对设计基准不重合，故存在另一方面的基准不重合误差。

$$\Delta_{B2}=0.02\text{mm}$$

综合考虑

$$\Delta_B=\Delta_{B1}+\Delta_{B2}=(0.008+0.02)\text{mm}=0.028\text{mm}$$

④ 基准位移误差为

$$\Delta_{Y垂直}=\frac{\delta_d}{2\sin\alpha/2}=\frac{0.013}{2\sin 45°}\text{mm}=0.009\text{mm}$$

⑤ 定位误差为

$$\Delta_D=\Delta_B+\Delta_Y=0.037\text{mm}$$

分析：$\Delta_D=0.037$mm，$\delta_{公差}/3=0.133$mm，满足 $\Delta_D\leqslant\delta_{公差}/3$，因此该定位方案能够保证精度。

例 2-4　如图 2-41 所示工件及其定位方案，在该工件上加工一平面，要求保证位置尺寸 $h\pm\delta_h$ 和角度 α，计算 $h\pm\delta_h$ 尺寸的定位误差。

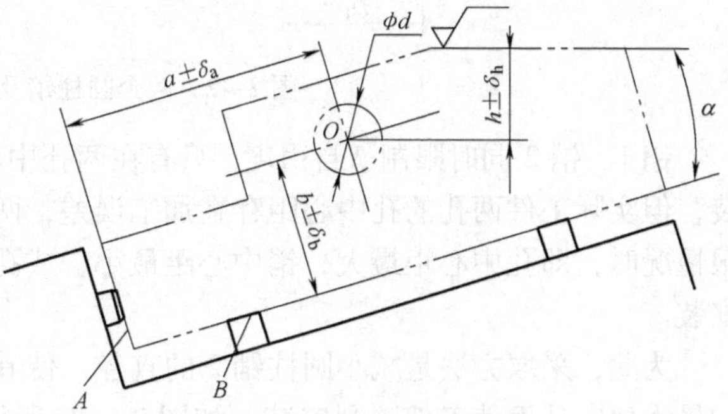

图 2-41　计算尺寸的定位误差

解：

① 定位基准为平面 A、平面 B。

② 设计基准为 ϕd 小孔的中心 O。

③ 基准不重合误差为

A 面：$\Delta_{B1}=2\,\delta_b\sin\alpha$

B 面：$\Delta_{B1}=2\,\delta_a\cos\alpha$

所以

$$\Delta_B=\Delta_{B1}+\Delta_{B2}=2\delta_b\sin\alpha+2\delta_a\cos\alpha$$

④ 基准位移误差。由于作为定位基准的 A 面、B 面均已经加工完毕，所以工件以平面定位时，为精定位基准定位，所以 $\Delta_Y\approx0$。

⑤ 定位误差为

$$\Delta_D = \Delta_B + \Delta_Y = 2\delta_b \sin\alpha + 2\delta_a \cos\alpha$$

3. 组合定位

实际生产中，常用几个定位元件组合起来同时定位工件的几个定位面，以达到定位要求，这就是组合定位。现以生产中最常用的“一面两孔”定位方式做简单介绍。

“一面两孔”定位方式常用在成批及大量生产中加工箱体、杠杆、盖板等零件，是以工件的一个平面和与该面垂直的两个孔构成组合定位。工件上的两个孔可以是其结构上原有的，也可为满足工艺上需要而专门加工的定位孔。采用“一面两孔”定位后，可使工件在加工过程中基准统一，大大减少了夹具结构的多样性，有利于夹具的设计和制造。

1）以两个圆柱销及平面支承定位，如图 2-42 所示。

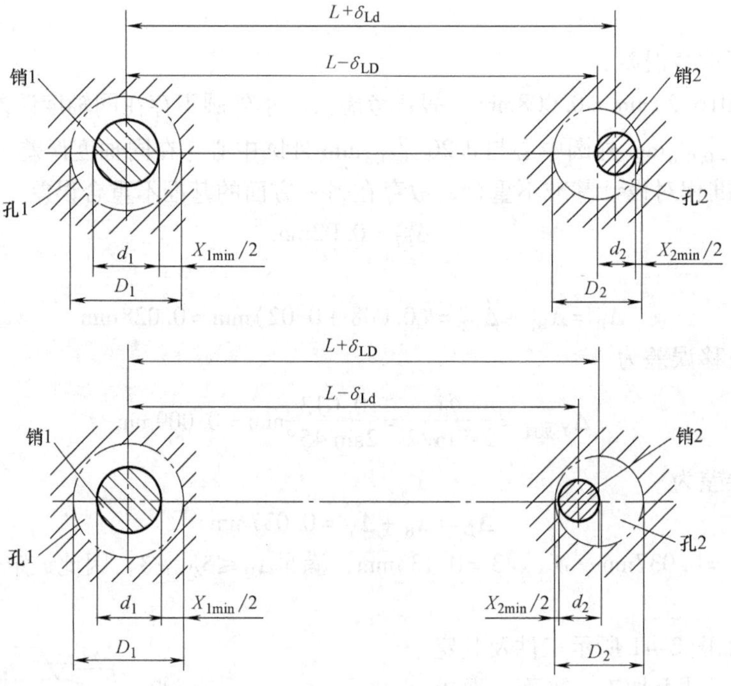

图 2-42　两个圆柱销及平面支承定位

销 1、销 2 同时限制 $\vec{X}$ 自由度。只有在两孔中心距和两销中心距完全相等时能够顺利安装，但实际工件两孔的孔中心距存在加工误差，两销中心距也存在制造误差，当出现两种极限情况时，即孔中心距最大，销中心距最小，或孔中心距最小，销中心距最大，均不能顺利安装。

为此，采取方法是减小圆柱销 2 的直径，使其减小到能够补偿孔中心距及销中心距误差的最大值，从而使工件顺利安装。如图 2－42 所示，当圆柱定位销 2 的直径缩小到如此程度，即便出现上述两种极限情况下都能顺利将工件装入定位销 2 上。

这种方法会因圆柱定位销 2 直径的减小而引起工件较大的转角误差，只有在加工要求不高时才使用。

2）以一圆柱销和一削边销及平面支承定位，如图 2-43 所示。

这种方法不缩小定位销 2 的直径，而采用定位销“削边”的方法来增大连心线方向的间隙。这样，在连心线的方向上，仍起到缩小定位销 2 直径的作用，使中心距误差得到补偿。但在垂直于连心线的方向上，定位销 2 的直径并未减小，所以工件的转角误差没有增大，提高了定位精度。为了保证削边销的强度，削边销一般多采用菱形结构，故又称为菱形销。

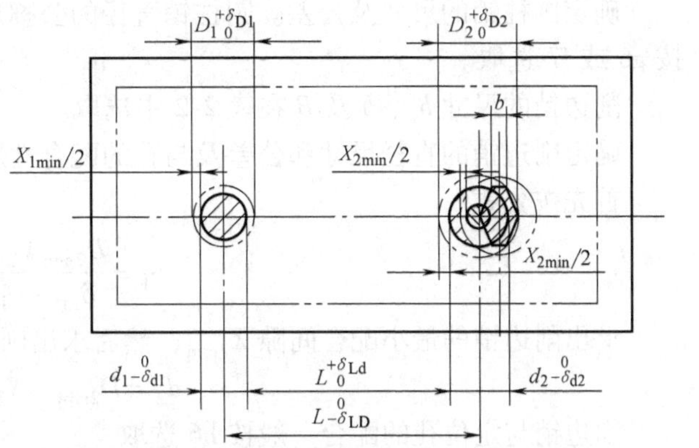

图 2-43　一圆柱销和一削边销及平面支承定位

常用削边销的结构如图 2-44 所示，图 2-44 中 A 型销又名菱形销，刚性好、应用广。B 型销结构简单，容易制造，但刚性差。菱形销安装时，削边方向应垂直于两销的连心线。

3）削边销尺寸的确定。如图 2-45 所示，削边销保留的宽度 b_1，必须保证：

① 能够补偿孔心距及销心距误差的最大值，保证不出现重复限制。

② 削边销具备一定的强度。

当采用修圆削边销时，以 b 取代 b_1。b、b_1、B 的尺寸可以根据表 2-2 选取。菱形销的结构尺寸已标准化，选用时可参照行业标准 JB/T 8014. 2—1999《机床夹具零件及部件　固体式定位销》。

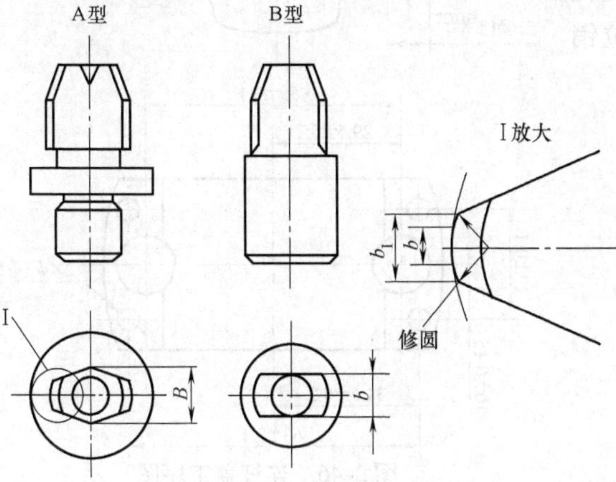

图 2-44　常用削边销的结构

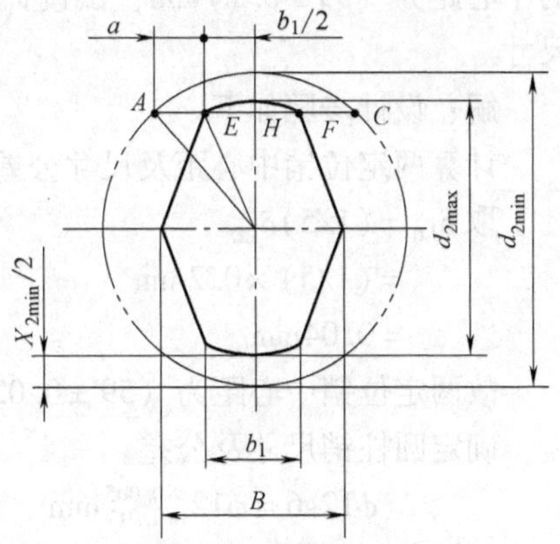

图 2-45　削边销结构尺寸

表 2-2　削边销尺寸　（单位：mm）

d	>3～6	>6～8	>8～20	>20～25	>25～32	>32～40	>40～50	>50
B	$d-0.5$	$d-1$	$d-2$	$d-3$	$d-4$	$d-5$	$d-6$	—
b	1	2	3	3	3	4	5	—
b_1	2	3	4	5	5	6	8	14

4）工件以一面两孔定位时的设计步骤和计算实例

① 工件以一面两孔定位时的设计步骤。

确定定位销的中心距和尺寸公差。两定位销间距的公称尺寸和孔间距的公称尺寸相同，销间距的公差可按下面公式取 $\delta_{ld}=(1/3\sim1/5)\delta_{LD}$

确定圆柱销的尺寸及公差。圆柱销直径的公称尺寸取该定位孔的下极限尺寸，配合一般按 g6 或 f7 选取。

削边销的尺寸 b_1、b 及 B 在表 2-2 中选取。

确定削边销的直径尺寸和公差及与孔的配合性质。

首先按公式

$$b_1 = \frac{D_{2\min} X_{2\min}}{\delta_{LD} + \delta_{ld}}$$

求出削边销的最小配合间隙 $X_{2\min}$，然后求出削边销工作部分的直径，即

$$d_2 = D_{2\min} - X_{2\min}$$

削边销与定位孔的配合一般按 h6 选取。

式中　$D_{2\min}$——定位孔 2 的最小直径；

$X_{2\min}$——定位孔 2 与削边销 2 的最小配合间隙；

δ_{LD}——两定位孔中心距公差；

δ_{ld}——两定位销中心距公差。

计算定位误差，分析定位精度。

② 工件以一面两孔定位时的计算实例。图 2-46 所示为连杆盖工序图，现要求加工其上的四个定位销孔。根据加工要求，用平面 A 和 $2\times\phi12^{+0.027}_{0}$ mm 的孔定位。已知两定位孔的中心距为（59 ±0.1）mm，试设计两定位销尺寸。

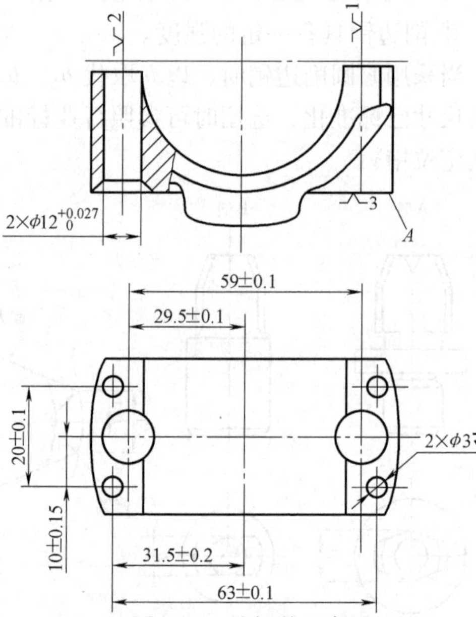

图 2-46　连杆盖工序图

解： 设计步骤如下。

计算两定位销中心距及尺寸公差。

取 $\delta_{Ld} = (1/5)\delta_{LD}$

$= (1/5) \times 0.2\text{mm}$

$= 0.04\text{mm}$

故两定位销中心距为（59 ±0.02）mm。

确定圆柱销尺寸及公差。

$$\phi12\text{g6} = \phi12^{-0.005}_{-0.017}\text{mm}$$

根据表 2-2 选定削边销的 b_1 及 B 的值。取 $b_1 = 4\text{mm}$，$B = d - 2\text{mm} = (12 - 2)\text{mm} = 10\text{mm}$。

确定削边销的直径尺寸及公差

$$X_{2\min} = \frac{b_1(\delta_{LD} + \delta_{ld})}{D_{2\min}} = \frac{4 \times 0.24}{12}\text{mm} = 0.08\text{mm}$$

所以

$$d_2 = D_{2\min} - X_{2\min} = (12 - 0.08)\text{mm} = 11.92\text{mm}$$

削边销与孔的配合取 h6，其下极限偏差为 -0.011mm，故削边销直径为

$$\phi d_2\text{h6} = \phi11.92^{\ 0}_{-0.011}\text{mm} = \phi12^{-0.080}_{-0.091}\text{mm}$$

4. 定位装置设计实例

（1）定位装置设计的基本原则　按工件的工艺基准选择原则，在定位装置设计时也应

遵循“基准重合”和“基准统一”等原则，以减少定位误差。在组合定位中，主要定位基面的选择应便于工件的装夹和加工，并使夹具的结构简单。当基准不重合时，应按工艺尺寸链计算，求得新的工序尺寸，并以新的基准定位保证加工精度。

（2）定位装置设计示例　图4-47为支座工序图，本工序要求钻2×M8螺纹底孔，钻、扩、铰 ϕ8H8孔，其余表面均已加工合格，试设计其定位装置。

1）分析加工要求。本工序加工要求2×M8螺纹底孔相距（40±0.1）mm，其中一孔距侧面 E 为8mm；两螺孔中心连线至 ϕ15H7孔中心距离为（20±0.1）mm；ϕ8H8孔位于尺寸（60±0.1）mm的中间平面内，且距底面 B 的尺寸为（25.5±0.05）mm；ϕ8H8孔轴心线相对 ϕ15H7孔轴心线垂直度要求为0.1mm。

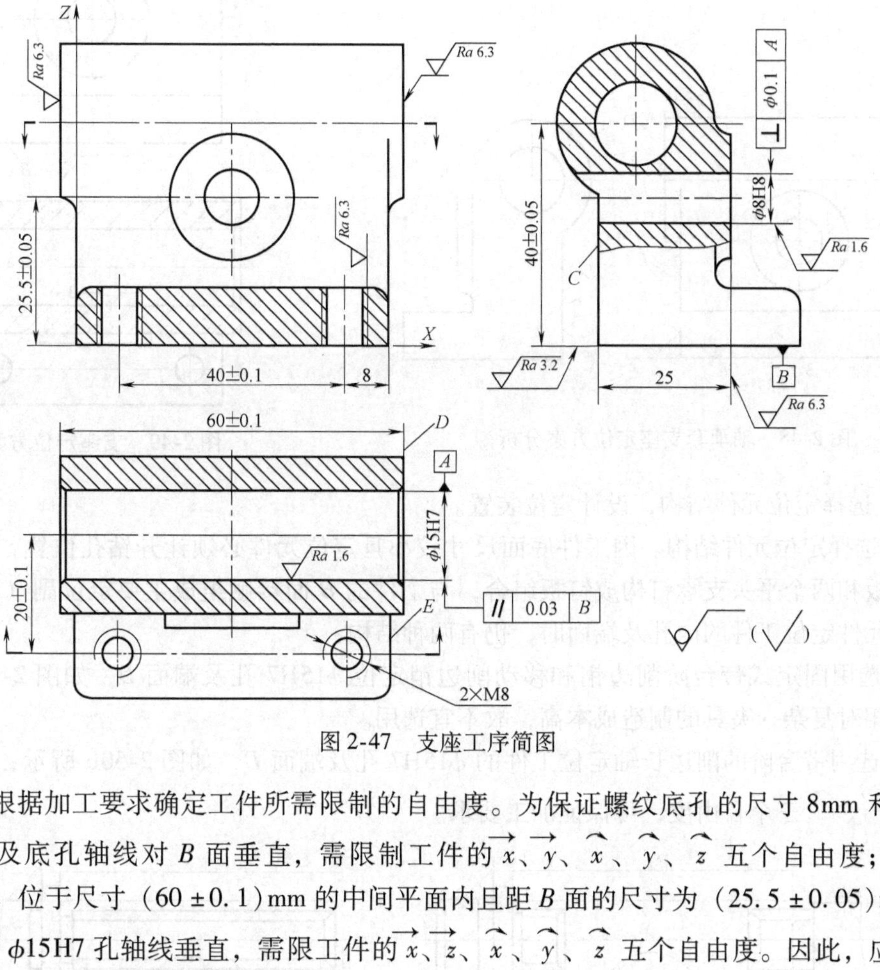

图2-47　支座工序简图

2）根据加工要求确定工件所需限制的自由度。为保证螺纹底孔的尺寸8mm和（20±0.1）mm及底孔轴线对 B 面垂直，需限制工件的 $\vec{x}$、$\vec{y}$、$\overset{\frown}{x}$、$\overset{\frown}{y}$、$\overset{\frown}{z}$ 五个自由度；为保证 ϕ8H8孔，位于尺寸（60±0.1）mm的中间平面内且距 B 面的尺寸为（25.5±0.05）mm及该孔轴线与 ϕ15H7孔轴线垂直，需限工件的 $\vec{x}$、$\vec{z}$、$\overset{\frown}{x}$、$\overset{\frown}{y}$、$\overset{\frown}{z}$ 五个自由度。因此，应限制工件的全部六个自由才能保证加工要求。

3）选择定位基准，确定工件定位面上的支承点分布。定位基准的选择应尽可能遵循基准重合原则，并尽量选用精基准定位。故以底面 B 作为主要定位基准，设置三个支承点（图2-48），限制工件的 $\vec{z}$、x、y 三个自由度，以保证螺纹底孔轴线到 B 面的尺寸（25.5±0.05）mm。

对工件 $\vec{y}$，$\overset{\frown}{z}$ 两个自由度的限制有两种方案：

表面 C 为定位基准，设置两个支承点（图2-48）。这种方案因表面 C 为毛面，难以保证尺寸（20 ± 0. 1）mm 及 ϕ8H8 孔轴线相对 ϕ15H7 孔轴线的垂直度要求。

以 ϕ15H7 孔中心为定位基准，设置两个支承点（图 2-49）。符合基准重合原则，能满足加工要求，但定位元件结构相对复杂。

比较两种方案后，选取以 ϕ15H7 孔为定位基准。

综上所述，选择图 2-49 作为工件的定位方案，即以底面 B、ϕ15H7 孔及端面 D 构成组合定位基准。

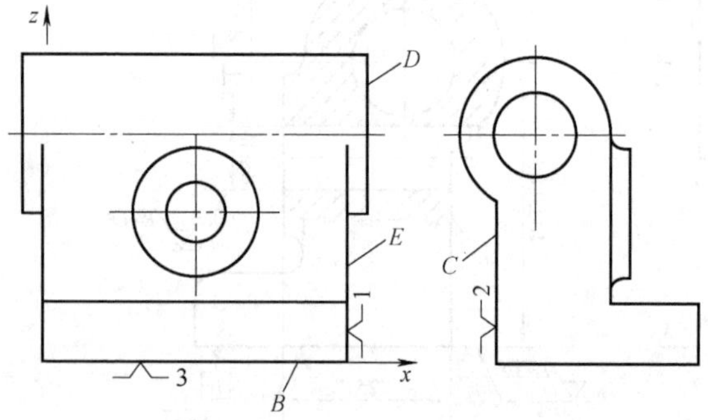

图 2-48　轴承套支座定位方案分析

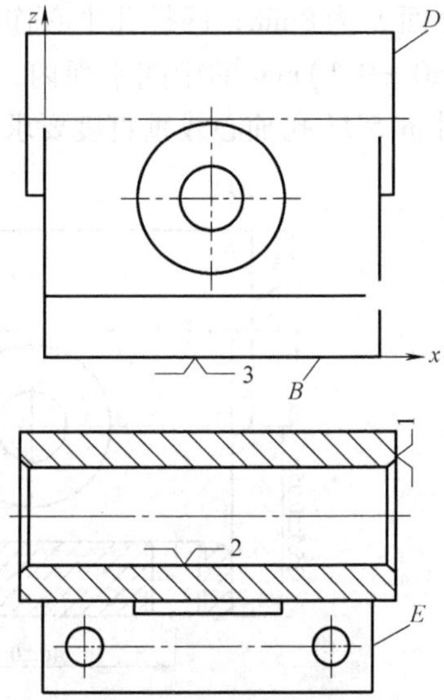

图 2-49　支座定位方案分析

4）选择定位元件结构，设计定位装置。

① 选择定位元件结构。因工件底面尺寸较小且定位元件必须让开钻孔位置，故选择一块支承板和两个平头支承钉构成钉板组合，与工件的 B 面接触组成主要定位副（图 2-49），用定位元件定位工件的内孔及端面时，仍有两种结构：

a. 选用固定式带台阶削边销和移动削边销定位 ϕ15H7 孔及端面 D，如图 2-50a 所示。其结构相对复杂，夹具的制造成本高，故不宜选用。

b. 选用带台阶的削边长轴定位工件的 ϕ15H7 孔及端面 D，如图 2-50b 所示，限制了工件的 $\vec{x}$、$\vec{y}$、$\overset{\frown}{z}$ 三个自由度，可保证加工要求。

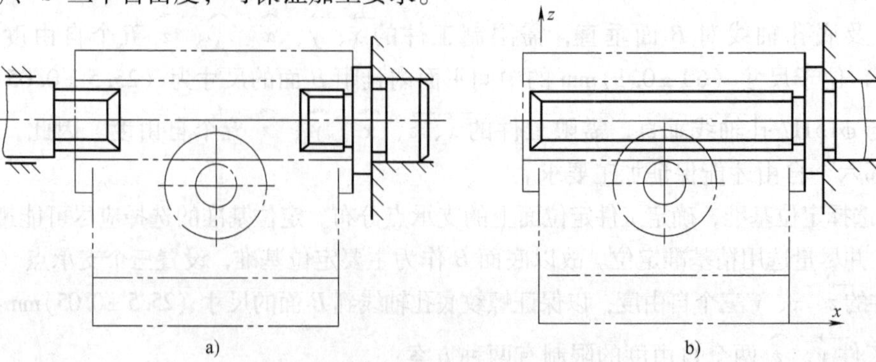

图 2-50　定位元件结构分析

② 设计定位装置。工件是由平面、孔及端面组合定位。此时削边销仍需补偿孔的位置误差及定位元件之间的距离尺寸公差，设计计算方法与两孔定位相似。

a. 削边销与平面支承元件工作面之间的距离。其公称尺寸应为工件孔到底面的平均尺寸，公差可根据推荐范围 $\pm\Delta_{Ld} = \pm(1/5 \sim 1/2)\Delta_{LD}$，再考虑工件上对应尺寸（40 ± 0.05）mm、生产批量及制造夹具的设备精度等选择合适的系数。此例取削边销中心至支承元件工作面之间的距离为（40 ± 0.02）mm。

b. 计算削边销直径 d。由表 2-2 查得削边销的宽度 $b = 4\text{mm}$，代入 $b_1 = \dfrac{D_{2\min}X_{2\min}}{\delta_{LD}+\delta_{Ld}}$ 中，可得

$$X_{2\min} = \frac{b_1(\delta_{LD}+\delta_{Ld})}{D_{2\min}} = \frac{4\times(0.1+0.04)}{12}\text{mm} = 0.037\text{mm}$$

$$d_2 = D_{2\min} - X_{2\min} = (15-0.037)\text{h6} = 14.963_{-0.011}^{\ \ 0}\text{mm} = 15_{-0.048}^{-0.037}\text{mm}$$

5）计算定位误差。

① 尺寸 8mm 的定位误差因其工序基准为毛面，精度要求低，故不需计算。

② 尺寸（25.5 ± 0.05）mm 的定位误差。

解：

a. 定位基准为 B 面。

b. 设计基准为 B 面。

c. 基准不重合误差为 $\Delta_B = 0$（平面定位）。

d. 基准位移误差为 $\Delta_Y = 0$。

e. 定位误差：$\Delta_D = \Delta_B + \Delta_Y = 0$

③ 尺寸（20 ± 0.1）mm 的定位误差。

解：

a. 定位基准为 ϕ15H7（$\phi15_{\ 0}^{+0.018}$mm）孔中心。

b. 设计基准为 ϕ15H7（$\phi15_{\ 0}^{+0.018}$mm）孔中心。

c. 基准不重合误差为 $\Delta_B = 0$。

d. 基准位移误差为 $\Delta_Y = D_{\max} - d_{\min} = [(15+0.018)-(15-0.048)]\text{mm} = 0.066\text{mm}$

e. 定位误差为

$$\Delta_D = \Delta_B + \Delta_Y = 0.066\text{mm}$$

分析：$(1/3)\ \delta_{公差} = (0.2/3)\text{mm} = 0.067\text{mm}$。

$\Delta_D < (1/3)\ \delta_{公差}$能够保证加工精度。

④ 垂直度 ϕ0.1mm 的定位误差。

解：

a. 定位基准为 ϕ15H7（$\phi15_{\ 0}^{+0.018}$mm）孔中心。

b. 设计基准：ϕ15H7（$\phi15_{\ 0}^{+0.018}$mm）孔中心。

c. 基准不重合误差为

$$\Delta_B = 0$$

d. 基准位移误差：Δ_Y。由于 ϕ15H7 定位孔与削边销之间存在间隙，故如图 2-51 所示，定位基准（ϕ15H7 孔中心线）相对削边销的轴线发生转动，引起转角误差，该转角误差导

致 ϕ8H8 孔的中心相对 ϕ15H7 孔轴线极限位置产生垂直度误差。计算如下：

$$\tan\frac{\Delta_\theta}{2}=\frac{(0.018+0.048)/2}{30}=0.0011$$

所以
$$\frac{\Delta_\theta}{2}=3'47$$

$$\Delta_Y=(25\times\sin\frac{\Delta_\theta}{2})\text{mm}=(25\times\sin3'47)\text{mm}$$
$$=0.0275\text{mm}$$

e. 定位误差为

$$\Delta_D=\Delta_B+\Delta_Y=0.0275\text{mm}$$

分析：(1/3) $\delta_{公差}$ = (0.1/3) mm = 0.033mm，Δ_D < (1/3) $\delta_{公差}$，能够保证加工精度。

至此，完成了支座定位装置的设计，如图 2-52 所示为其结构。

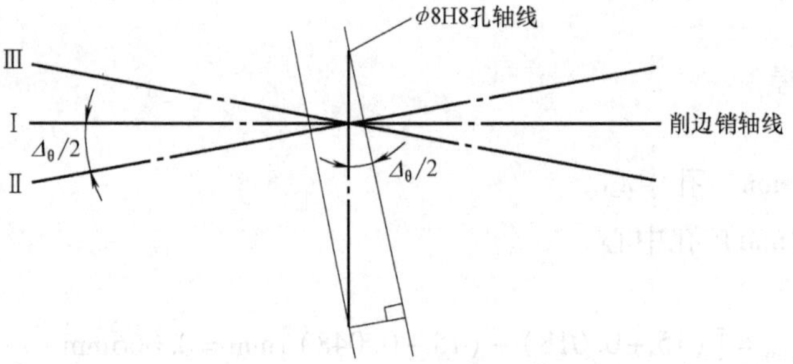

图 2-51　定位误差计算

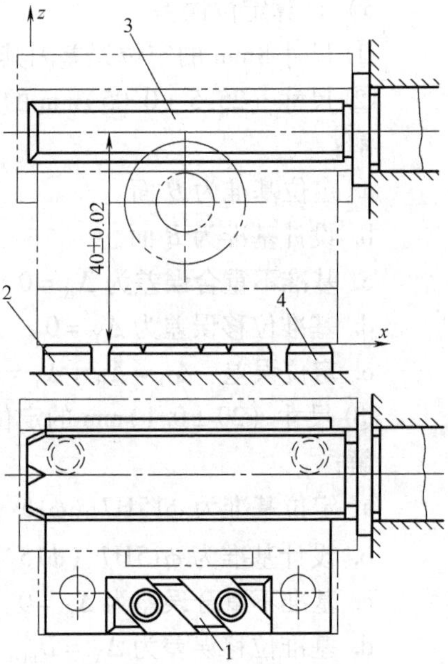

图 2-52　支座定位装置结构

1—支承板　2、4—支承钉　3—削边销

注意

以上步骤是设计定位装置的一般程序，在实际工作中，其先后顺序可有差异，但分析问题的基本原理和方法是一致的。

做一做

图 2-53 所示为连杆零件铣槽工序图，工序要求是铣连杆两端面处的八个槽，具体技术条件如图 2-53 所示，试设计连杆零件铣槽工序的铣床夹具定位方案。

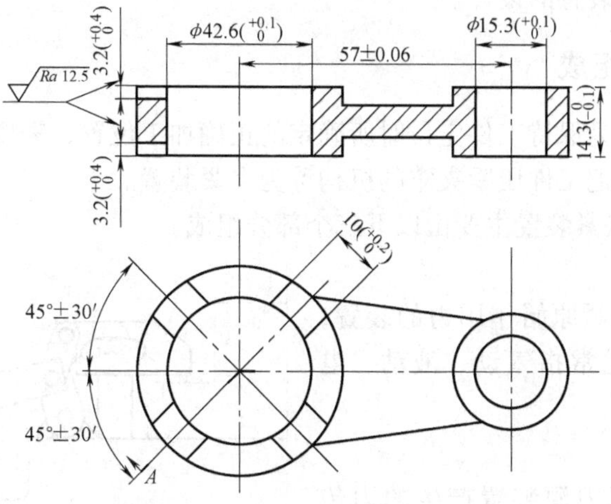

图 2-53　连杆零件铣槽工序图

任务 2.3　夹紧装置的设计

任务导入

如图 2-15 所示为加工连杆零件上右边孔的定位方案。定位方案的设计工作是机床夹具设计的关键，其设计是否合理，决定了夹具能否保证工件加工精度，除此之外，当受到切削力等外力作用时，在加工过程中如何保证工件已经确定的正确位置不会发生任何改变呢？本任务主要学习解决此项问题。

任务内容和目标

掌握机床夹具夹紧机构的设计方法，明确夹紧机构的基本要求，掌握夹紧力大小、方向、作用点的确定原则，学会正确选择相应的夹紧机构，并实施对工件的夹紧。

知识网络结构

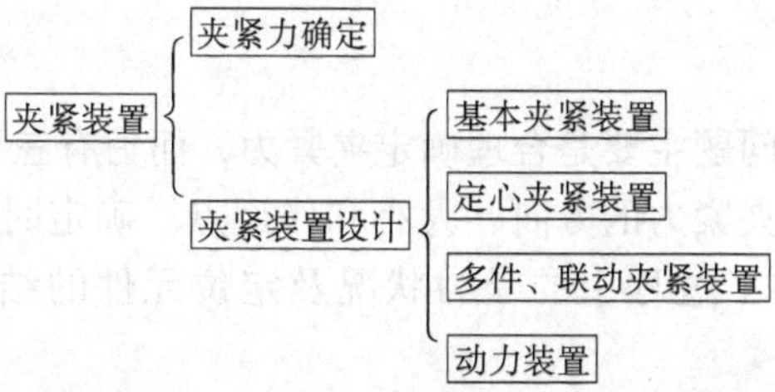

教学情景分析

利用机床夹具的基础知识，结合夹具实物，学习如何正确确定夹紧力的方向、作用点并估算其大小；掌握典型夹紧机构的工作原理，学会恰当地选择夹紧机构，并实施对工件的夹紧，完成机床夹具夹紧装置的设计。

2.3.1　夹紧装置的组成

机械加工过程中，为保持工件定位时所确定的正确加工位置，需要采用一定的机构将工件压紧夹牢，这种用来把工件压紧夹牢的机构称为夹紧装置。

如图 2-54 所示，夹紧装置主要由以下三个部分组成。

1. 力源装置

力源装置是产生夹紧原始作用力的装置，对于机动夹紧机构，通常指气动、液动、电力等动力装置。

2. 中间传动机构

中间传动机构是把力源装置产生的力传给夹紧元件的中间机构，它可以起到如下的作用：

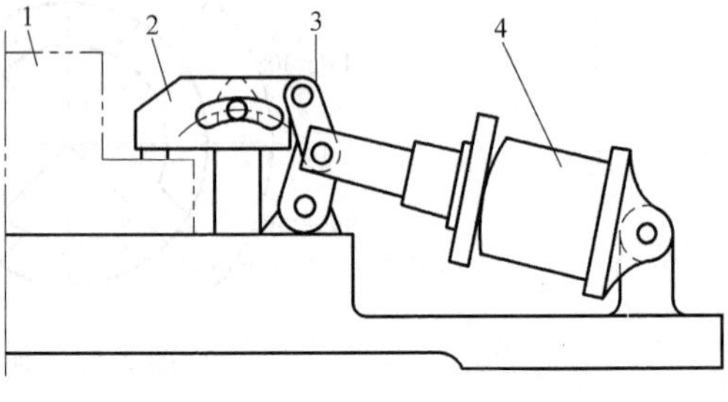

图 2-54　夹紧装置组成
1—工件　2—夹紧元件　3—中间传动机构　4—力源装置

1）改变作用力的方向。如图 2-54 所示，气缸内作用力的方向通过铰链杠杆机构后改变为垂直方向的夹紧力。

2）改变作用力的大小。为了把工件牢固地夹住，有时需要较大的夹紧力，这时可利用中间传动机构（如斜楔、杠杆等）改变作用力的大小，以满足夹紧工件的需要。

3）自锁作用。在力源消失之后，工件仍能得到可靠的夹紧。

3. 夹紧元件

夹紧元件是夹紧装置的最终执行元件，它与工件直接接触，把工件夹紧。

2.3.2　夹紧装置的基本要求

1）夹紧过程中，不能改变工件定位后所占据的正确位置。

2）夹紧力的大小要适当，既要保证工件在整个加工过程中位置稳定不变，又要保证工件不产生明显的变形或损伤工件表面。

3）工艺性要好，夹紧装置的结构力求简单，便于制造、调整和维修。

4）夹紧装置的操作应当方便，夹紧迅速，安全省力。

2.3.3　夹紧力的确定

夹紧装置设计的基本问题主要是合理确定夹紧力，而力有三要素，即方向、大小和作用点，确定夹紧力就要确定夹紧力的方向、大小和作用点。确定时，应根据工件的结构特点、加工要求，并结合工件加工过程中的受力状况及定位元件的结构和布置方式等因素综合考虑。

1. 夹紧力方向的确定

1）夹紧力的方向应垂直于主要定位基准面。主要定位基准面的面积较大，限制的自由度较多，夹紧力的方向垂直于该面，容易保持装夹稳固，从而有利于保证工序的精度要求。如图 2-55 所示，被加工孔与左端面有垂直度要求，因此，工件以左端面与 *B* 面接触，限制三个自由度，工件以底面与 A 面接触，限制两个自由度，夹紧力 F 应垂直于主要定位基准面 B，这样有利于保证孔与端面的垂直度要求。若夹紧力方向改为垂直于 A 面，不仅装夹稳定性较差，而且因工件的左端面与底面的垂直度误差，使被加工孔与左端面的垂直度要求也难以保证。

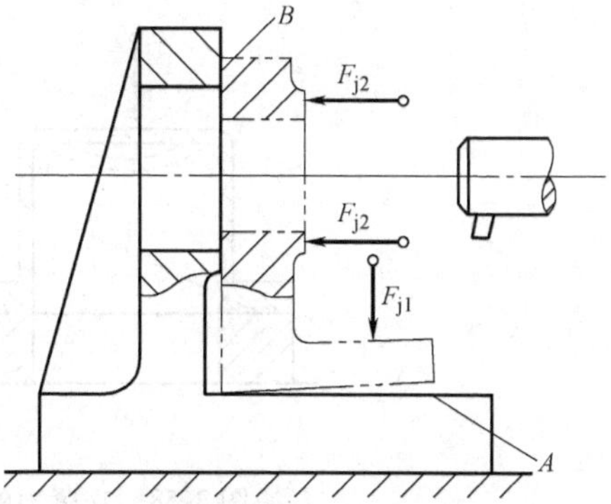

图2-55　夹紧力方向的选择

2）夹紧力的方向应尽量与切削力、工件重力方向相同，这样可以减小所需夹紧力。如图2-56a所示，夹紧力 F_j 与切削力方向相反，则夹紧力至少要大于切削力；而如图2-56b所示，夹紧力 F_j 与主切削力方向一致，切削力由夹具的固定支承承受，所需夹紧力较小。

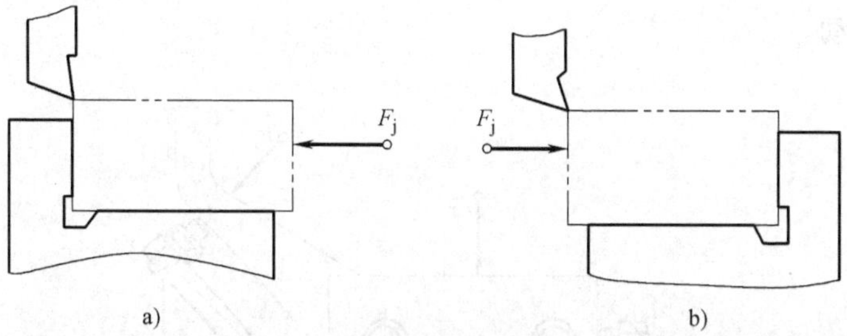

图2-56　夹紧力与切削力方向

3）夹紧力的方向应尽量与工件刚度最大的方向相一致，以减小工件变形。如薄壁套筒工件，它的轴向刚度比径向刚度大，用轴向力夹紧工件，不易产生变形。

2. 夹紧力作用点的确定

1）夹紧力的作用点应落在定位元件的支承范围内，以保证工件已获得的定位位置不变。如图2-57所示，夹紧力的作用点不在支承元件范围内，产生了使工件翻转的力矩，破坏了工件的定位。

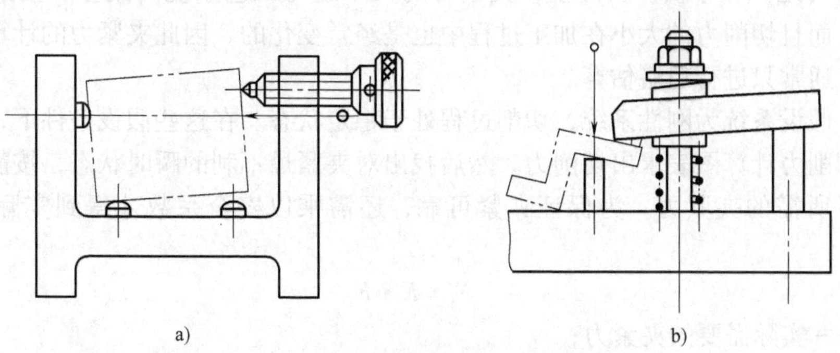

图2-57　夹紧力作用点的位置

2）夹紧力的作用点应落在工件刚性最好的部位，以减小工件的夹紧变形。图2-58a中的夹紧力作用点会使工件产生较大变形，应改为图2-58b所示的方式。

3）夹紧力作用点应尽量靠近被加工表面，以减小对工件造成的翻转力矩。必要时应在工件刚性差的部位增加辅助支承和辅助夹紧，以减小切削过程中的振动和变形。如图2-59

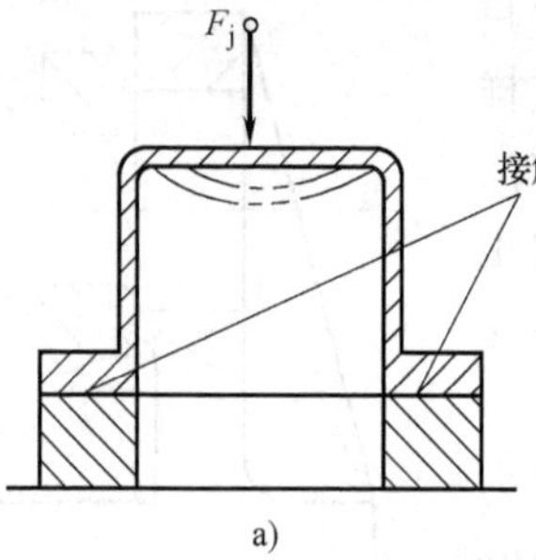

图 2-58　夹紧力的作用点应落在工件刚性最好的部位

所示的零件，在铣削 A、B 两端面时，由于主要夹紧力的作用点距加工面较远，所以在靠近加工表面的地方设置了辅助支承，增加了夹紧力 F'_j，这样提高了工件的装夹刚度，减小了工件加工时的振动。

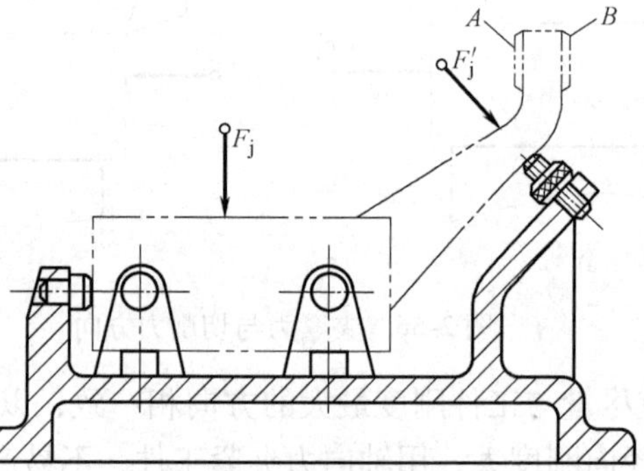

图 2-59　辅助支承与辅助夹紧

3. 夹紧力大小的估算

在加工过程中，工件受到切削力、离心力、惯性力及重力的作用，从理论上讲夹紧力应与上述各力（矩）相平衡。实际上，夹紧力的大小还与工艺系统的刚性、夹紧机构的传递效率有关，而且切削力的大小在加工过程中也是经常变化的，因此夹紧力的计算是一个很复杂的问题，通常只进行粗略估算。

首先，假设系统为刚性系统，切削过程处于稳定状态。在这些假设条件下，根据切削原理公式或切削力计算图表求出切削力。然后找出对夹紧最不利的瞬时状态，按静力学原理估算此状态下所需的夹紧力。为保证夹紧可靠，还需乘以安全系数才得到实际需要的夹紧力。即

$$F'_j = K \cdot F_j$$

式中　F'_j——实际需要的夹紧力；

K——安全系数，一般取 $K = 1.5 \sim 3$，粗加工取大值，精加工取小值；

F_j——在最不利的条件下由静力平衡计算出的夹紧力。

例 2-5　图 2-60 为工件铣削加工的情况，当开始铣削时情况最为不利，此时在 FL 力矩作用下有使工件绕 O 点翻转的趋势，与之相平衡的是作用在 A、B 两支承点上夹紧力的反力所构成的摩擦力矩。试估算夹紧力的大小。

解：根据力矩平衡条件 $\sum M=0$，有

$$FL-\left(\frac{F_j f}{2}L_1+\frac{F_j f}{2}L_2\right)=0$$

由此可求出最小夹紧力为

$$F_j=\frac{2FL}{f(L_1+L_2)}$$

考虑安全系数 K，最后有

$$F'_j=\frac{2KFL}{f(L_1+L_2)}$$

式中　F'_j——实际所需夹紧力（N）；

F——作用力（总切削力在工作平面上的投影）（N）；

f——工件与夹具支承面之间的摩擦因数；

K——安全系数；

L、L_1、L_2——有关尺寸（mm）。

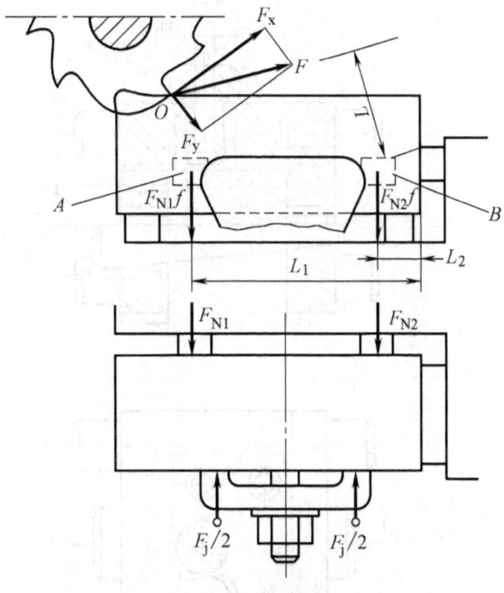

图 2-60　铣削时夹紧力估算

2.3.4　基本夹紧机构

夹具中常用夹紧机构有斜楔夹紧机构、螺旋夹紧机构以及偏心夹紧机构等。

1. 斜楔夹紧机构

利用斜面直接或间接夹紧工件的机构称为斜楔夹紧机构，图 2-61 所示为几种斜楔夹紧机构的应用实例。图 2-61a 是在工件上钻互相垂直的 ϕ8mm、ϕ5mm 两组孔。工件装入后，敲击斜楔大头，夹紧工件。加工完毕，敲击小头，松开工件。由于用斜楔直接夹紧工件，工件的夹紧力较小，且操作费时费力，故实际生产中多数情况将斜楔与其他机构联合使用。图 2-61b 是斜楔与滑柱组成的夹紧机构，图 2-61c 是由端面斜楔与压板组合而成的夹紧机构。

（1）斜楔夹紧力的计算　斜楔受作用力 F_Q 之后产生的夹紧力 F_j，可按斜楔受力的平衡条件求出。由图 2-62a 可知，斜楔与工件相接触的一面受到工件对它的反力（即夹紧力）F_j 和摩擦力 F_1 的作用，而斜楔与夹具体相接触的一面受到夹具体给它的反力 F_N 和摩擦力 F_2 的作用。在上述 5 个力的作用下，斜楔处于平衡状态。

根据静力学平衡条件，斜楔夹紧力的近似计算公式为

$$F_j=\frac{F_Q}{\tan\phi_1+\tan(\phi_2+\alpha)}$$

式中　F_j——斜楔对工件的夹紧力（N）；

α——斜楔升角（°）；

F_Q——原始作用力（N）；

ϕ_1——斜楔与工件间的摩擦角（°）；

ϕ_2——斜楔与夹具体间的摩擦角（°）。

设 $\phi_1=\phi_2=\phi$，当 α 很小时（$\alpha\leqslant 10°$），可用下式作近似计算

$$F_j=\frac{F_Q}{\tan(\alpha+2\phi)}$$

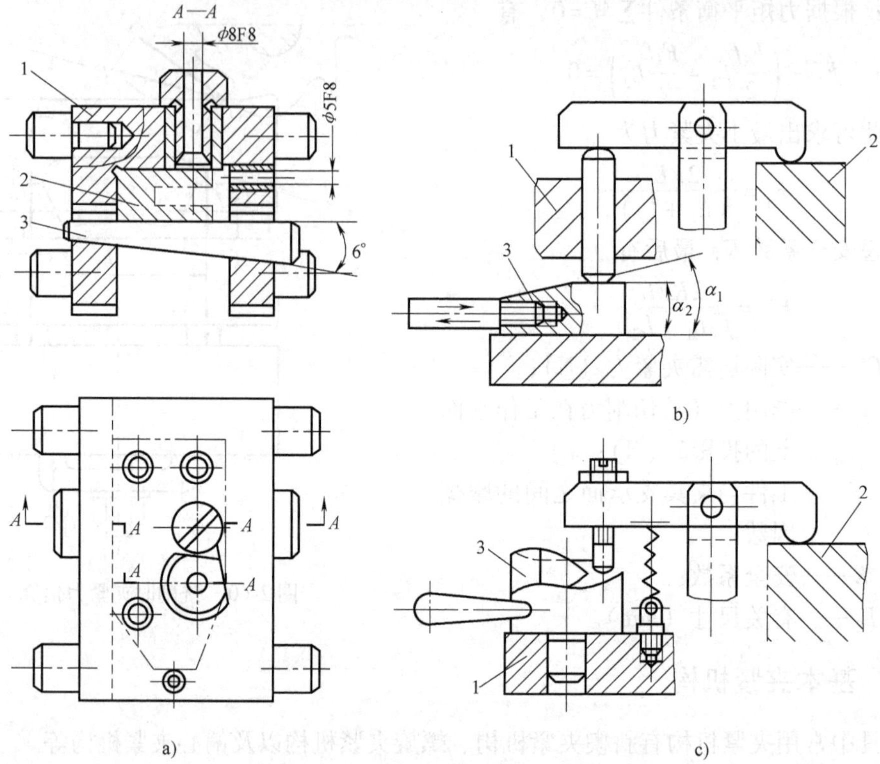

图 2-61　斜楔夹紧机构应用实例

1—夹具体　2—工件　3—斜楔

（2）斜楔夹紧机构的自锁条件　在外力 F_Q 去除后，斜楔受力情况如图 2-62b 所示。F_N 和 F_2 可合并成合力 F_{R2}，再分解成水平分力 F_{R2X} 和垂直分力 F_{R2Y}（即 F_j）。F_{R2X} 有使斜楔松开的趋势、欲使斜楔具有自锁性能，必须有

$$\alpha \leqslant \phi_1 + \phi_2$$

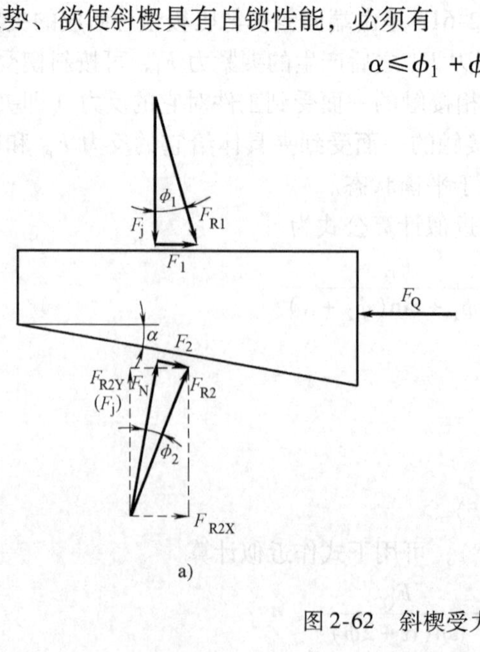

图 2-62　斜楔受力分析图

即　斜楔的升角小于或等于斜楔与工件、斜楔与夹具体之间的摩擦角之和。

若　$\phi_1=\phi_2=\phi$，则 $\alpha\leqslant 2\phi$，一般钢铁接触面的摩擦因数 $f=0.1\sim0.5$，故摩擦角和为 $5°43'\sim8°30'$，相应的斜楔升角 $\alpha=10°\sim17°$。

（3）斜楔夹紧机构的特点

1）斜楔夹紧机构是增力机构，具备增力特性。增力特性用增力比描述，斜楔夹紧机构的夹紧力与原始作用力之比称为增力比。斜楔夹紧机构的增力比 i_P 为

$$i_P=\frac{F_j}{F_Q}=\frac{1}{[\tan\phi_1+\tan(\alpha+\phi_2)]}$$

若斜楔夹紧机构无摩擦，即 $\phi_1=\phi_2=0$ 时，则

$$i_P=\frac{F_j}{F_Q}=\frac{1}{\tan\alpha}$$

由上式可看出：升角的选取与夹紧力、自锁性能和夹紧行程有关。在夹紧行程一定的条件下，减小 α 就要使斜楔移动的距离增大。也就是说，当原始作用力 F_Q 一定时，斜楔的升角越小，自锁性越好，夹紧力也越大，但夹紧行程变小。夹紧力增大多少倍，夹紧行程就缩小多少倍，这是斜楔夹紧机构的一个重要特征。

2）改变了原始作用力的方向。斜楔夹紧机构的这一特征，由图2-61中可以明显看出。

（4）斜楔升角的选择　根据自锁条件和对增力比与夹紧行程的综合考虑，手动夹紧机构 α 应选较小值，一般取 $\alpha=6°\sim8°$。也可采用双升角斜楔（图2-61b），以获得行程、增力、自锁的良好效果。起始用大升角 α_1，快速趋近工件；最终夹紧时，用小升角 α_2 使夹紧装置得到可靠的自锁性和输出较大的夹紧力。不需要自锁的机动夹紧，常取 $\alpha=15°\sim30°$。

2. 螺旋夹紧机构

由螺钉、螺母、垫圈、压板等元件组成的夹紧机构称为螺旋夹紧机构。螺旋夹紧机构结构简单，夹紧可靠，通用性大，自锁性能好，夹紧力和夹紧行程较大，目前在夹具中广泛应用。

（1）单个螺旋夹紧机构　直接用螺钉、螺母夹紧工件的机构，称为单个螺旋夹紧机构，如图2-63所示。图2-63a中，用螺钉头部直接夹紧工件，容易损伤受压表面，并在旋紧螺钉时易引起工件转动，因此常在螺钉头部装上可以摆动的压块（图2-63b），以防止发生上述现象。

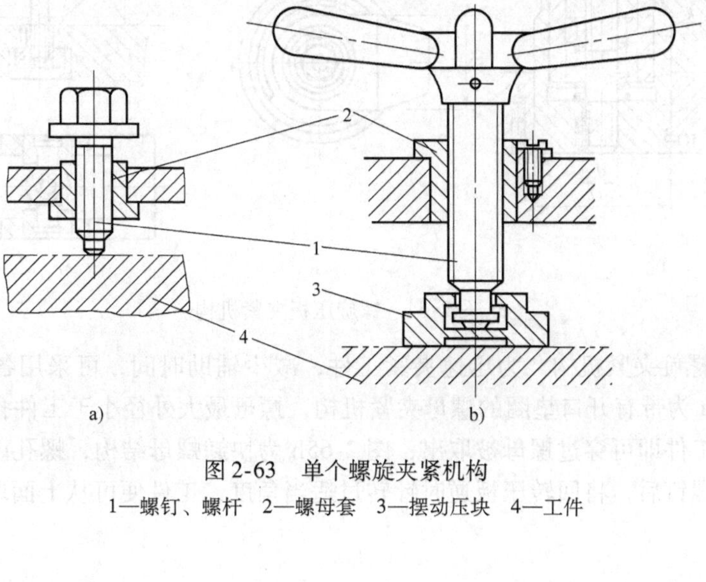

图2-63　单个螺旋夹紧机构

1—螺钉、螺杆　2—螺母套　3—摆动压块　4—工件

（2）螺旋压板夹紧机构　螺旋压板夹紧机构是结构形式变化最多的夹紧机构，也是应用最广的夹紧机构，如图 2-64 所示为常用的五种典型结构。图 2-64a、b 为移动压板。图 2-64a 为减力增加夹紧行程；图 2-64b 为不增力但可改变夹紧力的方向；图 2-64c 是采用铰链压板增力机构，减小了夹紧行程，但使用上受工件尺寸的限制；图 2-64d 为钩形压板，其结构紧凑，使用方便，适用于夹具上安装夹紧机构位置受到限制的场合；图 2-64e 为自调式压板，它能适应工件高度由 0～200mm 范围内的变化，结构简单，使用方便。

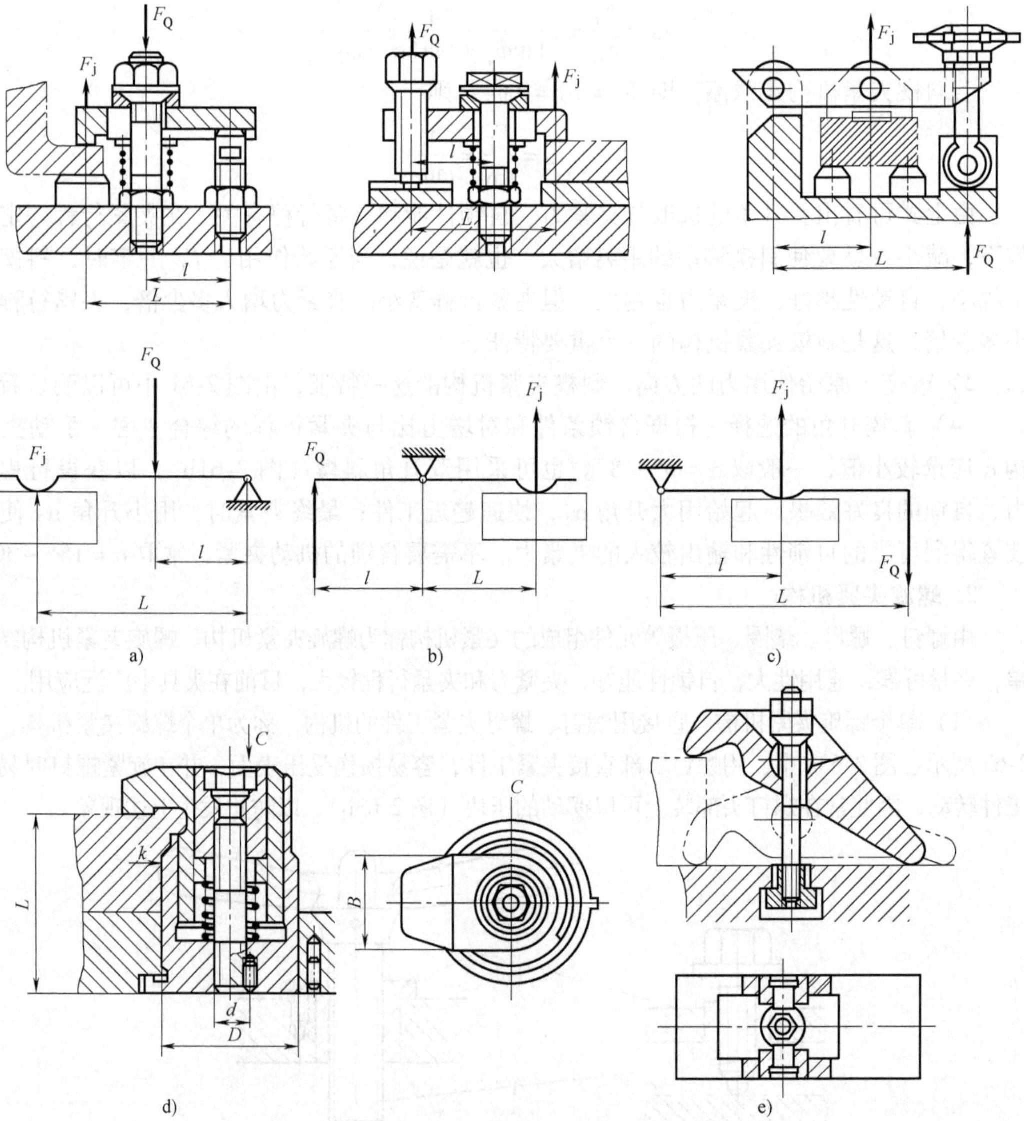

图 2-64　螺旋压板夹紧机构

（3）快速螺旋夹紧机构　为迅速夹紧工件，减少辅助时间，可采用各种快速螺旋夹紧机构。图 2-65a 为带有开口垫圈的螺母夹紧机构，螺母最大外径小于工件孔径，松开螺母取下开口垫圈，工件即可穿过螺母被取出；图 2-65b 为快卸螺母结构，螺孔内钻有光滑斜孔夹紧机构，旋松螺钉后，将回转压板逆时针转过适当角度，工件便可从上面取出。

（4）螺旋夹紧机构的设计　螺旋夹紧机构绝大部分用于手动夹紧，无需进行精确计算。在实际设计中，应根据现场经验，由金属机床夹具设计手册中选取螺纹的结构尺寸，必要时对夹紧力进行核算。

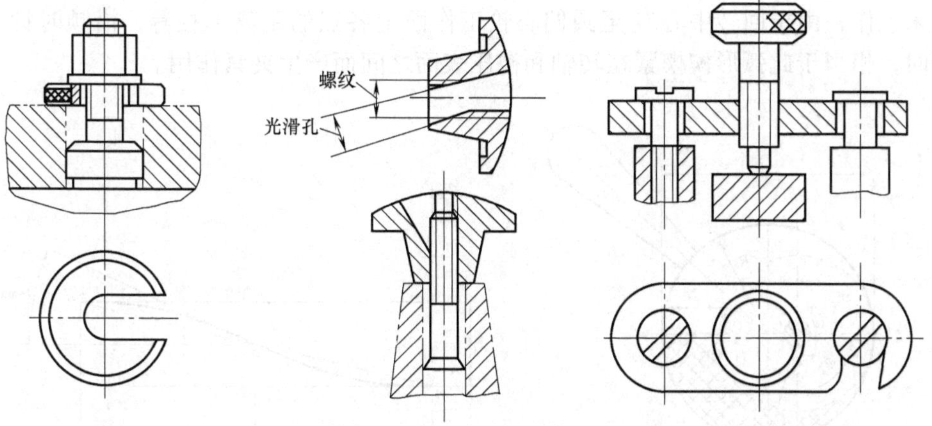

a)　b)　c)

图 2-65　快速螺旋夹紧机构

3. 偏心夹紧机构

用偏心件直接或间接夹紧工件的机构称为偏心夹紧机构。偏心件有圆偏心和曲线偏心两种类型。圆偏心因结构简单，制造容易，在夹具中应用较多。图 2-66 所示为常见的几种偏心夹紧机构。图 2-66a、b 采用的是圆偏心轮，图 2-66c 采用的是偏心轴，图 2-66d 采用的是有偏心圆弧的偏心叉。

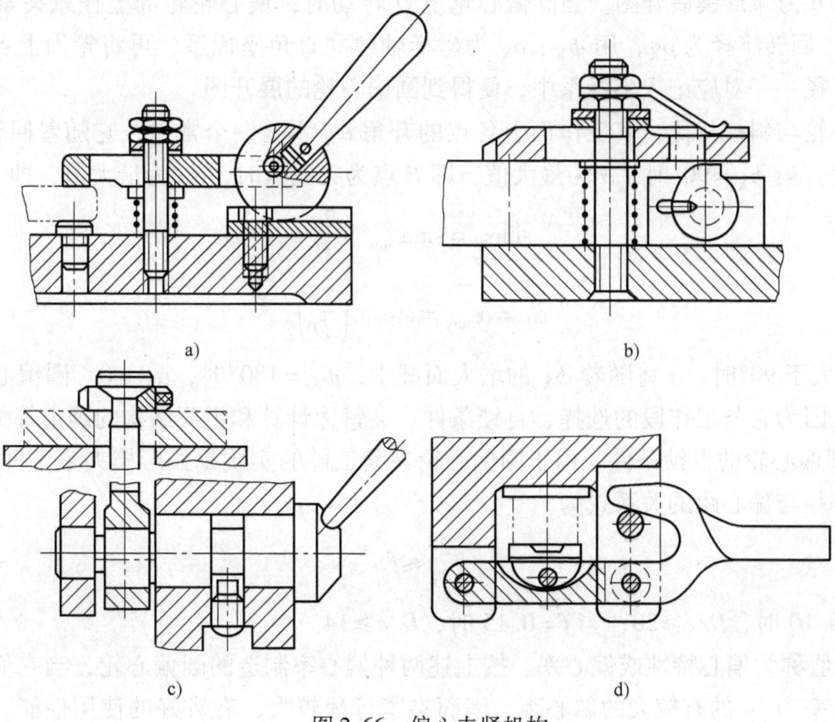

a)　b)　c)　d)

图 2-66　偏心夹紧机构

（1）偏心夹紧机构的工作原理　圆偏心轮工作原理如图 2-67a 所示，图中 O 为偏心轮的回转中心，C 是偏心轮的几何中心，其直径为 D，偏心距为 e，如以 O 为圆心，以 Om 为半径，作一辅助圆，即基圆（图中的虚线圆），则圆偏心轮实际上相当于由两个套在偏心"基圆"上的弧形楔所构成。此基圆的直径为 $D-2e$。如果手柄装在上半部，就用下半部的弧形楔来工作，由于回转中心 O 至圆偏心轮工作面上各点的距离不相等，沿顺时针方向扳动手柄时，相当于此弧形楔楔紧在转轴和被压表面之间而产生夹紧作用。

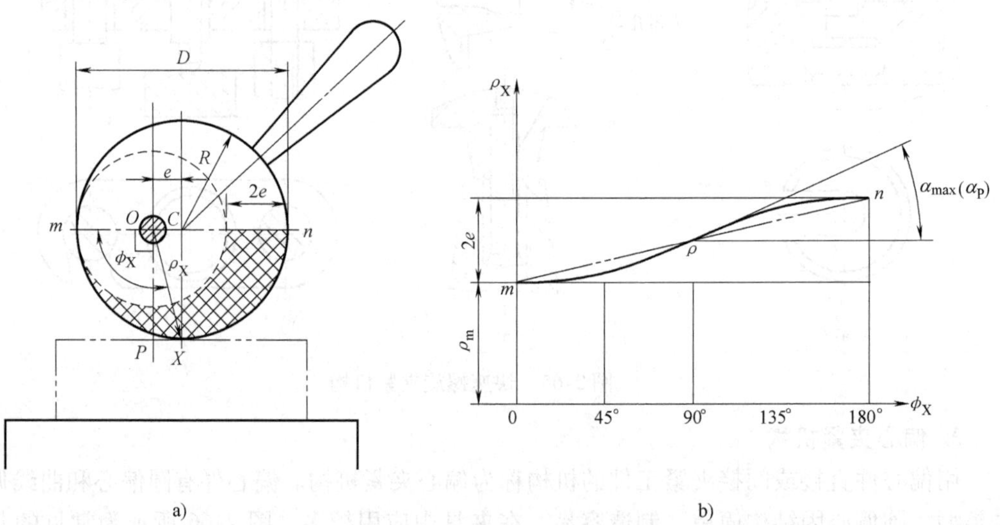

图 2-67　圆偏心轮工作原理

图 2-67b 为弧形楔展开图。当圆偏心轮绕 O 转动时，偏心轮轮周上任意夹紧点 X 的回转角为 ϕ_X，回转半径为 ρ_X，用 ϕ_X、ρ_X 为坐标轴建立直角坐标系，再将轮周上各点的回转角和回转半径一一对应记入坐标系中，便得到圆偏心轮的展开图。

圆偏心轮与斜楔相比，其工作面上各点的升角 α_X 不是一个常数，它随着回转角 ϕ_X 的改变而变化。当 $\phi_X=90°$ 时，α 为最大值，即 P 点为夹紧点时，α_P 为最大值，即

$$\sin\alpha_P=\sin\alpha_{max}=\frac{2e}{D}$$

$$\alpha_P=\alpha_{max}=\arcsin\left(\frac{2e}{D}\right)$$

当 ϕ_X 大于 90°时，α 将随着 ϕ_X 的增大而减小；$\phi_X=180°$ 时，$\alpha_X=0$。圆偏心的这一特性很重要，因为它与工作段的选择、自锁条件、夹紧力计算和主要结构的确定等关系极大。

（2）圆偏心轮的自锁条件　由于圆偏心轮夹紧工件的实质是弧形楔夹紧工件。自锁时，圆偏心轮外径与偏心距的关系式为

$$\frac{2e}{D}\leqslant f$$

当 $f=0.10$ 时，$D/e\geqslant20$；当 $f=0.15$ 时，$D/e\geqslant14$。

D/e 比值称为偏心特性或偏心率。按上述两种偏心率制造的圆偏心轮，当它们的外径相等时，偏心率为 14 的有较大的偏心距，因而夹紧行程较大，有较好的使用性能。在实际应

用中，多采用摩擦因数为0.15，偏心率为14的圆偏心轮夹紧机构。

（3）圆偏心轮夹紧机构的应用　圆偏心轮夹紧机构结构简单，夹紧动作迅速，使用方便，但增力比和夹紧行程都较小，结构抗振性能差，自锁可靠性差。适用于所需夹紧行程及切削负荷小且平稳、工件不大的手动夹紧夹具中，如钻床夹具。

上述介绍的斜楔、螺旋、圆偏心轮三种基本夹紧机构都是利用斜面原理增力。螺旋夹紧机构增力比最大，在同样的原始作用力 F_Q 和正常尺寸比例情况下，其增力比 i_P 比圆偏心轮夹紧机构大6~7倍，比斜楔夹紧机构大20倍。在使用性能方面，螺旋夹紧机构不受夹紧行程的限制，夹紧可靠，但夹紧工件费时。圆偏心轮夹紧机构则相反，夹紧迅速但夹紧行程小，自锁性能差。这两种夹紧方式一般多用于要求自锁的手动夹紧机构。斜楔夹紧机构则很少单独使用，常与其他元件组合成为增力机构。

2.3.5　其他夹紧机构

1. 联动夹紧机构

在夹紧结构设计中，有时需要对一个工件上的几个点或对多个工件同时进行夹紧，此时，为了减少工件装夹时间，简化机构，常采用各种联动夹紧机构。这种机构要求从一处施力，可同时在几处（或几个方向上）对一个或几个工件同时进行夹紧。这种利用一个原始作用力实现单件或多件的多点、多向同时夹紧的机构称为联动夹紧机构。

（1）单件联动夹紧机构　单件联动夹紧机构多用于大型工件或具有特殊结构的工件。只需操作一个手柄，就能从各个方向均匀地夹紧一个工件。图2-68a为对向式单件联动夹紧机构，当液压缸中的活塞杆3向下移动时，通过双臂铰链使浮动压板2相对转动，最后将工件1夹紧；图2-68b为双向浮动四点联动夹紧机构，由于摇臂5可以转动并与摆动压块4、6铰链连接，因此，当拧紧螺母7时，便可以从两个相互垂直的方向上实现四点联动夹紧。

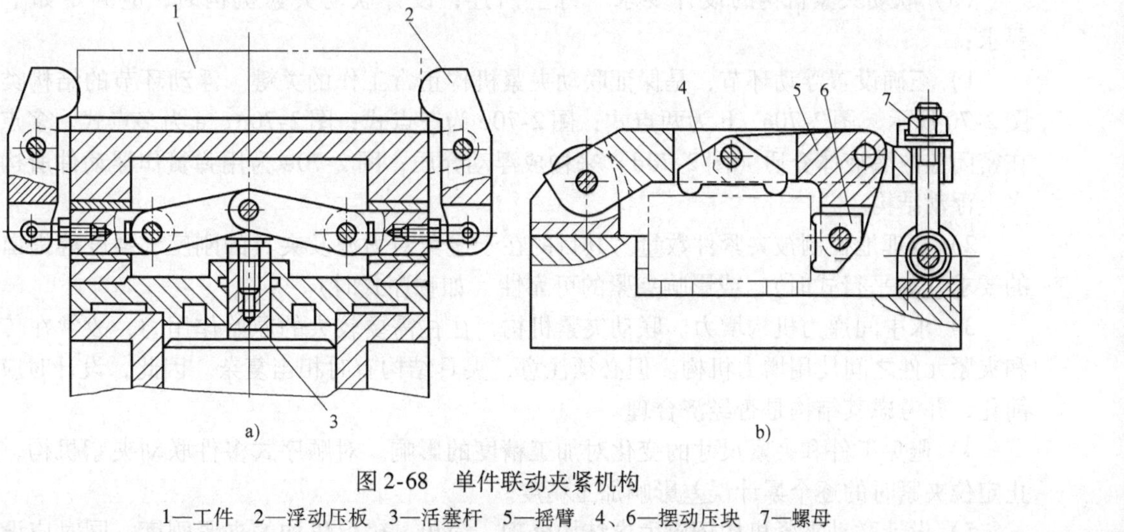

图2-68　单件联动夹紧机构

1—工件　2—浮动压板　3—活塞杆　5—摇臂　4、6—摆动压块　7—螺母

（2）多件联动夹紧机构　多件联动夹紧机构多用于夹紧中、小型工件，它只需操作一个手柄，就可同时夹紧若干个工件，是提高生产率的有效措施。图2-69a为对向式多件联动夹紧机构；图2-69b为平行式多件联动夹紧机构；图2-69c为复合式多件联动夹紧机构，它

是由对向式和平行式组合而成的。

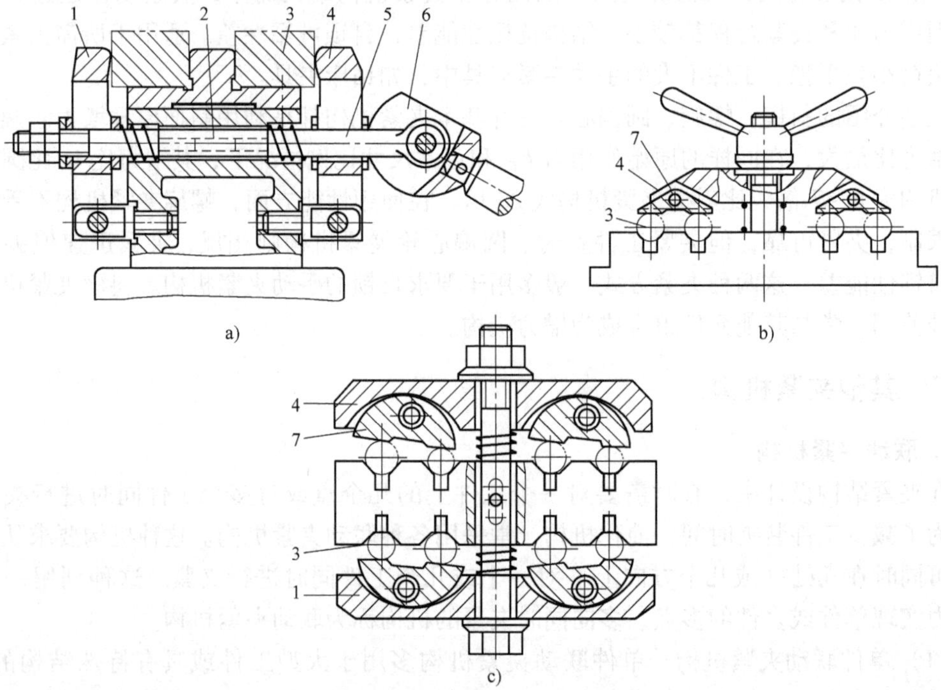

图 2-69　多件联动夹紧机构

a）对向式　b）平行式　c）复合式

1、4—压板　2—键　3—工件　5—拉杆　6—偏心轮　7—摆动块

（3）联动夹紧机构的设计要求　综上所述，设计联动夹紧机构时，应满足如下设计要求：

1）正确设置浮动环节，是保证联动夹紧机构正常工作的关键。浮动环节的结构类型如图 2-70 所示，图 2-70a、b 为两点式；图 2-70c 为三点式；图 2-70d、e 为多点式。多点式可在密闭腔内灌液体介质（图 2-70d）来构成浮动介质；图 2-70e 为用弹簧作浮动件所构成的多点浮动结构。

2）合理地控制被夹紧件数量。其目的在于避免对力源及夹具的刚度、强度等提出过高的要求（如平行式时），或影响夹紧的可靠性（如顺序式时）。

3）求中间递力机构增力。联动夹紧机构，往往需要较大的原始作用力，故常在传动件和夹紧元件之间使用增力机构。但必须注意，夹具结构有时相当复杂。因此，设计时应尽量简化，并考虑其结构是否经济合理。

4）避免工件和夹紧尺寸的变化对加工精度的影响。对顺序式多件联动夹紧机构，要防止定位夹紧时的逐个累计误差影响加工精度。

5）设计联动夹紧机构还应力求结构合理、简单，确保机构的夹紧刚度，同时应设置防屑结构及必要的复位环节等。

2. 定心夹紧机构

当加工尺寸的设计基准（工序基准）是中心要素（轴线、中心平面等）时，为了使基

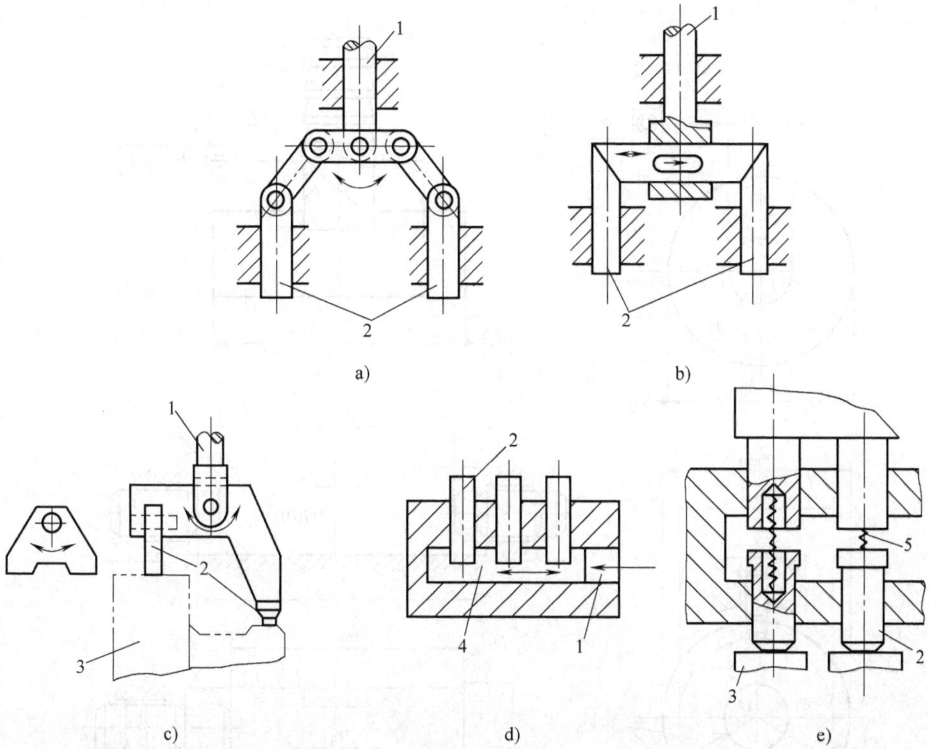

图2-70　浮动环节的结构类型

1—动力输入　2—输出端　3—工件　4—递力介质　5—弹簧

准重合以减少定位误差，可以采用定心夹紧机构，所以，定心夹紧机构主要用于要求准确定心或对中的场合。

（1）定心夹紧机构的工作原理　同时实现对工件定心定位和夹紧两个作用的机构称为定心夹紧机构。它是利用定位、夹紧元件的等速移动或均匀弹性变形的方式，使定位基准面的尺寸偏差相对工序基准对称分布，从而消除其对定位的影响，保证定心定位。如图2-71a所示的自定心卡盘。三个卡爪为定心夹紧元件，能等速趋近或离开卡盘中心（卡爪保持等距行程），使其工作面2对中心总保持相等的距离。当工件3定位直径不同时，由卡爪1的等距移动来调整，使工件设计基准（轴线）与卡盘中心保持一致。又如图2-71b所示的对中夹紧机构，左、右卡爪（钳口）为定心夹紧元件，它的工作面2对夹具（或已对定的刀具4）的中心平面保持等距，工件尺寸为$L \pm \Delta L/2$，其公差同样被卡爪均分在中心平面两侧。定心夹紧机构在夹紧过程中，能使工件3相对于某一轴线或某一对称面保持对称性。

（2）定心夹紧机构分类　定心夹紧机构按其工作原理可分为两大类。

1）等速移动原理工作的定心夹紧机构。图2-72所示为按等速移动原理工作的螺旋式定心夹紧机构。旋转具有左、右螺纹的双向螺杆6，使滑座1、5上的V形块钳口2、4做对向等速移动，从而实现对工件的定心夹紧；反向旋转，便可松开工件。V形块钳口可按工件需要更换，对中精度可借助调节杆3实现。这种定心夹紧机构的特点是：结构简单、夹紧力和工作行程大，通用性好。但定心精度不高，一般为$\phi0.05 \sim \phi0.1$mm，主要用于粗加工或半精加工中需要行程大而定心精度要求不高的工件。

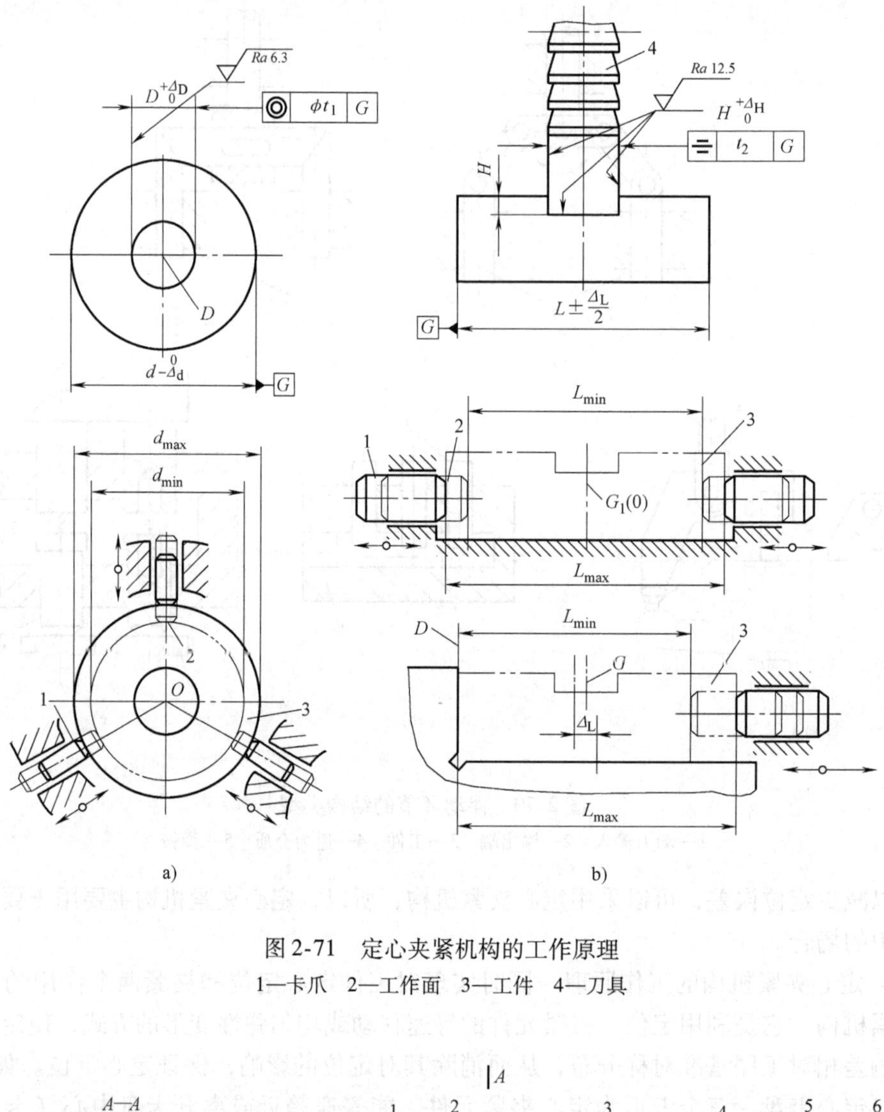

图 2-71　定心夹紧机构的工作原理

1—卡爪　2—工作面　3—工件　4—刀具

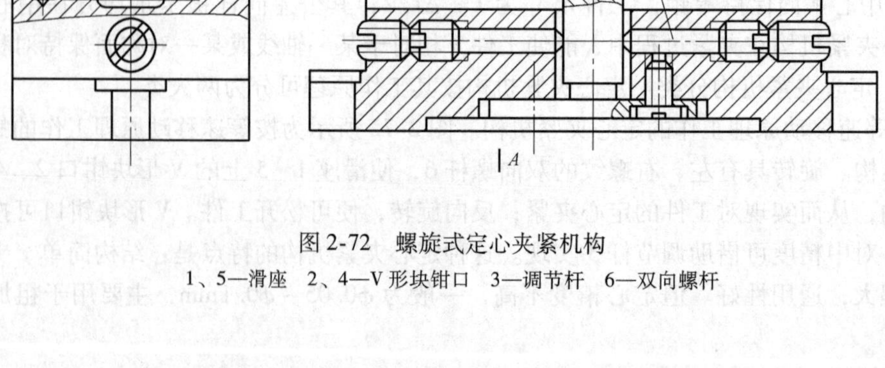

图 2-72　螺旋式定心夹紧机构

1、5—滑座　2、4—V 形块钳口　3—调节杆　6—双向螺杆

2）以均匀弹性变形原理工作的定心夹紧机构。

① 弹性筒夹定心夹紧机构。图2-73a为用于外圆柱面定位的弹簧夹头。旋转螺母4时，锥套3内锥面迫使弹性筒夹2上的簧瓣向心收缩，从而将工件定心夹紧。图2-73b是用于工件以内孔为定位基面的弹簧心轴。旋转螺母4时，锥套3的外锥面迫使弹性筒夹2的簧瓣向外均匀扩张，从而将工件夹紧。反向转动螺母，带退锥套，便可卸下工件。弹簧筒夹定心夹紧机构结构简单，定心精度高，体积小，操作方便、迅速，因而应用十分广泛。由于弹性筒夹变形量不宜过大，故对工件的定位基准面有一定的精度要求，其公差应控制在0.5mm以内。一般适用于精加工和半精加工中。

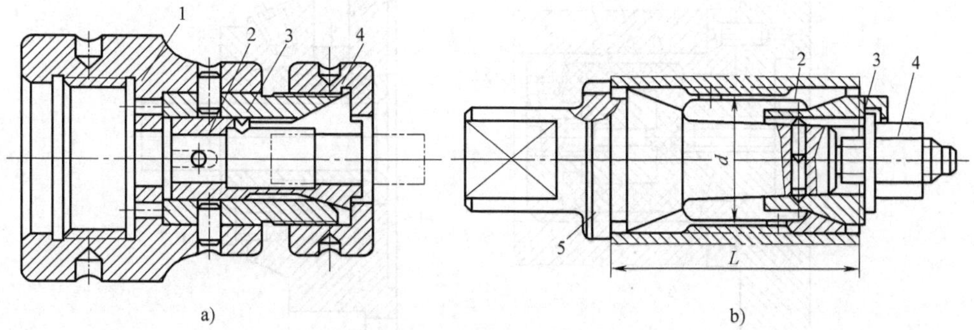

图2-73　弹簧夹头和心轴

1—夹具体　2—弹性筒夹　3—锥套　4—螺母　5—心轴

② 卡盘定心夹紧机构。图2-74所示工件以大端面和外圆为定位基面，在10个等高支柱6和膜片2组成的10个卡爪上定位。首先顺时针旋动螺钉4使楔块5下移，并推动滑柱3右移，迫使膜片2产生弹性变形，10个卡爪同时张开，以放入工件。逆时针旋动螺钉，使膜片恢复弹性变形，10个卡爪同时收缩将工件定心夹紧。卡爪上的支承钉1可以调节，以适应直径尺寸不同的工件。支承钉每次调整后都要用螺母锁紧，并在所用的机床上对10个支承钉的限位基面进行加工（卡爪在直径方向上应留有0.4mm左右的预胀量），以保证定位基准线与机床主轴回转轴线的同轴度。膜片卡盘定心夹紧机构具有刚性、工艺性、通用性好，定心精度高（一般可达0.01mm以内），操作方便迅速等特点。但它的夹紧力较小，所以常用于磨削或非铁金属件车削的精加工。

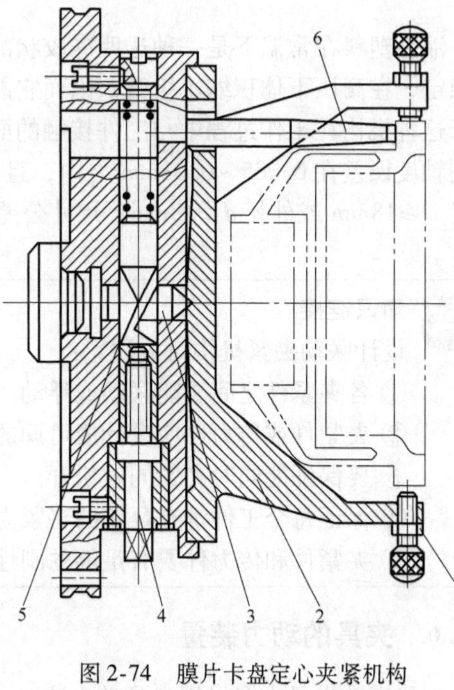

图2-74　膜片卡盘定心夹紧机构

1—支承钉　2—膜片　3—滑柱

4—螺钉　5—楔块　6—支柱

③ 塑料定心夹紧结构。图2-75所示为液性塑料心轴结构。其中图2-75a是工件以内孔为定位基面，图2-75b是工件以外圆为定位基

面。虽然两者的定位基面不同，但其基本结构与工作原理是相同的。起夹紧作用的薄壁套筒2直接压迫在夹具体1上，在所构成的容腔中注满了液性塑料3。当将工件装到薄壁套筒2上之后旋进加压螺钉5，通过柱塞4使液性塑料流动并将压力传到各个方向上，薄壁套筒的薄壁部分在压力作用下产生均匀的径向弹性变形，从而将工件定心夹紧。图2-75a中的限位螺钉6用于限制加压螺钉的行程，防止薄壁套筒超负荷而产生塑性变形。

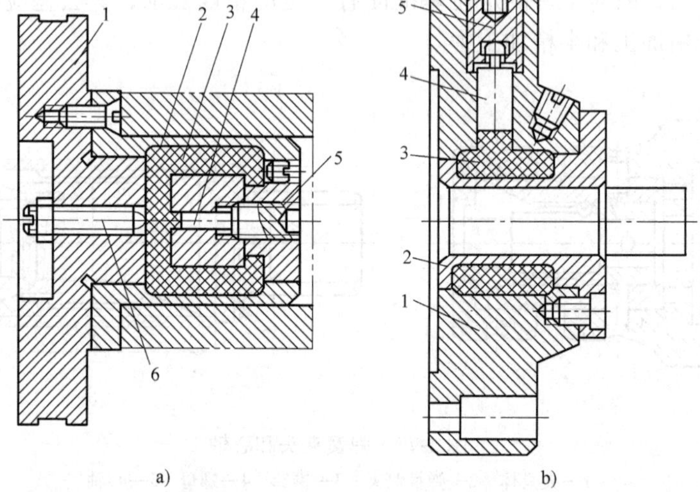

图2-75　液性塑料心轴结构

1—夹具体　2—薄壁套筒　3—液性塑料　4—柱塞　5—螺钉　6—限位螺钉

液性塑料在常温下是一种透明冻胶状的物质，它具有一定的弹性和流动性，物理性能比较稳定，在高压下体积缩小极微，因而它能均匀地将力作用在薄壁套筒上，产生径向变形。由于这种机构在工作过程中与工件接触的面积大，故定心精度高，一般可以保证被加工表面的同轴度误差在0.005～0.01mm之内，且夹具的结构简单，操作方便，广泛用于定位基面孔径 $D \geqslant 18$mm 或外径 $d \geqslant 18$mm，尺寸公差等级为IT7～IT8工件的车削、磨削、齿轮加工等场合。

知识链接

设计联动夹紧机构时应注意：

① 各夹紧件之间要能联动或浮动。

② 夹紧件或传力件应设计成可调的，以便适应工件公差和夹紧件的磨损。

③ 要保证能同时夹紧同时松开。

④ 保证每个工件都有足够的夹紧力。

⑤ 夹紧件和传力件要有足够的刚性，保证传力均匀。

2.3.6　夹具的动力装置

现代高效夹具大多采用夹具动力装置，如气压、液压、电磁、真空装置等，其中应用最广泛的是气压装置和液压装置。

1. 气压装置

（1）典型的气压传动系统　气压装置主要包括三个部分：气缸、辅助装置和管路。图2-76所示为气压传动系统图，图中所用的气泵1、雾化器2、减压阀3、止回阀4、分配阀5、调速阀6、压力表7、气缸8各组成元件的结构尺寸，都已经标准化。设计时可查阅有关资料和手册。

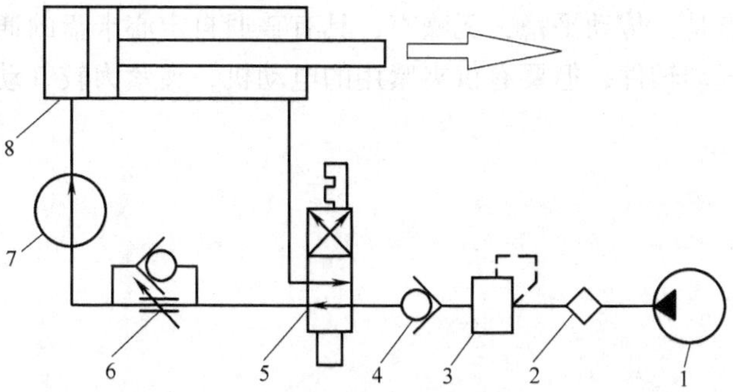

图2-76　气压传动系统图
1—气泵　2—雾化器　3—减压阀　4—止回阀　5—分配阀
6—调速阀　7—压力表　8—气缸

（2）气压装置的特点　气压装置以压缩空气为力源，应用比较广泛，与液压装置比较有如下优点：

1）动作迅速，反应快。气压为0.5MPa时，气缸活塞速度为1～10m/s，夹具每小时可连续松夹上千次。

2）工作压力低，传动结构简单，对装置所用材料及制造精度要求不高，制造成本低。

3）空气黏度小，在管路中的损失较少，便于集中供应和远距离输送，易于集中操纵或程序控制等。

4）空气可以就地取材，容易保持清洁，管路不容易堵塞，也不会污染环境，具有维护简单，使用安全、可靠、方便等特点。

气压装置的主要缺点是空气压缩性大，夹具的刚度和稳定性差，在产生相同原始作用力的条件下，因工作压力低，其动力装置的结构尺寸大，此外，还有较大的排气噪声。

2. 液压装置

液压装置是用高压油产生动力，工作原理及结构与气压装置相似。其共同的优点是：操作简单省力，动作迅速，使辅助时间大为减少。与气压装置相比，液压装置有如下特点：

1）液压油油压高、传动力大，在产生同样原始作用力的情况下，液压缸的结构尺寸比气缸小许多。

2）油液的不可压缩性使夹紧刚度高，工作平稳、可靠。

3）液压传动噪声小，劳动条件比气压传动装置好。但是，油压高容易漏油，要求液压元件的材质和制造精度高，因而夹具成本较高。

3. 气液增压装置

为了综合利用气压和液压传动的优点，在不需要增设液压装置的条件下，可在非液压机床上采用气液联动的增压装置，它具有如下的特点：

1）其油压可达9.8～19.6MPa，不需要增加机械增力机构就能产生很大的夹紧力，使夹具结构简化、传动效率提高和制造成本降低。

2）气液增压装置已被制成通用部件，可以灵活、方便地与夹具组合使用。

4. 电动装置

电动装置是以电动机带动夹具中的夹紧机构，对工件进行夹紧的一种方式，最常用的是电动卡盘，它的特点是：传动平稳，无噪声，具有普通自定心卡盘的通用性，与气动卡盘相比，可省去气缸和气动辅件，但要有供夹紧用的电动机，夹紧力较气动的要小。

项目3　轴类零件加工工艺

教学导航

学习目标	掌握外圆表面的加工方法，轴类零件机械加工工艺制订的思路与方法
工作任务	根据工作任务编制轴类零件加工工艺文件，并确定有关装备
教学重点	轴类零件机械加工工艺制订的思路与方法、加工工艺文件编制
教学难点	轴类零件机械加工工艺参数确定、刀具合理选择、工艺装备选择
教学方法建议	采用任务驱动教学，用任务导入，教、学、做一体化
选用案例	减速器传动轴、车床主轴
教学设施、设备及工具	教学课件、零件实物、机械加工实训教室
考核与评价	任务成果评定、学习团队评定、学习过程评定
参考学时	16学时

任务3.1　制订传动轴的工艺规程，分析轴类零件的工艺工装

任务导入

如图3-1所示传动轴，如何利用先前所学的工艺理论知识完成其工艺规程的编制及工装的选用呢？

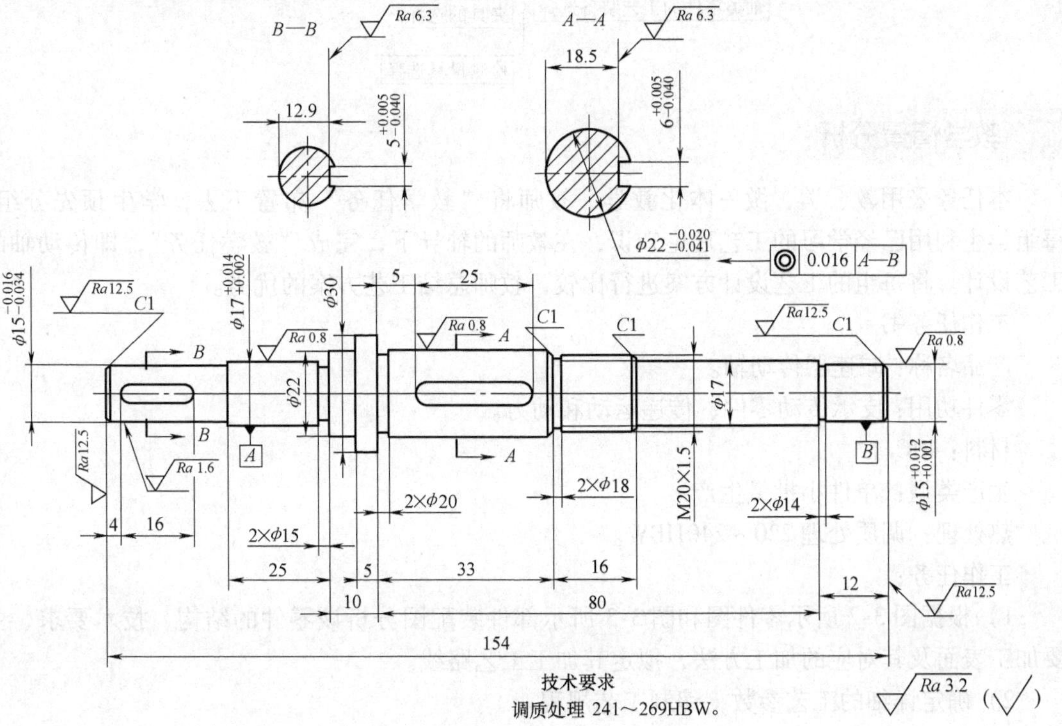

图3-1　传动轴

任务内容和目标

利用前述内容的工艺理论及基础知识，针对典型轴零件进行工艺规程的设计，正确选择毛坯、正确分析传动轴的结构工艺性，选择定位基准，拟定工艺路线，正确选择工艺装备、加工设备和工艺参数。

知识网络结构

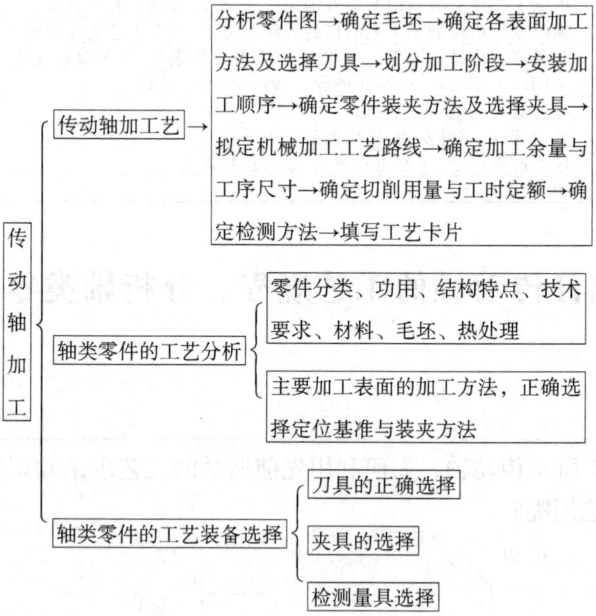

教学情景分析

本任务采用教、学、做一体化教学，教师将“教学任务”布置下去，学生预先分组，每组学生利用已经学习的工艺理论知识，在教师的辅导下，完成“教学任务”，即传动轴的工艺设计。将每组的工艺设计方案进行比较，教师总结工艺方案的优劣。

工作任务书

产品名称：减速器传动轴。

零件功用：支承传动零件、传递运动和动力。

材料：40Cr。

生产类型：单件小批量生产。

热处理：调质处理 220 ~ 240HBW。

工作任务：

1）根据图 3-2 所示零件图和图 3-3 所示部件装配图分析该零件的结构、技术要求、主要加工表面及其对应的加工方法，拟定其加工工艺路线。

2）确定详细的工艺参数，编制工艺规程。

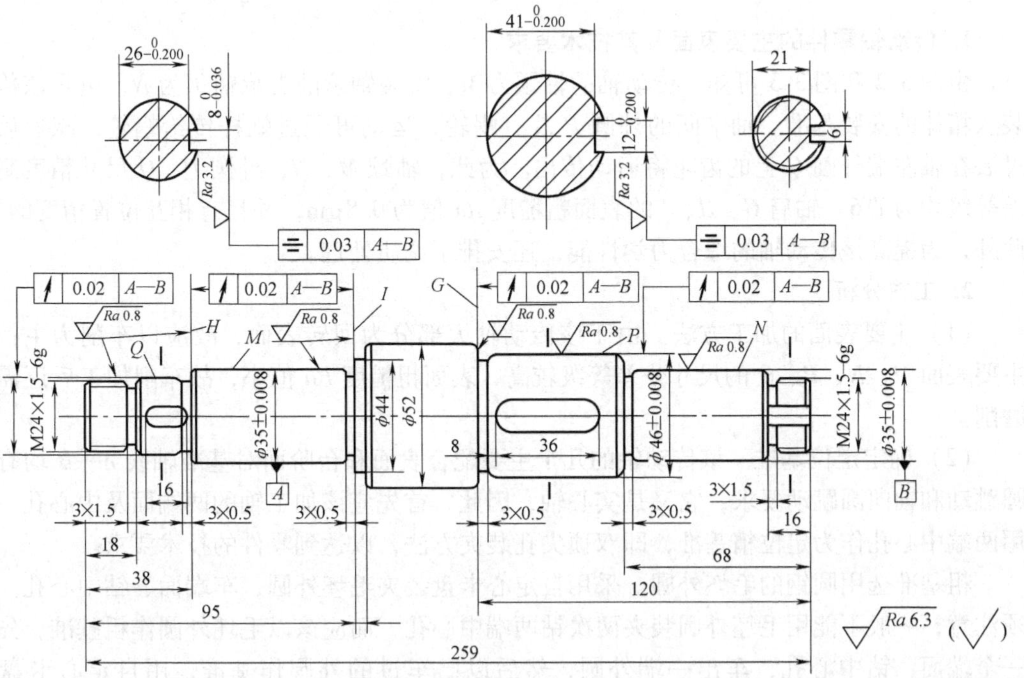

技术要求
1.调质处理220～240HBW。
2.未注倒角C1。

图 3-2　传动轴零件图

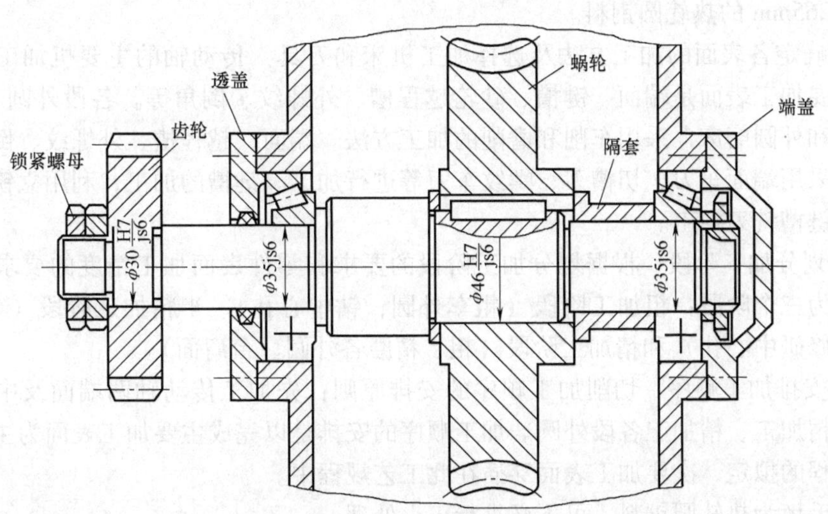

图 3-3　部件装配图

3.1.1 制订传动轴零件的工艺规程

1. 传动轴零件的主要表面及其技术要求

由图3-2和图3-3可知，传动轴的轴颈为*M*、安装轴承的支承轴颈为*N*，也是该传动轴装入箱体的安装基准。轴中间的外圆*P*装有蜗轮，运动可通过蜗杆传给蜗轮，减速后，通过装在轴左端外圆*Q*上的齿轮将运动传出。为此，轴颈*M*、*N*，外圆*P*、*Q*尺寸精度高，公差等级均为IT6。轴肩*G*、*H*、*I*的表面粗糙度*Ra*值为0.8μm，并且有相互位置精度的要求。此外，为提高该传动轴的综合力学性能，还安排了调质处理。

2. 工艺分析

（1）主要表面的加工方法　由于该传动轴大部分为回转表面，故应以车削为主；又因主要表面*M*、*N*、*P*、*Q*的尺寸公差等级较高，表面粗糙度*Ra*值小，故车削加工后还需进行磨削。

（2）确定定位基准　该传动轴的几个主要配合表面和台阶面对基准轴线*A*—*B*均有径向圆跳动和轴向圆跳动要求，它又是实心轴，因此，首先应该加工轴的两端面及中心孔，再选用两端中心孔作为定位精基准，即双顶尖孔装夹方法，以达到零件的技术要求。

粗基准选用圆钢的毛坯外圆。采用自定心卡盘装夹毛坯外圆，车端面、钻中心孔。但必须注意，一般不能用毛坯外圆装夹两次钻两端中心孔，而应该以毛坯外圆作粗基准，先加工一个端面，钻中心孔，车出一端外圆，然后以已车过的外圆作基准，用自定心卡盘装夹（有时在上一工步已车外圆处搭中心架），车另一个端面，钻另一个中心孔。如此加工中心孔，才能保证两中心孔同轴。

（3）选择毛坯的类型　轴类零件的毛坯通常选用圆钢料或锻件。对于光滑轴、直径相差不大的阶梯轴，多采用热轧或冷轧圆钢料。直径相差悬殊的阶梯轴，为节省材料，多采用锻件。锻件的纤维组织分布合理，可提高轴的抗拉、抗弯及抗扭强度。

图3-2所示传动轴，材料为40Cr，各外圆直径相差不大，为小批量，故毛坯选用ϕ55mm×265mm的热轧圆钢料。

（4）确定各表面的加工方法及选择加工机床和刀具　传动轴的主要机加工表面是各段外圆，次要加工表面是端面、键槽、砂轮越程槽、外螺纹、倒角等。各段外圆表面的加工，利用车床和外圆磨床，采用车削和磨削的加工方法。端面、越程槽、外螺纹、倒角的加工利用车床，采用端面车刀、切槽刀、螺纹车刀等进行加工。键槽的加工，利用立铣床或键槽铣床，采用键槽铣刀加工。

（5）划分加工阶段　根据划分加工阶段的要求和零件表面加工精度的要求，该传动轴加工划分为三个阶段：粗加工阶段（粗车外圆，钻中心孔）、半精加工阶段（半精车外圆、台肩面，修研中心孔）和精加工阶段（粗、精磨各外圆、台肩面）。

（6）安排加工顺序　切削加工顺序的安排原则：先加工传动轴两端面及中心孔，再粗加工、半精加工、精加工各段外圆。加工顺序的安排是以完成主要加工表面为主线，考虑整个工艺规程的拟定，次要加工表面穿插在此工艺规程中。

该轴毛坯为热轧圆钢料，可不必进行正火处理。

外圆表面加工顺序：先大头后小头，避免降低工件刚度。

在考虑主要表面加工的同时，还要考虑次要表面的加工及热处理要求。要求不高的外圆在半精车时就可加工到规定尺寸，退刀槽、越程槽、倒角和螺纹应在半精车时加工，键槽在半精车后进行划线和铣削，调质处理安排在粗车之后。调质后一定要修研中心孔，以消除热处理变形和氧化皮。磨削之前，一般还应修研一次中心孔，以提高定位精度。

（7）拟定工艺过程　综上所述，零件表面尺寸公差等级最高为IT6，表面粗糙度 *Ra* 最小值为0.8μm，查表1-14可知，按粗车→半精车→粗磨→精磨的加工路线进行加工。该零件的工艺过程见表3-1。

表3-1　零件的工艺过程　　（单位：mm）

序号	工序	工序内容	零件图	机床
1	备料	$\phi55\times265$		
2	粗车	粗车大端直径端面，钻中心孔，粗车外圆，调头车另一端面，钻中心孔，粗车外圆	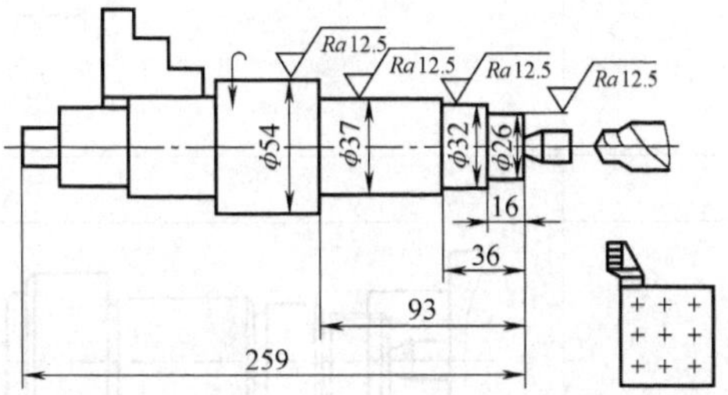	车床
3	检验			
4	热处理	调制处理		
5	检验			硬度仪
6	钳工	修研两端中心孔	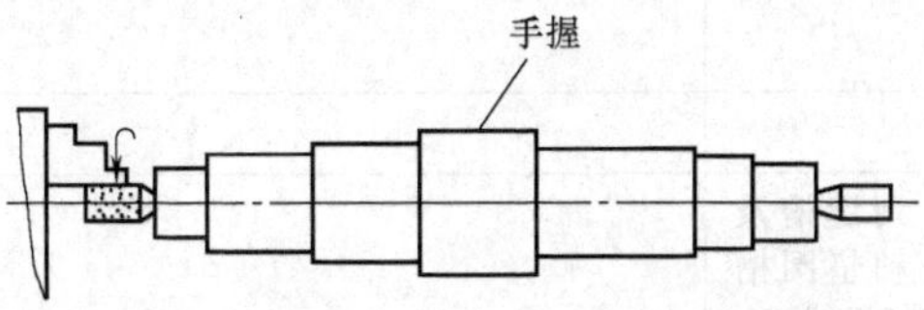	车床
7	半精车	半精车各段外圆，倒角、车槽、车螺纹	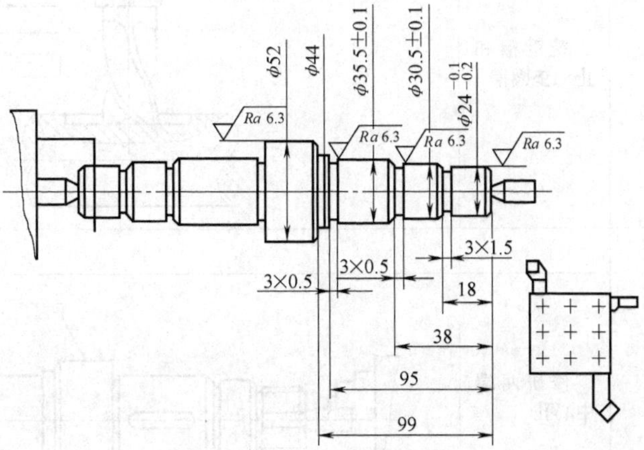	车床

（续）

序号	工序	工序内容	零件图	机床
7	半精车	半精车各段外圆，倒角、车槽、车螺纹	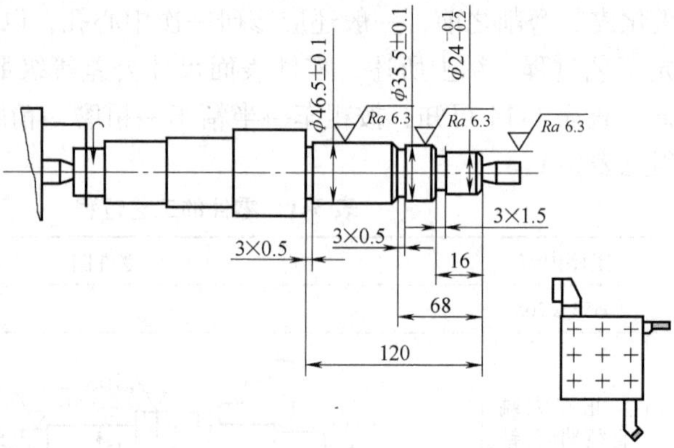	车床
8	检验			
9	车螺纹		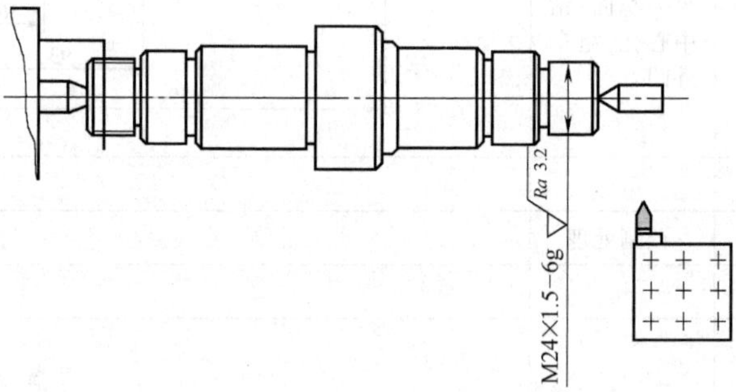	车床
10	检验			
11	钳工	划键槽及止动垫圈槽的加工线		
12	铣工	铣键槽和止动垫圈槽	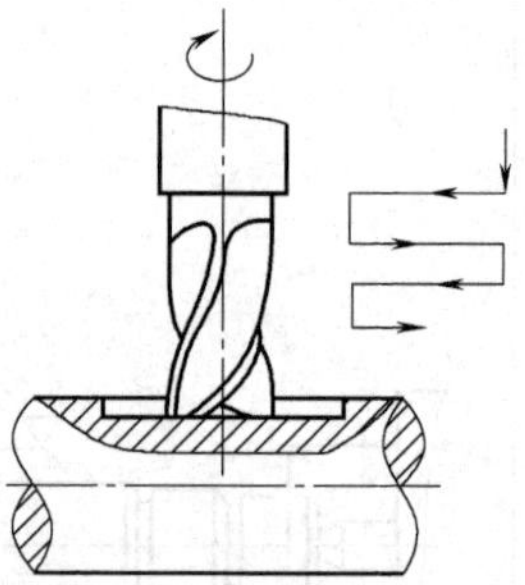	键槽铣床或立铣床
13	检验			
14	钳工	修研两端中心孔	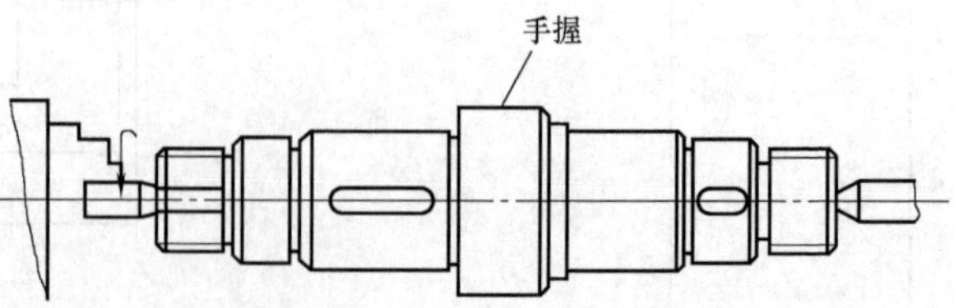	车床

（续）

序号	工序	工序内容	零件图	机床
15	粗磨	粗磨各外圆、台肩面		外圆磨床
16	精磨	精磨各外圆、台肩面	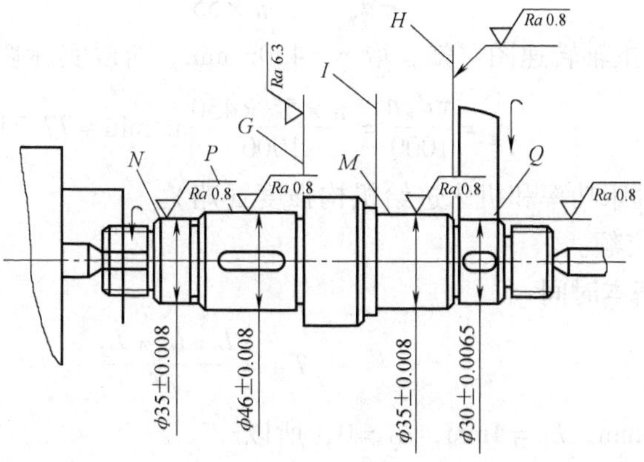	外圆磨床
17	检验	按图样要求检验各项技术要求		

（8）确定加工余量、工序尺寸与公差　该传动轴下料毛坯尺寸为 ϕ55mm × 265mm，根据图样最终加工要求，可以得出轴向长度方向总加工余量为 6mm，各阶段外圆的总加工余量也可得出，这里不一一列举了。

该传动轴的加工遵循基准重合统一原则，各外圆的加工都经粗车→半精车→粗磨→精磨四个阶段，所以各外圆的工序尺寸可以从最终加工工序开始，向前推算各工序的公称尺寸；公差按各自采用加工方法的经济精度确定，按入体原则进行标注。

带键槽处的外圆需要最终保证键槽深度，应注意磨前键槽的铣削深度必须进行尺寸计算。

做一做

请同学们计算各外圆的工序尺寸及公差。各加工方法的经济精度和各加工阶段的加工余量可查阅机械加工工艺人员设计手册。

（9）确定切削用量和工时定额　以粗车工序中加工 ϕ46mm ± 0.008mm 外圆为例，根据加工余量工序尺寸，计算这个外圆表面粗加工时由毛坯加工至 ϕ48mm 尺寸的切削用量及工时定额是多少？

机床：CA6140 卧式车床。

刀具：90°外圆车刀，刀片材料为 YT15，刀杆尺寸为 16mm × 25mm，$\kappa_r = 90°$，$\gamma_o = 15°$，$\alpha_o = 8°$，$r_t = 0.5$mm。

1）确定切削用量。

① 背吃刀量。$a_p = [(55-48)/2]\text{mm} = 3.5\text{mm}$。

② 进给量。根据《切削用量简明手册》，选用 $f = 0.5$mm/r。

③ 切削速度。查《切削用量简明手册》可得各系数，切削速度计算值为

$$v_c = \frac{C_v}{T^m \alpha_p^{xv} f^{yv}} K_v = \frac{242}{65^{0.2} \times 3.5^{0.15} \times 0.5^{0.35}} \times 1.44 \times 0.8 \times 0.81 \times 0.97 \text{m/min} = 73 \text{m/min}$$

④ 确定主轴转速为

$$n = \frac{1000 v_c}{\pi d_w} = \frac{1000 \times 73}{\pi \times 55} \text{r/min} \approx 422 \text{r/min}$$

根据机床主轴转速图可知，取 $n = 450\text{r/min}$。所以实际切削速度为

$$v_c = \frac{\pi d_w n}{1000} = \frac{\pi \times 55 \times 450}{1000} \text{m/min} \approx 77.715 \text{m/min}$$

⑤ 检验机床功率和机床进给机构强度（略）。

2）工时定额。

① 计算基本时间

$$T_{基} = \frac{L + L_1 + L_2}{nf}$$

式中，$L = 118\text{mm}$，$L_1 = 4\text{mm}$，$L_2 = 0$，所以

$$T_{基} = \frac{L + L_1 + L_2}{nf} = \frac{118 + 4}{450 \times 0.5} \text{min} \approx 0.542 \text{min}$$

② 取 $T_{辅} = 5\text{min}$，$\alpha = 3\%$，$\beta = 2\%$。则 $T_{作} = T_{基} + T_{辅} = 0.542\text{min} + 5\text{min} = 5.542\text{min}$。

单件的工时定额为

$$T = (1 + \alpha + \beta) T_{作} = [(1 + 3\% + 2\%) \times 5.542] \text{min} \approx 5.8 \text{min}$$

再根据企业作息时间核定出工人每天实际作业时间，即可算出一天工时定额，还要考虑到企业工人的技术水平，以制订出一个比较合理的定额。

（10）确定检验方法　该传动轴外圆精度达到 IT6，故外圆的最终测量可使用外径千分尺；轴向尺寸及其他工序测量时，游标卡尺即可满足使用要求。

（11）填写工艺卡片（表 3-2）

表 3-2　传动轴机械加工工艺过程卡

<table>
<tr><td rowspan="2" colspan="3">机械加工
工艺过程卡</td><td colspan="2">生产型号</td><td colspan="2">零(部)件图号</td><td colspan="2"></td><td colspan="2"></td><td></td></tr>
<tr><td colspan="2">产品名称</td><td>减速器</td><td>零(部)
件名称</td><td colspan="2">传动轴</td><td colspan="2">共(1)页</td><td>第(1)页</td></tr>
<tr><td>材料
牌号</td><td>40Cr</td><td>毛坯
种类</td><td>热轧圆
钢料</td><td>毛坯外
形尺寸</td><td>φ55mm
×265mm</td><td>每个毛坯可
制作件数</td><td>1</td><td>每台
件数</td><td>1</td><td>备注</td><td></td></tr>
<tr><td rowspan="2">工序号</td><td rowspan="2">工序
名称</td><td rowspan="2" colspan="3">工　序　内　容</td><td rowspan="2">车间</td><td rowspan="2">工段</td><td rowspan="2">设备</td><td rowspan="2" colspan="2">工　艺　装　备</td><td colspan="2">工时</td></tr>
<tr><td>准终</td><td>单件</td></tr>
<tr><td>1</td><td>下料</td><td colspan="3">φ55mm×265mm</td><td></td><td></td><td></td><td colspan="2">游标卡尺</td><td></td><td></td></tr>
<tr><td>2</td><td>粗车</td><td colspan="3">车一端面见平，钻中心孔，粗车 3 个台阶，直径尺寸分别至 φ48mm、φ37mm、φ26mmm，长度分别至 14mm、66mm、118mm；调头车另一端面见平，保证总长 259mm，钻中心孔。粗车 4 个台阶，直径尺寸分别至 φ54mm、φ37mm、φ32mm、φ26mm，长度分别至 16mm、36mm、93mm</td><td>机加工</td><td></td><td>CA6140</td><td colspan="2">自定心卡盘、顶尖、中心钻、90°外圆车刀</td><td></td><td></td></tr>
<tr><td>3</td><td>检验</td><td colspan="3"></td><td></td><td></td><td></td><td colspan="2">游标卡尺</td><td></td><td></td></tr>
</table>

（续）

工序号	工序名称	工 序 内 容	车间	工段	设备	工 艺 装 备	工时	
							准终	单件
4	热处理	调质处理24～38HRC	热处理					
5	检验					硬度仪		
6	钳工	修研中心孔				两顶尖		
7	半精车	半精车3个台阶，直径尺寸分别至 $\phi46.5\text{mm}\pm0.1\text{mm}$、$\phi35.5\text{mm}\pm0.1\text{mm}$、$\phi24_{-0.2}^{-0.1}\text{mm}$，车槽3mm×1.5mm，倒角，调头半精车剩下台阶，直径尺寸分别至 $\phi52\text{mm}$、$\phi44\text{mm}$、$\phi35.5\text{mm}\pm0.1\text{mm}$、$\phi30.5\text{mm}\pm0.1\text{mm}$、$\phi24_{-0.2}^{-0.1}\text{mm}$，车槽3mm×1.5mm，倒角	机加工		CA6140	两顶尖、鸡心夹头、90°外圆车刀、车槽刀、螺纹车刀		
8	检验					游标卡尺		
9	车螺纹	车一端螺纹 M24×1.5－6g，调头车另一端螺纹 M24×1.5－6g	机加工		CA6140	两顶尖、鸡心夹头螺纹车刀		
10	检验					游标卡尺、螺纹千分尺、螺纹环规		
11	钳工	划键槽及一个止动垫圈槽的加工线	机加工			划线平台、V形铁、划线盘、钢直尺、高度尺		
12	铣工	铣两键槽，保证槽深分别为4.25mm、5.25mm			X920A			
13	检验					塞规、千分尺、游标深度卡尺、指示表		
14	钳工	修研中心孔	机加工		CA6140			
15	粗磨	粗磨 Q、M，靠磨台阶 H、I；调头，磨外圆 N、P，靠磨台阶 G，留0.1mm的余量	机加工		M1332普通外圆磨床	两顶尖、鸡心夹头、砂轮		
16	精磨	精磨 M、N 外圆至 $\phi35\text{mm}\pm0.0080\text{mm}$，$Q$ 外圆至 $\phi30\text{mm}\pm0.0065\text{mm}$，$P$ 外圆至 $\phi46\text{mm}\pm0.0080\text{mm}$	机加工		M1332普通外圆磨床	两顶尖、鸡心夹头、砂轮		
17	检验					外径千分尺		

描图													
描校													
底图号													
装订号											设计（日期）	审核（日期）	标准化（日期）	会签（日期）
	标记	处数	更改文件号	签字	日期	标记	处数	更改文件号	签字	日期				

3. 1. 2　分析轴类零件工艺与选择工装

1. 轴类零件的功用、分类与结构特点

轴类零件是机器中常见的典型零件之一，其主要功用是支承传动零部件（齿轮、带轮、离合器等）、传递转矩和承受载荷。根据形状结构特点，轴分为光轴、空心轴、半轴、阶梯轴、花键轴、十字轴、偏心轴、曲轴和凸轮轴等，如图 3-4 所示。

从轴类零件的结构特征来看，它们大都是长度 L 大于直径 d 的回转体零件，$L/d \leqslant 12$ 的轴，通称为刚性轴，而 $L/d > 12$ 的轴，则称为挠性轴，其被加工表面常有内外圆柱面、内外圆、锥面、螺纹、花键、横向孔、键槽及沟槽等。根据轴类零件的结构特点和精度要求，选择合理的定位基准和加工方法，对长轴、深孔的加工及热处理要给予充分重视。

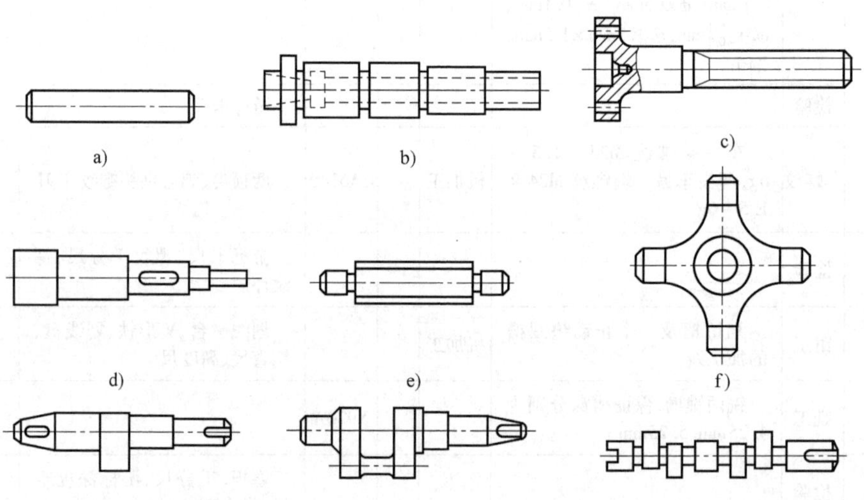

图 3-4　轴的种类

a）光轴　b）空心轴　c）半轴　d）阶梯轴　e）花键轴
f）十字轴　g）偏心轴　h）曲轴　i）凸轮轴

2. 轴类零件的主要技术要求

轴类零件的技术要求是设计者根据轴类零件的主要功用以及使用条件确定的，通常有以下几个方面。

（1）加工精度　轴的加工精度主要包括结构要素的尺寸精度、形状精度和位置精度。

1）尺寸精度。主要指结构要素的直径和长度的精度。直径精度由使用要求和配合性质确定。对于主要支承轴颈，常为 IT9 ~ IT6；特别重要的轴颈，也可为 IT5。轴的长度精度要求一般不严格，常按未注公差尺寸加工；要求较高时，其允许偏差为 0. 05 ~0. 2mm。

2）形状精度。主要指轴颈的圆度、圆柱度等。由于结构轴的形状误差直接影响与之配合零件的接触质量和回转精度，因此一般限制在直径公差范围内；要求较高时可取直径公差的 1/2 ~ 1/4，或另外规定允许偏差。

3）位置精度。包括装配传动件的配合轴颈对于装配轴承的支承轴颈的同轴度、圆跳动及端面对轴线的垂直度等。普通精度的轴，配合轴颈对支承轴颈的径向圆跳动一般为

0.010～0.030mm，高精度轴的径向圆跳动为0.005～0.010mm。

(2) 表面粗糙度　轴类零件的主要工作表面粗糙度根据其运转速度和尺寸公差等级决定。

支承轴颈的表面粗糙度 Ra 值一般为0.8～0.2μm；配合轴颈的表面粗糙度 Ra 值一般为3.2～0.8μm。

(3) 热处理要求　为改善轴类零件的切削加工性能或提高综合力学性能及其使用寿命等，还必须根据轴的材料和使用条件，规定相应的热处理要求。常用的热处理工艺有正火、调质和表面淬火等。

3. 轴类零件的材料及毛坯

轴类零件选用的材料、毛坯生产方式以及采用的热处理方式，都会对轴的加工过程有极大影响，下面将对轴的材料、毛坯及热处理做一简介。

(1) 轴类零件的材料　45钢是轴类零件的常用材料，它价格较便宜，经过调质（或正火）后，可得到较好的切削性能，而且能获得较高的强度和韧性等综合力学性能，局部淬火后再回火，表面硬度可达45～52HRC。

40Cr等合金结构钢适用于加工中等精度而转速较高的轴类零件，这类钢经调质和表面淬火处理后具有较高的综合力学性能。

轴承钢GCr15和弹簧钢65Mn经调质和表面高频淬火后再回火，表面硬度可达50～58HRC，具有较高的耐疲劳性能和较好的耐磨性能，可制造较高精度的轴。

20Cr、20CrMnTi、18CrMnTi、20Mn2B等低碳合金钢含铬、锰、钛和硼等元素，经正火和渗碳淬火处理可获得较高的表面硬度和较软的心部，因此，这些合金钢冲击韧性好，可用来制造在高转速、重载荷等条件下工作的轴类零件，其主要缺点是热处理变形较大。

中碳合金氮化钢38CrMoAlA，由于氮化温度比一般淬火温度低，经调质和表面氮化后，变形很小，且硬度也很高，故具有很高的心部强度、良好的耐磨性和耐疲劳性能。

(2) 轴类零件的毛坯　轴类零件可根据使用要求、生产类型、设备条件及其结构，选用棒料、铸件或锻件等毛坯形式。对于外圆直径相差不大的轴，一般以棒料为主；而对于外圆直径相差大的阶梯轴或重要的轴，常选用锻件，这样既节约材料又减少机械加工的工作量，还可以改善力学性能；对于某些大型的、结构复杂的轴（如曲轴）宜采用铸件。

经过锻造的毛坯，其内部纤维组织分布均匀，抗拉、抗弯及抗扭强度较高，通常主轴均使用这种毛坯。常用毛坯的锻造方式有自由锻和模锻两种，生产规模不同所选用的锻方式也不同。单件及中小批量生产多选用自由锻方式，这是因为自由锻设备简单、易投产，但所锻毛坯精度较低，加工余量较大，且不易锻造形状复杂的毛坯。大批量生产最适宜采用模锻，因为模锻的毛坯精度高，加工余量小，生产效率高，而且可以锻形状复杂的毛坯，但是模锻需要专用锻模设备。

4. 定位基准的合理选择与装夹方法

(1) 定位基准　轴类零件最常用两顶尖孔为定位基准。因为轴类零件外圆表面、锥孔、螺纹表面的同轴度以及端面的垂直度都是以轴线为设计基准的，用顶尖孔作为定位基准，能够最大限度地在一次安装中加工出多个外圆和端面，这也符合基准统一原则。而且，用顶尖孔定位，重复安装精度较高，所以，应尽量采用顶尖孔作为轴加工的定位基准。轴类零件粗加工时为了提高零件刚度，一般用外圆表面或外圆表面与顶尖孔共同作为定位基准。若轴结构为空心结构，加工轴上中央通孔时，也以外圆作为定位基准。当轴类零件已形成通孔，无法直接用顶尖孔作定位基准时，工艺上通常采用下列两种方法定位：

1）当定位精度要求较高时，在轴孔锥度较小情况下，使用锥堵定位，如图 3-5a 所示。在轴孔锥度较大或圆柱孔情况下，可用锥堵心轴定位，如图 3-5b 所示。采用锥堵心轴定位时，在加工过程中应尽量减少拆装次数，或不进行拆装，因为锥堵心轴的锥角与工件锥孔不可能完全一致，重新安装会引起安装误差。

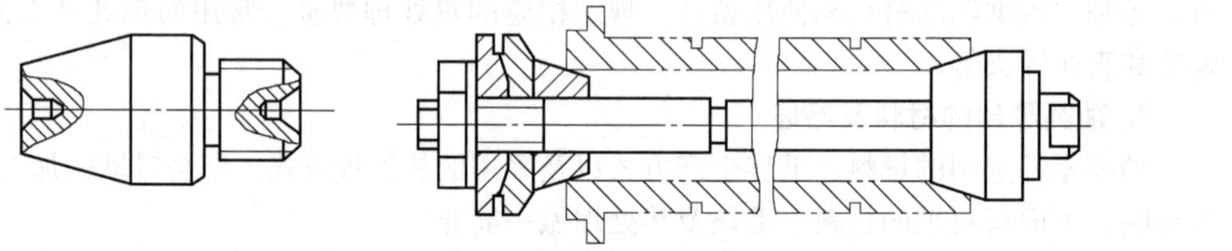

a)　　　　b)

图 3-5　锥堵与锥堵心轴

a）锥堵　b）锥堵心轴

2）当定位精度要求不高时，可采用在通孔端口车出 60° 内锥面（坡口）的方法定位，如图 3-6 所示。坡口修研后，定位精度会有很大的提高，而且它有比顶尖孔刚度好的优点。

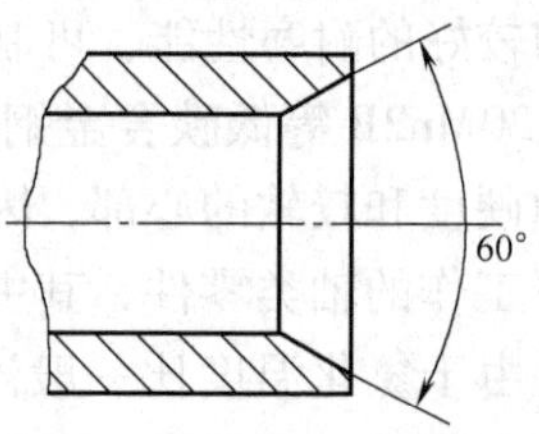

图 3-6　坡口

注意

1）锥堵上的锥面应保证两中心孔有较高的同轴度。

2）在加工过程中尽量减少锥堵的拆装次数，或不进行拆装，避免引起安装误差。

3）安装锥堵或锥堵心轴时，不能用力过大，尤其对壁厚较薄的空心主轴，以免引起变形。

（2）轴类零件的装夹　为保证轴类零件的加工精度，其装夹应尽可能遵守基准重合原则和基准统一原则，并在一次装夹中加工出尽可能多的表面，因此轴类零件常用以下几种装夹方式：以两端中心孔为定位基准装夹；以中央孔为定位基准装夹；以外圆为定位基准装夹等。

1）单用卡盘装夹外圆表面（一夹）：利用自定心卡盘或单动卡盘夹住外圆表面。

2）卡盘和顶尖配合使用装夹工件（一夹一顶，图 3-7）：粗加工时，切削力比较大，常采用自定心卡盘夹工件一头，后顶尖顶工件另一头。

3）两顶尖装夹工件（双顶，图 3-8）：用前后顶尖与中心孔配合定位，通过拨盘和鸡心夹头带动工件旋转。此方法定位精度高，但支承刚性较低，传动力矩较小，一般多用于外圆

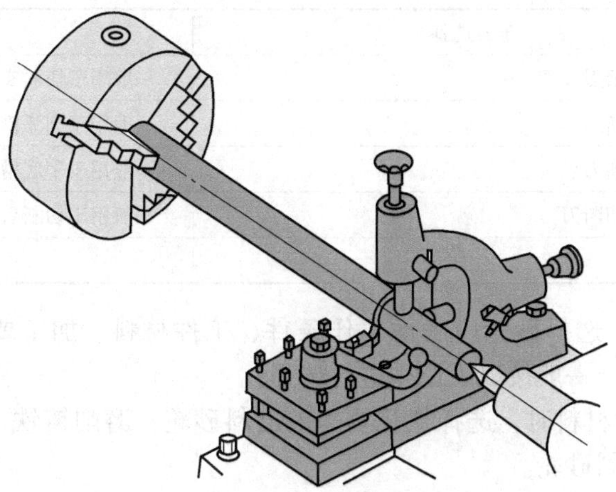

图3-7　一夹一顶定位

表面的半精加工和精加工。当工件的刚性较低时，可在双顶尖之间加装中心架或跟刀架作为辅助支承，以提高支承刚性。

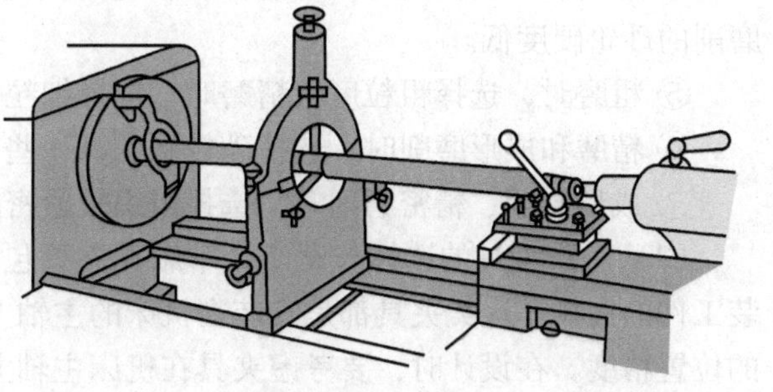

图3-8　双顶定位

4）卡盘和中心架配合使用装夹工件（一夹一托）：加工轴上的轴向孔或车端面、钻中心孔时，为提高刚性，可采用自定心卡盘夹住工件一头，中心架托住另一头的装夹方法。

5）当生产批量大、零件形状不规则时，可设计专用夹具装夹工件。

5. 轴类零件的加工工艺装备选择与设计

（1）刀具的选择与应用　轴类零件主要加工方法是车削与磨削，所以使用的刀具为车刀与砂轮。

1）车刀的选择（表3-3）

表3-3　轴类零件表面车削加工刀具的选择

加工表面	车刀选择	适应场合
车外圆	45°硬质合金焊接车刀,75°硬质合金外圆焊接车刀,硬质合金C形刀片、W形刀片机械夹固式车刀	适用于加工无台阶外圆工件
	90°硬质合金外圆焊接车刀,硬质合金T形刀片、W形刀片机械夹固式车刀	适用于加工有台阶外圆工件
	粗加工时,前、后角应小些,刃倾角为1°~3°,断屑槽为直线形,刀尖处磨有过渡刃以保护车刀 精加工时,前、后角应大些,刃倾角取正值,断屑槽为圆弧形,刀尖处磨有修光刃	
车端面	45°外圆车刀、硬质合金S形刀片机械夹固式车刀	端面
	横刃90°外圆车刀	端面余量大且有台阶

（续）

加工表面	车刀选择	适应场合
车沟槽与切断	八字形切断刀	一般用于切断实体工件，刀尖不易损坏
	圆弧形切断刀	一般用于圆弧槽的切断
	一字形切断刀	一般用于平底槽的切断
	斜切削刃切断刀	一般用于切断后不再加工平面的工件
车螺纹	螺纹车刀	

2）砂轮的选择。选择砂轮应考虑工作条件、工件材料、加工要求等各方面因素的影响，以保证磨削质量。一般按以下原则进行选择：

① 磨削钢等韧性材料时，选择氧化物类的磨料砂轮；磨削铸铁、硬质合金等脆性材料时，选择碳化硅类磨料砂轮。

② 工件材料硬度高时选择软砂轮；反之，选择硬砂轮。

③ 工件磨削面积较大时，选择组织疏松的砂轮。

④ 磨削接触面积大时，应选择软砂轮，因此，内圆磨削和端面磨削的砂轮硬度比外圆磨削的砂轮硬度低。

⑤ 粗磨时，选择粗粒度，精磨时，选择细粒度。

⑥ 精磨和成形磨削时，选择砂轮硬度高一些。

⑦ 成形磨削、精密磨削时，选择组织较紧密的砂轮。

（2）车床夹具的选择与设计　车床类夹具包括用于各种车床、内外圆磨床等机床上安装工件的夹具。这类夹具都是安装在机床的主轴上，用以保证工件被加工表面对其定位基准的位置精度。在设计时，要考虑夹具在机床主轴上的安装方式以及旋转中的平衡问题，要注意安全，避免凸角外伸（可适当加防护罩）。因车床夹具安装在主轴上成悬臂状态，所以应使夹具的重量尽可能轻些，其悬臂也应尽量短些。

1）通用夹具

① 自定心卡盘。自定心卡盘是机床上最常用的附件，其外形如图 3-9a 所示，其结构如图 3-9b 所示。卡盘中法兰盘中的螺纹直接旋装在车床主轴上。将卡盘扳手插入任何一个方孔，顺时针转动小锥齿轮，与它相啮合的大锥齿轮将随之转动，大锥齿轮背面的方牙平面螺纹就带动三个卡爪在导向槽内同时移向中心，夹紧工作。扳手反转，卡爪即松开工件。由于三个卡爪是同时向中心移动的，故可使工件与车床主轴中心自行对中。自定心卡盘适宜夹持圆形和正六边形截面的工件。

② 单动卡盘。如图 3-10 所示，单动卡盘有四个可单独调整的卡爪，卡爪可调头使用，即成反爪。单动卡盘可装夹圆形、方形、长方形、椭圆形及其他不规则形状的工件。卡爪夹紧力比自定心卡盘大，适宜装夹较重、较大的工件。

③ 顶尖。车削长轴类或加工工序较多的轴类工件时，一般用前后两个顶尖、卡箍（鸡心夹头）安装工件，如图 3-11 所示。前顶尖装在主轴的锥孔内并和主轴一起旋转；后顶尖装在尾座的套筒内固定不转。拨盘可直接旋装在车床主轴上并随主轴一起转动。卡箍可通过其上的螺钉紧固在工件左端，卡箍的尾部伸入拨盘的槽内，主轴通过拨盘带动卡箍而使工件转动。有时，也可用自定心卡盘代替拨盘及卡箍。

a)

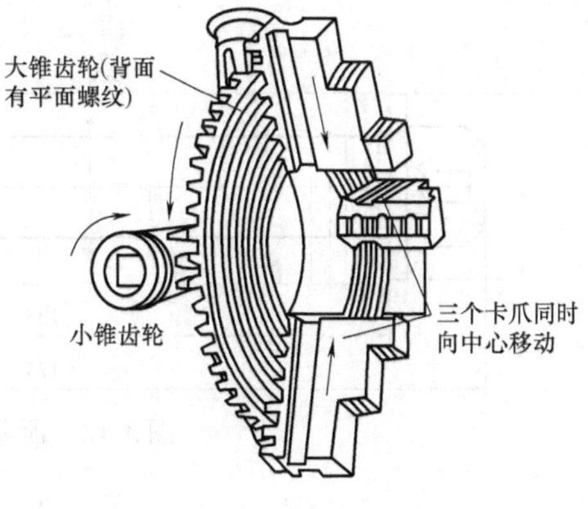

b)

图 3-9　自定心卡盘外形与结构

图 3-10　单动卡盘

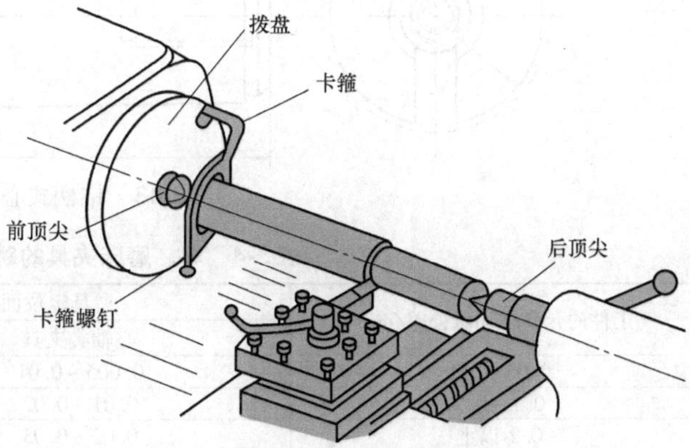

图 3-11　顶尖的安装

2）专用夹具。车床类夹具包括用于各种车床、内外圆磨床等机床上的夹具。这类夹具都是安装在机床主轴上，要求定位件与机床主轴的旋转轴线有高的位置精度。车床类夹具的类型大致可分为心轴式、圆盘式、花盘式和角铁式等几种。

① 心轴式车床夹具。工件以孔作定位基准时，常用心轴来安装，心轴的结构简单，所以应用得较多。按照与机床主轴的连接方式，心轴可分为顶尖式心轴，如图 3-12 所示；锥柄式心轴，如图 3-13 所示。前者可加工长筒形工件或同时加工多个工件，而后者仅能加工短套或盘状工件。

锥柄式心轴的锥柄应和机床主轴锥孔的锥度相一致。锥柄局部的螺纹孔是用拉杆拉紧心轴用的，以便于承受较大的载荷。

为了保证工件被加工表面的位置精度，心轴上的定位面相对顶尖孔或锥柄应提出较高的公差要求。设计时可参考表 3-4 所列的数据。

② 圆盘式车床夹具。这类夹具适用于各种轴类、盘类和齿轮类等外形对称的旋转体工件，所以不必考虑平衡问题。图 3-14 所示是一种典型结构。它是加工套筒内孔用的车床夹具。套筒工件以大端外圆和端面为基准在定位件中定位，三个压板将工件夹紧。夹具上的校正环用来保证夹具回转中心与机床主轴回转中心的同轴度，以减小安装误差。

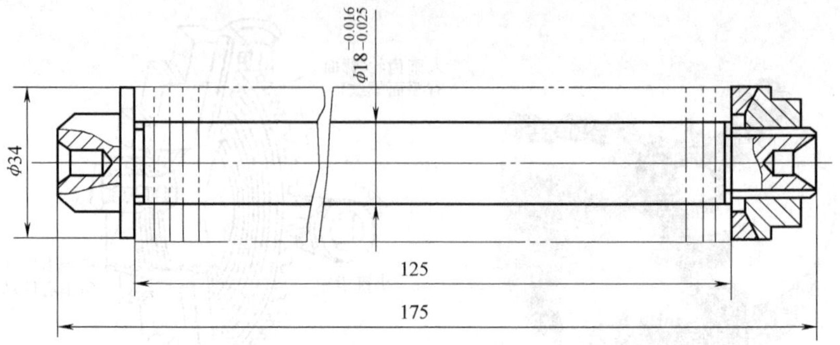

图 3-12　顶尖式心轴

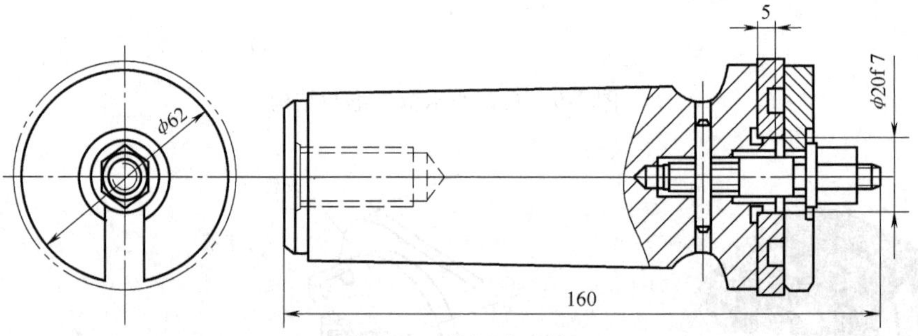

图 3-13　锥柄式心轴

表 3-4　车、磨床夹具的跳动量公差

工件的允许跳动量公差/mm	夹具定位面对旋转轴线的允许跳动量公差/mm	
	心轴类夹具	一般车床夹具
0.05 ~ 0.1	0.005 ~ 0.01	0.01 ~ 0.02
0.1 ~ 0.2	0.01 ~ 0.02	0.02 ~ 0.04
0.2 以上	0.02 ~ 0.03	0.04 ~ 0.06

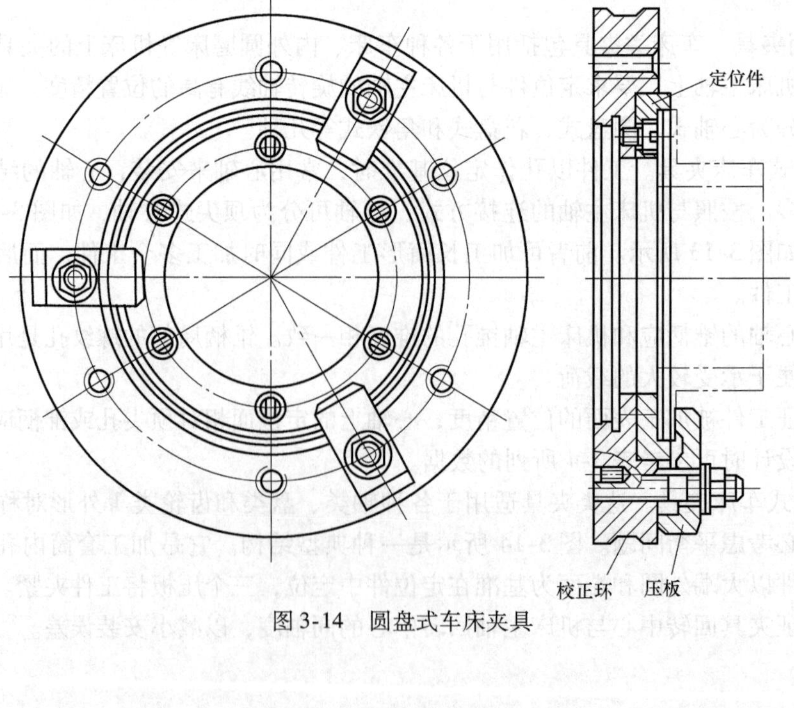

图 3-14　圆盘式车床夹具

圆盘式夹具不是直接安装在机床主轴上的，它通过过渡盘安装在机床主轴上，过渡盘的结构如图 3-15 所示。过渡盘的使用，使夹具省去了与特定机床主轴的连接部分，夹具安装部分的结构也简单了，增加了夹具的通用性，而且便于利用百分表在校正环或定位面上找正的办法来减少其安装误差，所以在设计这类夹具时，应在其夹具体外圆上设置一个安装找正用的校正环。对夹具定位面与校正环的同轴度应有严格的要求。另外，定位面对其安装端面的垂直度也应严格控制，以提高加工精度。

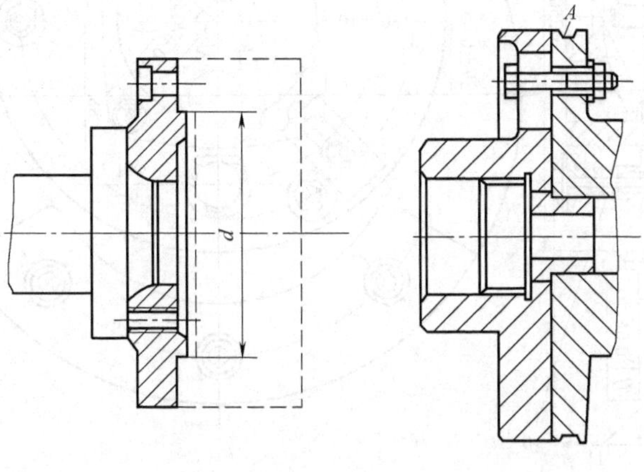

a)　　b)

图 3-15　过渡盘的结构

注意

一般车床夹具的过渡盘为专用夹具的非标准件，其结构与所使用的车床型号有关，不同型号的车床其主轴前端结构不同，故过渡盘的结构也不同，但必须与对应的车床主轴前端结构相匹配。

③ 花盘式车床夹具。花盘式车床夹具适用于形状比较复杂的工件，往往还需要改变工位，以加工相隔一定距离的几个表面，所以平衡问题就很重要。

图 3-16 所示为这类夹具的典型结构。工序的内容是加工壳体零件上的两个孔。工件以底面和两个 ϕ9f7、ϕ9f9 小孔作定位基准，采用夹具分度盘端面和削边销 6 及圆柱销 7 实现定位。用两个钩形压板将工件压紧。当加工好图示部位的一个孔后，松开压紧分度盘的 T 形螺钉，拔出分度销，分度盘绕轴转过一角度，将分度销插入第二个孔中，这就完成了改变工位的工作。拧紧 T 形螺钉后，即可加工第二个孔。

④ 角铁式车床夹具。这种夹具主要适用于形状特殊的工件，被加工表面的轴线与定位基准平行或成一定角度，从而使夹具的结构不能对称，形似角铁，故称为角铁式车床夹具。这种夹具不但平衡问题要认真解决，而且旋转时的安全问题也要认真对待（可加防护罩）。图 3-17 所示是一种典型的角铁式车床夹具，工件 7 以两孔在圆柱定位销 2 和削边定位销 1 上定位；底面直接在支承板 4 上定位。两螺旋压板分别在两定位孔旁边把工件夹紧。导向套 8 用来引导加工轴孔的刀杆，件 9 是平衡块，用以消除夹具在回转时的不平衡现象。夹具上还设置轴向定位基面 3，它与圆柱定位销保持确定的轴向距离，可以利用它来控制刀具的轴向行程。

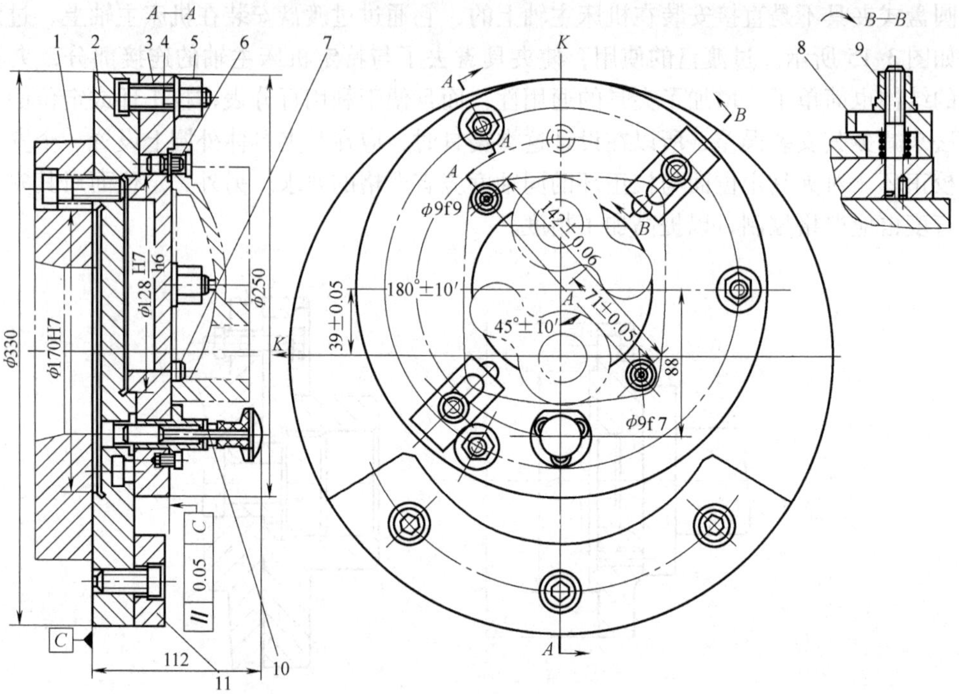

图 3-16　花盘式车床夹具

1—过渡盘　2—夹具体　3—分度盘　4—T 形螺钉　5、11—螺母
6—削边销　7—圆柱销　8—压板　9—对定销　10—配重块

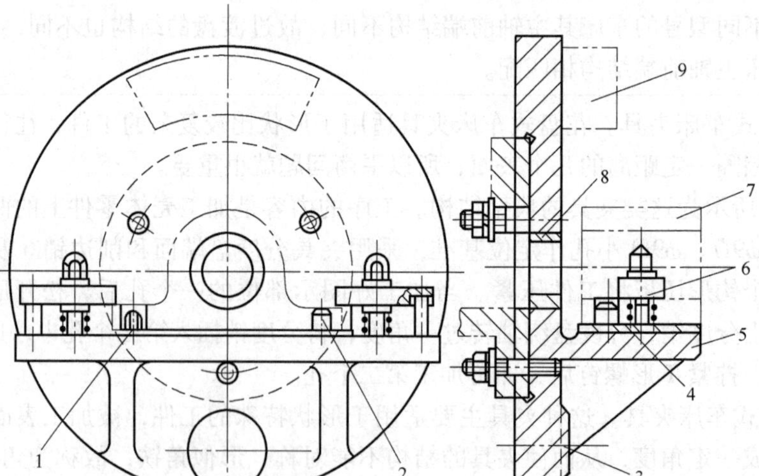

图 3-17　角铁式车床夹具

1—削边定位销　2—圆柱定位销　3—定位基面　4—支承板
5—夹具体　6—压板　7—工件　8—导向套　9—平衡块

⑤ 设计车床夹具应注意的几个问题

a. 定位装置设计特点。由于车床夹具主要用来加工回转体表面，所以它的定位装置的主要特点是使被加工表面的回转轴线、夹具的回转轴线及机床主轴的回转轴线三者同心，车床夹具上的定位装置必须保证这点。

b. 夹紧装置设计特点。设计夹紧装置必须考虑主轴高速旋转的特点，工件在加工过程中，除受到切削力作用外，夹具还受到离心力作用，转速越高，离心力越大。另外，切削力、工件重力和离心力相对于定位装置的位置是变化的，所以夹紧力必须足够，自锁性能要可靠，以防止工件在加工过程中脱离定位元件的工件表面，但是夹紧力不能过大，以防止工件变形或使夹具产生较大的夹紧变形。一般多采用螺旋夹紧机构。

c. 车床夹具的连接。根据车床夹具径向尺寸的大小和机床主轴端部结构，夹具和机床主轴的连接有两种形式：

一是对于径向尺寸 $D<140$mm 的小型夹具，一般通过锥柄直接安装在车床主轴锥孔中，用螺栓拉紧，这种连接形式定心精度较高。

二是对于径向尺寸大的夹具，一般通过过渡盘与机床主轴轴颈连接，然后，用螺栓紧固，过渡盘与主轴配合表面形状取决于主轴前端的结构。这种连接形式定心精度受到配合精度的限制，为了提高定心精度，安装夹具时，可按找正环找正夹具与车床主轴的同轴度。

d. 夹具的平衡问题。夹具及工件在旋转过程中如果不平衡，就会产生离心力，转速越高，离心力越大，离心力不仅增加主轴与轴承的磨损，而且会产生振动，影响工件加工质量，降低刀具寿命。所以设计车床夹具时，特别是设计高速旋转的车床夹具时，必须考虑平衡问题。平衡方法主要是设置配重块。夹具本体最好做成圆盘形，以适应旋转运动的平衡要求。夹具轴向尺寸尽可能小，减小其悬伸长度。夹具上的所有元件和机构不应在径向有特别突出的部分，并应防止各元件松脱，必要时要加防护罩。

（3）检验量具的选择　检验是确保轴类零件加工质量的一个重要环节。轴类零件的检验包括精度检验和表面质量检验两个方面。精度检验包括尺寸精度、位置精度、形状精度的检验；表面质量检验包括表面粗糙度和表面物理力学性能的检验。对于重要的轴和精密轴还要进行表层物理性能的检验。通过检验可以确定零件是否达到设计要求。检验工作分成品检验和工序间检验。工序间检验可以检查工序中存在的问题，以便及时纠正，监督工艺过程的正常进行。

轴类零件工作图是检验的依据。在检验时，首先检验各加工表面的尺寸精度和形状精度是否合格，然后检验表面粗糙度，最后在专用检验夹具上检验位置精度。成批生产、工艺稳定时，可采用抽检。主要表面的硬度检验在热处理车间进行。

根据生产批量不同，尺寸精度可采用通用量具或专用量具进行检验；表面粗糙度可采用比较法或表面轮廓仪进行检验。位置精度的检验则需要一定的专用检验夹具。主轴锥孔的接触精度采用锥度量规、涂色进行检验。轴零件检验项目与检验量具见表 3-5。

表 3-5　轴零件检验项目与检验量具

检验项目	检　验　量　具	
尺寸精度	直径	单件小批生产：外径千分尺、杠杆卡规（精度较高）
		大批生产：界限卡规、比较仪
	台肩	游标卡尺、游标深度卡尺、深度千分尺

（续）

检验项目	检 验 量 具
形状精度	一般用千分尺，精度高的用比较仪
位置精度	专用检验夹具及千分表
硬度	硬度仪
表面粗糙度	一般用样块比较法，精密零件用干涉显微镜
主轴锥孔	专用锥度量规涂色检验

零件的检验方法主要由企业的生产实际、零件的生产类型等因素决定。一般原则是批量大的零件，为了提高检验效率，通常采用专用量具。现代数控加工中还可以通过红外线进行检验及三坐标测量。对于批量较小的零件，为了降低检验成本，常采用通用量具。

6. 轴类零件加工工艺过程及特点

（1）轴类零件的基本加工工艺过程　轴类零件的加工工艺过程需根据轴类零件的技术要求、生产纲领、毛坯种类等的不同而制订出不同的工艺规程。轴类零件的工艺规程具有很大的共性，尤其是在单件小批量生产和维修中，都遵循工序集中原则，工艺过程极其相似。单件小批量生产中的轴类零件加工的基本工艺路线如下：

下料、校直→车端面、钻中心孔→粗车各外圆表面→正火或调质→修研中心孔→半精车和精车各外圆表面、车螺纹→铣键槽或花键→热处理（淬火）→修研中心孔→粗、精磨外圆→检验。

（2）轴类零件的加工工艺特点

1）车削和磨削是轴类零件的主要加工方法。一般精度要求的轴，经过粗车和精车即可；精度要求较高、表面粗糙度值较小或需进行表面淬火的轴，粗车、半精车或热处理后，还需进行粗磨和精磨。车削和磨削可以完成轴类零件上的内外圆柱面、螺纹、锥面、端面等表面的加工。

2）需要安排必要的热处理工序。在轴类零件加工中安排热处理工序，一是根据轴的技术要求，通过热处理保证其力学性能；二是按照轴的加工要求，通过热处理改善材料的可加工性。若轴类零件毛坯是锻件的，大多需要进行正火处理以消除锻造内应力、改善材料内部金相组织和降低其硬度，使材料的可加工性提高。经粗车后的轴或加工余量不大的棒料毛坯，应安排调质处理以获得均匀细致的回火索氏体组织，提高零件材料的综合力学性能。

3）普遍采用中心孔定位。无论是轴类零件加工时采用的顶两头、一夹一顶的定位方法，还是轮盘类零件加工时采用心轴装夹的定位方法，其定位基准大多为中心孔。因为轴类零件各内外圆表面、锥面、螺纹表面的同轴度以及端面对轴线的垂直度等是位置精度要求的主要项目，而这些表面的设计基准一般都是轴线。若以两中心孔作为定位基准，符合基准重合原则；而且用中心孔定位能够在一次装夹中加工出多个外圆和端面，符合工序集中原则；同时，用作定位基准的中心孔，在许多工序（例如粗车、半精车、精车、粗磨和精磨等）中可以重复使用，符合基准统一原则。因此，加工轴类零件多用中心孔作为定位基准，有利于保证各加工表面的位置精度。

任务3.2　分析机床主轴工艺，解决轴类零件加工中的工艺问题

任务导入

如图3-18所示为车床主轴零件图。同样为轴零件，但不同轴零件具体加工时，会有不同的工艺特点，本任务车床主轴又如何加工呢？

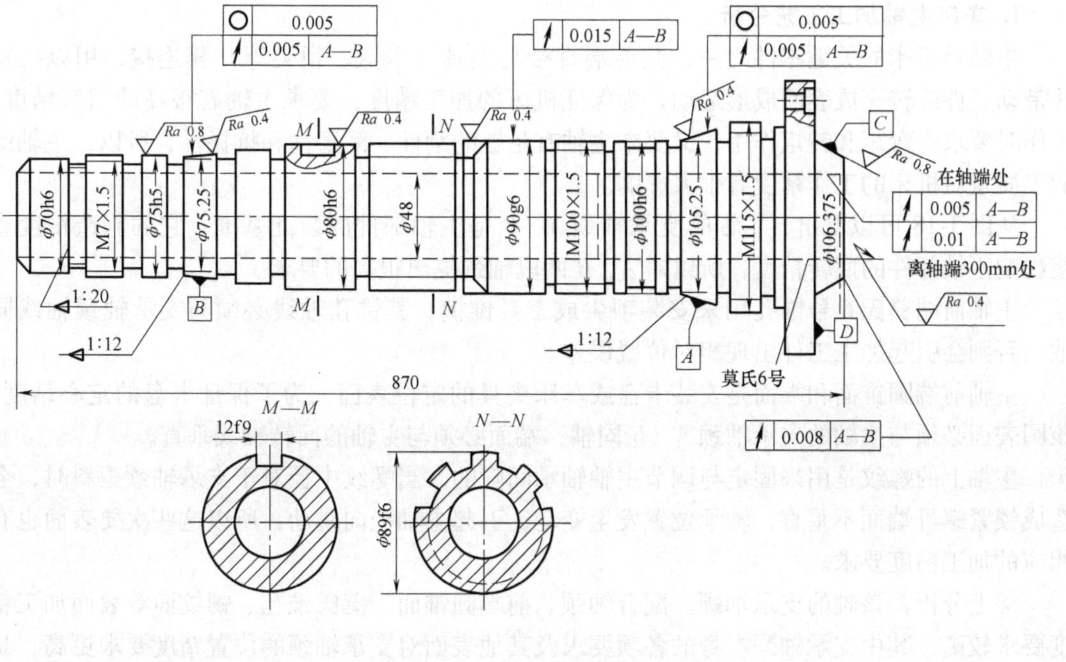

图3-18　车床主轴零件图

任务内容和目标

上一个任务详细分析了减速器传动轴工艺规程制订的全过程，运用了编制一般轴类零件工艺的普遍使用性知识。本项任务制订车床主轴的机械加工工艺规程。车床主轴无论在工艺结构上，还是加工特点上均有些变化，本项任务在掌握轴类零件工艺的普遍使用性知识的基础上，解决生产实际中相对较为复杂轴类零件的加工工艺问题，更灵活地运用工艺理论和基础知识。

知识网络结构

- 车床主轴加工
  - 车床主轴加工工艺
    - 车床主轴加工工艺分析
    - 车床主轴加工注意点
    - 车床主轴加工工艺路线
  - 车床主轴加工工艺性问题
    - 中心孔研磨问题
    - 车床主轴深孔加工问题

教学情景分析

本任务采用“教、学、做”一体化教学，教师将“教学任务”布置下去，学生预先分组，每组学生利用已经学习的工艺理论知识，在教师的辅导下，完成“教学任务”，即车床主轴的工艺设计。此外，比对两根轴的机械加工工艺特点，特别关注加工中的工艺性问题，如深孔加工、中心孔研磨等。

3.2.1　车床主轴加工工艺

1. 车床主轴加工工艺分析

主轴是车床的关键零件之一，其前端直接与夹具（卡盘、顶尖等）相连接，用以夹持并带动工件旋转完成表面成形运动。为保证机床的加工精度，要求主轴有很高的回转精度，工作时要求受弯矩和转矩作用，又要求主轴有足够的刚性、耐磨性和抗振性，所以，主轴的加工质量对机床的工作精度有很大影响。

从图 3-18 可以看出，主轴的支承轴颈 *A*、*B* 是主轴部件的装配基准，它的制造精度直接影响主轴部件的回转精度，所以对 *A*、*B* 两段轴颈提出很高的要求。

主轴前端莫氏 6 号锥孔用来安装项尖或工具锥柄，其锥孔轴线必须与支承轴颈轴线同轴，否则会引起加工工件出现相对位置误差。

主轴前端圆锥面和端面是安装卡盘或车床夹具的定位表面。为了保证卡盘的定心精度，该圆表面必须与主轴的支承轴颈 *A*、*B* 同轴，端面必须与主轴的回转轴线垂直。

主轴上的螺纹是用来固定与调节主轴轴承间隙的。当螺纹中径对于支承轴颈歪斜时，会造成锁紧螺母端面不垂直，轴承位置发生变动，引起主轴径向跳动，所以这些次要表面也有相应的加工精度要求。

综上分析，该轴的支承轴颈、配合轴颈、前端圆锥面、莫氏锥孔、螺纹面等表面加工精度要求较高，其中支承轴颈本身的各项要求及其他表面对支承轴颈的位置精度要求更高，是主轴加工的关键。

2. 技术要求

支承轴颈：尺寸精度按 IT5 制造，两支承轴颈的圆度公差为 0.005mm，两支承轴颈的径向圆跳动公差为 0.005mm，表面粗糙度 *Ra* 值为 0.4μm。

装夹表面：主轴前端锥孔面的接触率要大于 75%。锥孔对支承轴颈 *A*、*B* 的圆跳动公差：近轴端为 0.005mm，距轴端 300 mm 处为 0.01mm，表面粗糙度 *Ra* 值为 0.4μm。

主轴前端短圆锥面对支承轴颈 *A*、*B* 的圆跳动公差为 0.008mm，端面对支承轴颈中心的轴向圆跳动公差为 0.008mm，表面粗糙度 *Ra* 值为 0.8μm。

螺纹表面、轴向定位面的尺寸、形状和位置具有相应的要求。

车床主轴材料要求具有较好的切削性能，而且能获得较高的强度和韧性等综合力学性能，同时具有良好的热处理性能。常用材料有 45、40Cr 等。毛坯一般选择棒料或锻件。

> **做一做**
>
> 请同学们对图 3-18 中的零件进行机械加工工艺路线的拟定。试一试吧，相信自己，你会成功的！

3. 主轴零件加工应注意的问题

从零件图分析可知，保证支承轴颈 *A*、*B*，主轴前端莫氏 6 号锥孔及主轴前端圆锥面和端面的精度是主轴零件加工应该解决的关键点。为此加工时应注意以下几点。

（1）定位基准的选择　尽量做到基准重合和基准统一。一般多以外圆为粗基准，以轴两端的顶尖孔为精基准。具体选择时还要注意：

1）当各加工表面间相互位置精度要求较高对，最好在一次装夹中完成各个表面的加工。

2）粗加工或不能用两端顶尖孔（如加工主轴锥孔）定位时，为提高工件加工时工艺系统的刚度，可只用外圆表面定位或用外圆表面和一端中心孔作定位基准。在加工过程中，应交替使用轴的外圆和一端中心孔作定位基准，以满足相互位置精度要求。

3）由于主轴是带通孔的零件，在通孔钻出后将使原来的顶尖孔消失。为了仍能用顶尖孔定位，一般需采用带有顶尖孔的锥堵或锥堵心轴。重装锥堵或锥堵心轴时，必须按外圆找正，或重新修磨中心孔。

（2）深孔加工　深孔加工应安排在调质以后进行。因为调质处理变形较大，深孔产生弯曲变形难以纠正，不仅影响以后机床使用时棒料的通过，而且会引起主轴高速旋转的不平衡。此外，深孔加工还应安排在外圆粗车或半精车之后，以便有一个较精确的轴颈作定位基准，保证孔与外圆同心，使主轴壁厚均匀。若仅从定位基准考虑，希望始终用中心孔定位，避免使用锥堵，那么深孔加工安排到最后为好，但深孔加工粗加工时发热量大，破坏外圆加工精度，所以深孔只能在半精加工阶段进行。

（3）花键、键槽等次要表面的加工　主轴上的花键、键槽等次要表面的加工一般应安排在外圆精车或粗磨之后，精磨外圆之前进行。因为如果在精车前就铣出键槽，一方面在精车时，由于断续切削而产生振动，既影响加工质量，又容易损坏刀具；另一方面，键槽的尺寸要求也难以保证。这些表面加工也不宜安排在主要表面精磨后进行，以免破坏主要表面的精度。

（4）螺纹表面加工　主轴上螺纹表面加工宜安排在主轴局部淬火之后进行，以免由于淬火后的变形而影响螺纹表面和支承轴颈的同轴度。

（5）主轴锥孔的磨削　轴的前端锥孔是安装顶尖或定位心轴的基准，它的质量好坏直接影响到加工的质量，所以，磨削主轴前端锥孔是主轴零件加工的关键工序。

轴前端锥孔除其本身精度、接触面积有较高要求外，它的中心线与轴的支承轴颈的同轴度也有较严格的要求。因此，为了保证同轴度的要求，轴的锥孔磨削工序一般选支承轴颈为定位基准。单件小批生产时，可在一般磨床上进行加工。尾端夹持在单动卡盘上，前端用中心架支承在前锥附近的精密外圆上，经过严格校正后方可进行加工。这种方法辅助时间长，生产效率低，质量不稳定。成批生产时，目前普遍采用带浮动卡头的专用夹具进行装夹。工件只绕夹具的定位轴线旋转，所以工件回转平稳，磨削精度高。工件又是以支承轴颈定位，设计基准和定位基准重合，所以锥孔对两支承轴颈的跳动大大减小。

4. 车床主轴加工工艺过程（表 3-6）

3.2.2 车床主轴加工工艺性问题

1. 中心孔的研磨问题

作为定位基准，中心孔的误差将直接反映到轴零件上，若中心孔接触不良，则会降低工

表 3-6　CA6140 型卧式车床主轴加工工艺过程

序号	工序内容	定位基准	设备
1	自由锻		
2	正火		
3	划两端面加工线(总长 870mm)		
4	铣两端面(按划线找正)	外圆	端面铣床
5	划两端中心孔位置		
6	铣两端面中心孔(按划线找正)	外圆	钻床或卧式车床
7	粗车各外圆尺寸,单边留余量 1.5mm	中心孔	卧式车床
8	调质		
9	车大头外圆、端面及台肩,调头车小头各段外圆	中心孔顶一端,夹另一端	卧式车床
10	钻 ϕ48mm 的通孔(用加长麻花钻加工)	夹一端托另一端支承轴颈	卧式车床
11	车大头锥孔、外短锥及端面(配莫氏 6 号锥堵),调头车小头锥孔(配 1:12 锥堵)	夹一端托另一端支承轴颈	卧式车床
12	划大头端面各孔		
13	钻大头端面各孔(按划线找正)		
14	表面淬火		
15	精车外圆并车削刀槽		卧式车床
16	粗磨 ϕ75h5、ϕ90g6、ϕ100h6 外圆	两锥堵中心孔	外圆磨床
17	磨小头内锥孔(重配 1:12 锥堵),调头粗磨大头锥孔(重配莫氏 6 号锥堵)	夹一端托另一端支承轴颈	内圆磨床
18	粗、精铣花键	两锥堵中心孔	卧式铣床
19	铣 12f 9 键槽		万能铣床
20	车大头内侧,车三处螺纹(配螺母)	两锥堵中心孔	卧式车床
21	精磨各外圆及两端面	两锥堵中心孔	外圆磨床
22	粗磨两处 1:12 外锥面	两锥堵中心孔	外圆磨床
23	精磨两处 1:12 外锥面、D 端面及短锥面 C	两锥堵中心孔	外圆磨床
24	精磨莫氏 6 号内锥孔	夹小头托大头支承轴颈	锥孔磨床
25	按图样要求全部检验		

艺系统的刚度，增加受力变形，产生变形误差。在使用过程中，由于受到切削力等外力作用，中心孔也会磨损。因此在各加工阶段结束后，特别是在热处理后，精加工之前，必须修研中心孔。这样做，在工艺规程中也体现了基准先行的原则。

中心孔的修研方法常用的有两种：一种是用铸铁顶尖或橡胶砂轮、成形磨石作为研具，加研磨剂在车床或钻床上研磨，如图 3-19 所示；另一种方法是用硬质合金顶尖刮研，如图

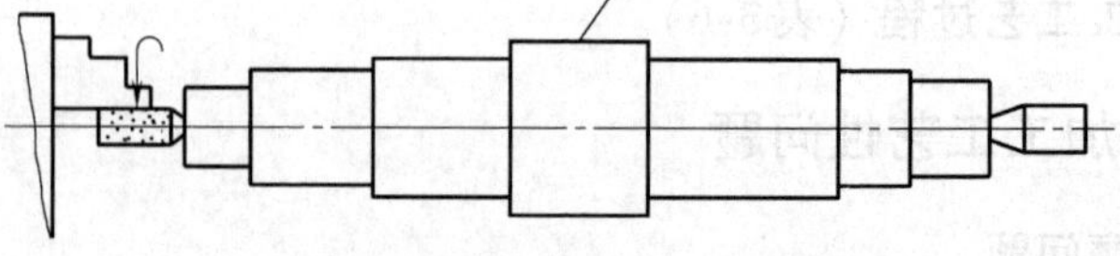

图 3-19　用磨石研磨顶尖孔

3-20 所示。通过顶尖上刃带的切削或挤压作用，保证中心孔的表面质量。

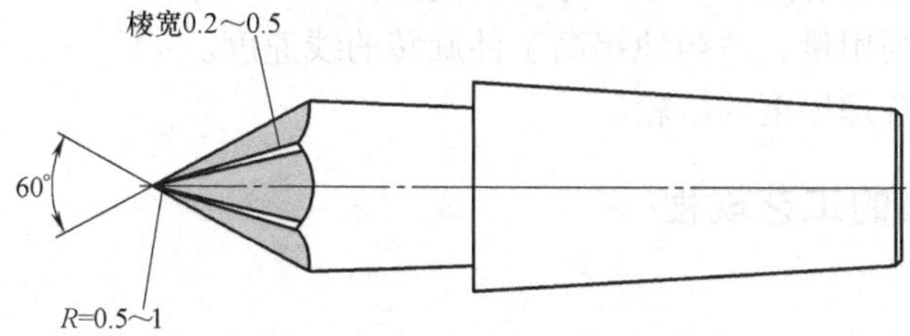

图 3-20　六棱硬质合金顶尖

2. 轴上深孔的加工问题

许多轴类零件因功能需要设计成中心通孔的结构，一般孔深 L 与孔径 D 之比（L/D）大于 5 的圆柱孔称为深孔，例如图 3-18 所示卧式车床主轴。

深孔加工难度大，生产效率低，其难度主要在于加工过程中，由于刀具刚度差，致使孔的加工位置产生偏斜。此外，由于半封闭状态下加工，排屑、散热和冷却润滑条件均差。针对这些问题一般采取如下措施：

1）工件做旋转运动，钻头做直线进给，使钻头具有自动定心的能力。

2）采用特殊结构的刀具——深孔钻，以增强其导向的稳定性和适应深孔加工的条件。

3）在工件上预加工出一段精确的导向孔，保证钻头从一开始就不引偏。

4）采用压力输送的切削液，并利用压力下的切削液排除切屑。

深孔加工若为大批量生产，可在深孔钻床上进行；若为单件小批生产，也可在卧式车床上进行。

知识链接

目前，深孔加工难度大，深孔加工技术处于发展阶段。深孔加工技术应以排屑、冷却润滑和刀具导向为突破点进一步发展。电液联控的深孔加工系统是发展的方向，在此基础上进一步实现深孔加工设备的通用化、自动化、柔性化。

3. 磨削表面质量问题

在磨削加工过程中，由于各种因素的影响，会产生一些影响加工质量的表面缺陷，主要包括以下几个方面。

（1）轴外圆表面多边形缺陷　由于磨削过程中，砂轮与工件沿径向产生周期性振动，故在工件的外圆表面上沿轴线方向会留下等距的直线痕迹，其深度小于 0.5μm。产生振动的根本原因是加工过程中的强迫振源（如电动机或砂轮不平衡）和工艺系统刚性不足（轴承间隙、顶尖接触不良等）。要消除这种振动，就要减小或消除强迫振源，具体方法有提高工艺系统刚度，减小磨削力等。在实际加工中，具体原因要具体分析，有针对性地解决振动问题。

（2）螺旋纹缺陷　螺旋纹是指在磨削后的工件外圆表面产生连续或局部的螺旋痕迹，其间距等于工件轴向每转进给量。产生这一缺陷的原因在于砂轮微刃的等高性破坏或砂轮与工件局部接触，例如砂轮与工件轴向不平行，砂轮轴由于刚性不足而产生弯曲变形等。

（3）磨削烧伤　由于砂轮硬度过高或磨削用量选择不当，以及砂轮钝化、冷却不足等原因都会造成高温作用而使工件表面层组织相变，即烧伤。常见磨削烧伤有退火烧伤、淬火，烧伤、回火烧伤。避免出现磨削烧伤的措施有：

1）磨削时，采用强有力的、效果好的切削液。

2）合理选用磨削用量，适当地提高工件旋转的线速度。

3）选择和使用合理硬度的砂轮。

实训　制订传动轴的工艺规程

工作任务书

产品名称：传动轴。

零件功用：支承传动零件，传递运动和动力。

材料：45 钢。

生产类型：单件小批量生产。

热 处 理：调质处理 220 ~ 240HBW。

工作任务：

1）根据图 3-21 所示零件图分析该传动轴零件的结构、技术要求、主要加工表面及其对应的加工方法，拟定其加工工艺路线。

2）确定详细的工艺参数，编制工艺规程。

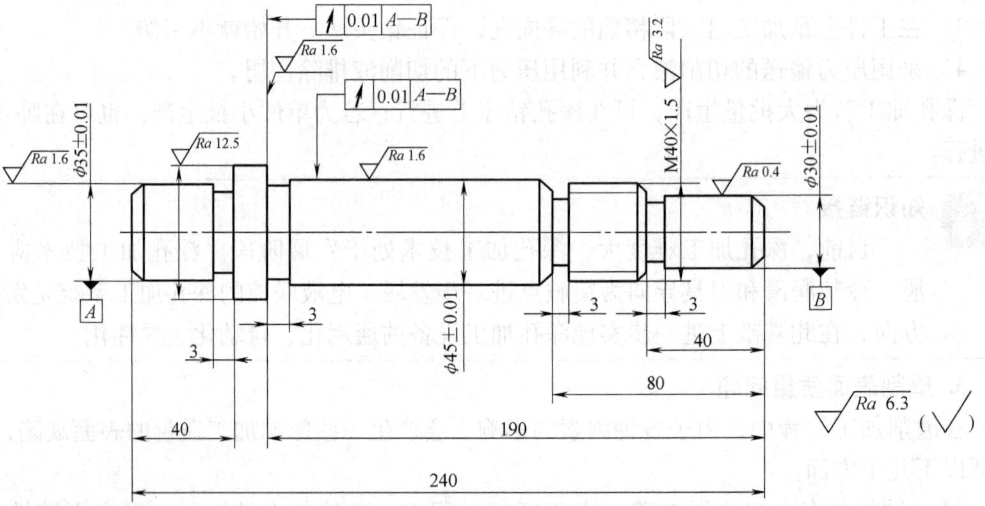

技术要求

1. 调质处理220～240HBW。

2. 未注倒角C1。

图 3-21　传动轴零件图

项目4 套筒类零件加工工艺

教学导航

学习目标	掌握内圆表面的加工方法,套筒类零件机械加工工艺制订的思路与方法
工作任务	根据工作任务编制套筒类零件加工工艺文件,并确定有关装备
教学重点	套筒类零件机械加工工艺制订的思路与方法、加工工艺文件编制
教学难点	套筒类零件机械加工工艺参数确定、刀具合理选择、工艺装备选择
教学方法建议	采用任务驱动教学,用任务导入,教、学、做一体化
选用案例	轴承套、液压缸、衬套零件
教学设施 设备及工具	教学课件、零件实物、机械加工实训教室
考核与评价	任务成果评定、学习团队评定、学习过程评定
参考学时	12 学时

任务4.1 制订轴承套的工艺规程，分析套筒类零件的工艺工装

任务导入

如图4-1所示轴承套，如何利用所学的工艺理论知识，完成其工艺规程的编制及工装的选用呢？

图4-1 轴承套

任务内容和目标

分析不同套筒类零件的功用、套筒类零件的技术要求及结构工艺性。正确选择材料及毛坯、定位基准，拟定工艺路线，选择工艺参数及装备。

知识网络结构

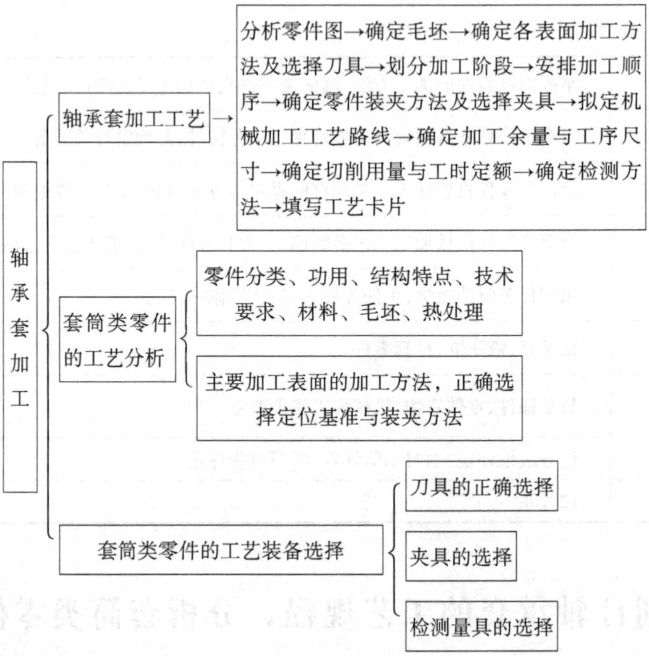

教学情景分析

本任务采用“教、学、做”一体化教学，教师将“教学任务”布置下去，学生预先分组，每组学生利用已经学习的工艺理论知识，在教师的辅导下，完成“教学任务”，即轴承套的工艺设计。将每组的工艺设计方案进行比较，教师总结工艺方案的优劣。

工作任务书

产品名称：轴承套。

零件功用：支承、导向。

材料：ZCuSn5Pb5Zn5。

生产类型：批量生产，200 件/批。

工作任务：

1）根据图 4-2 所示零件图分析该零件的结构、技术要求、主要加工表面及其对应的加工方法，拟定其加工工艺路线。

2）确定详细的工艺参数，编制工艺规程。

4.1.1　制订轴承套零件的工艺规程

1. 轴承套零件的主要表面及其技术要求

由图 4-2 可知，该轴承套为端套筒，主要是起支承和导向作用。主要加工表面是内孔、

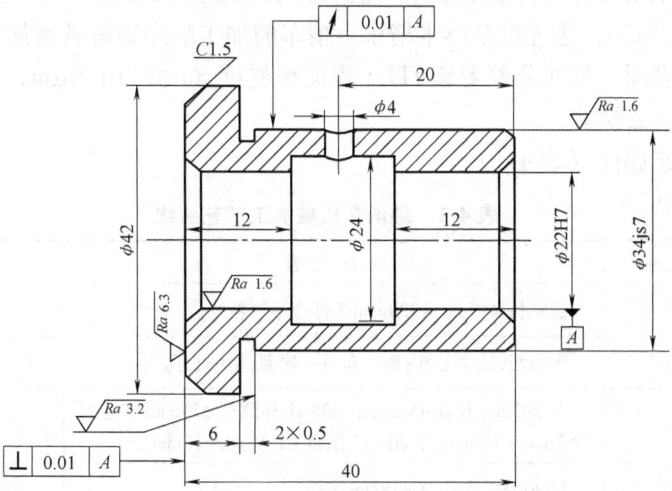

图4-2　轴承套零件

外圆及其端面。其主要技术要求：尺寸为 φ34js7 的外圆表面、尺寸为 φ22H7 的内孔表面、φ34js7 外圆对 φ22H7 内孔的径向圆跳动公差为 0.01mm；左端面对 φ22H7 内孔的轴线垂直度公差为 0.01mm。由此可见，该零件的内孔和外圆的尺寸精度和位置精度要求均较高。

2. 工艺分析

（1）主要表面的加工方法　轴承套主要加工表面：尺寸为 φ34mm 的外圆表面，尺寸为 φ22mm 的内孔表面和大端面；次要加工表面有小端面、台阶面、退刀槽、倒角等。

尺寸为 φ42mm、φ34mm 的外圆表面加工：粗车→半精车→精车。

尺寸为 φ22mm、φ24mm 的内孔表面加工：钻→扩→铰。

（2）确定定位基准　对于外圆与内孔之间有较高同轴度要求的套筒类零件，其定位基准多用内孔或外圆。

套筒类零件由于其外圆、内孔往往有同轴度要求，内、外圆柱面与端面有垂直度要求。因此选择定位基准时，尽量做到基准重合或基准统一。加工内孔和端面时，力求一次装夹完成内孔和端面的全部加工。而实际生产中往往无法做到。如果把零件调头装夹再加工，则无法保证位置精度要求。因此须用心轴安装进行加工，这时先加工孔，然后以孔定位，安装在心轴上，再将心轴装在前后顶尖之间来加工外圆和端面。

（3）选择毛坯的类型　该零件对材料的力学性能要求一般，从外部结构及尺寸上看，毛坯类型为锻件、铸件、圆钢料都可以。可以根据各种毛坯供给的具体情况加以确定。该套筒采用圆钢料，因为它易采购，成本低，准备周期短。又由于零件的长度仅有 40mm，所以毛坯准备时可以考虑 5 件合一进行下料，故取毛坯的尺寸为 φ45mm × 230mm。

（4）选择加工机床和刀具

1）φ42mm、φ34mm 的外圆表面加工。CA6140；45°外圆车刀、砂轮。

2）φ22mm、φ24mm 的内孔表面加工。CA6140；麻花钻头、扩孔钻、铰刀。

3）φ4mm 径向孔表面加工。Z512 台钻；麻花钻头。

4）大小端面、台阶面、退刀槽、倒角等次要加工表面的加工。CA6140；外圆车刀、切槽刀。

（5）划分加工阶段和安排加工顺序　轴承套 ϕ34js7 外圆表面，尺寸公差等级 IT7，表面粗糙度 *Ra* 值为 1.6μm，通过粗车→半精车→精车的加工顺序即可满足加工要求。

ϕ22H7 内孔表面，尺寸公差等级 IT7，表面粗糙度 *Ra* 值为 1.6μm，通过钻→扩→铰加工顺序即可满足加工要求。

（6）拟定工艺路线（表 4-1）

表 4-1　轴承套机械加工工艺路线

工序号	工序名称	工 序 内 容	定位基准
1	备料	圆钢料 ϕ45mm × 230mm（5 件合一下料）	
2	钻中心孔	车端面，钻中心孔；调头车另一端面，钻中心孔	外圆
3	粗车	车 ϕ42mm 长度 45mm；车 ϕ34js7 外圆至 ϕ35mm；车退刀槽 2mm × 0.5mm；车 ϕ34js7 倒角 *C*1.5；切断（3mm）	中心孔
4	钻孔	钻 ϕ22H7 内孔至 ϕ18mm	ϕ42mm 外圆
5	车、铰	车端面至总长 40mm，钻中心孔；车 ϕ42mm 倒角 *C*1.5；扩 ϕ22H7 内孔至 ϕ21.8mm；车内槽 ϕ24mm × 16mm 至尺寸；铰孔至 ϕ22H7	ϕ42mm 外圆
6	精车	精车 ϕ34js7（±0.012mm）	ϕ22H7 孔
7	钻孔	钻径向孔 ϕ4mm	ϕ34mm 外圆及端面
8	检验	检验入库	

（7）确定加工余量、工序尺寸与公差　该轴承套的内外圆表面的加工遵循基准重合和基准统一原则，所以各工序的工序尺寸可以从最终加工工序开始，向前推算各工序的公称尺寸；公差按各自采用加工方法的经济精度确定，按入体原则进行标注。

分别以 ϕ34js7 外圆和 ϕ22H7 内孔为例，进行加工余量、工序尺寸及其公差的确定，见表 4-2、表 4-3。

表 4-2　ϕ34js7 外圆加工余量及工序尺寸和公差

工序名称	工序余量/mm	经济精度	工序公称尺寸/mm	工序尺寸/mm
精车	0.5	js7（±0.012mm）	ϕ34	ϕ34 ± 0.012（*Ra* = 1.6μm）
粗车	10.5	h12（$^{0}_{-0.25}$mm）	ϕ34.5	ϕ34.5$^{0}_{-0.25}$（*Ra* = 12.5μm）
毛坯	11	±1.0mm	ϕ45	ϕ45 ± 1.0

表 4-3　ϕ22H7 内孔加工余量及工序尺寸和公差

工序名称	工序余量/mm	经济精度	工序公称尺寸/mm	工序尺寸/mm
精铰	0.06	H7（$^{+0.021}_{0}$mm）	ϕ22	ϕ22H7（$^{+0.021}_{0}$）　（*Ra* = 1.6μm）
粗铰	0.14	H9（$^{+0.052}_{0}$mm）	ϕ21.94	ϕ21.94H9（$^{+0.052}_{0}$）　（*Ra* = 3.2μm）
扩孔	1.8	H11（$^{+0.13}_{0}$mm）	ϕ21.8	ϕ21.8H11（$^{+0.13}_{0}$）　（*Ra* = 6.3μm）
钻孔	20		ϕ20	ϕ20H12（$^{+0.21}_{0}$）　（*Ra* = 12.5μm）

注意

ϕ34js7 外圆和 ϕ22H7 内孔的工序余量及工序尺寸和公差的确定，均是在基准重合情况下。工序尺寸及其公差的确定方法，同学们还记得吗？

（8）确定切削用量和工时定额　这里以钻进油孔 ϕ4mm 为例，介绍切削用量和工时定额的确定。

在钻削切削用量中，对孔精度影响较大的分别是背吃刀量和进给量，对钻头的使用寿命影响较大的是背吃刀量和切削速度。

机床：Z516A 台式钻床。

刀具：ϕ4mm 硬质合金麻花钻。

1）确定切削用量。

① 背吃刀量：$a_p=2\text{mm}$。

② 进给量。查表可得，取 $f=0.4\text{mm/r}$。

③ 切削速度。取 Z516A 台式钻床主轴转速 2200r/min，根据切削速度计算公式，可得

$$v_c=\frac{\pi d_w n}{1000}=\frac{\pi\times4\times2200}{1000}\text{m/min}\approx27.6\text{m/min}$$

2）确定工时定额。

① 计算基本时间

$$T_{基本}=\frac{L+L_1+L_2}{nf}$$

其中，$L=6\text{mm}$，$L_1=5\text{mm}$，$L_2=0$，所以

$$T_{基本}=\frac{L+L_1+L_2}{nf}=\frac{6+5}{2200\times0.04}\text{min}=0.125\text{min}$$

② 取 $T_{辅助}=4\text{min}$，$\alpha=3\%$，$\beta=2\%$。

③ 单件的工时定额为

$$T=(1+\alpha+\beta)T_{作}=(1+3\%+2\%)\times(0.125+4)\text{min}\approx4.3\text{min}$$

再根据企业作息时间核定工人每天实际作业时间，即可算出一天工时定额，还要考虑企业工人的技术水平，以制订出一个比较合理的定额。

（9）确定检验方法

1）尺寸精度的检测。轴承套的外圆表面尺寸精度可用外径千分尺测量；内孔尺寸精度可用内径卡尺或内径百分表测量。

2）位置精度的检测。外圆对内孔的跳动可用心轴方法进行测量：在轴承套内孔中装入无间隙心轴，用心轴的轴线来模拟内孔轴线，把心轴用两顶尖或V形块支承，然后用指示表测量外径相对旋转轴线的跳动。

端面对内孔轴线的垂直度测量方法：在平板上，轴承套装入导向块内，用百分表打端面。

（10）填写工艺卡片（表4-4）

表 4-4　轴承套机械加工工艺卡片

（工厂名）	机械加工工艺卡片	产品名称		零件图号		文件编号	
		型号规格		零件名称		共　页	第　页

材质	材料规格	毛坯	种类		零件重量/kg	毛重		每料件数	每台件数	每批件数
			尺寸			净重				

工序号	安装	工步号	工序内容	加工车间	设备名称及编号	工艺装备名称及编号				工时定额	
						夹具	刀具	量具	辅助工具	准备终结	单件
1			圆钢料 $\phi45$mm × 230mm（5 件合一下料）								
2	A	1	装夹		CA6140	自定心卡盘	45°车刀				
		2	车端面				45°车刀				
		3	钻中心孔				中心钻				
3		1	粗车外圆 $\phi42$mm × 45mm				45°车刀				
		2	粗车外圆 $\phi34.5_{-0.25}^{\ 0}$mm				45°车刀				
		3	切退刀槽 2mm × 0.5mm				切槽刀				
		4	$\phi34.5_{-0.25}^{\ 0}$mm 外圆倒角；$\phi42$mm 外圆去锐边				45°车刀				
		5	切断				切断刀				
4	A	1	钻 $\phi20$mm 孔		CA6140	自定心卡盘	$\phi20$mm 麻花钻				
5	A	1	半精车端面保证总长 40mm				45°车刀				
		2	扩孔至 $\phi21.8$mm				$\phi21.8$mm 扩孔钻				
		3	半精车内槽 $\phi24$mm × 16mm 至尺寸				45°车刀				
		4	粗铰孔至 $\phi21.94$mm				$\phi21.94$mm 粗铰刀				
		5	精铰孔 $\phi22H7$				$\phi22H7$ 精铰刀				
			孔两端倒角				45°车刀				
6	A	1	精车 $\phi34js7$（±0.012mm）外圆				45°车刀				
7		1	钻径向油孔 $\phi4$mm				$\phi4$mm 麻花钻				
8			去毛刺								
9			检验								

更改内容											
制定		审核		校对		会签		批准		日期	

做一做

请同学们对图 4-1 所示零件的机械加工工艺规程中其他工序的切削用量和时间定额进行计算。试一试吧，相信自己，你会成功的！

注意

ϕ34js7 外圆和 ϕ22H7 内孔是该零件加工精度要求最高的加工表面，无论是尺寸精度、几何公差，还是表面质量，相对而言都是要求较高的。

4.1.2　分析套筒类零件工艺

1. 套筒类零件的功用与结构特点

套筒类零件是指在回转体零件中的空心薄壁件，在各类机器中应用很广，主要起支承或导向作用，可简称为套类、筒类、套筒类等。由于作用不同，其形状结构和尺寸有很大的差异，常见的有支承转轴的各种形式的轴承套、夹具上的钻套和导向套、内燃机中的气缸套和液压系统的液压缸、电液伺服阀的阀套等。它们的大致结构形式如图 4-3 所示。

虽然套筒类零件的结构和尺寸有很大的差别，但其在结构上仍有共同点：零件的主要表面为同轴度要求较高的内外圆表面；零件壁的厚度较薄且易变形；零件长度一般大于直径等。

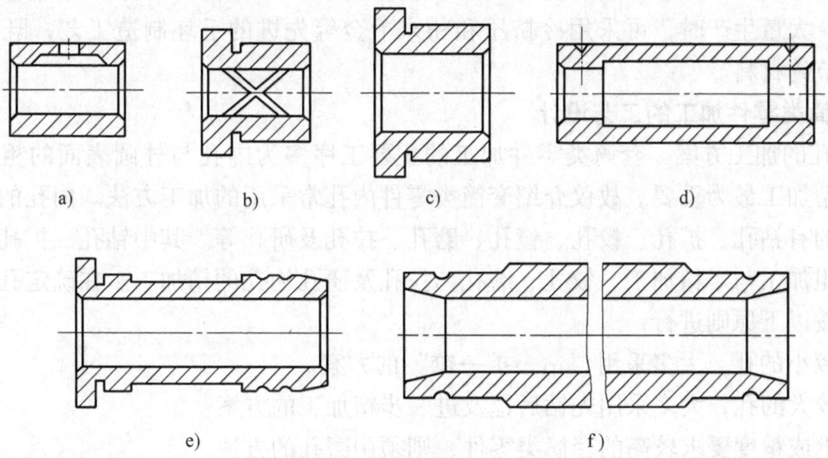

图 4-3　套筒结构形式

2. 套筒类零件的技术要求

套筒类零件的外圆表面多以过盈或过渡配合与机架或箱体孔相配合起支承作用。内孔主要起导向或支承作用，常与运动轴、主轴、活塞、滑阀相配合。有些套筒的端面或凸缘端面有定位或承受力的作用。套筒类零件虽然形状结构不一，但仍有共同特点，根据使用情况可对套筒类零件的外圆与内孔提出如下要求：

（1）内孔与外圆的精度要求　套筒类零件外圆直径公差等级通常为 IT5～IT9，表面粗糙度 *Ra* 值为 6.3～3.2μm，要求较高的可达 0.04μm；内孔作为套筒类零件支承或导向的主要表面，要求其尺寸公差等级一般为 IT6～IT7，为保证其耐磨性要求，对表面粗糙度要求较高（$Ra2.5 \sim 0.16\mu m$）。有的精密套筒及阀套的内孔尺寸公差等级要求为IT4～IT5，也有的套筒（油缸、气缸缸筒）由于与其相配的活塞上有密封圈，故对尺寸公差等级要求较低，一般为IT8～IT9，但对表面粗糙度要求较高，Ra 值一般为 $2.5 \sim 1.6\mu m$。

（2）几何形状精度要求　通常将套筒类零件的外圆与内孔的几何形状精度控制在直径公差以内即可。对精密轴套，有时控制在孔径公差的1/2～1/3，甚至更严格。对较长套筒，除圆度有要求以外，还应有孔的圆柱度要求。为提高耐磨性，有的内孔表面粗糙度 Ra 为 $1.6 \sim 0.1\mu m$，有时甚至高达 $0.025\mu m$。套筒类零件外圆形状精度一般应在外径公差内，表面粗粗糙度 Ra 为 $3.2 \sim 0.4\mu m$。

（3）位置精度要求　位置精度要求主要应根据套筒类零件在机器中的功用和要求而定。如果内孔的最终加工是在套筒装配之后进行，则可降低对套筒内、外圆表面的同轴度要求；如果内孔的最终加工是在套筒装配之前进行，则同轴度要求较高，通常同轴度要求为 $0.01 \sim -0.06\mu m$。套筒端面（或凸缘端面）常用来定位或承受载荷，对端面与外圆和内孔轴线的垂直度要求较高，一般为 $0.05 \sim 0.02\mu m$。

3. 套筒类零件的材料与毛坯

套筒类零件的材料一般选择钢、铸铁、青铜或黄铜。有些滑动轴承采用双金属结构，以离心铸造法在钢或铸铁内壁上浇注巴氏合金等轴承合金材料，既节省贵重的非铁金属，又能提高轴承的寿命。

套筒类零件毛坯的选择与其材料、结构、尺寸及生产批量有关。孔径小的套筒，一般选择热轧或冷拉圆钢料，也可采用实心铸件；孔径较大的套筒，常选择无缝钢管或带孔的铸件、锻件；大量生产时，可采用冷挤压和粉末冶金等先进的毛坯制造工艺，既可提高生产率，又能节约材料。

4. 套筒类零件加工的工艺设计

（1）孔的加工方案　套筒类零件加工的主要工序多为内孔与外圆表面的粗精加工，尤以孔的粗精加工最为重要。故仅介绍套筒类零件内孔常采用的加工方法。内孔的加工方法很多，常用的有钻孔、扩孔、铰孔、镗孔、磨孔、拉孔及研孔等。其中钻孔、扩孔与镗孔一般作为孔的粗加工与半精加工，铰孔、磨孔、拉孔及研孔为孔的精加工。在确定孔的加工方案时，一般按以下原则进行：

孔径较小的孔，大多采用“钻→扩→铰”的方案。

孔径较大的孔，大多采用先钻后镗及进一步精加工的方案。

淬火钢或精度要求较高的套筒类零件，则须用磨孔的方法。

长径比 $L/D > 5$ 的深孔采用深孔加工方法。

现将这些加工方法的工艺特点分述如下。

1）钻孔。如图4-4a所示，钻孔是用麻花钻头在实体材料上加工孔的方法，通常采用麻花钻在钻床或车床上进行钻孔，但由于钻头强度和刚性比较差，切屑排除不畅，切削液不易注入，因此，加工出孔的精度和表面质量比较低，一般其公差等级为IT11～IT13，表面粗糙度 Ra 值为 $50 \sim 12.5\mu m$。钻孔具有如下特点：

① 钻头容易偏斜。由于麻花钻头横刃的影响，使定心不准，切入时容易引偏，且钻头的刚性和导向作用较差，切削时钻头容易弯曲。为解决钻头引偏问题，常在钻孔前先加工端面，并用钻头或中心钻预先钻一个锥坑，如图4-5所示，以便定心。钻小孔或深孔时，为了

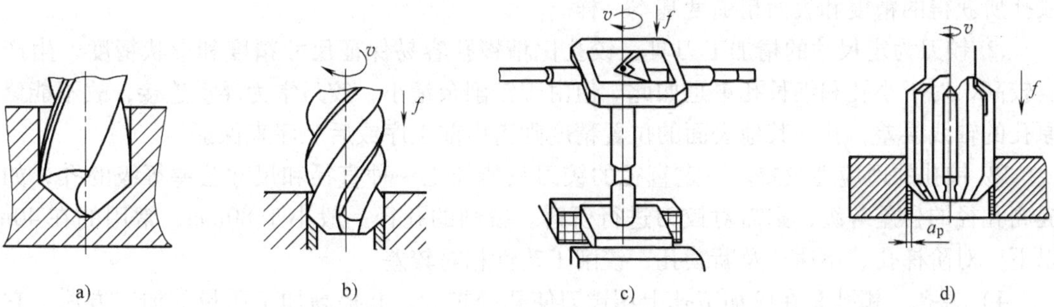

图4-4　钻削加工

a）钻孔　b）扩孔　c）手铰孔　d）机铰孔

避免孔的轴线偏移或不直，应尽可能采取工件旋转的方式进行钻孔。

② 孔径容易扩大。钻削时钻头的两切削刃径向力不等容易引起孔径扩大，钻头的径向跳动等也会造成孔径的扩大，卧式车床钻孔时的切入引偏也会造成孔径扩大。

③ 孔的表面质量较差。钻削时切屑较宽，在孔内被迫卷为螺旋状，流出时与孔壁发生摩擦而损伤已经加工的孔表面。

④ 钻削时轴向力大。主要是麻花钻头的横刃引起的轴向力较大。实验表明，钻孔时50%的轴向力和15%的扭矩是由横刃产生的。

2）扩孔。如图4-4b所示，扩孔是用扩孔刀对已钻的孔进一步加工，以扩大孔径并提高精度和降低表面粗糙度值。扩孔后的公差等级可达IT10～IT11，表面粗糙度 Ra 值为12.5～6.3μm，属于孔的半精加工。扩孔钻的结构与麻花钻的结构相比，有以下特点：

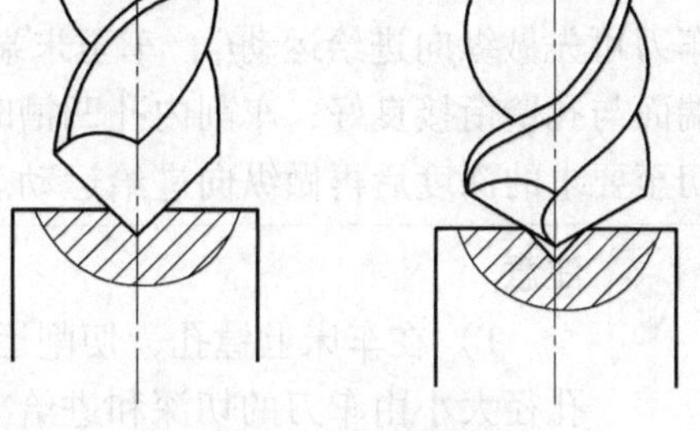

图4-5　钻孔前预钻锥坑

① 刚性较好。由于扩孔的背吃刀量小、切屑少，扩孔钻的容屑槽浅而窄，钻芯直径较大，增强了扩孔工作部分的刚性。

② 导向性好。扩孔钻具有3～4个刀齿，刀具周边的棱边数增多，导向作用相对增强。

③ 切屑条件较好。扩孔钻无横刃参与切削，切削轻快，可采用较大的进给量，生产率较高，又因切屑少，切屑排除顺利，不容易刮伤已加工表面。因此，扩孔与钻孔相比，加工精度高，表面粗糙度值较低，且可在一定程度上修正钻孔的轴线误差。适用于扩孔的机床，与钻孔相同。

3）铰孔。如图4-4c、d所示，铰孔是用铰刀从被加工孔的孔壁上切除微量金属，使孔的精度和表面质量得到提高的加工方法。铰孔是用铰刀对未淬硬孔进行精加工的一种方法。其加工公差等级一般为IT6～IT9，表面粗糙度 Ra 值可达3.2～0.2μm。

铰孔的方式分为机铰和手铰两种。用手工进行铰削称为手铰，在机床上进行铰削称为机铰。

铰孔的工艺特点如下；

① 铰孔的精度和表面粗糙度不取决于机床的精度，而取决于铰刀的精度、铰刀的安装方式、加工余量、切削用量和切削液等条件。如在相同的条件下，在钻床上铰孔和在车床上

铰孔所获得的精度和表面粗糙度基本一样。

② 铰刀为定尺寸的精加工刀具，铰孔比精镗孔容易保证尺寸精度和形状精度，生产率也较高，对于小孔和细长孔更是如此。但由于铰削余量小，铰刀常为浮动连接，故不能修正原孔的轴线误差，孔与其他表面的位置精度则需由前工序或后工序来保证。

③ 铰孔的适应性较差。一定直径的铰刀只能加工一种直径和尺寸公差等级的孔，如需提高孔径的公差等级，则需对铰刀进行研磨。铰削的孔径一般小于 80mm，常用的在 40mm 以下。对阶梯孔、不通孔及断续孔，铰削工艺性相对较差。

4）镗孔。镗孔是在已加工孔上用镗刀使孔径扩大，并提高加工质量的加工方法。它能应用于孔的粗加工、半精加工或精加工。因为镗刀是属于非定尺寸刀具，结构简单，通用性好，所以在单件、小批生产中应较多。特别是当加工大孔时，镗孔往往是唯一的加工方法。

镗孔可在镗床上加工，也可在车床、铣床、数控机床和加工中心上进行。镗孔的精度（几何精度）主要取决于机床精度。镗孔的加工公差等级为 IT6 ~ IT8，表面粗糙度 Ra 值为 6.3 ~ 0.8μm。用于镗孔的刀具（镗杆和镗刀），其尺寸受到被加工孔径的限制，一般刚性差，容易引起弯曲和扭转振动，特别是小直径离支承较远的孔，振动情况更为突出。与扩孔和铰孔相比，镗孔能保证孔轴线的准确位置，并能修正毛坯或上道工序加工后所造成的孔的轴线歪曲和偏斜，以获得较高尺寸和位置精度。由于镗孔工艺范围广，故为孔加工的主要方法之一。

① 车床镗孔。车床上镗孔如图 4-6 所示。车不通孔或具有直角台阶的孔时（图 4-6b），车刀可先做纵向进给运动 f_1，车至末端时，再做横向进给运动 f_2，加工孔端面，这样使孔内端面与孔壁衔接良好；车削内孔凹槽时（图 4-6d），将车刀伸入孔内，先做横向进给运动，切至要求的深度后再做纵向进给运动。

注意

1）在车床上镗孔，切削运动是工件旋转为主运动，车刀直线移动为进给运动，孔径大小由车刀的切深和进给次数控制。

2）车床镗孔多应用于加工盘套类和小型支架类零件上的孔。

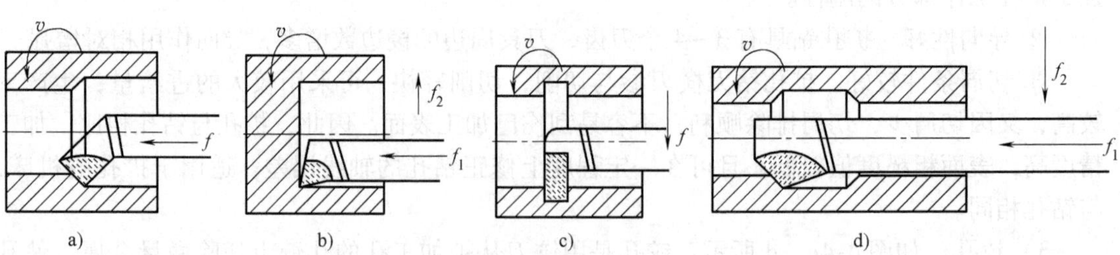

图 4-6　车床上镗孔

② 镗床镗孔。镗削加工的工艺范围较广泛，它可以镗削单孔或孔系，锪、铣平面，镗不通孔及镗端面等。图 4-7 所示为卧式镗床的典型加工方法。

③ 铣床镗孔。在卧式铣床上镗孔，镗杆装在卧式铣床主轴的锥孔内，主轴高速旋转为主运动，工件安装在工作台上做横向直线进给运动。

④ 浮动镗削。浮动镗削的实质相当于铰削，其加工余量以及可达到的尺寸精度和表面

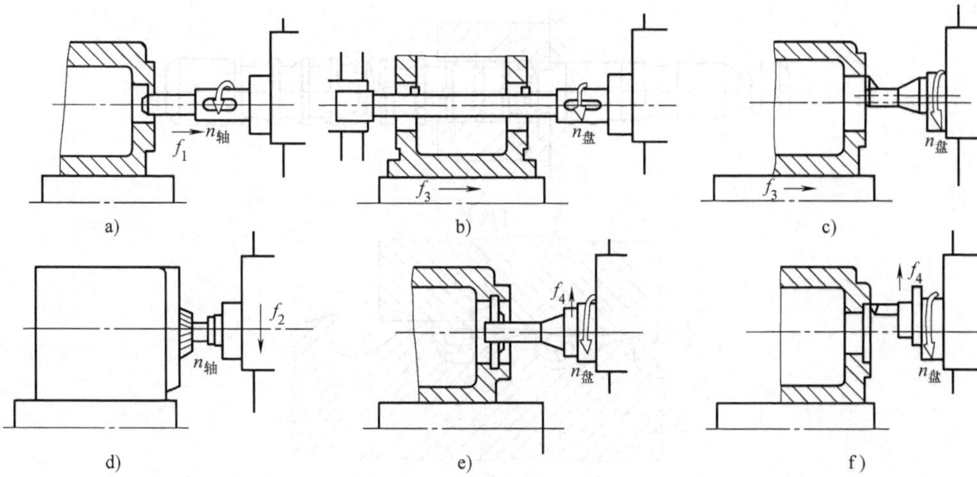

图4-7　卧式镗床的典型加工方法

粗糙度均与铰削相类似。图4-8所示为双刃浮动镗刀结构。图4-9所示为双刃浮动镗刀与镗杆的连接结构，工作时，镗刀块在镗杆的径向槽中不紧固，能在径向自由滑动，刀块在切削力的作用下保持平衡对中，可以减少镗刀块安装误差及镗杆径向跳动所引起的加工误差，而获得较高的加工精度。浮动镗削的优点是易于保证加工质量，操作简单，生产率高，但它不能校正原有孔轴线偏斜或位置误差，因此孔的位置精度应在前序工序加工中得以保证。所以浮动镗应在单刃镗之后进行。浮动镗削适于精加工批量较大、孔径较大的孔。

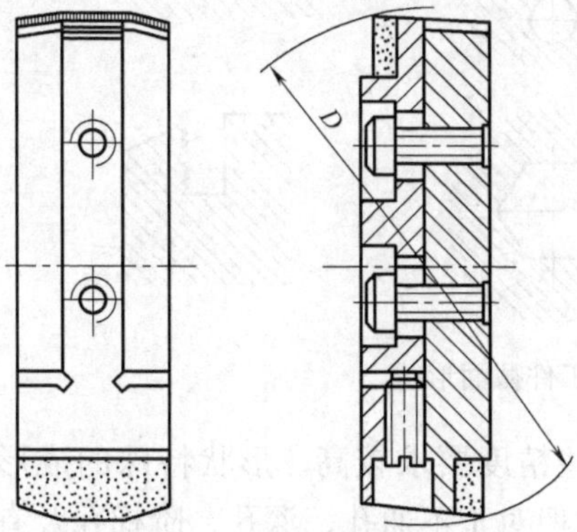

图4-8　双刃浮动镗刀结构

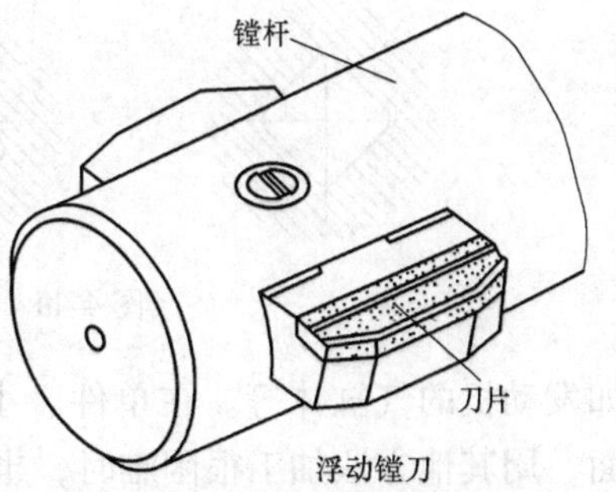

图4-9　双刃浮动镗刀与镗杆的连接结构

5）拉孔。拉孔大多是在拉床上，用拉刀通过已有的孔来完成孔半精加工或精加工。拉刀是一种多齿的切削刀具。拉削过程如图4－10所示，只有主运动，没有进给运动。在拉削时，由于切削刀齿的齿高逐渐加大，因此每个刀齿只切下一层较薄的切屑，最后由几个刀齿用来对孔进行校准。拉削时，参加切削的刀齿多，在一次行程中完成粗、半精、精加工，孔径能在一次拉削中完成，因此，拉孔是一种高效率的孔加工方法。一般拉削孔径为10～100mm，拉孔长度不超过孔径的3～4倍。拉刀能拉削各种形状的孔，如圆孔、多边孔等，如图4-11所示。

拉削加工主要适用于成批和大量生产，尤其适于在大量生产中加工比较大的复合型面，

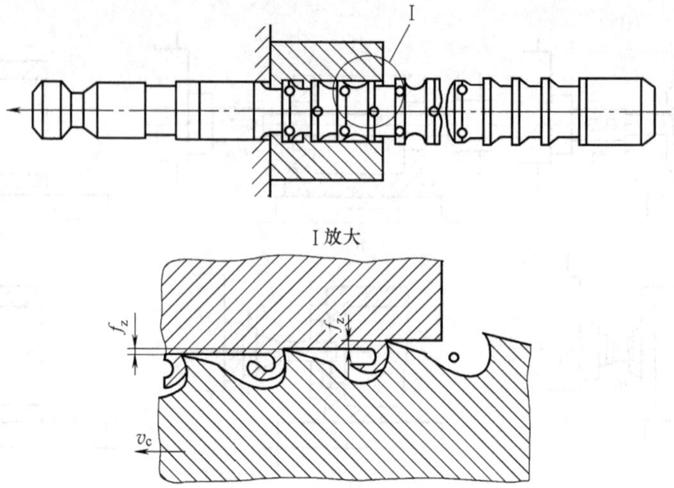

图 4-10　拉削过程

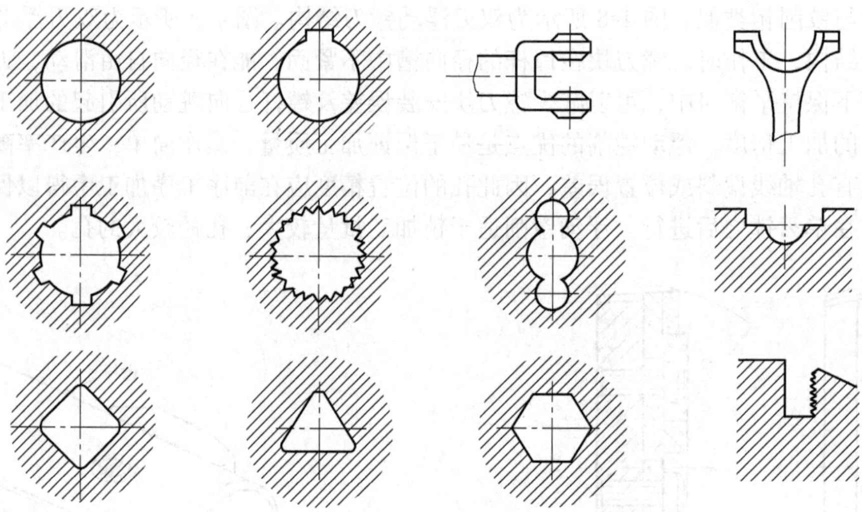

图 4-11　适用于拉削加工的典型工件截面形状

如发动机的气缸体等。在单件、小批生产中，对于某些精度要求较高、形状特殊的成形表面，用其他方法加工很困难时，也有采用拉削加工的。但对于不通孔、深孔、阶梯孔及有障碍的外表面，则不能用拉削加工。

6）磨孔。磨孔是用高速旋转的砂轮对淬硬或未淬硬孔进行精加工的方法。可达尺寸公差等级为 IT6 ~ IT8，表面粗糙度 Ra 值为 0.8 ~ 0.4μm。

磨孔可在内圆磨床或万能外圆磨床上进行，如图 4-12 所示。

内圆磨削生产率较低，加工精度不高，一般为 IT7 ~ IT8，表面粗糙度 Ra 值为 1.6 ~ 0.2μm。磨孔一般适用于淬硬工件孔的精加工。磨孔与铰孔、拉孔相比，能校正原孔的轴线偏斜，提高孔的位置精度，但生产率比铰孔、拉孔低，在单件、小批生产中应用较多。

7）深孔加工。一般将孔的长径比 $L/D>5$ 的孔称为深孔。深孔加工的工艺难点为：

① 刀具细长，刚性差，加工中容易使孔的轴线歪斜。

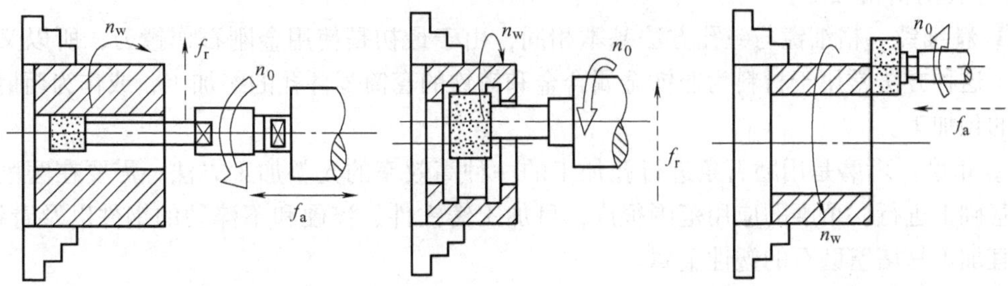

图4-12　磨内孔

② 冷却散热条件差。排屑困难，严重时引起刀具崩刃或折断。

应采取的工艺措施有：采取工件旋转的方式以及改进刀具导向结构，减少刀具的引偏；采用压力输送切削液，冷却刀具和排屑；改进刀具结构，强制断屑，有利切屑顺利排出。图4-13所示为深孔钻的结构。单件小批生产的深孔加工，常在卧式车床上进行。成批生产，常在深孔加工专用机床上进行。

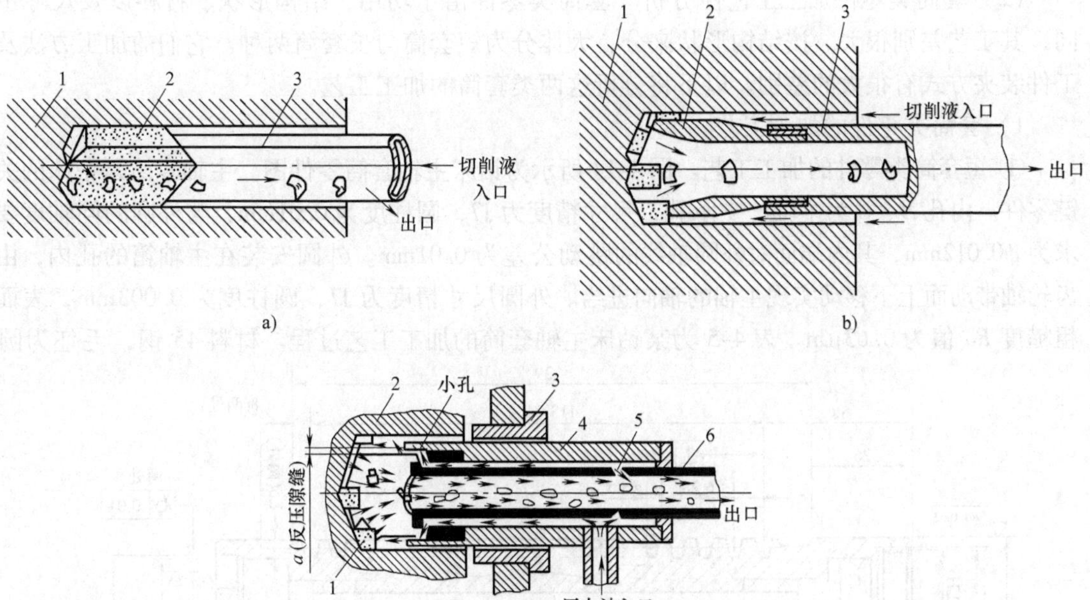

图4-13　深孔钻

a）单刃外排屑深孔钻

1—工件　2—切削部分　3—钻杆

b）错齿内排屑深孔钻

1—工件　2—切削部分　3—钻杆

c）喷吸钻

1—钻头　2—工件　3—钻套　4—外钻管

5—月牙形槽喷嘴　6—内钻管

8）孔的精密加工。

① 精细镗。精细镗与镗孔方法基本相同，由于最初是使用金刚石作镗刀，所以又称金刚镗。这种方法常用于材料为非铁金属合金和铸铁的套筒零件孔的终加工，或作为珩磨和滚压前的预加工。

② 珩磨。珩磨是用磨石条进行孔加工的一种高效率的光整加工方法，需要在磨削或精镗的基础上进行。珩磨的应用范围很广，可加工铸铁件、淬硬和不淬硬的钢件以及青铜等，但不宜加工易堵塞磨石的塑性金属。

③ 研磨。研磨也是孔常用的一种光整加工方法，需在精细镗、精铰或精磨后进行。研磨后孔的尺寸公差等级可提高到 IT5 ~ IT6，表面粗糙度 *Ra* 值为 0.1 ~ 0.008μm，孔的圆度和圆柱度也相应提高。

④ 滚压。孔的滚压加工原理与滚压外圆相同。由于滚压加工效率高，近年来多采用滚压工艺来代替珩磨工艺，效果较好。

滚压对铸件的质量有很大的敏感性，如铸件的硬度不均匀、表面疏松、含气孔和砂眼等缺陷，对滚压有很大影响。因此，对铸件油缸不可采用滚压工艺而应选用珩磨。对于淬硬套筒的孔精加工，也不宜采用滚压。

（2）套筒类零件加工工艺性分析　套筒类零件由于功用、结构形状、材料以及尺寸不同，其工艺差别很大。按结构形状来分，大体分为短套筒与长套筒两种。它们的加工方法及工件装夹方式有很大的差别。以下将分析这两类套筒的加工工艺。

1）套筒类零件的加工工艺。

① 短套筒类零件的加工工艺。图 4-14 所示为钻床主轴套筒零件图。主轴套筒是钻床的关键零件。内孔 *B*、*C* 为主轴的支承孔，尺寸精度为 J7，圆柱度为 0.01mm，与外圆的同轴度要求为 ϕ0.012mm，其内端面对外圆轴线的跳动公差为 0.01mm。外圆安装在主轴箱的孔内，由齿轮轴带动而上下移动实现主轴的轴向进给。外圆尺寸精度为 J7，圆柱度为 0.003mm，表面粗糙度 *Ra* 值为 0.63μm。表 4-5 为某钻床主轴套筒的加工工艺过程。材料 45 钢，毛坯为圆

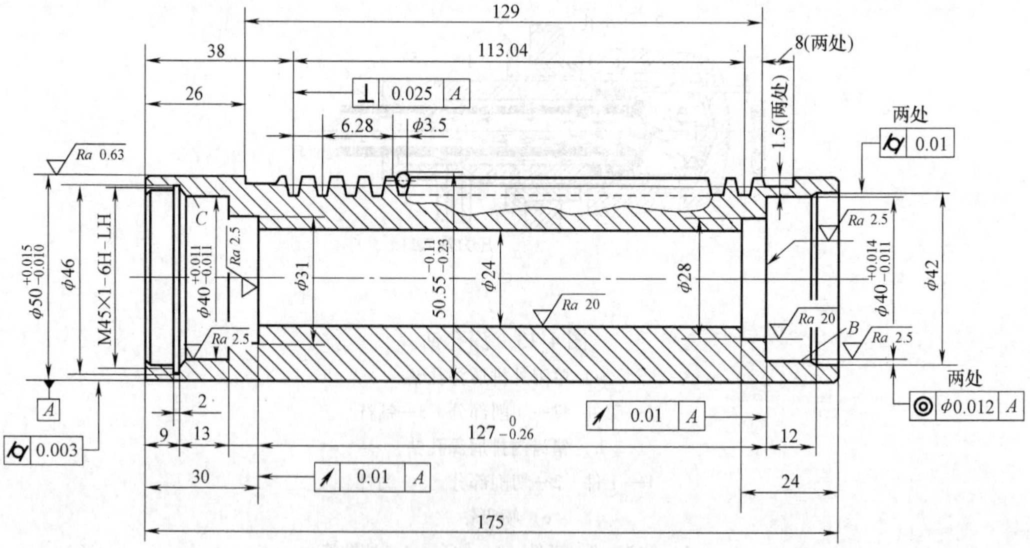

图 4-14　钻床主轴套筒零件简图

表 4-5 某钻床主轴套筒的加工工艺过程

工序	工序内容	定位与夹紧
1	备料 ϕ55mm×180mm	
2	钻孔 ϕ24mm	外圆
3	粗车外圆	孔（两端顶夹）
4	调质 245HBW	
5	半精车外圆，留余量 0.6mm	孔（两端顶夹）
6	半精车右端面、各阶梯孔（B 孔留余量 1mm），孔口倒角 2×60°（工艺用）；调头车端面、各阶梯孔（C 孔留余量 1mm），切槽，车螺纹，孔口倒角 2×60°（工艺用）	外圆
7	检验	
8	粗磨外圆，留余量 0.2mm	2×60°两处顶夹
9	铣齿	外圆、端面
10	铣槽两处	外圆、齿槽
11	检验	
12	热处理：低温时效	
13	修研两端孔口 2×60°倒角	外圆
14	精磨外圆至要求	2×60°两处顶夹
15	检验	
16	精车内孔 B，调头精车内孔 C（切除工艺倒角）	外圆、液性塑料定心夹具
17	检验	

钢料，成批生产。

分析主轴套筒的加工工艺，有如下特点：

a. 选择以外圆或外圆两端孔口的工艺倒角作为定位基准面，本质都是外圆的中心线，实现了基准重合，且可在大多数工序中使用，实现基准统一，有利于保证内孔及内端面对外圆的相互位置精度要求。而孔口工艺倒角和外圆又互为基准，经多次反复加工，两者间的相互位置精度也逐渐提高。

b. 用热处理工序将工艺路线划分为三个阶段：调质之前为粗加工阶段；调质到时效之间为半精加工阶段；时效以后为精加工阶段。

c. 主轴套筒形状结构较复杂，在外圆表面上铣齿后，会因其结构不对称而引起内应力弯曲变形。因此，除了安排调质处理以稳定其组织性能外，还应在铣齿后安排低温时效处理，以消除内应力。再经精磨外圆，保证其加工精度要求。

d. 主轴套筒两端的轴承孔由于未设置砂轮越程槽等结构上的限制而不宜采用磨削加工，最终以精磨后的外圆定位，采用高精度的液性塑料定心夹具，精车内孔以保证加工精度要求。

② 长套筒类零件的加工工艺。图 4-15 所示为液压缸筒图，属于长套筒类零件，结构特点是壁很薄。由于液压缸内有活塞往复运动，故加工要求较高：尺寸精度为 ϕ70H6，圆柱度要求为 0.04mm，孔轴线的直线度要求为 ϕ0.15mm，与外圆安装基准面 A、B 的同轴度要

求为 ϕ0. 04mm，孔与端面的垂直度要求为 0. 03mm，孔的表面粗糙度 *Ra* 值为 0. 32μm。外圆安装基准面的尺寸精度为 h6，其余的不加工。

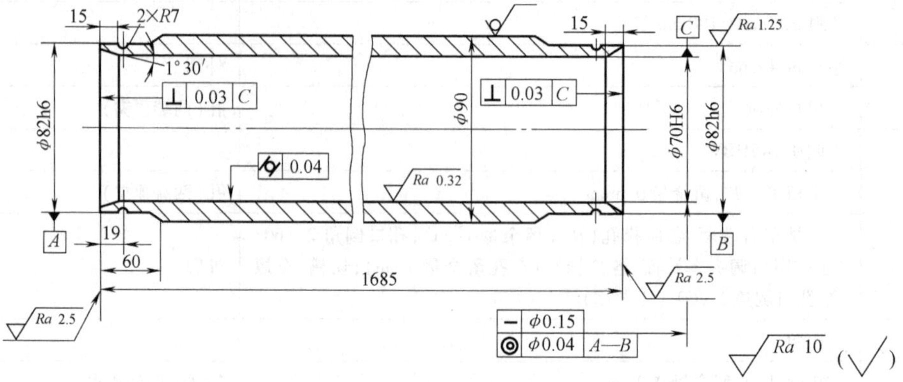

图 4-15　液压缸简图

表 4-6 为液压缸的加工工艺路线，毛坯为无缝钢管，成批生产。

表 4-6　液压缸的加工工艺路线

工序	工 序 内 容	定位与夹紧
1	下料切断	
2	①车端面，车一端外圆至 ϕ88mm，车螺纹 M88 × 1. 5mm（工艺用），倒角 ②调头车端面（总长 1686mm），车另一端面外圆至 ϕ85mm，倒角	一夹一顶
3	①半精镗孔至 ϕ68mm ②精镗至 ϕ69. 85mm ③浮动镗至 ϕ(70 ±0. 02) mm	孔（两端顶夹）
4	滚压至要求	
5	①车端面，切去工艺螺纹，车外圆 ϕ82mm 至尺寸，切圆槽，镗内锥孔； ②调头车端面，取总长 1685mm，车外圆 ϕ82mm 至尺寸，切圆槽，镗内锥孔	孔（两端顶夹）

分析液压缸的加工工艺，有以下特点：

a. 该零件长而壁薄，为保证内孔及其端面对外圆的相互位置精度要求，选择外圆装配基面为定位基准加工内孔，实现基准重合、基准统一。为避免薄壁套筒受夹紧力而引起变形，一端车出工艺螺纹，夹紧时用螺纹旋紧工件，改变其受力方向为轴向受力；另一端定位面也适当增加厚度，夹紧时用中心架托住外圆。这种装夹方式与一般深孔加工时的装夹方式相同。最后工序用软爪夹住一端，避免夹紧变形，另一端以内孔定位，用顶尖顶住工件，精车外圆，再以外圆为基准，用中心架托住，找正内孔，镗内锥面。

b. 内孔的加工精度要求较高，粗加工采用半精镗，半精加工采用精镗，精加工采用浮动镗，光整加工采用滚压的加工方法。套筒类零件孔的光整加工方法有珩磨、滚压、研磨等，滚压后的表面质量高，耐磨性更好。但目前对铸造液压缸尚未采用滚压工艺，原因是铸件表面的缺陷（如疏松、气孔、砂眼、硬度不均等）对滚压有很大影响，会导致滚压加工误差增大。

2）套筒类零件的加工工艺分析。保证主要表面间的相互位置精度要求和防止薄壁的变形是套筒类零件加工的关键。

从套筒类零件的技术要求已知，其主要位置精度是内外圆表面之间的同轴度要求及端面对孔轴线的垂直度要求。通常采用以下方法：

① 在一次装夹中完成所有内外圆表面及端面的加工。这种方法消除了工件的装夹误差，可获得很高的相互位置精度。该方法工序比较集中，适用于小尺寸的结构简单的套筒类零件加工。

② 分多次装夹，先加工孔，然后以孔为基准加工外圆。这种方法由于所用的夹具（如各种心轴）结构简单，定心精度高，可以保证较高的相互位置精度，故应用非常广泛。

③ 分多次装夹，先加工外圆，然后以外圆为基准加工孔。采用这种方法时，工件装夹迅速可靠，但夹具结构较复杂。为获得较高的位置精度，必须采用高精度的定心夹具，如液性塑料定心夹具、弹性薄膜卡盘及经过修整的自定心卡盘和软爪等夹具。

4.1.3　选择套筒类零件工艺装备

1. 刀具的选择与应用

孔加工刀具种类很多，按用途不同分为两类：一类是在实心材料上加工出孔的刀具，如麻花钻、扁钻、深孔钻等；另一类是对工件已有底孔进行再加工的刀具，如扩孔钻、铰刀、镗刀。详见前述。

2. 孔加工机床设备选择与应用

钻床属于孔加工设备，包括台式钻床、立式钻床、摇臂钻床、深孔钻床。

普通镗床、龙门镗床、加工中心等主要是对箱体、支架类零件的孔或孔系进行加工，此类孔或孔系一般精度要求较高。

3. 钻床类夹具选择与设计

钻床类夹具是用于各种钻床、镗床和组合机床上加工孔的夹具，简称钻模（用作镗孔的称镗模）。它的主要作用是控制刀具的位置和导引其送进方向，以保证工件被加工孔的位置精度要求。

（1）钻床类夹具的构造和种类

1）固定模板式钻模。图 4-16 所示是在某壳体上钻孔的固定模板式钻模。工件以凸缘端面和短圆柱为基准在定位件 上定位，并用凸缘上的一个小孔套到菱形销上以确定旋转角的位置。拧紧螺母通过开口垫圈夹紧工件。装有钻套的钻模板用两个销钉和四个螺钉固定在夹具体上。由于工件被加工的是个台阶孔，所以采用了快换钻套（每个钻套都需和刀具相适应）。这种钻模刚性好，模板固定不动，便于提高被加工孔的位置尺寸精度。它常用于从一个方向来加工与轴线平行的孔。由于被加工的孔很小，所以就不必将夹具体固定。但当加工较大的孔时，如在摇臂钻床上或在镗床上使用时，则需要将夹具固定在工作台上。

2）复式钻模。此类钻模的模板是可卸的，钻模板可以“覆”在工件上（无需夹具体），也可以和钻具本体用定位销或用铰链连接。图 4-17 所示为加工轴流式航空发动机中机匣的前、后整流舱接合端面上精密螺栓孔用的复式钻模。加工时，钻模套在工件的基准外圆及端面上，用钻模圆周上刻线对准工件的接合缝（工件是由左右两半组成的）作角向定位，用钩形压板夹紧在工件上，工件以另一端面放在机床工作台上。在这个钻模的两面各有着一套

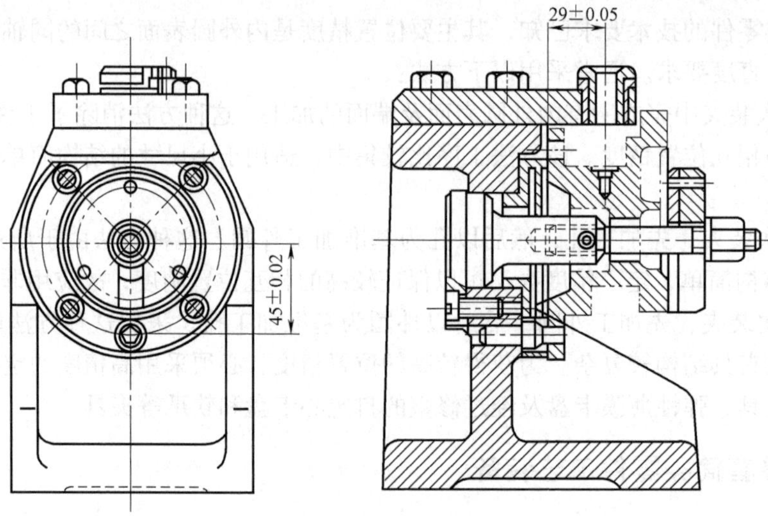

图 4-16　固定模板式钻模

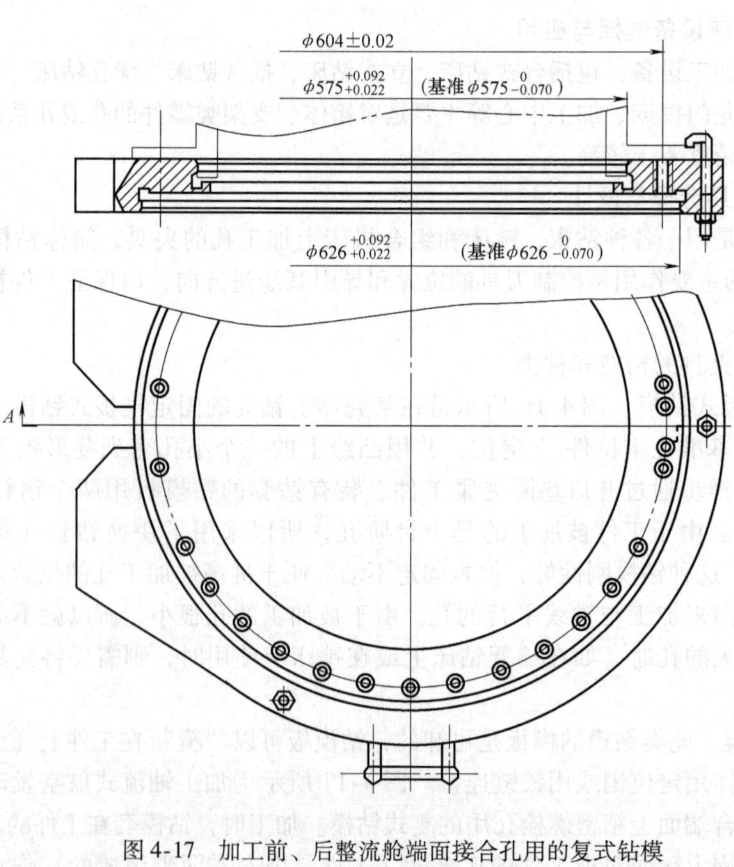

图 4-17　加工前、后整流舱端面接合孔用的复式钻模

定位表面，分别加工前、后整流舱的精密螺栓孔。这种用来加工两个相配工件上的接合孔用的钻模称为镜面钻模。它可以有效地保证两个相配工件上接合孔的位置精度。复式钻模不用夹具体，甚至有的还不用夹紧装置，如图4-18所示，所以对大型工件很适合，不但简化了夹具构造，节省材料，而且减轻了工人的劳动强度。

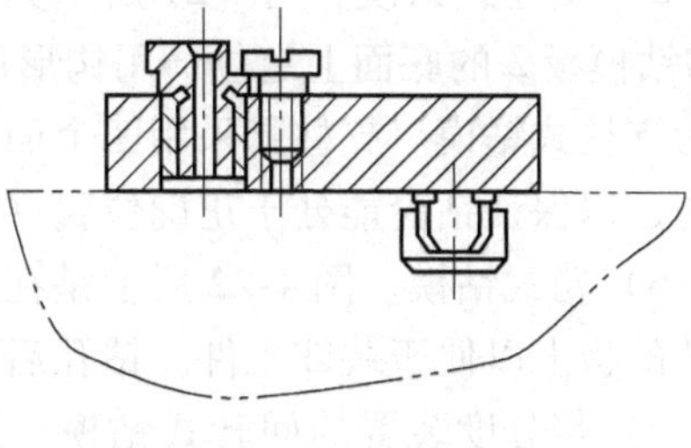

图4-18　无夹紧装置的复式钻模

3）铰链翻开式钻模。图4-19所示是一种用铰链连接模板的钻模，工件安装好以后，盖上钻模板就可进行加工。

4）翻转式钻模。工件装在钻模中后可以一起翻转，用以加工不同方向上的孔。图4-20所示是在套筒工件上钻不同方向8个孔的翻转式钻模。整个钻模呈正方形，为了便于钻8个径向孔，另设计一个V形块作底座使用。

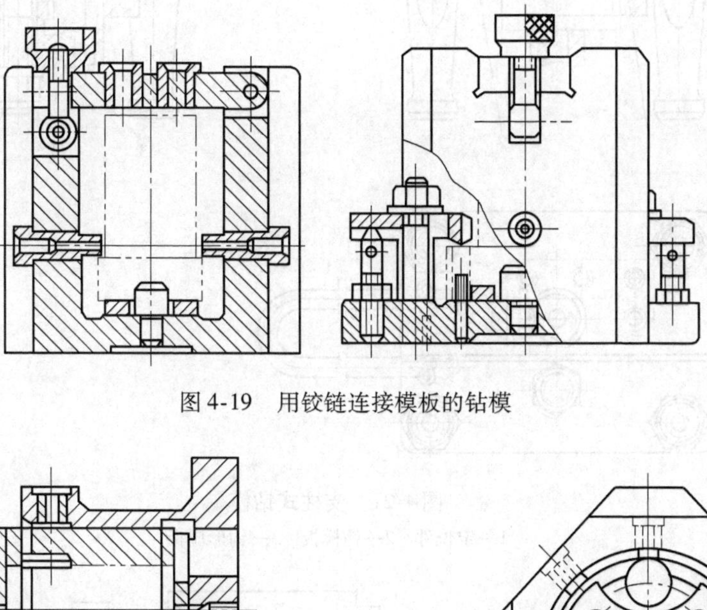

图4-19　用铰链连接模板的钻模

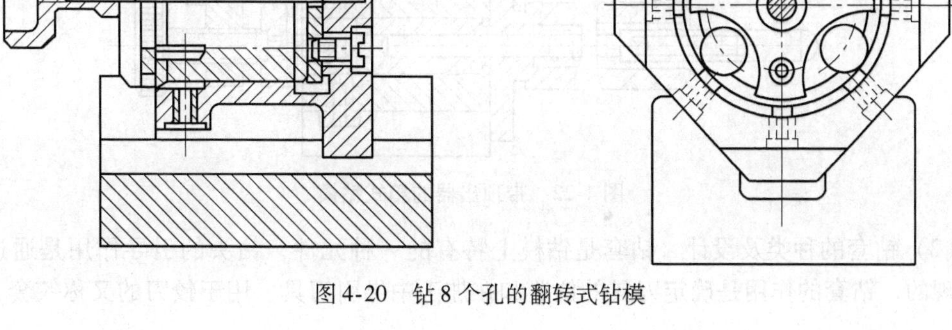

图4-20　钻8个孔的翻转式钻模

5）支柱式钻模。图 4-21 所示为支柱式钻模。工件以三个垂直的平面为基准，在定位件 1 和钻模板 2 的底面上定位，用钩形压板 3 夹紧。该钻具上有四个支柱脚将钻具撑起，所以称为支柱式钻模。支柱脚采用四个而不是三个，这是为了便于发现支脚下面是否粘有切屑等污物，以保证钻套能处于正确位置（防止歪斜时折断钻头）。

6）箱式钻模。图 4-22 所示是在小轴套工件上钻两个孔用的箱式钻模，夹紧螺钉装在能拨转的板上以便于装卸工件。钻孔后可用左边的顶出器将工件从夹具腔中推出。

7）带分度装置的回转式钻模。该钻模是用来加工沿圆周分布的许多孔（或许多径向孔）。加工这些孔时，常用两种方法来变更工位。一种是利用分度装置使工件改变工位（钻套不动）；另一种是每个孔都使用一个钻套，用钻套来决定刀具对工件的位置。图 4-23 所示为带分度装置的回转式钻模，用于加工工件上三圈处的径向孔。工件以孔和端面为基准在定位件上定位，用螺母 3 夹紧。钻完一个工位上的孔后，松开锁紧分度盘 2 的螺母 1，拔出分度销 4 后就可进行分度。分度完成后，再用螺母 1 将分度盘锁紧，以加工另一个工位的孔。

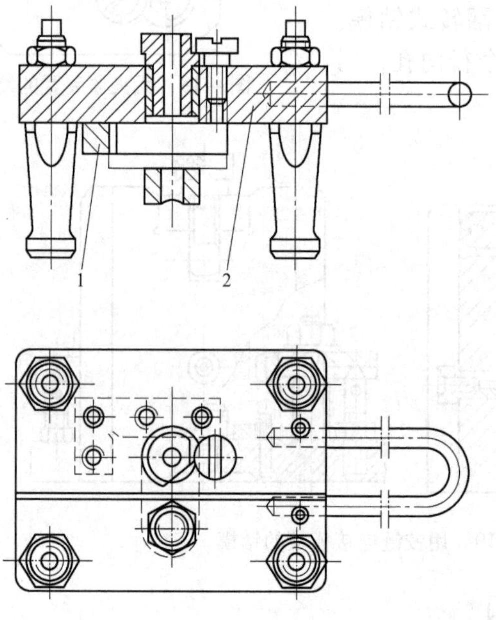

图 4-21　支柱式钻模

1—定位件　2—钻模板　3—钩形压板

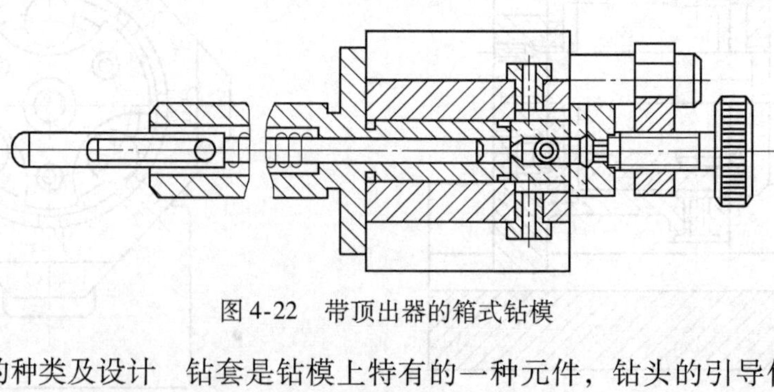

图 4-22　带顶出器的箱式钻模

（2）钻套的种类及设计　钻套是钻模上特有的一种元件，钻头的引导作用是通过钻套来实现的，钻套的作用是确定刀具的位置和在加工中导引刀具。用于铰刀的又称铰套，用于镗削时称为镗套。导引的刀具虽不相同，但它们的结构相近，设计方法相同。

1）钻套的种类。

① 固定式钻套。固定式钻套采用过盈配合压入钻模板，其结构如图4-24a、b所示，常用的配合为过盈配合（H7/r6或H7/n6），如图4-24a所示结构最简单，容易制造。图4-24b所示钻套上带有凸缘，其端面可用作刀具送进时的定程挡块。这种固定钻套磨损到一定限度时（平均寿命为10000~150000次）必须更换，即将钻套压出，重新修正座孔，再配换新钻套。该种钻套适于中小批量生产的使用。

② 可换式钻套。在大批、大量生产中，为了方便更换已磨损的钻套以及在成组夹具上使用，常采用易于拆卸的可换钻套。其结构如图4-24c所示，这种钻套是以间隙配合（H6/g5或H7/g6）装入耐磨损的衬套内（衬套和钻模板的配合按H7/r6或H7/n6），有时也可按H7/js6或H7/k6配合直接装在钻模板上。为了防止钻套随刀具转动或被切屑顶出，常用固定螺钉紧固。此种钻套虽可较方便地更换，但还不能适应钻、扩、铰的连续加工使用（因拆卸螺钉费时间）。

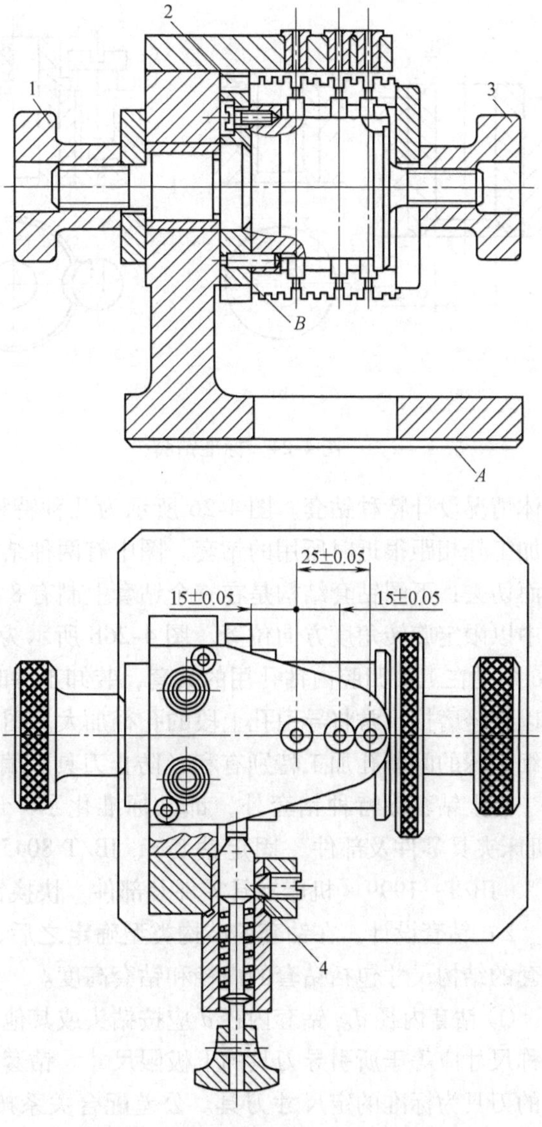

图4-23　带分度装置的回转式钻模

1、3—螺母　2—分度盘　4—分度销

③ 快换钻套。当被加工孔需要依次连续地用几把刀具（如钻、扩、铰）进行加工时，为更换钻套迅速，需采用快换钻套，其标准结构如图4-25，所示。该钻套与衬套的配合采用H7/g6或H6/g5的间隙配合。由于钻套上有一缺口，所以更换时，只要将钻套逆时针转动一下，即可迅速地取下。

对于工件上不同位置而直径相差不多的孔，在采用几个快换钻套时，最好使钻套的外径也不相同，以免放错位置，把孔钻错。当工件上有几个直径相同的孔需要在同一钻模上加工时，只需用一个快换钻套即可。另外还需指出的是，当钻削较深的孔时，快换钻套通常只在开始钻削时使用，当钻出一定深度后，为了便于排屑，常把钻套取下来，这时就以钻出的孔本身作引导来继续加工。

④ 特种钻套。当工件的形状或工序的加工条件不宜采用上述的标准钻套时，就要针对

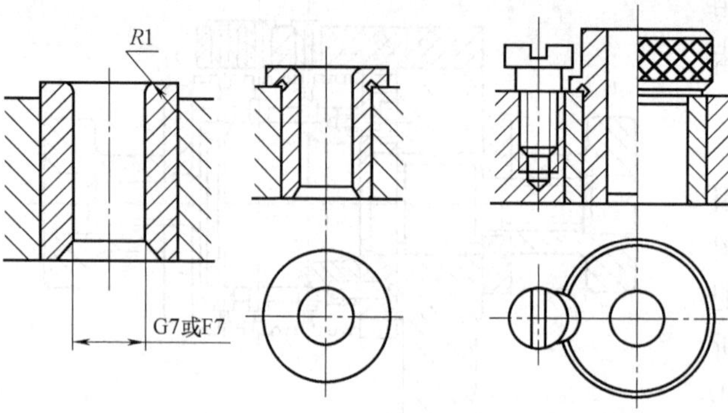

a)　b)　c)

图 4-24　标准钻套

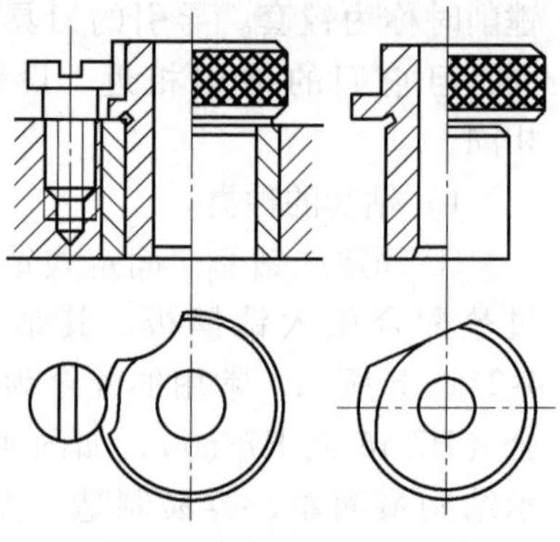

a)　b)

图 4-25　快换钻套

具体情况设计特种钻套。图 4-26 所示为几种特种钻套的例子。图 4-26a 所示是两个或多个被加工孔相距很近时所用的钻套。图中有两种结构的钻套，上图的钻套结构是把钻套相邻的侧面切去；下图钻套结构是在一个钻套上制有 8 个导引孔，钻套凸肩上有一槽，用销子嵌入槽中以限定旋转角度方向位置。图 4-26b 所示为在斜面（或弧面）上钻孔用的钻套。图 4-26c 则是在工件凹腔内钻孔用的钻套，装卸工件时可将钻套提起。为了减小与刀具的接触长度以减轻磨损，常将导引孔上段的孔径加大。图 4-26d 所示结构是在加工间断孔用的，这对于细而深的间断孔加工特别有利（防止刀具引偏）。

以上钻套除特种钻套外，都已标准化了，设计时可参阅国家标准 JB/T 8045.1—1999《机床夹具零件及部件　固定钻套》、JB/T 8045.2—1999《机床夹具零件及部件　可换钻套》、JB/T—1999《机床夹具零件及部件　快换钻套》等。

2）钻套设计。在钻套的结构类型确定之后，就需要确定钻套的结构尺寸及其他问题。钻套的结构尺寸包括钻套的内径和钻套高度。

① 钻套内径 d。钻套内径 d 应按钻头或其他孔加工刀具的引导部分来确定。钻套内径的公称尺寸应等于所引导刀具的上极限尺寸。钻套的内径公差按基轴制选取，其原因是钻套引导的刀具为标准的定尺寸刀具。公差配合关系按间隙配合选取，以防止刀具与钻套内径咬死。一般根据所用刀具和工件的加工精度要求来选取钻套内径的公差。具体来说，钻孔、扩孔时选 F7；粗铰时选 G7，精铰时选 G6。

例 4-1　加工孔 $\phi 20\text{H7}(^{+0.021}_{\ \ 0})$，拟采用钻、扩、粗铰、精铰四个工步，试计算所使用钻套的内径尺寸和公差。

工步一：先用 $\phi 18^{\ \ 0}_{-0.027}$ mm 标准麻花钻钻孔，其钻套内径按基轴制间隙配合取 F7，其引导麻花钻的钻套内径 d 为 $\phi 18^{+0.034}_{+0.016}$ mm。

工步二：用 $\phi 19.8^{\ \ 0}_{-0.003}$ mm 扩孔钻进行扩孔，其钻套内径仍取 F7，其引导扩孔钻的钻套内径 d 为 $\phi 19.8^{+0.041}_{+0.020}$ mm。

工步三：进行粗铰，所用铰刀为 $\phi 19.9^{+0.063}_{-0.042}$ mm，按基轴制间隙配合取 G7，其引导粗铰刀的钻套内径为 $\phi 19.963^{+0.028}_{+0.007}$ mm，即 $\phi 19.9^{+0.091}_{+0.070}$ mm。

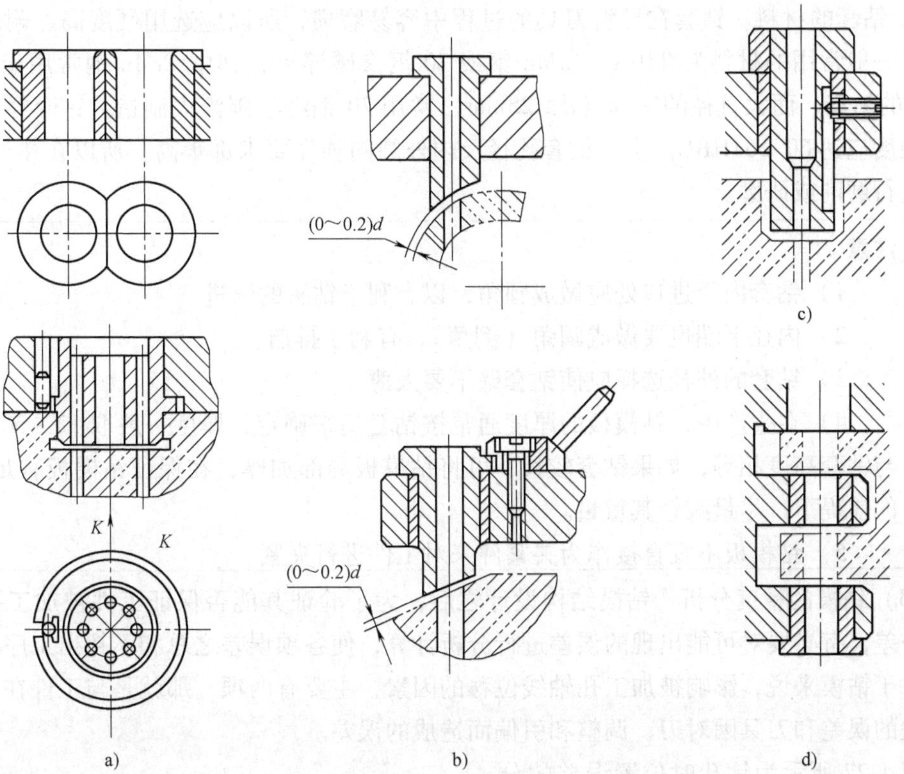

图4-26　特种钻套

最后用精铰刀 $\phi 20^{+0.080}_{-0.008}$ mm 进行精铰，其钻套内径也是根据铰刀的最大尺寸且按基轴制 G6 配合确定为 $\phi 20^{+0.038}_{+0.025}$ mm。

② 钻套高度 H。钻套的高度 H 对刀具的引导作用和钻套的磨损影响很大，高度 H 较大时，刀具与钻套间可能产生的偏移量很小（导向性好），但是容易加快刀具和钻套之间的磨损。高度 H 过小时，钻套的导向性不好，刀具易倾斜，通常钻套高 H 是由被加工孔距精度、工件材料、加工孔的深度、刀具刚度、工件表面形状等因素决定。一般情况下，$H=(1\sim3)d$，其中 d 为钻套内径。如果在斜面上钻孔或加工切向孔时，$H=(4\sim8)d$。另外，在高强度的材料上钻孔或在粗糙表面上钻孔或钻头刚度较低时，宜选用长钻套。

③ 钻套与工件距离 S。钻套与工件间应留适当间隙 S，如果 S 过小，则切屑排除困难，这不仅会损坏加工表面，有时还可能把钻头折断。如果 S 过大，会使钻头的引偏值增大，不能发挥钻套引导刀具的作用。间隙 S 的大小应根据钻头直径、工件材料及孔深来确定。选取的原则是引偏量小而且易于排屑。加工铸铁等脆性材料时，$S=(0.3\sim0.7)d$，加工钢等带状切屑材料时，$S=(0.7\sim1.5)d$。工件材料硬度越高，其系数应取小值。钻孔直径越小，钻头刚性就越差，系数应取大值，以免切屑堵塞而使钻头折断。但是下列几种情况例外：

a. 当孔的位置精度要求较高或加工非铁金属时，允许 $S=0$。

b. 在斜面上钻孔或钻斜孔时，为保证起钻良好，S 应尽量取小些，$S=(0\sim0.2)d$。

c. 钻深孔（$L/d>5$）时，要求排屑顺利，这时 $S=1.5d$。

④ 钻套的材料。钻套在导引刀具的过程中容易磨损，所以应选用硬度高、耐磨性好的材料。一般常用的材料为 T10A、CrMn 钢或 20 钢渗碳淬火，其中 CrMn 钢常用于孔径 $d\leqslant$ 10mm 的钻套，而大直径的钻套（$d\geqslant$25mm）常用 20 钢经渗碳淬火制造。钻套经热处理之后，硬度应达 60 ~64HRC。由于钻套孔径及内外圆同轴度要求都很高，所以在热处理之后，需要进行磨削或研磨。

注意

1）钻套内径进口处应做成圆角，以有利于钻头的引进。

2）内径下端也要做成圆角（倒角），有利于排屑。

3）钻套的外径选择应使钻套壁不要太薄。

4）在生产中，钻模板的厚度通常按钻套高来确定，厚度一般取 12 ~30mm，或与钻套高度相等，如果钻套较长，可将钻模板局部加厚，在保证钻模板有足够刚度的前提下，尽量减轻其重量。

5）钻模板不宜直接作为夹紧件来对工件进行夹紧。

（3）钻模的精度分析　钻模结构设计之后，为了验证其能否保证工件被加工孔的位置尺寸公差，有必要对可能出现的误差进行分析计算，使各项误差之总和不超出工序允许的限度。对于钻模来说，影响被加工孔轴线位移的因素，主要有两项，那就是与工件在夹具上安装有关的误差和刀具因对刀、调整和引偏而造成的误差。

图 4-27 所示为钻孔时位置误差的分析简图。被加工孔 1 需要保证的尺寸是 $L_1\pm l_1$，被加工孔 2 需要保证的位置尺寸是$L_2\pm l_2$。该工件是以平面定位，可以认为其定位误差为零。影响 L_1、L_2 两尺寸误差的主要因素是对刀和加工中刀具的引偏。具体对于孔 1 来说，影响 L_1 的因素有下列几方面：

1）衬套内孔轴线至定位表面距离 L_1 的制造公差 $\pm l'_1$。

2）钻套 1 内外圆的同轴度误差 ε_1（即跳动量）。

3）衬套 1 内外圆的同轴度误差 ξ_1

4）钻套和衬套之间的配合间隙 $\Delta_{1\max}$。

5）刀具的引偏量 $\pm x_1$。工件在被加工孔较浅时，宜按偏移考虑，其值为刀具和钻套孔最大的配合间隙 $\Delta_{1\max}$。当孔较深时，则应按偏斜计算（即 $\pm x_1$）。从

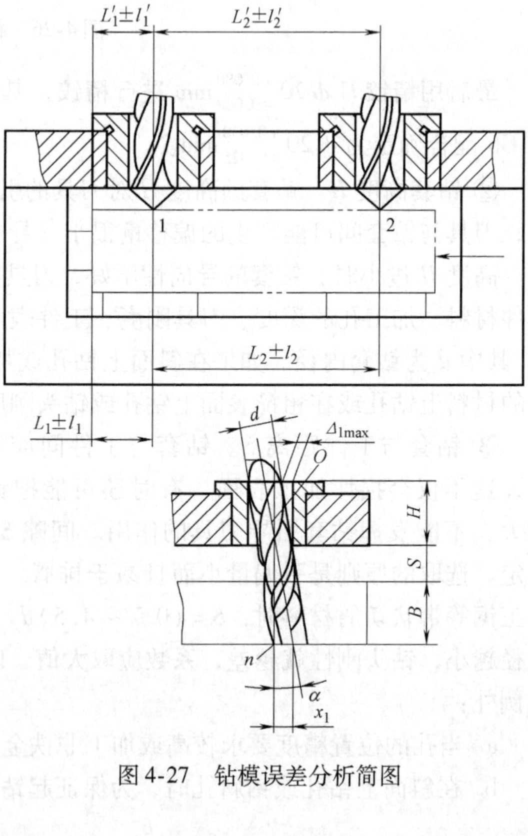

图 4-27　钻模误差分析简图

图 4-27 可知

$$x_1 = \overline{on}\tan\alpha = \left(\frac{H}{2} + S + B\right)\frac{\Delta_{1\max}}{H}$$

式中 S——钻套底面至工件间的距离；

B——工件被加工孔的深度；

H——钻套导引孔的长度（钻套高度）。

以上这些因素都是按最大值计算的。然而在实际上，各项误差不可能都达其最大值。因此，在计算总误差时，若按上述各项误差最大值相加，由于工件位置公差的限制，必然要缩小钻模的有关公差才能符合要求，这就使钻模制造困难，但却有较大的精度储备。在一般情况下，应该按概率法计算，这样计算的总误差 $\delta_{总}$ 与实际比较接近，即

$$\delta_{总} = \sqrt{(2\,l_1')^2 + \varepsilon_1^2 + \xi_1^2 + \Delta_{1\max}^2 + (2\,x_1)^2}$$

以上分析，只适用于固定模板式钻模。对于其他可卸钻模，还得考虑钻模本身在钻模上具体定位时的误差影响。所以，计算误差时，要视具体结构而定。

注意

刀具的引偏量 $\pm x_1$ 这项误差是由刀具和钻套孔最大的配合间隙 $\Delta_{1\max}$ 引起的，因此这两项误差具有相关性，在进行 $\delta_{总}$ 计算时，注意不要重复考虑。所以，在计算 $\delta_{总}$ 时，x_1 用以下计算公式计算，$x_1 = \overline{on}\tan\alpha = (S + B)\dfrac{\Delta_{1\max}}{H}$。

做一做

计算一下影响 $L_2 \pm l_2$ 尺寸的总误差。

任务 4.2 分析缸套类零件工艺，解决套筒类零件加工中的工艺问题

任务导入

如图 4-28 所示液压缸缸套，其结构与轴承套有着较大的区别，但同属类零件，以它为示例，从套类零件加工过程中工艺问题入手，进一步深入掌握套类零件的工艺规程制订。

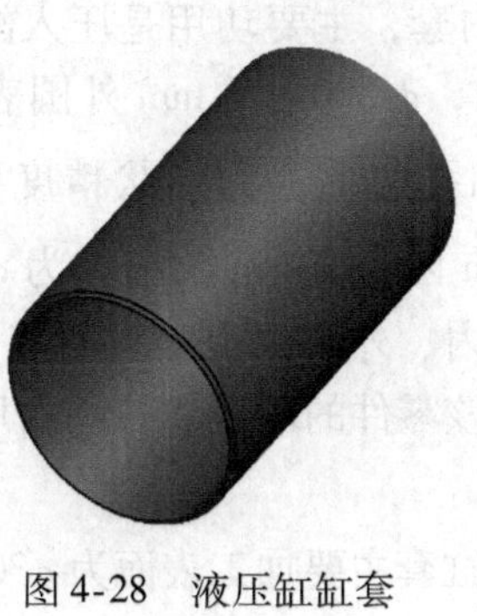

图 4-28 液压缸缸套

任务内容和目标

从典型套筒类零件切入，进一步了解套筒类零件的功用与结构特点，及套筒类零件的技术要求，学会套筒类零件加工的工艺设计，注重解决套筒类零件的工艺性问题，达到掌握一般复杂程度套筒类零件机械加工工艺规程的设计能力。

知识网络结构

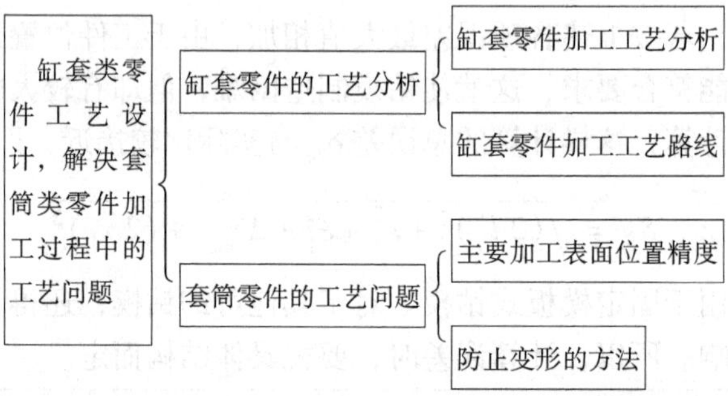

教学情景分析

本任务采用“教、学、做”一体化教学，教师将“教学任务”布置下去，学生预先分组，每组学生利用已经学习的工艺理论知识，在教师的辅导下，完成“教学任务”，即缸套的工艺设计。

工作任务书

产品名称：缸套。

材料：QT600-3。

生产类型：批量生产，3000 件/年。

工作任务：

1）根据图 4-29 所示零件图分析该零件的结构、技术要求、主要加工表面及其对应的加工方法，拟定其加工工艺路线。

2）确定详细的工艺参数，编制工艺规程。

4.2.1　缸套零件加工工艺

1. 缸套零件的主要表面及其技术要求

由图 4-29 可知，该缸套为内套，主要功用是压入缸体内部。主要加工表面是内孔、外圆及其端面。其主要技术要求为，$\phi 300^{+0.08}_{+0.04}$mm 外圆表面，其形状精度要求外圆的圆度公差为 0.01mm；$\phi 280^{+0.08}_{0}$mm 内孔表面，其形状精度要求内孔的圆度公差为 0.01mm；$\phi 300^{+0.08}_{+0.04}$mm 外圆对 $\phi 280^{+0.08}_{0}$mm 内孔的同轴度公差为 $\phi 0.05$mm；右端面相对基准 B（左端面）的平行度公差为 0.05mm。内、外圆的表面粗糙度 Ra 值为 0.8μm，两端面的表面粗糙度 Ra 值为 3.2μm。由此可见，该零件的内孔和外圆的尺寸精度和位置精度要求均较高。

2. 工艺分析

（1）主要表面的加工方法　缸套主要加工表面为 $\phi 300^{+0.08}_{+0.04}$mm 的外圆表面和 $\phi 280^{+0.08}_{0}$mm

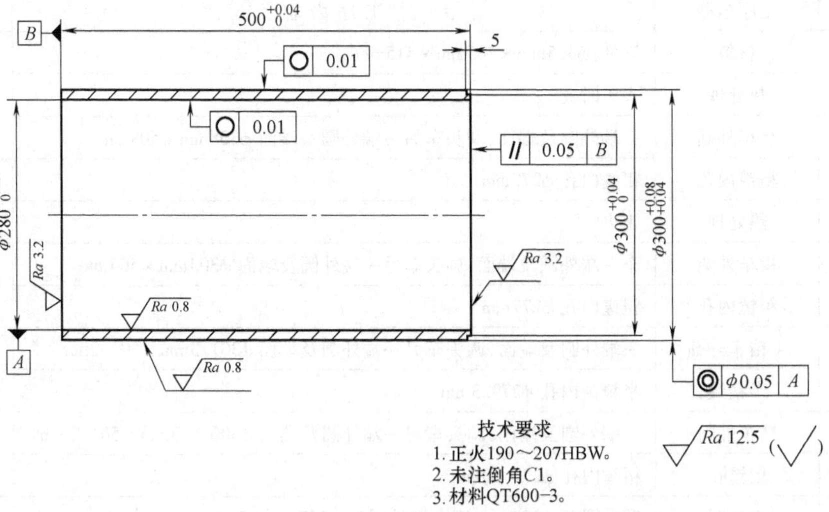

图4-29　缸套零件

的内孔表面，次要加工表面为左、右端面等。

$\phi300^{+0.08}_{+0.04}$mm 的外圆表面加工：车削、磨削。

$\phi280^{+0.08}_{0}$mm 的内孔表面加工：车削、磨削。

（2）确定定位基准

1）精基准选择。必须保证外圆对基准 A 的同轴度公差为 ϕ0.05mm，右端面对基准 B 的平行度公差为 0.05mm。内孔中心既是装配基准，又是设计基准，所以选择内孔中心线作为精基准。这样使工艺路线遵循基准重合和基准统一的原则。

2）粗基准的选择。为保证重要内孔加工余量均匀（内外圆同轴度），定位正确，夹紧可靠，应选择外圆表面及毛坯端面为粗基准。

（3）选择毛坯的类型　缸套材料为球墨铸铁 QT600-3，毛坯选择方案有铸件和无缝铸铁管材两种，从生产类型看年产量 3000 件，为大批量生产。从外部结构及尺寸上看，最大直径为 ϕ300mm，长度为 500mm，铸件和铸铁管材均可，由于难以找到合适尺寸的铸铁管，故选择铸件毛坯，取毛坯的尺寸为 ϕ315mm × 265mm × 515mm

（4）选择加工机床和刀具　$\phi300^{+0.08}_{+0.04}$mm 的外圆表面加工：CA6140 车床，90°外圆车刀；外圆磨床 M1432B，黑碳化硅磨料砂轮，最大直径为 750mm，最大宽度为 75mm。

$\phi280^{+0.08}_{0}$mm 内孔表面加工：镗床 T×619；镗刀；珩磨机，黑碳化硅磨料砂轮。

左右端面：CA6140 车床，45°端面车刀。

（5）划分加工阶段和安排加工顺序　缸套 $\phi300^{+0.08}_{+0.04}$mm 外圆表面，尺寸公差等级为 IT6，表面粗糙度 Ra 值为 =0.8μm，通过粗车→半精车→精车→精磨。加工顺序即可满足加工要求。

缸套 $\phi280^{+0.08}_{0}$mm 内孔表面，尺寸公差等级为 IT8，表面粗糙度 Ra 值为 0.8μm，通过粗镗→半精镗→精镗→珩磨，加工顺序即可满足加工要求。

（6）拟定工艺路线（表 4-7）

表 4-7　缸套的加工工艺路线

工序号	工序名称	工序内容	定位基准
1	备料	铸件：ϕ315mm × 265mm × 515mm	
2	热处理	人工时效	
3	粗车外圆	一端外圆及端面，调头车另一端外圆及端面 ϕ308mm × 508mm	
4	粗镗内孔	粗镗内孔 ϕ272mm	
5	热处理	正火	
6	粗车外圆	车一端外圆及端面，调头车另一端外圆及端面 ϕ303mm × 504mm	
7	粗镗内孔	粗镗内孔 ϕ277mm	
8	半精车外圆	一端外圆及端面，调头车另一端外圆及端面 ϕ301.3mm × 501.2mm	
9	半精镗	半精镗内孔 ϕ279.3mm	
10	精车外圆	一端外圆及端面，调头车另一端外圆及端面 ϕ300.6.3mm × 501.2mm	
11	精镗孔	精镗内孔 ϕ279.88mm	
12	磨外圆	磨外圆至 ϕ300mm，磨右端外圆至 ϕ300mm × 5mm	
13	珩磨内孔	珩磨内孔至尺寸 $\phi 280^{+0.08}_{0}$ mm	
14	检验	综合检验	
15	入库	检验入库	

（7）确定加工余量、工序尺寸与公差　该缸套的内圆表面的加工遵循基准重合和基准统一原则，所以各工序的工序尺寸可以从最终加工工序开始，向前推算各工序的公称尺寸；公差按各自采用加工方法的经济精度确定，按入体原则进行标注。以 $\phi 280^{+0.08}_{0}$ mm 内孔为例，进行加工余量、工序尺寸及其公差的确定。$\phi 280^{+0.08}_{0}$ mm 内孔表面的各道工序的工序尺寸和公差见表 4-8。

表 4-8　$\phi 280^{+0.08}_{0}$ mm 内孔表面的各道工序的工序尺寸和公差　（单位：mm）

工序名称	工序余量	经济精度	工序公称尺寸	工序尺寸
珩磨	0.12	H8($^{+0.081}_{0}$)	ϕ280	$\phi 280(^{+0.081}_{0})$
精镗	0.58	H9($^{+0.13}_{0}$)	ϕ279.88	$\phi 279.88(^{+0.13}_{0})$
半精镗	2.3	H10($^{+0.21}_{0}$)	ϕ279.3	$\phi 279.3(^{+0.21}_{0})$
粗镗	5	H12($^{+0.52}_{0}$)	ϕ277	$\phi 277(^{+0.52}_{0})$
粗镗	7	H12($^{+0.52}_{0}$)	ϕ272	$\phi 272(^{+0.52}_{0})$
毛坯			ϕ265	ϕ265

（8）确定切削用量和工时定额　这里以粗镗孔由 ϕ272mm 至 ϕ277mm 为例，介绍切削用量和工时定额的确定。

机床：TX619。

刀具：YG8 硬质合金镗刀。

1）确定切削用量。

① 背吃刀量。$a_p = 2.5$mm。

② 进给量。查表可得，取 $f = 0.4$mm/r。

③ 切削速度。取TX619卧式镗床主轴转速96r/min，根据切削速度计算公式，可得

$$v_c=\frac{\pi d_w n}{1000}=\frac{\pi\times275\times96}{1000}\text{m/min}\approx83\text{m/min}$$

2）确定工时定额。

① 计算基本时间

$$T_{基本}=\frac{L+L_1+L_2}{nf}$$

其中，$L=504\text{mm}$，$L_1=5\text{mm}$，$L_2=0$，所以

$$T_{基本}=\frac{L+L_1+L_2}{nf}=\frac{504+5}{96\times0.4}\text{min}=13.25\text{min}$$

② 取$T_{辅助}=4\text{min}$，$\alpha=3\%$，$\beta=2\%$。

③ 单件的工时定额为

$$T=(1+\alpha+\beta)T_{作}=(1+3\%+2\%)\times(13.25+4)\text{min}\approx18.11\text{min}$$

再根据企业作息时间核定工人每天实际作业时间，即可算出一天工时定额，还要考虑企业工人的技术水平，以制订出一个比较合理的定额。

（9）确定检验方法

1）尺寸精度的检测。轴承套的外圆表面尺寸精度可用外径千分尺测量；内孔尺寸精度可用内径卡尺或内径百分表测量。

2）位置精度的检测。内外圆同轴度检测可用同轴度测量仪。

（10）填写工艺卡片（表4-9）

表4-9　缸套机械加工工艺卡片

（工厂名）	机械加工工艺卡片	产品名称		零件图号		文件编号	
		型号规格		零件名称		共　页	第　页

材质	材料规格	毛坯	种类		零件重量/kg	毛重		每料件数	每台件数	每批件数
			尺寸			净重				

工序号	安装	工步号	工序内容	加工车间	设备名称及编号	工艺装备名称及编号				工时定额	
						夹具	刀具	量具	辅助工具	准备终结	单件
1			备料，铸件 $\phi315\text{mm}\times265\text{mm}\times515\text{mm}$								
2		1	人工时效	热处理							
3	A	1	车一端外圆 $\phi308\text{mm}$		CA6140	自定心弹胀夹具	YG8硬质合金车刀	游标卡尺			
		2	车端面								
	A	3	调头车另一端外圆								
		4	车端面保证总长508mm								
4		1	粗镗内孔 $\phi272.3^{+0.52}_{0}\text{mm}$		TX619	专用镗模	YG6硬质合金镗刀	游标卡尺			
5			正火处理								
6	A	1	车右端外圆 $\phi303\text{mm}\pm0.1\text{mm}$			自定心弹胀夹具	YG8硬质合金车刀	游标卡尺			

（续）

工序号	安装	工步号	工序内容	加工车间	设备名称及编号	工艺装备名称及编号				工时定额	
						夹具	刀具	量具	辅助工具	准备终结	单件
		2	车端面								
	A	3	调头车另一端外圆								
		4	车端面保证总长 504mm								
7			粗镗内孔 $\phi277^{+0.52}_{0}$mm		TX619	专用镗模	YG6 硬质合金镗刀	游标卡尺			
8	A	1	半精车一端外圆 $\phi301.3$mm ±0.5mm		CA6140	自定心弹胀夹具	YG8 硬质合金车刀	游标卡尺			
		2	半精车端面								
	A	3	调头半精车另一端外圆								
		4	半精车端面保证总长 501.2mm								
9		1	半精镗内孔 $\phi279.3^{+0.21}_{0}$mm		TX619	专用镗模	YG6 硬质合金镗刀	游标卡尺			
10	A	1	精车一端外圆 $\phi300.6$mm ±0.5mm		CA6140	自定心弹胀夹具	YG8 硬质合金车刀	游标卡尺			
		2	精车端面								
	A	3	调头精车另一端外圆								
		4	精车端面保证总长 $500^{+0.04}_{0}$mm								
11	A	1	精镗内孔 $\phi279.88^{+0.13}_{0}$mm		TX619	专用镗模	YG6 硬质合金镗刀	内径千分尺			
12		1	磨外圆至 $\phi300^{+0.08}_{+0.04}$mm		M1432B	专用夹具	砂轮	外径千分尺			
		2	磨右端外圆至 $\phi300$mm × 5mm								
13			珩磨内孔至尺寸 $\phi280^{+0.08}_{0}$mm		珩磨机	专用夹具	珩磨头	内径千分尺			
14			检验								
15			入库								

更改内容											
制定		审核		校对		会签		批准		日期	

4.2.2　缸套的加工工艺性问题

一般套筒类零件在机械加工中的主要工艺问题是保证内外圆的相互位置精度（即保证内、外圆表面的同轴度以及轴线与端面的垂直度要求）和防止变形。

1. 保证相互位置精度

要保证内外圆表面间的同轴度以及轴线与端面的垂直度要求，通常可采用下列三种工艺方案：

1）在一次安装中加工内外圆表面与端面。这种工艺方案由于消除了安装误差对加工精度的影响，因而能保证较高的相互位置精度。在这种情况下，影响零件内外圆表面间的同轴度和孔轴线与端面的垂直度的主要因素是机床精度。该工艺方案一般用于零件结构允许在一次安装中，加工出全部有位置精度要求的表面的场合。为了便于装夹工件，其毛坯往往采用多件组合的圆钢料，一般安排在自动车床或转塔车床等工序较集中的机床上加工，如图4-30所示。

2）全部加工分在几次安装中进行，先加工孔，然后以孔为定位基准加工外圆表面。用这种方法加工套筒，由于孔精加工常采用拉孔、滚压孔等工艺方案，生产率较高，同时可以解决镗孔和磨孔时因镗杆、砂轮刚性差而引起的加工误差。当以孔为基准加工套筒的外圆时，常用刚性较好的小锥堵心轴安装工件。小锥堵心轴结构简单，易于制造，心轴用两顶尖安装，其安装误差很小，因此可获得较高的位置精度。

3）全部加工分在几次安装中进行，先加工外圆，然后以外圆表面为定位基准加工内孔。这种工艺方案，如用一般自定心卡盘夹紧工件，则因卡盘的偏心误差较大会降低工件的同轴度。故需采用定心精度较高的夹具，以保证工件获得较高的同轴度。较长的套筒一般多采用这种加工方案。

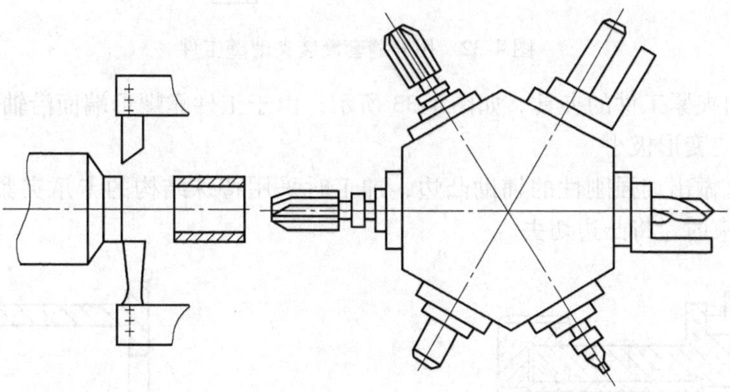

图4-30　转塔车床等工序较集中的加工

2. 防止变形的方法

薄壁套筒在加工过程中，往往由于夹紧力、切削力和切削热的影响而引起变形，致使加工精度降低。需要热处理的薄壁套筒，如果热处理工序安排不当，也会造成不可校正的变形。防止薄壁套筒的变形，可以采取以下措施。

（1）减小夹紧力对变形的影响

1）夹紧力不宜集中于工件的某一部分，应使其分布在较大的面积上，以使工件单位面积上所受的压力较小，从而减少其变形。例如，工件外圆用卡盘夹紧时，可以采用软卡爪，用来增加卡爪的宽度和长度，如图 4-31 所示。同时软卡爪应采取自镗的工艺措施，以减少安装误差，提高加工精度。图 4-32 所示为用开缝套筒装夹薄壁工件，由于开缝套筒与工件接触面积大，夹紧力均匀分布在工件外圆上，不易产生变形。当薄壁套筒以孔为定位基准时，宜采用涨开式心轴。

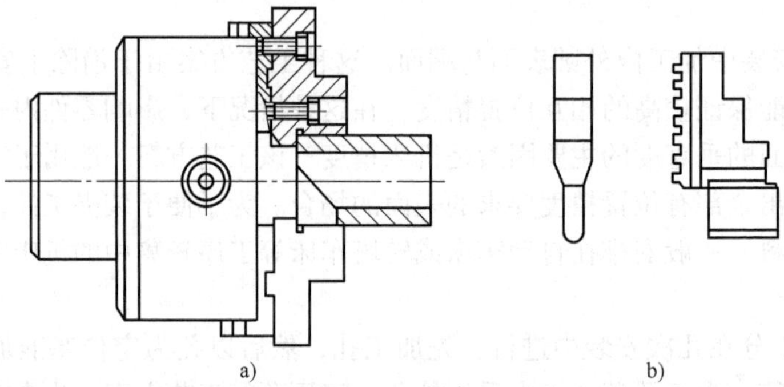

图 4-31　软卡爪装夹工件

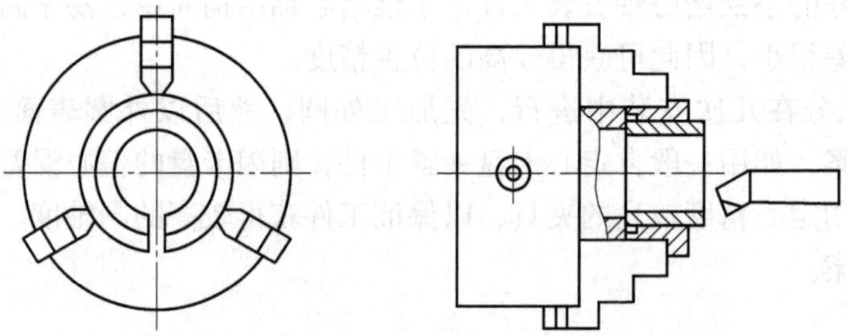

图 4-32　用开缝套筒装夹薄壁工件

2）用轴向夹紧工件的夹具。如图 4-33 所示，由于工件靠螺母端面沿轴向夹紧，故其夹紧力产生的径向变形极小。

3）工件上做出加强刚性的辅助凸边，加工时采用特殊结构的卡爪夹紧，如图 4-34 所示。当加工结束时，将凸边切去。

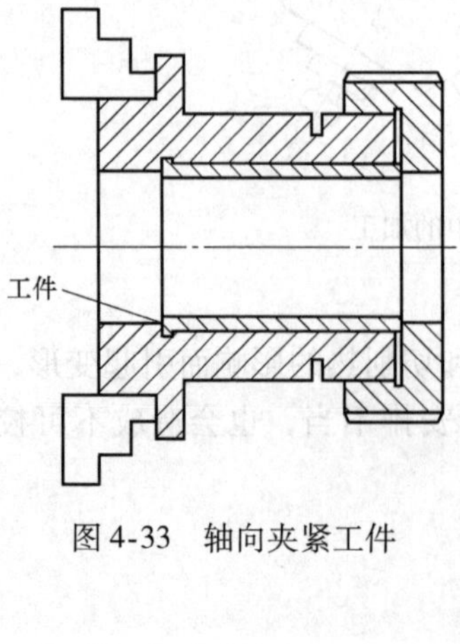

图 4-33　轴向夹紧工件

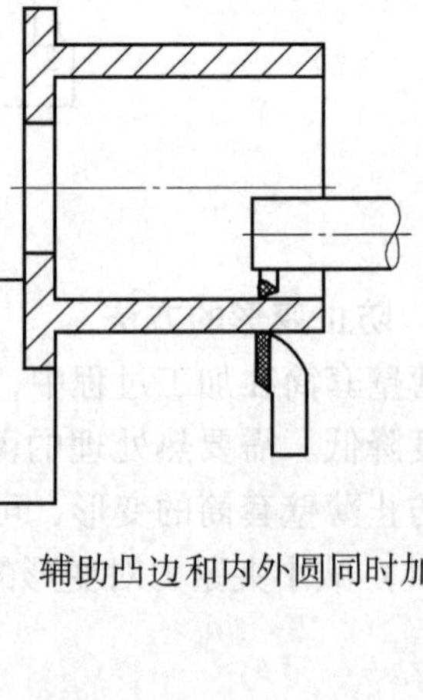

图 4-34　辅助凸边和内外圆同时加工

（2）减少切削力对变形的影响　常用的方法有下列几种：

1）减小径向力，通常可借助增大刀具的主偏角来达到。

2）内外表面同时加工，使径向切削力相互抵消，如图4-34所示。

3）粗、精加工分开进行，使粗加工时产生的变形能在精加工中能得到纠正。

（3）减少热变形引起的误差　工件在加工过程中受切削热后要膨胀变形，从而影响工件的加工精度。为了减少热变形对加工精度的影响，应在粗、精加工之间留有充分冷却的时间，并在加工时注入足够的切削液。

热处理对套筒变形的影响也很大，除了改进热处理方法外，在安排热处理工序时，应安排在精加工之前进行，以使热处理产生的变形在以后的工序中得到纠正。

实训　制订衬套的工艺规程

工作任务书

产品名称：衬套。

零件功用：导向。

材料：20钢。

生产类型：单件小批量生产。

热处理：渗碳淬火60～64HRC。

工作任务：

1）根据图4-35所示零件图分析该衬套零件的结构、技术要求、主要加工表面及其对应的加工方法，拟定其加工工艺路线。

2）确定详细的工艺参数，编制工艺规程。

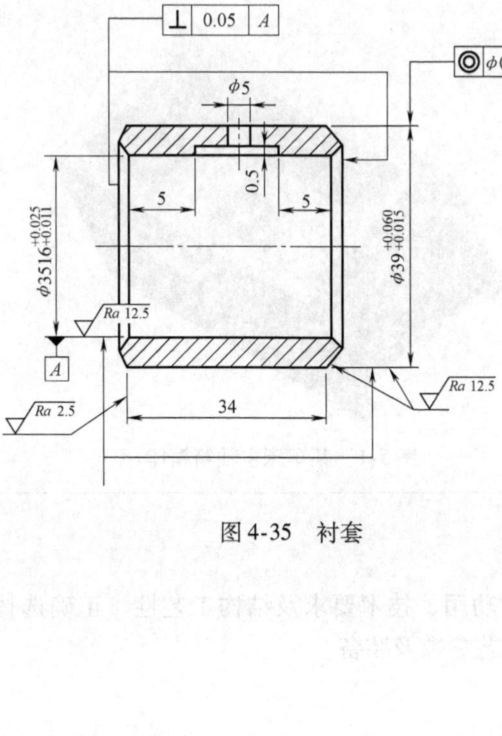

图4-35　衬套

项目5　箱体类零件加工

教学导航

学习目标	掌握孔系加工方法，箱体零件机械加工工艺制订的思路与方法
工作任务	根据工作“任务”编制箱体类零件加工工艺文件，并确定有关装备
教学重点	箱体类零件机械加工工艺制订的思路与方法、加工工艺文件编制
教学难点	箱体类零件机械加工工艺参数确定、刀具合理选择、工艺装备选择
教学方法建议	采用任务驱动教学，用任务导入，教、学、做一体化
选用案例	车床主轴箱、动力头壳体
教学设施 设备及工具	教学课件、零件实物、机械加工实训教室
考核与评价	任务成果评定、学习团队评定、学习过程评定
参考学时	16 学时

任务5.1　制订车床主轴箱的工艺规程，分析箱体类零件的工艺工装

图5-1所示为某车床主轴箱箱体，如何利用所学的工艺理论知识完成其工艺规程的编制及工装的选用呢？

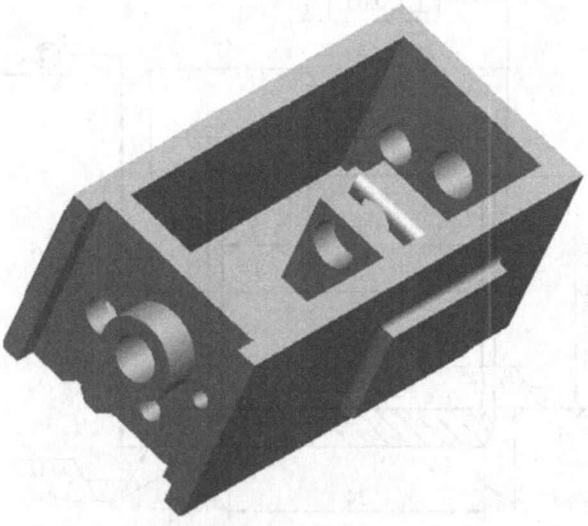

图5-1　某车床主轴箱箱体

任务内容和目标

分析不同箱体类零件的功用、技术要求及结构工艺性。正确选择材料及毛坯、定位基准，拟定工艺路线，选择工艺参数及装备。

知识网络结构

- 车床主轴箱箱体加工
  - 车床主轴箱箱体加工工艺 → 分析零件图→确定毛坯→确定各表面加工方法及选择刀具→划分加工阶段→安排加工顺序→确定零件装夹方法及选择夹具→拟定机械加工工艺路线→确定加工余量与工序尺寸→确定切削用量与工时定额→确定检测方法→填写工艺卡片
  - 箱体类零件的工艺分析
    - 零件分类、功用、结构特点、技术要求、材料、毛坯、热处理
    - 孔系的加工方法，正确选择定位基准与装夹方法
  - 箱体类零件的工艺装备选择
    - 刀具的正确选择
    - 夹具的选择
    - 检测量具的选择

教学情景分析

本项任务采用“教、学、做”一体化教学，教师将“教学任务”布置下去，学生预先分组，每组学生利用已经学习的工艺理论知识，在教师的辅导下，完成“教学任务”，即某车床主轴箱箱体的工艺设计。每组的工艺设计方案进行比较，教师总结工艺方案的优劣。

工作任务书

产品名称：车床主轴箱箱体。

零件功用：支承各种传动零件、基准件。

材料：HT200。

生产类型：大批量生产。

热处理：时效处理。

工作任务：

1）根据图 5-2 所示零件，分析该零件的结构、技术要求、主要加工表面及其对应的加工方法、拟定其加工工艺路线。

2）确定详细的工艺参数，编制工艺规程。

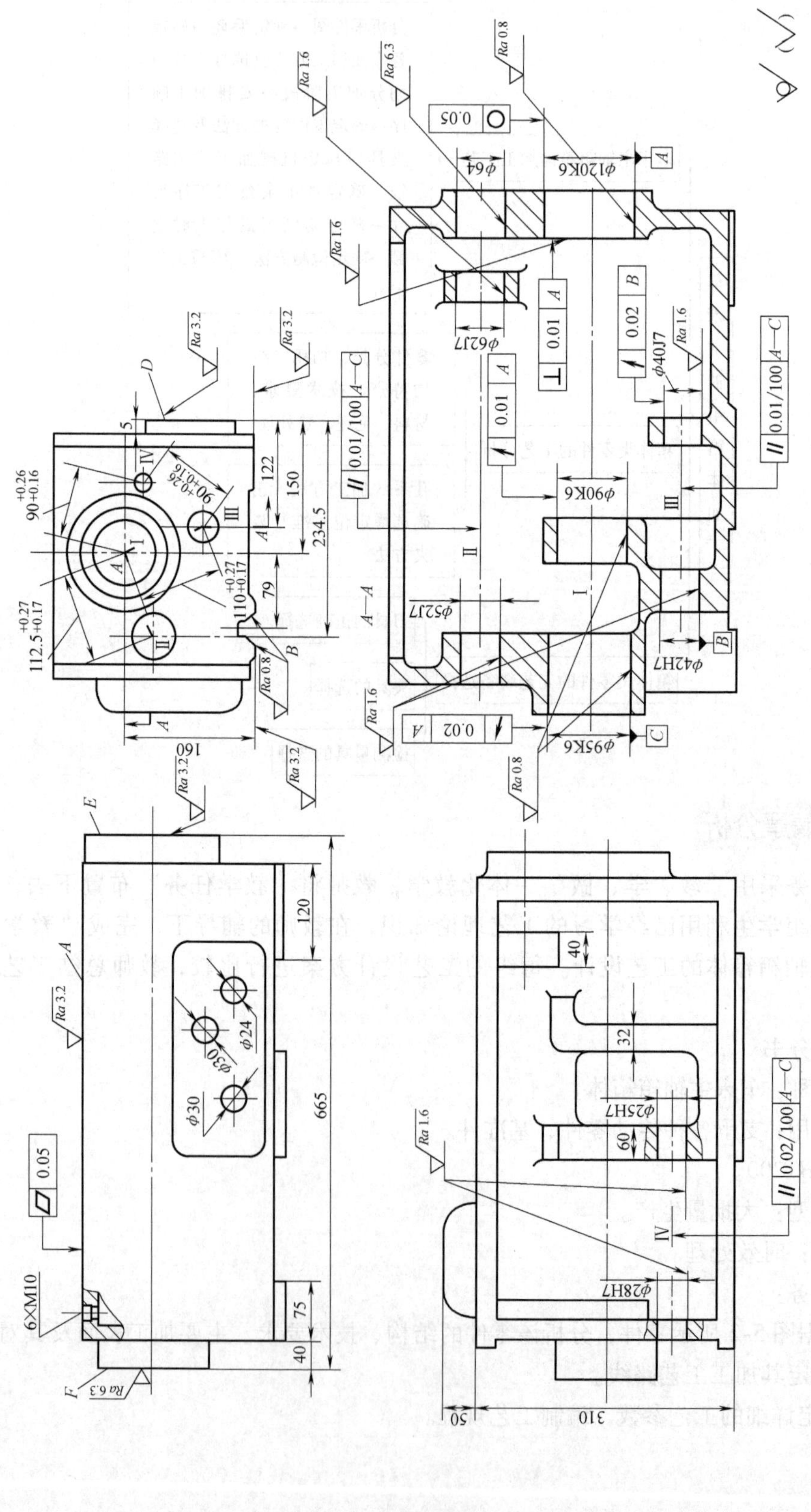

图 5-2　车床主轴箱箱体零件图

5.1.1 制订车床主轴箱零件的工艺规程

1. 车床主轴箱箱体主要加工表面及技术条件分析

从工作任务书和车床主轴箱箱体零件图可以看出，主轴箱箱体零件结构比较复杂，整体形状呈半封闭状态的腔体，且箱壁薄且不均匀，内部呈腔型，其主要加工表面是箱壁上许多精度要求较高的支承孔或孔系级装配基准、定位基准等平面。其主要技术要求如下：

（1）支承孔精度　包括尺寸误差、形状误差、相互位置误差和表面粗糙度。

1）支承孔的尺寸精度。尺寸公差等级为IT6，其余孔为IT6～IT7；

2）支承孔的形状精度。主轴支承孔的圆度公差为0.050mm，其余孔的几何形状精度未作规定的，一般控制在尺寸公差范围内，不超过孔径公差的一半即可。

3）支承孔的相互位置误差：

① 各支承孔的孔心距公差。Ⅰ孔与Ⅱ孔孔心距$112.5^{+0.27}_{+0.17}$mm，Ⅰ孔与Ⅲ孔孔心距$110^{+0.27}_{+0.17}$mm，Ⅰ孔与Ⅳ孔孔心距$90^{+0.26}_{+0.16}$mm。

② 同一轴线上的孔的同轴度公差用跳动公差代替为0.01～0.02mm。

③ 孔中心线的平行度公差为0.01～0.02mm/100mm。

4）支承孔表面粗糙度。一般主轴孔的表面粗糙度Ra为0.8μm，其他各纵向孔的Ra为1.6μm，孔的内端面的Ra为3.2μm。

（2）主要平面的精度　包括形状误差、相互位置精度和表面粗糙度。

1）主要平面形状精度。装配基准面和定位基准面平面度公差为0.05mm。

2）主要表面粗糙度Ra为3.2μm。

2. 工艺分析

（1）确定毛坯与热处理　该主轴箱箱体材料为HT200，由于结构复杂，所以毛坯采用铸件。大批生产时，常用金属模机器造型，毛坯精度高，加工余量小。为了消除铸件内应力对机械加工质量的影响，应设退火工序或进行时效处理。

（2）确定各表面的加工方法及选择加工机床与刀具　主轴箱箱体零件的主要加工表面有2-ϕ8H7的工艺孔，A、B、C、D、E、F平面，各纵向孔、主轴孔Ⅰ、各横向孔；次要表面有各面上的次要孔、螺纹孔、倒角等。

A、B、C、D、E、F平面的加工：由于零件体积较大，采用铣削、磨削的加工方法，刀具为端面铣刀、砂轮。

2×ϕ8H7工艺孔的加工：采用钻床加工，刀具为麻花钻头、扩孔钻、铰刀。

各纵向孔、主轴孔Ⅰ、各横向孔、次要孔的加工：采用镗削的加工方法，刀具为镗刀。

（3）划分加工阶段　根据加工阶段划分的要求及零件的批量，该主轴箱加工可划分为3个阶段：粗加工阶段（粗铣各平面、孔端面及各孔粗镗）、半精加工阶段（半精镗各孔及孔系，完成各次要孔的加工等）和精加工阶段（磨各平面、精镗各孔及孔系）。

（4）安排加工顺序　由于箱体的加工和装配多以平面为基准，按照加工顺序安排的原则，采用先面后孔的加工顺序。先加工平面，可以为加工精度较高的支承孔提供稳定可靠的精基准，有利于提高加工精度。另外，先加工平面可以将铸件的不平表面切除，可减少钻孔时钻头引偏和刀具崩刃等现象的发生，对刀和调整也较为方便。加工孔系时应遵循先主后次的原则，即先加工主要平面或主要孔，这也符合切削加工顺序的安排原则。

箱体结构较为复杂，铸造残留内应力大，应合理安排时效处理。

根据各面各孔的精度要求，加工顺序如下。

A、*B*、*C*、*D* 平面的加工：查机械加工工艺人员手册平面加工方法可知，通过粗铣→精铣→磨的加工顺序可以满足要求；*E*、*F* 平面通过粗铣→精铣的加工顺序可以满足要求。

2 × ϕ8H7 工艺孔的加工：查表 1-15 可知，通过钻→扩→铰的加工顺序满足要求。

各纵向孔、主轴孔Ⅰ的加工：查表 1-15 可知，通过粗镗→半精镗→精镗的加工顺序满足要求；各横向孔、次要孔，通过钻的方法即可。

（5）拟定加工工艺路线　综合以上加工阶段和加工顺序的分析，可以得出主轴箱的加工工艺路线，见表 5-1。

表 5-1　主轴箱箱体机械加工工艺过程

工序号	工序名称	工 序 内 容	定位基准
1	备料	铸造	
2	热处理	时效处理	
3	油漆		
4	铣削	粗、精铣顶面 *A*	Ⅰ孔与Ⅱ孔
5	钻削	钻、铰 2 × ϕ8H7 工艺孔	顶面 *A* 及外形
6	铣削	粗、精铣两端面 *E*、*F* 及前面 *D*	顶面 *A* 及两工艺孔
7	铣削	粗、精铣导轨面 *B*、*C*	顶面 *A* 及两工艺孔
8	磨削	磨顶面 *A*	导轨面 *B*、*C*
9	镗削	粗镗各纵向孔	顶面 *A* 及两工艺孔
10	热处理	时效处理	
11	镗削	半精镗、精镗各纵向孔	顶面 *A* 及两工艺孔
12	镗削	浮动精镗主轴孔Ⅰ	顶面 *A* 及两工艺孔
13	钻削	钻加工横向孔及各面上的次要孔	顶面 *A* 及两工艺孔
14	磨削	磨 *B*、*C* 导轨面及前面 *D*	顶面 *A* 及两工艺孔
15	钻削	将 2 × ϕ8H7 及 4 × ϕ7.8mm 均扩钻至 ϕ8.5mm，攻 6 × M10	导轨面 *B*、*C*
16		清洗、去毛刺、倒角	
17	检验	检验入库	

（6）工件装夹方式　主轴箱零件为大批生产，采用顶面 *A* 和两个销孔（工艺孔）作为统一定位基准，采用专用夹具装夹工件，有利于保证各支承加工的位置精度，且工件装卸方便，减少了辅助时间，提高了生产效率。

（7）确定加工余量、工序尺寸与公差　主轴箱的平面与孔系的加工遵循基准统一原则，各个加工表面的加工余量、工序尺寸及公差可采用倒推法进行确定，可参考前一项目中的案例。

以主轴孔Ⅰ的加工为例进行工序尺寸计算：

孔Ⅰ的位置尺寸 160mm 是对设计基准 *B*、*C* 面标注的，大批量生产，以顶面 *A* 及两工艺孔定位进行安装遵循了基准统一的原则，但出现基准不重合，因此，对于保证位置尺寸 160mm，存在基准不重合误差，但孔Ⅰ的位置尺寸要求保证为 160mm，没有严格的精度要求，因此，略去计算。此外，孔Ⅰ相对设计基准 B、C 位置尺寸160mm，是车床主参数关键尺寸，该尺寸，在装配中完成最终的精度要求。

孔Ⅰ的孔径的工序尺寸及公差可以沿用倒推法计算，见表5-2。

表5-2　孔Ⅰ孔径加工的工序尺寸计算　（单位：mm）

工序名称	工序余量	经济精度	工序公称尺寸	工序尺寸
浮动镗	0.1	K6(0.022)	$\phi120$	$\phi120^{+0.004}_{-0.018}$
精镗	0.5	H8(0.054)	$\phi119.9$	$\phi119.9^{+0.054}_{0}$
半精镗	2.4	H10(0.140)	$\phi119.4$	$\phi119.4^{+0.140}_{0}$
粗镗	5.0	H12(0.350)	$\phi117$	$\phi117^{+0.350}_{0}$
毛坯	8	±1.2	$\Phi112$	$\phi112\pm1.2$

（8）确定切削用量及工时定额

1）切削用量的确定。镗床型号为T612，以精镗主轴孔Ⅰ工序为例：精镗主轴孔Ⅰ的镗削余量0.5mm，所以 $a_p=0.25\text{mm}$，查切削用量手册，确定切削速度 $v_c=1.2\text{m/s}=72\text{m/min}$；进给量 $f=0.12\text{mm/r}$，则计算主轴转速为

$$n=\frac{1000v_c}{\pi f}=\frac{1000\times72}{3.14\times120}\text{r/min}=191\text{r/min}$$

2）工时定额。计算方法可参考前面项目中的计算。

（9）确定检测方法　主轴箱零件上主要的检验项目是各加工表面的表面粗糙度及外观、孔距精度、孔与平面的尺寸精度与形状精度、孔系的位置精度。

孔的尺寸精度采用塞规检验；孔系的同轴度精度采用检验棒检验；平行度、垂直度可利用检验棒、千分尺、百分表、90°角尺以及平板相互组合进行测量。

表面粗糙度值可用标准样块比较法进行检验。

平面的形状精度采用水平仪或板桥检验法。

（10）填写工艺卡片（表5-3）

表5-3　主轴箱箱体加工工艺卡片

（工厂名）			机械加工工艺卡片	产品名称		零件图号		文件编号			
				型号规格		零件名称		共　页		第　页	
材质	材料规格		毛坯	种类		零件重量/kg	毛重		每料件数	每台件数	每批件数
				尺寸			净重				
工序号	安装	工步号	工序内容	加工车间	设备名称及编号	工艺装备名称及编号				工时定额	
						夹具	刀具	量具	辅助工具	准备终结	单件
1		1	备料：选用铸造箱体毛坯								
2		1	热处理：人工时效	热处理							
3			油漆：涂防锈漆								
4		1	粗铣顶面 A 留半精铣余量1.5mm		X208	专用铣夹具	YG硬质合金盘铣刀				
		2	半精铣顶面 A，预留磨削加工余量0.4mm		X208	专用铣夹具	YG硬质合金盘铣刀				

（续）

工序号	安装	工步号	工序内容	加工车间	设备名称及编号	工艺装备名称及编号				工时定额	
						夹具	刀具	量具	辅助工具	准备终结	单件
5		1	钻 2 × ϕ8H7 工艺孔至 ϕ7.8mm		Z3050	专用夹具	麻花钻头				
		2	粗铰 2 × ϕ8H7 工艺孔至 ϕ7.96mm				粗铰刀 ϕ7.96mm				
		3	精铰 2 × ϕ8H7 工艺孔至 ϕ8H7				ϕ8H7 铰刀				
6		1	粗铣 *E*、*F* 及前面 *D* 预留半精铣余量 1.5mm			X208	专用铣夹具	YG 硬质合金盘铣刀			
		2	精铣 *E*、*F* 及前面 *D*，预留前面 *D* 磨削余量 0.4mm								
7		1	粗铣导轨面 *B*、*C*，预留精铣余量 1.2mm		X208	专用铣夹具	YG 硬质合金盘铣刀				
		2	精铣导轨面 *B*、*C*，预留磨削余量 0.3mm		X208		YG 硬质合金盘铣刀				
8		1	磨削顶面 *A*								
9		1	粗镗纵向孔Ⅰ预留半精镗、精镗余量 2.4mm 和 0.6mm		T612	专用镗夹具	YG 硬质合金镗刀				
		2	粗镗纵向孔Ⅱ预留半精镗、精镗余量 2.0mm								
		3	粗镗纵向孔Ⅲ预留半精镗、精镗余量 1.8mm								
		4	粗镗各纵向孔Ⅳ预留半精镗、精镗余量 1.5mm								
10			人工时效处理								
11		1	半精镗、精镗纵向孔Ⅰ预留浮动精细孔余量 0.4mm		T612	专用镗夹具	YG 硬质合金镗刀				
		2	半精镗、精镗各纵向孔Ⅱ达到尺寸精度要求								
		3	半精镗、精镗纵向孔Ⅲ达到尺寸精度要求								
		4	半精镗、精镗纵向孔Ⅳ达到尺寸精度要求								
12		1	浮动精细镗孔Ⅰ达到尺寸最终要求，并保证孔心距尺寸要求及相关的位置精度。		T612	专用镗夹具	YG 硬质合金镗刀				

（续）

工序号	安装	工步号	工序内容	加工车间	设备名称及编号	工艺装备名称及编号				工时定额	
						夹具	刀具	量具	辅助工具	准备终结	单件
13		1	钻加工横向孔及各面上的次要孔								
14		1	磨 B、C 导轨面及前面 D 到尺寸并保证相互位置要求		M7132	专用夹具	碳化硅砂轮				
15		1	将 $2\times\phi8H7$ 及 $4\times\phi7.8mm$ 均扩孔至 $\phi8.5mm$		Z3050	专用夹具	扩孔钻				
		2	攻螺纹 6×M10				M10 丝锥				
16		1	清洗、去毛刺、倒角								
17		1	检验入库								
更改内容											
制定		审核		校对		会签		批准		日期	

5.1.2　箱体类零件的工艺分析

1. 箱体类零件的功用和结构特点

箱体类零件是机器及其部件的基础件。它将一些轴、套、轴承和齿轮等零件装配连接成一体，使其保持正确的相互位置关系，按规定的传动关系协调运动。因此，箱体类零件的加工质量对机器的工作精度、使用性能和寿命都有直接的影响。

图5-3所示为几种常见的箱体的结构形式。由图5-3可知：箱体的结构形状一般都比较复杂，壁薄且壁厚不均匀，内部呈腔形；在箱壁上既有许多精度要求较高的轴承支承孔和平面，也有许多精度要求较低的紧固孔。一般来说，箱体不仅需要加工的表面较多，且加工的难度也较大。

2. 箱体类零件的主要技术要求

箱体零件的主要加工表面为平面和孔及孔系，其主要技术要求如下。

（1）主要平面的精度　装配基准面的平面度将影响主轴箱与床身连接时的接触刚度，并且加工过程中常作为定位基准面影响孔的加工精度。因此须规定底面和导向面必须垂直。顶面的平面度要求是为了保证箱盖的密封，防止工作时润滑油的泄出。当大批大量生产将其顶面用作定位基面加工孔时，对它的平面度要求还要提高。

（2）孔径精度　轴承支承孔直径的尺寸误差和几何形状误差会造成轴承与孔的配不良。孔径过大，会使配合过松，主轴回转轴线不稳定，降低了支承刚度，易产生振动和噪声；孔径太小，使配合过紧，轴承将因外环变形，不能正常运转，缩短使用寿命。装轴承的孔不圆，也会使轴承外环变形而引起主轴径向圆跳动。

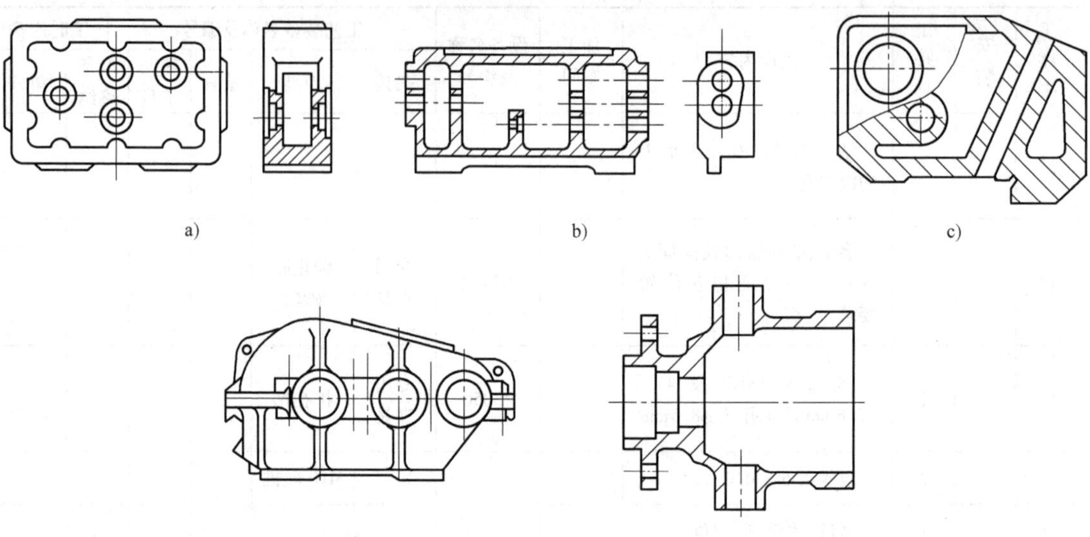

图 5-3 几种常见的箱体的结构形式

a）组合机床主轴箱 b）车床进给箱 c）磨床尾座壳体 d）分离式减速箱 e）泵壳

从上面分析可知，对轴承支承孔的精度要求较高。主轴孔的尺寸公差等级为 IT6，其余孔为 IT6 ~ IT7。孔的几何形状精度一般情况下控制在尺寸公差的 1/2 范围内即可。若要求较高，圆度或圆柱度公差另作规定。

（3）孔的位置精度 同一轴线上各孔的同轴度误差和孔端面对轴线的垂直度误差，会使轴和轴承装配到箱体内时出现歪斜，从而造成主轴径向圆跳动和轴向圆跳动，也加剧了轴承磨损。为此，应规定各孔的同轴度公差和孔端面对轴线的垂直度公差，一般同一轴上各孔的同轴度公差约为最小孔径公差的 1/2，孔系之间的平行度误差会影响齿轮的啮合质量，亦须规定相应的位置精度。

（4）孔与平面的位置精度 主要孔对主轴箱安装基准面的平行度，决定主轴与床身导轨的相互位置关系。这项精度是在总装时通过刮研达到的。为了减少刮研工作量，规定在垂直和水平两个方向上只允许主轴前端向上和向前偏。

（5）表面粗糙度 一般主轴孔的表面粗糙度 Ra 为 0.4μm；其他纵向孔的表面粗糙度 Ra 为 1.6μm；孔端面的表面粗糙度 Ra 为 3.2μm；装配基面和定位基准面的表面粗糙度 Ra 为 2.5 ~ 0.63μm，其他平面的表面粗糙度 Ra 为 10 ~ 2.5μm。

3. 箱体类零件的材料毛坯

箱体零件的材料常用铸铁，这是因为铸铁容易成形，切削性能好，价格低，且吸振性和耐磨性较好。根据需要可选用 HT150 ~ HT350，常用 HT200。在单件小批生产情况下，为了缩短生产周期，可采用钢板焊接结构。某些大负荷的箱体有时采用铸钢件。在特定条件下，可采用铝镁合金或其他铝合金材料。铸铁毛坯在单件小批生产时，一般采用木模手工造型，毛坯精度较低，余量大；在大批量生产时，通常采用金属模机器造型，毛坯精度较高，加工余量可适当减小。单件小批量生产直径大于 ϕ50mm 的孔，成批生产大于 ϕ30mm 的孔，一般都铸出预孔，以减少加工余量。铝合金箱体常用压铸制造，毛坯精度很高，余量很小。

4. 箱体零件加工的工艺问题

（1）箱体零件机械加工工艺规程的基本原则

1）先面后孔。先加工平面后加工孔是箱体加工的一般规律。平面面积大，用其定位稳定可靠；支承孔大多分布在箱体外壁平面上，先加工外壁平面可切去铸件表面的凸凹不平及夹砂等缺陷，这样可减少钻头引偏，防止刀具崩刃等，对孔加工有利。

2）粗精分开、先粗后精。箱体的结构形状复杂，主要平面及孔系加工精度高，一般应将粗、精加工工序分阶段进行，先进行粗加工，后进行精加工。

3）基准的选择。箱体零件一般都用它上面的重要孔和另一个相距较远的孔作粗基准，以保证孔加工时余量均匀。精基准选择一般采用基准统一的方案，常以箱体零件的装配基准或专门加工的一面两孔为定位基准，使整个加工工艺过程基准统一，夹具结构类似。此外尽量使基准不重合误差降至最小甚至为零（当基准重合时）。

4）工序集中、先主后次。箱体零件上相互位置要求较高的孔系和平面，一般尽量集中在同一工序中加工，以保证其相互位置要求和减少装夹次数；紧固螺纹孔、油孔等次要工序的安排，一般在平面和支承孔等主要加工表面精加工之后再进行加工。

（2）箱体类零件加工的基本工艺过程　箱体类零件根据其几何结构、功用和精度不同，会有不同的加工方案。

大批量生产时，箱体零件的一般工艺路线为粗、精加工定位基准平面→钻、铰两定位圆柱销孔→粗加工各主要平面→精加工各主要平面→粗加工轴承孔系→半精加工轴承孔系→各次要小平面的加工→各次要小孔的加工→最重要表面的精加工（如无最重要表面，本工序可取消）→轴承孔系的精加工→攻螺纹。

单件小批量生产时，其基本工艺路线为铸造毛坯→时效→划线→精加工各主要表面及其他平面→划线→粗加工支承孔→精加工各主要表面及其他平面→精加工支承孔→划线→钻削各小孔→攻螺纹、去毛刺。

（3）箱体平面加工　箱体平面加工的常用方法有刨、铣和磨三种。刨削和铣削常用作平面的粗加工和半精加工，而磨削则均作平面的精加工。

刨削加工的特点是：刀具结构简单，机床调整方便，通用性好。在龙门刨床上可以利用几个刀架，在工件的一次安装中完成几个表面的加工，能比较经济地保证这些在面间的相互位置精度要求。单件小批生产精度较高的平面时，除一些高精度的箱体仍需手工刮研外，一般采用宽刃刨。图5-4所示为刮削。图5-5所示为宽刃刨。

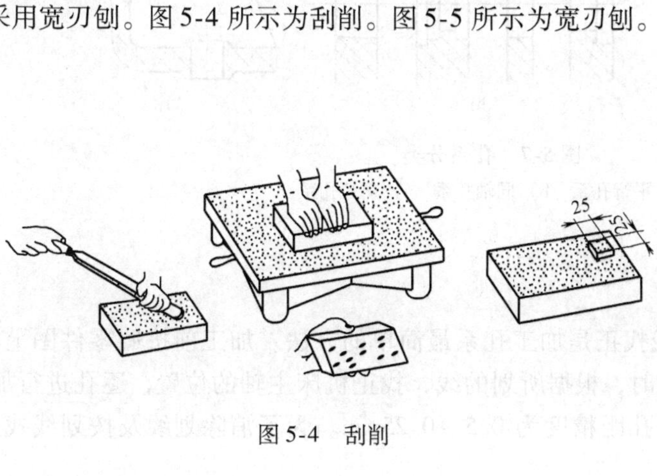

图5-4　刮削

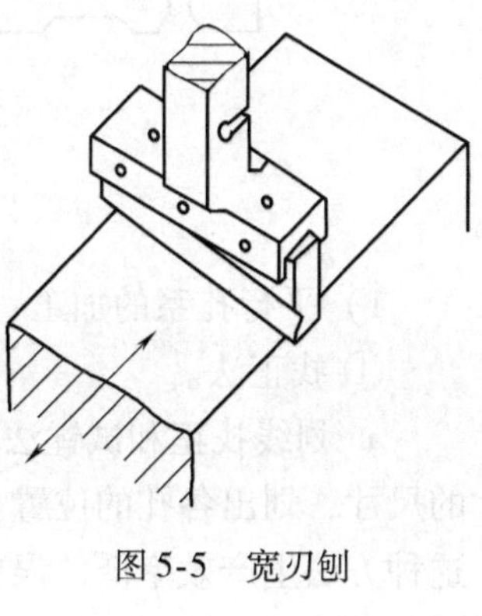

图5-5　宽刃刨

铣削生产率高于刨削，在中批生产中多用铣削加工平面。当加工尺寸较大的箱体平面时，可在多轴龙门铣床上用几把铣刀同时加工各有关平面，以保证平面间的相互位置精度并提高生产率。面铣刀在结构、制造精度、刀具材料和所用机床等方面都在不断改进。如不重磨面铣刀的齿数少，平行切削刃的宽度大，其每齿进给量在背吃刀量 a_p 较小的情况下（0.3mm），可达6000mm/min。当生产批量较大或为保证平面间的相互位置精度，可采用组合铣削，如图5-6a所示。

平面磨削的加工质量最高，可以加工淬硬零件。磨削平面的表面粗糙度 Ra 可达0.32～1.25μm、生产批量较大时，箱体的平面常用磨削精加工。为了提高生产率和保证平面间的相互位置精度，还常采用组合磨削精加工平面，如图5-6b所示。

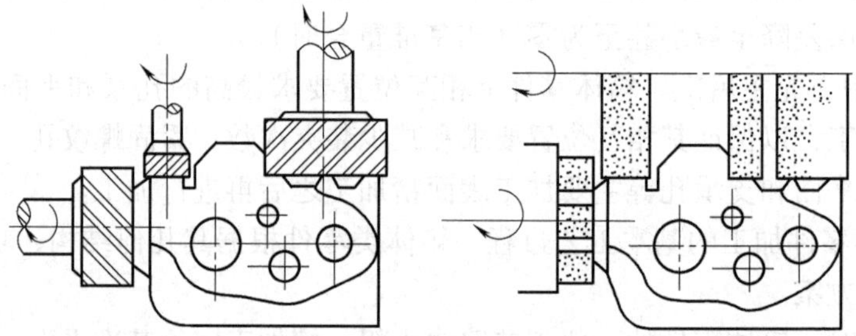

a)　　b)

图5-6　组合铣削与磨削

a）组合铣削　b）组合磨削

（4）箱体孔系的加工　箱体零件上各轴承孔之间，轴承孔与平面之间，都具有一定的位置要求，工艺上将这些具有一定位置要求的一组孔称为“孔系”。孔系有平行孔系、同轴孔系、交叉孔系，如图5-7所示。孔系加工是箱体零件加工中最关键的工序。

根据生产规模、生产条件以及加工要求的不同，可采用不同的加工方法。

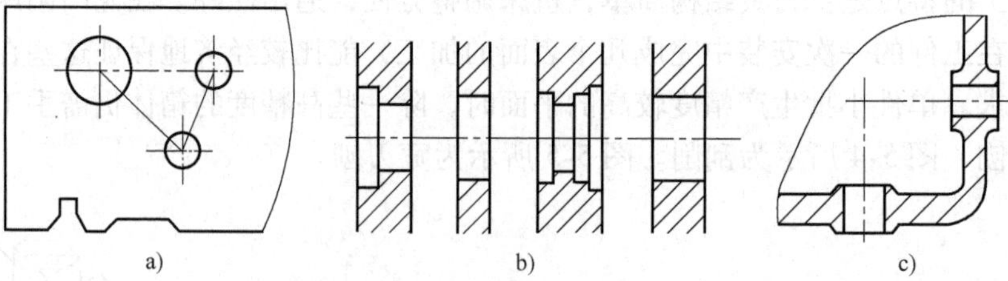

a)　　b)　　c)

图5-7　孔系分类

a）平行孔系　b）同轴孔系　c）交叉孔系

1）平行孔系的加工

① 找正法。

a. 划线找正和试镗法。划线找正是加工孔系最简单的方法。加工前按照零件图上标注的尺寸，划出各孔的位置。加工时，根据所划的线，找正机床主轴的位置，逐孔进行加工。这种方法生产效率低，误差大，孔距精度为0.5～0.25mm。为了消除划线及按划线找正的误差，可采用试镗法。加工时，按划线位置先将较小的第一孔镗至规定尺寸 d，如图5-8所示。然后再根据第二孔的划线位置将机床主轴调到第二孔的位置，把第二孔镗至尺寸 D_1（略小于规定直径），而且只镗出一段长度，量出此两孔壁之间的距离 L_1，则两孔轴心距为

$$A_1 = \frac{d}{2} + \frac{D_1}{2} + L_1$$

根据 A_1 与规定轴心距之间的误差，重新找正机床主轴位置，再镗出一段直径 D_2（略小于规定直径），用同样方法求得 A_2。这样经过几次试镗，最后使两孔轴心距达到规定要求，再将第二孔镗至规定直径。此法优点是，不需要专门的辅助设备，但测量不方便，测量精度不高，生产效率低。

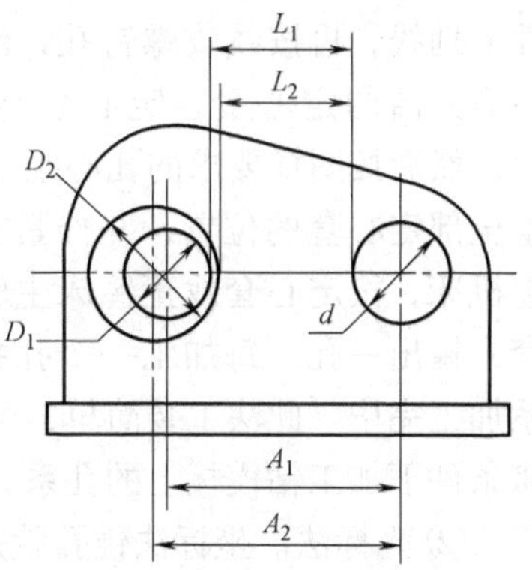

图5-8　试镗法

b. 检验棒校正法。为了避免多次试镗的麻烦和提高孔的精度，可用检验棒调整机床主轴位置，其方法如图5-9所示。在加工好的第一孔内，插入套筒和检验棒，配合间隙要小，检验棒直径为 d_1，同时在机床主轴上安装直径为 d_2 的检验棒。然后测量两检验棒之间的距离为

$$L = A + \frac{d_1}{2} + \frac{d_2}{2}$$

测量完毕后，取下检验棒换上镗杆，进行第二孔的加工。在用百分尺测量时，孔距精度为 ±30μm，用块规测量为 ±10μm。这种方法可用在镗床、铣床和车床上进行镗孔。与试切法相比较，此方法可加工直径小或余量小的孔，但检验棒与孔的配合间隙会影响测量精度。

c. 样板找正法。用10～20mm厚的钢板制造样板，装在垂直于各孔的端面上（或固定于机床工作台上），如图5-10所示。样板上的孔距精度较箱体上孔系的孔距精度高（一般为±0.1mm～±0.3mm），样板上的孔径较工件孔径大，以便于镗杆通过。样板上孔径尺寸精度要求不高，但要有较高的形状精度和较低的表面粗糙度值。当样板准确地装到工件上后，在机床主轴上装一千分表，按样板，找正机床主轴，找正后，即换上镗刀加工。应用此方法，加工孔系不易出差错，找正方便，孔距精度可达±0.05mm。这种样板找正法成本低，仅为试镗法成本的1/9～1/7，单件小批的大型箱体加工常用此法。

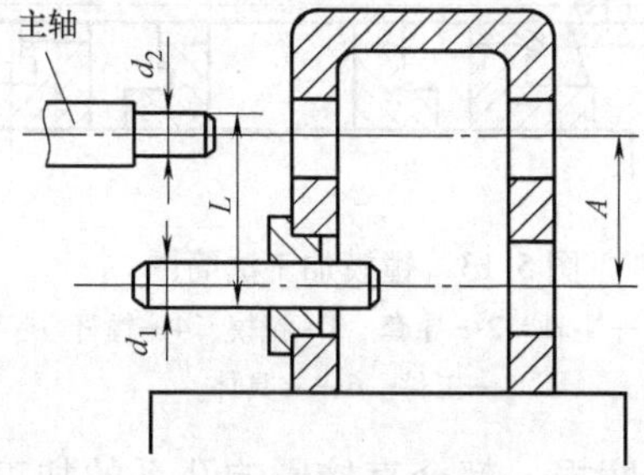

图5-9　检验棒校正法

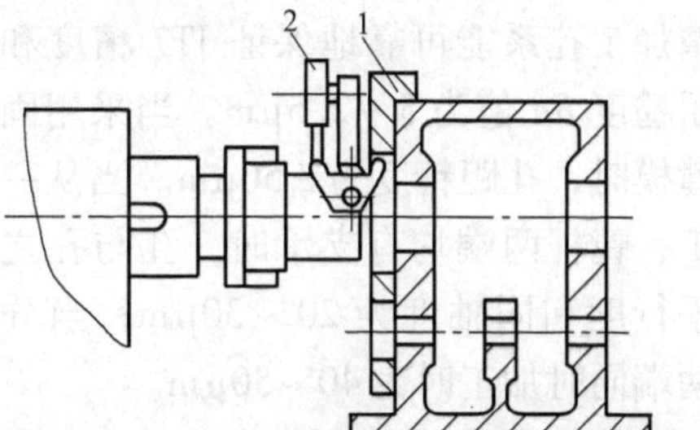

图5-10　样板找正法

1—样板　2—千分表

d. 定心套找正法。如图 5-11 所示，先在工件上划线，再按线攻螺钉孔，然后装上形状精度高而光洁的定心套，定心套与螺钉间有较大间隙，然后按图样要求的孔心距公差的 1/5 ~ 1/3 调整全部定心套的位置，并拧紧螺钉。复查后即可上机床，按定心套找正镗床主轴位置，卸下定心套，镗出一孔。每加工一个孔找正一次，直至孔系加工完毕。此法工装简单，可重复使用，特别适宜于单件生产下的大型箱体和缺乏坐标镗床条件下加工钻模板上的孔系。

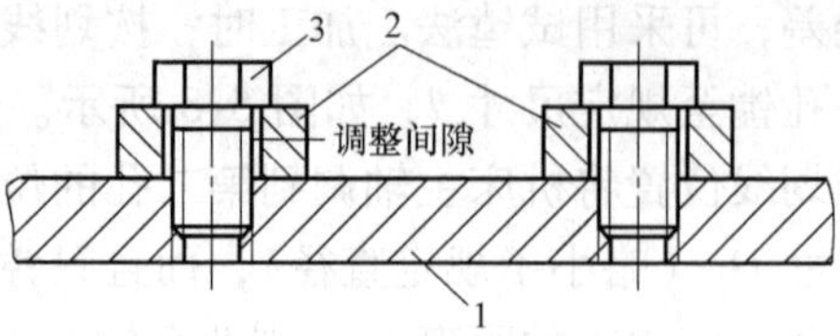

图 5-11　定心套找正法

1—工件　2—螺钉　3—定心套

② 坐标法。坐标法镗孔就是把孔距尺寸换算成为两个互相垂直的坐标尺寸，然后利用机床上的坐标尺寸测量装置或利用百分表和各种具有不同测量精度的块规、量棒等测量工具，精确确定机床主轴和工件在水平与垂直方向的相对位置，来保证孔距精度。这样既省去了多次测量和找正主轴的操作，操作技术也不需很高，还不需要专用的工艺装备。因此，坐标法镗孔系无论在单件小批量生产或成批生产中都被广泛采用。

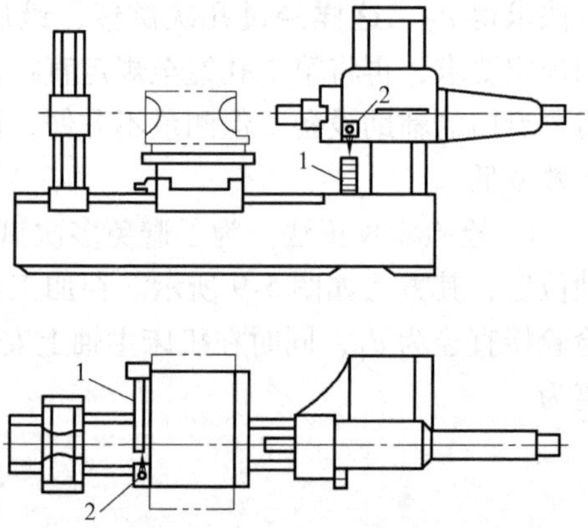

图 5-12　镗床上用坐标法镗孔

1—量块　2—百分表

图 5-12 所示为在镗床上安装控制工作台横向移动和床头箱垂直移动的测量装置，利用百分表和不同尺寸的量块，就可以准确地控制主轴与工件在水平与垂直方向上的位置。位置精度要求特别高的孔系，现在已多采用精密坐标镗床来加工，孔距精度小于 0.01mm。

③ 镗模加工法。镗模加工法就是预先精确地将孔系复制到镗模上，将镗模安装在夹具体上，镗杆支承在镗模导套中并与机床主轴浮动连接，由机床主轴带动镗杆旋转，由镗模导向，将孔系加工出来，如图 5-13 所示。镗模加工法的加工精度与机床精度基本无关，而主要与镗模的精度、镗杆支承方式以及镗杆与导套之间配合精度有关。用镗模精加工孔系能可靠地保证 IT7 精度和表面粗糙度 Ra 值为 5 ~ 2.5μm。当采用固定式镗模时，孔距精度为 ±50μm。当从一端加工，镗杆两端均有支承时，孔与孔之间的平行度和同轴度为 20 ~ 30μm；当分别由两端同时加工时为 40 ~ 50μm。

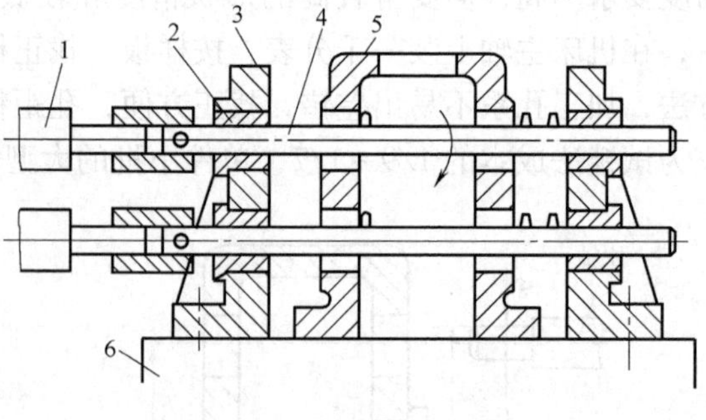

图 5-13　镗模加工法简图

1—主轴　2—导套　3—镗模　4—镗杆

5—工件　6—夹具体

必须指出，镗模的镗套与镗杆之间存在一定配合间隙，镗套和镗杆的制造误差和使用中的磨损，都会直接影响孔系的加工精度。所以，在开始加工和加工一段时间之后，必须对加工精度进行检查，发现问题，及时调整。

使用镗模加工孔系，生产效率和加工精度都较高，且操作简单，在大批量生产中广泛使用；即使在小批量生产中，当零件精度要求较高时，使用镗模加工也是合理的，但此时应力求使镗模简单。

2）同轴孔系的加工。同轴孔系主要位置精度就是同轴度，保证其同轴度的方法如下。

① 穿镗法。跨距小的箱体孔系可以从一端进刀加工，能够有效地保证加工孔的同轴度。

a. 镗杆进给（悬臂镗孔）。如图5-14a所示，由镗杆直接进给，随着镗杆悬伸增长（由于自重、切削力等），刀尖处挠曲变形越来越大，被加工孔越来越小，造成圆柱度误差；同理，若用镗杆直接进给加工同轴线上的各孔，则会造成同轴度误差，影响加工精度。所以只能用于镗短轴孔。

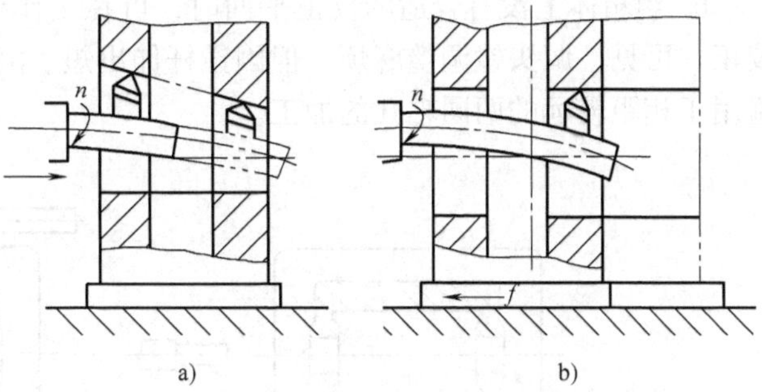

图5-14　镗杆进给与工作台进给
a）镗杆进给　b）工作台进给

b. 工作台进给。如图5-14b所示，在镗孔过程中，镗杆长度不变，刀尖处挠度值不变（假定切削力不变），镗杆的挠曲变形对被加工孔的几何形状精度和孔系的相互位置精度均无影响。但机床导轨直线度误差会使被加工孔产生圆柱度误差，使同轴线上的孔产生同轴度误差；机床导轨与镗杆间的平行度误差会使被加工孔产生圆度误差。此外，工作台与床身导轨的配合间隙对孔系加工精度也有一定的影响，因工作台作正、反向进给时，通常以不同的部位与导轨接触，这样，工作台就会随进给方向的改变而发生偏摆，间隙越大，偏摆量越大，因此，镗同轴孔系时，仍会产生同轴度误差。

c. 利用已加工孔作支承导向。如图5-15所示，当箱体前壁上的孔加工完后，装一导向套，支承和引导镗杆加工后壁上的孔，以保证两孔的同轴度。此法适于加工箱壁相距较近的同轴孔系。

d. 用后立柱导向套支承镗杆。镗杆两端由主轴锥孔和后立柱导向套支承，刚性好。但后立柱导向套的位置调整麻烦、费时（需用心轴块规找正），所以多用于大型箱体。

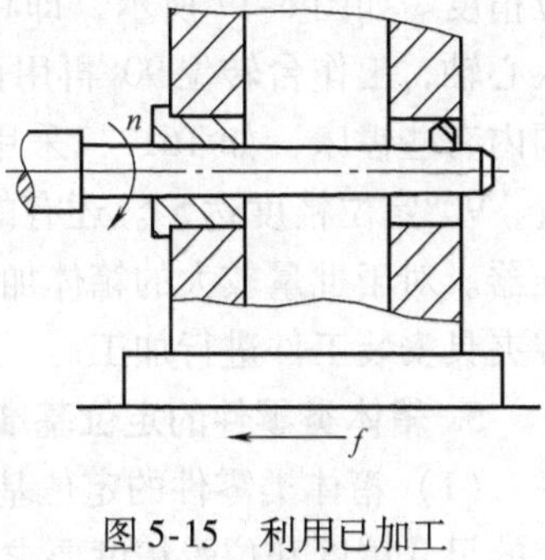

图5-15　利用已加工孔作支承导向

② 调头镗。如图5-16所示，若跨距较大的箱体孔系，为了缩短刀杆长度，提高镗刀的刚性，可用调头镗方式来加工，即利用工作台移动和回转180°，使所加工孔的轴线与主轴中心线两次重合，从零件的两端分别加工同轴孔。当然，这种加工方法会产生同轴度误差，在编制工艺、程序及加工时，应特别注意。镗好*A*孔后，工作台回转180°，再镗*B*孔。

特点：镗杆伸出短、刚性好，可增大切削量，生产率较高，但要求镗床回转工作台精度高，当回转精度不够时（普通镗床的工作台回转精度一般不高），可根据箱体结构采用以下两种方法。

a. 当箱体上具有与孔轴线平行而又较长的加工平面时，可以此平面为基准，用装在镗杆上的百分表校正，使其与镗杆轴线平行。如图 5-16a 所示，调整主轴加工 *A* 孔，然后回转工作台 180°并用装在镗杆的百分表沿此平面重新校正，如图 5-16b 所示，然后加工 *B* 孔，就可保证 *A*、*B* 孔的同轴。

b. 当箱体上没有合适的校正平面时，可在工作台上安装一校正平尺代替上述基面进行校正。可见：调头镗调整麻烦；但因镗杆伸出短、刚性好，又不需配备专用导向套，所以普遍用于相距较远的两同轴孔的加工。

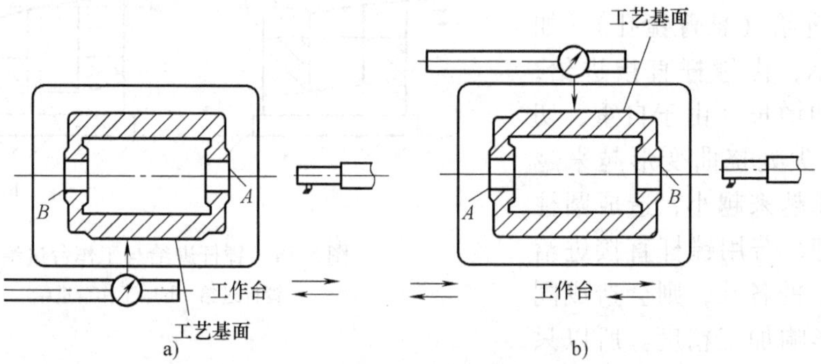

图 5-16　调头镗对工件的校正
a）第一工位　b）第二工位

3）交叉孔系的加工。交叉孔系的主要技术要求是控制相关孔的垂直度。在普通卧式铣床上主要靠机床工作台上的 90°对准装置来保证。因为它是挡块装置，结构简单，但对准精度低。因此，也可用心轴与百分表找正，来提高其定位精度。如图 5-17 所示，即在加工好的孔中插入心轴，工作台转位 90°再用百分表找正。目前国内有些镗床，如 T617，采用了端面齿定位装置，90°定位精度达 5′。还有的镗床用了光学瞄准器。对于批量较大的箱体加工，当有些镗床工作台 90°定位精度很低时，可采用高精度回转夹具安装工件进行加工。

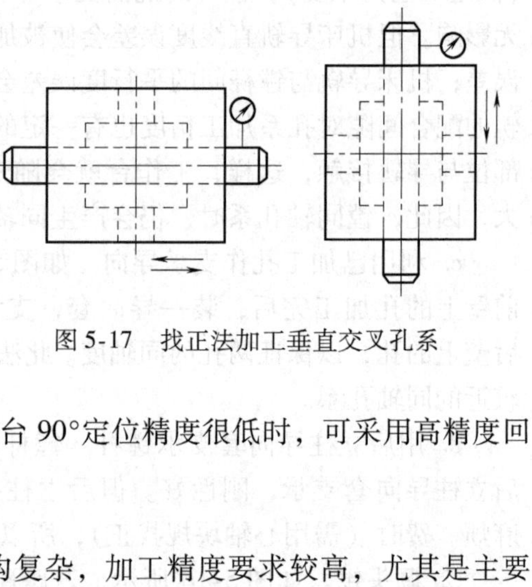

图 5-17　找正法加工垂直交叉孔系

5. 箱体类零件的定位基准与装夹方法

（1）箱体类零件的定位基准　箱体类零件结构复杂，加工精度要求较高，尤其是主要孔的尺寸精度和位置精度要求更高。要确保箱体类零件的加工质量，首先就要合理地选择定位基准。

1）定位精基准的选择。加工箱体类零件，定位基准的选择通常有两种方案：一是采用一个平面和两个圆柱销孔作为定位基准，如图 5-18 所示；二是采用三个互相垂直的平面或两个互相垂直的平面和一个圆柱销孔作为定位基准，如图 5-19 所示。

“一面两孔”定位特点：

① 定位可靠。“一面两孔”定位很简便可靠地限定了工件的 6 个自由度。

② 可同时加工的面多。“一面两孔”定位中占用箱体的一个平面定位，在一次安装中，

其余的面都可同时进行加工，便于工序集中，有利于保证各加工面的位置精度。

③ 易于实现基准统一，从而大大减少夹具设计和制造的工作量，遵循基准统一原则，。

④ 易于实现自动化。由于“一面两孔”定位夹紧结构简单，定位可靠，装夹方便，为实现自动化加工提供了有利的条件。

⑤ 镗杆导向采用支架结构，避免吊架。支架固定在夹具上（图5-18），简化夹具结构，提高支承刚性。支架无需多次安装，同时工件安装方便，提高了孔系加工精度和生产率。

采用“一面两孔”定位时，定位平面往往不是箱体类零件的设计基准，会产生基准不重合误差，影响定位精度。“一面两孔”定位多用于大批量生产之中。

注意

若作为定位平面的安装面积过小，则应增加工艺凸台，保证装夹稳定可靠。定位平面的表面粗糙度 Ra 值为2.5～0.63μm，平面度公差为50～100μm。两定位销孔孔心距大一些为好，以提高定位精度。定位销孔的公差等级一般为IT7。孔距位置度公差为0.06～0.2mm，定位销孔的直径应根据箱体零件质量的大小在12～25mm的范围内选用。

三个互相垂直的平面或两个互相垂直的平面和一个圆柱销孔定位特点：

① 箱体上的装配基准一般为平面，它们往往是箱体上其他要素的设计基准，因此，以装配基准作为定位基准，避免了基准不重合误差，做到基准重合，遵循基准重合原则，这是它很突出的特点。

② 若以“三基面”定位，往往因为三个定位基准面之间的位置不可能绝对准确，存在角度差，即面与面之间的垂直度误差，这些误差会引起定位基准与定位元件不能很好地接触，产生基准的位置误差，影响定位精度。

③ 镗杆的导向支承采用吊架结构（图5-19），刚性差，每次装卸零件都需拆、装，安装误差大，影响孔系加工精度，装卸不方便，影响生产效率。

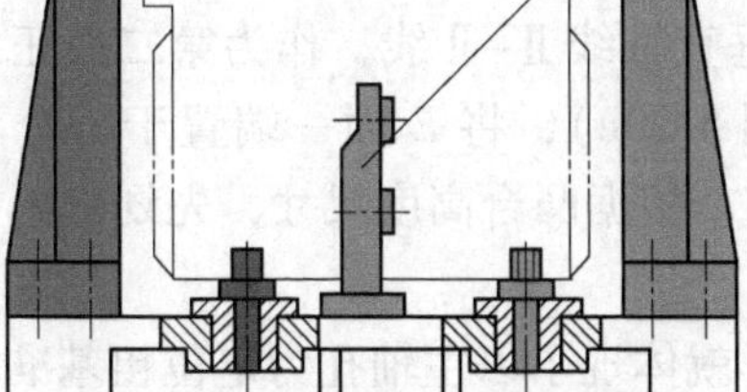

图5-18　“一面两孔”定位

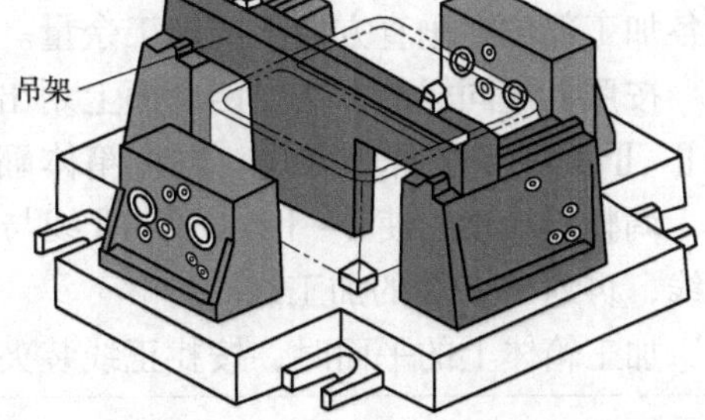

图5-19　三个互相垂直的平面定位

三个互相垂直的平面或两个互相垂直的平面和一个圆柱销孔定位往往用于中、小批量生产之中。

2）定位粗基准的选择。在选择粗基准时，通常应满足以下几点要求：

第一，在保证加工面均有余量的前提下，应使重要孔的加工余量均匀，孔壁的厚薄尽量均匀，其余部位均有适当的壁厚。

第二，装入箱体内的回转零件（如齿轮、轴套等）应与箱壁有足够的间隙。

第三，注意保持箱体必要的外形尺寸。此外，还应保证定位稳定，夹紧可靠。

为了满足上述要求，通常选用箱体重要孔的毛坯孔为定位粗基准。

虽然箱体类零件一般选择重要孔的毛坯孔为定位粗基准，但根据生产类型的不同，实现以重要孔的毛坯孔为粗基准的装夹方式是不同的。

在单件、小批量生产时，由于毛坯铸造精度较差，目前多采用划线安装法安装。首先将箱体用千斤顶安装在平台上（图 5-20a），调整千斤顶，使主轴孔 Ⅰ 和 *A* 面与平台面基本平行，*D* 面与平台面基本垂直，根据毛坯的主轴孔划出主轴孔的水平轴线 Ⅰ - Ⅰ，在四个面均要划出，作为第一校正线。划线时，应检验所有加工部位在水平方向上是否均有加工余量。

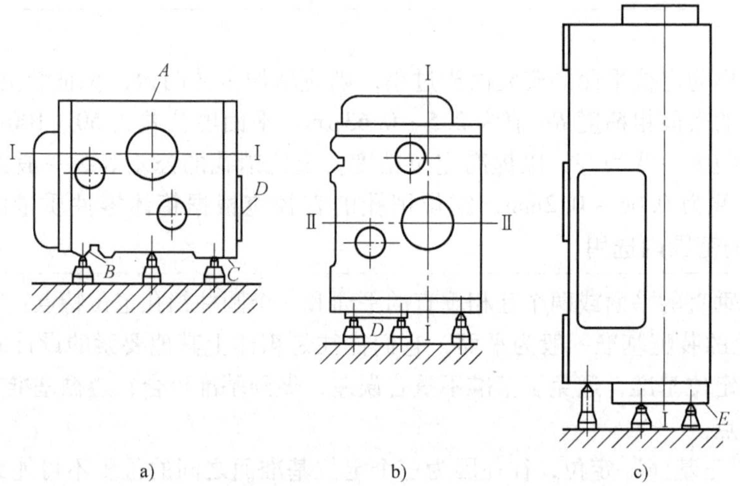

图 5-20　主轴箱的划线

a）水平　b）侧面　c）划高度

Ⅰ - Ⅰ 线确定后，即划出 *A* 面和 *D* 面的加工线。然后，将箱体翻转 90°，*D* 面一端置于三个千斤顶上（图 5-20b），调整千斤顶，使 Ⅰ - Ⅰ 线与平台面垂直，根据毛坯的主轴孔并考虑各加工部位在垂直方向上的加工余量。

按照上述同样的方法在四个面上划出主轴孔的垂直轴线 Ⅱ - Ⅱ 线，作为第二校正线。根据 Ⅱ - Ⅱ 线划出 *D* 面加工线。再将箱体翻转 90°（图 5-20c），将 *E* 面一端置于三个千斤顶上，调整千斤顶，使 Ⅰ - Ⅰ 线、Ⅱ - Ⅱ 线与平台面垂直。根据凸台高度尺寸，先划出 *F* 面的加工线，再划出 *E* 面的加工线。

加工箱体上的平面时，按找正线装夹工件，这样就体现了以主轴孔为定位粗基准。

注意

以划线作为粗基准找正工件。这样虽然满足定位平面的加工要求，但对工人技术要求高，生产效率低。

大批大量生产时，毛坯精度相对较高，可采用图 5-21 所示的铣床夹具。

先将工件放在支承 1、3、5 上使箱体的侧面靠近支架 4，箱体一端靠住挡销 6，这就完成了预定位。此时，将液压控制的两短轴 7 伸入主轴孔中，每个短轴上的三个伸缩活动支柱 8 分别顶住主轴孔内的毛坯面，将工件抬起。此时，箱体工件脱离了支承面，使主轴孔的轴线与夹具上两短轴轴线重合，即主轴孔轴线为定位基准。为了限制箱体工件绕两短轴轴线转动的自由度，在工件抬起后，调节两可调支承10的高度，通过样板校正主轴孔Ⅰ的位置，使箱体的顶面基本成水平。在调节辅助支承2，使其与箱体底面接触，提高定位的稳定性和支承刚性。然后在将液压控制的两夹紧块11伸入箱体两端孔内压紧工件，即可进行加工。

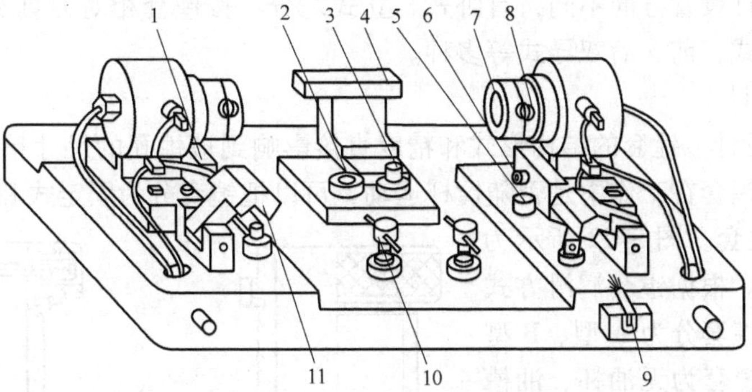

图5-21　以主轴孔为粗基准的铣顶面夹具

1、3、5—支承　2—辅助支承　4—支架　6—挡销　7—短轴

8—伸缩活动支柱　9—操纵手柄　10—可调支承　11—夹紧块

（2）箱体类零件的装夹方法　单件小批量生产中，可直接使用螺钉和压板将箱体零件装夹在机床工作台上；大批量生产时，应使用专用夹具装夹。

由于箱体壁薄，箱体孔系精度要求高，当夹紧力过大或作用点安排不适当时，将使工件发生变形，影响孔系加工后的形状精度和位置精度。因此，装夹箱体时，夹紧力应作用在主要定位基面上，作用在刚性大的部位，如箱体边缘实体或有肋板的地方。

5.1.3　选择箱体类零件工艺装备

1. 机床的选择

箱体类零件常用平面加工设备有铣床、刨床、磨床；孔和孔系加工设备有钻床、镗床。此外，还有组合机床和专用设备。

注意

1）单件小批量生产一般运用通用设备。

2）大批、大量生产一般运用专用设备。

2. 刀具的选择与应用

箱体类零件上主要加工表面是平面和孔。平面加工可选择的刀具有铣刀、刨刀和砂轮。孔和孔系加工可选择的刀具有定尺寸刀具，即麻花钻、扩孔钻、铰刀和镗刀。

3. 镗床夹具的选择与设计

（1）镗床夹具特点　镗床夹具一般是在镗床上加工箱体类、支座类工件上的孔或孔系所采用的夹具，利用镗床夹具所加工的孔，一般为孔径尺寸大于$\phi30$mm的大、中型孔。镗床夹具大多具有下述特点：

1）大多数镗床夹具都采用各种镗套引导镗杆或刀具，以提高刀具系统的刚性，保证同轴孔系及深孔的尺寸、形状、位置精度要求。

2）利用镗套的精确引导，镗床夹具还可用在经过一定设备改装的卧式车床、铣床、钻床及具有旋转动力和进给传动的简单设备上，夹具应用较为灵活。

（2）镗床夹具的结构分类　镗床夹具应用广泛，分类也较杂，按其所使用的机床类别不同，可以有万能镗床用夹具、组合镗床用夹具、普通镗床用夹具及精密镗床用夹具等种类；按镗刀及镗杆设置方向不同，有卧式、立式之分；按镗套相对刀具及加工位置的不同，有前导式，后导式，前、后双导式等多种。

（3）镗模设计

1）镗套的设计。镗套的结构形式和精度直接影响到被镗孔的尺寸精度、几何公差以及表面粗糙度。按镗套在工作中是否随镗杆运动，可以把镗套分为固定式和回转式两个大类。

① 固定式镗套。图 5-22 所示为固定式镗套结构。根据镗套润滑方式的不同，固定式镗套分为 A 型、B 型两种型号。A 型镗套为无油杯、油槽结构，需依靠镗杆上的供油系统或滴油来润滑（图 5-22a）；B 型镗套有油杯、油槽结构，可实现较好的自润滑（图 5-22b）。

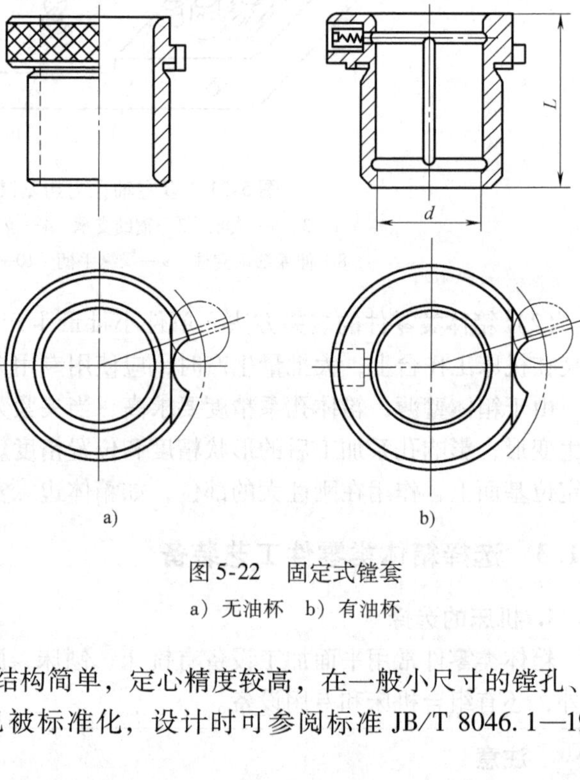

图 5-22　固定式镗套

a）无油杯　b）有油杯

固定式镗套被固定安装在夹具导向支架上，不能随镗杆一起转动，所以，镗削过程中，镗杆在镗套中既有轴向的相对移动，又有较高的相对转动。镗套容易摩擦磨损而失去引导精度，只适用于线速度 $v<0.3\text{m/s}$ 的低速情况下，所以，固定式镗套应用时的孔径尺寸均较小，因此其外形、结构及应用情况有些像可换钻套。由于它结构简单，定心精度较高，在一般小尺寸的镗孔、扩孔、铰孔中，得到广泛应用。其结构已被标准化，设计时可参阅标准 JB/T 8046.1—1999《机床夹具零件及部件　镗套》。

② 回转式镗套。回转式镗套在镗孔过程中随同镗杆一起进行回转，所以镗套内壁相对于镗杆没有高速的转动，从而减少镗套内壁的磨损，可长期维持其引导精度。这种结构的镗杆相对夹具体间的转动环节设置在镗套的外部，并采用专门的高效、高精度回转结构，具有回转精度高、回转速度高、结构紧凑、镗套间隙小等特点，比较适合于高速镗孔，一般应用于孔径较大、线速度大于 0.3m/s 的场合。

根据回转支承接触形式的不同，回转式镗套可分成滑动式与滚动式两类。图 5-23 所示为两类回转式镗套的结构。

图 5-23a 所示为滑动式回转镗套，其回转结构采用滑动轴承，使镗套可以自由回转，镗套内壁上开有键槽，可由镗杆上的键带动，而随镗杆一起回转。这种结构径向尺寸小，结构紧凑，回转精度很高，且内外套间为面接触形式，承载能力强，在充分润滑条件下，具有良好的减振性，常用于精镗加工。

图5-23b、c所示为滚动式回转镗套，镗套与机架间由滚动轴承支承。所以，可采用各类标准滚动轴承来制造，使设计、制造、维修方便，允许转速较高。但此类结构径向尺寸较大，回转精度受到滚动轴承精度影响，且由于内外套是滚动体的点、线接触，接触刚度差，承载能力较低。

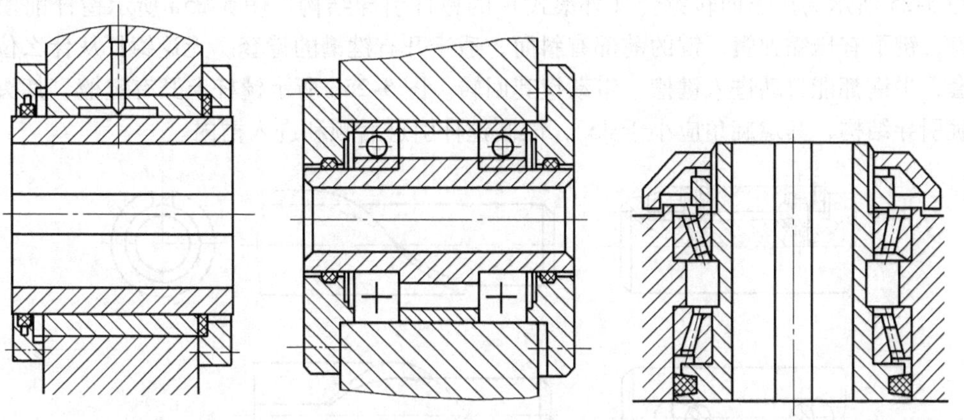

a)　　b)　　c)

图5-23　回转式镗套

2）镗杆设计。

① 镗杆导向部分结构与镗杆引导结构。镗杆导向部分的外形与镗套内孔相对应，也为圆柱形截面。根据镗杆与镗套内孔的润滑和摩擦的不同，常用镗杆导向部分结构可分为固定套导向结构和回转套引进结构。若镗套为固定式镗套，镗杆的导向部分主要应考虑解决好润滑与磨损问题；若镗套为回转式镗套，镗杆的导向部分主要应考虑平键的引入与刀尖的定向导入问题。

图5-24所示为用于固定式镗套的几种常用镗杆导向部分结构。

图5-24a所示为直接在圆柱导向面上开出螺旋形油槽的普通结构，这种结构镗杆与镗套的接触面很大，没有能够容纳碎屑的安全空间——容屑槽，切屑容易随螺旋槽及间隙进入镗套内部而发生“咬死”现象。所以，这种结构的间隙一般较大，润滑条件差，故导向精度较低。

图5-24b所示为直槽型、图5-24c所示为螺旋槽型导向部分结构，由于圆柱面上开出容

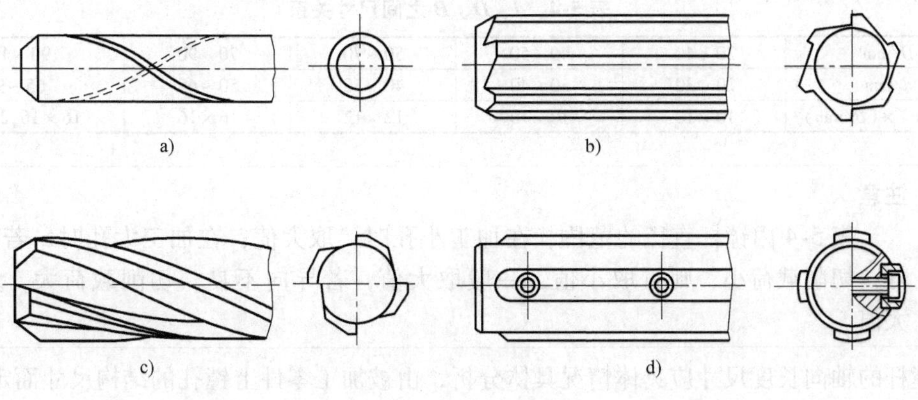

a)　　b)　　c)　　d)

图5-24　用于固定式镗套的几种常用镗杆导向部分结构

屑槽，使得镗杆有一定的容屑能力，减少了“咬死”现象。同时，镗杆与镗套间接触面积减小，可有效地提高引导精度。螺旋槽型可以比直槽型减小切削振动。

图 5-24d 所示为镶条式导向部分结构，镶条应采用摩擦因数小的材料，如铜或钢。镶条磨损后，可在底部加垫片，重新修磨使用。

图 5-25 所示为用于回转镗套（外滚式）的镗杆引导结构。图 5-25a 所示镗杆前段设置的平键，键下有压缩弹簧，键的前部有斜面，适于开有键槽的镗套。无论镗杆从什么位置进入镗套，平键都能自动进入键槽，带动镗套回转。图 5-25b 所示镗杆上开有键槽，其头部做成螺旋引导结构，其螺旋角应小于 45°，以便镗杆引进后顺利进入槽内。

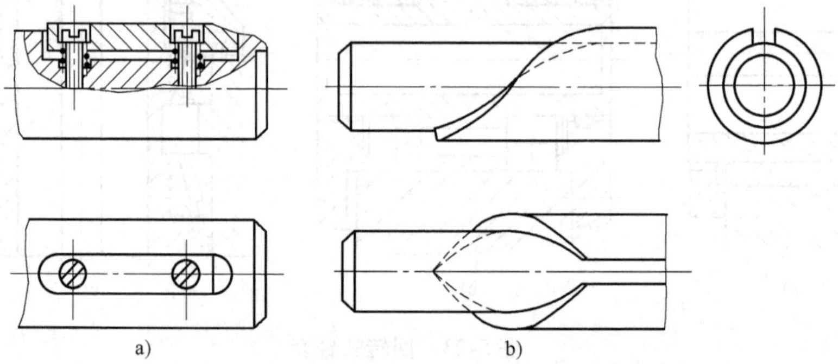

图 5-25　用于回转镗套（外滚式）的镗杆孔导结构

② 镗杆直径与长度。确定镗杆的直径时，主要考虑镗杆的刚度和镗孔时应有的容屑空间。在清屑方便的前提下，镗杆直径应尽量取得大些，以提高镗杆的刚性，从而提高镗孔精度。一般情况下，镗杆直径 d 与镗孔直径 D 有如下关系

$$d=(0.6\sim0.8)D$$

式中　d——镗杆直径（mm）；

　　　D——镗孔直径（mm）。

设计镗杆时，镗杆直径 d，镗孔直径 D，镗刀截面 $B\times B$ 之间的关系一般按下式考虑，或参照表 5-4 选取。

$$\frac{D-d}{2}\approx(1\sim1.5)B$$

表 5-4　d、D、B 之间尺寸关系

D/mm	30 ~ 40	40 ~ 50	50 ~ 70	70 ~ 90	90 ~ 110
d/mm	20 ~ 30	30 ~ 40	40 ~ 50	50 ~ 65	65 ~ 90
(B/mm) × (B/mm)	10 × 10	10 × 10	12 × 12	16 × 16	16 × 16, 20 × 20

注意

表 5-4 内镗杆直径的范围，在加工小孔时，取大值；在加工大孔时，若导向性好，切削载荷小，则可取小值，一般取大值，若导向不良，切削载荷大，则可取大值。

镗杆的轴向长度尺寸应具体情况具体分析，由被加工零件上镗孔的结构尺寸而定。

③ 镗杆材料。镗杆的材料要求表面硬度高而心部具有较好的韧性，因此，采用 20 钢、

29Cr 钢，渗碳淬火，淬火后硬度达 61～63HRC，也可用氮化钢 38CrMoAlA；大直径的镗杆还可采用45钢、49Cr 钢或65Mn 钢。

④ 镗杆的主要技术条件

a. 镗杆导向部分的圆度与锥度公差控制在直径公差的1/2以内。

b. 镗杆导向部分的公差带为：粗镗 g6、精镗 g5、表面粗糙度 Ra 为0.8～0.4μm。

c. 镗杆在500mm长内的直线度公差为0.01～0.1mm。装刀孔表面粗糙度 Ra 为1.6μm，装刀孔不淬火。

3）镗模支架与底座设计。

① 镗模支架。镗模支架选材多为铸铁，一般为HT200。镗模支架主要是用来安装镗套，支承镗杆，承受切削力。从工艺性出发，镗模支架与镗模底座，即夹具体是分体结构的。镗模支架应具有足够的刚度和强度，在结构上一般要有较大的安装基面和设置必要的加强肋。支架上不允许安装夹紧机构或承受夹紧反作用力，以防止变形而影响加工精度。镗模支架的典型结构如图5-26所示，主要尺寸参考表5-5。

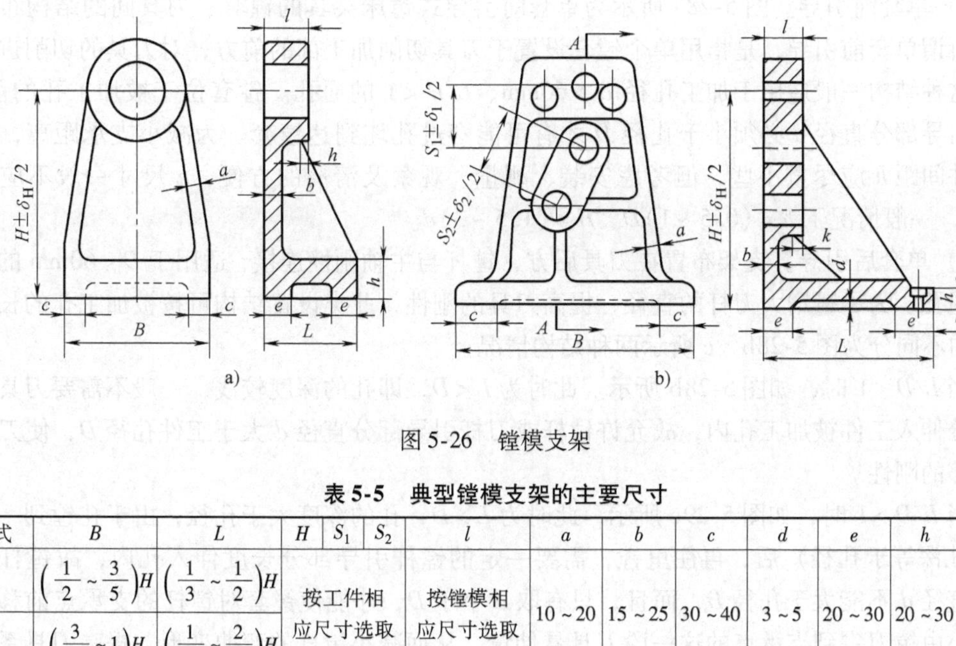

图5-26　镗模支架

表5-5　典型镗模支架的主要尺寸

形式	B	L	H	S_1	S_2	l	a	b	c	d	e	h	k
Ⅰ	$\left(\frac{1}{2}\sim\frac{3}{5}\right)H$	$\left(\frac{1}{3}\sim\frac{1}{2}\right)H$	按工件相应尺寸选取			按镗模相应尺寸选取	10～20	15～25	30～40	3～5	20～30	20～30	3～5
Ⅱ	$\left(\frac{3}{2}\sim 1\right)H$	$\left(\frac{1}{2}\sim\frac{2}{3}\right)H$											

② 镗模底座。镗模底座多为铸铁件，作为镗模的基础件，其上需要安装各种装置、元件和工件，承受切削力和夹紧力，因此必须具有足够的强度和刚度。此外，底座必须具备一定的尺寸、形位精度，因为整副夹具连同工件在镗床上的安装是靠镗模底座保证的，底座的侧面往往需要加工出安装时的找正基面。其典型结构如图5-27所示，主要尺寸见表5-6。

表5-6　镗模底座主要尺寸

L	B	H	A	a	b	c	h
按工件大小确定		$\left(\frac{1}{6}\sim\frac{1}{8}\right)L$	$(1\sim1.5)H$	10～20	20～30	3～8	20～30

（4）镗模的类型　镗模的布置形式主要根据被加工孔的长度 L 与孔直径 D 的比值，即

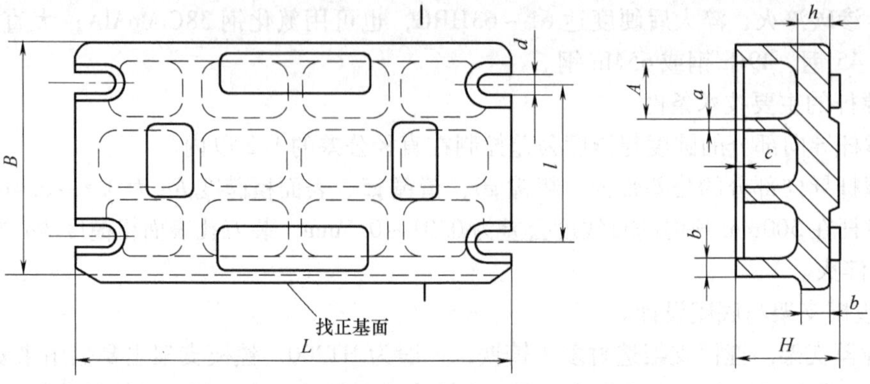

图 5-27　镗模底座

L/D 和加工精度要求而定。按照镗套相对刀具设置位置的不同，此类夹具可分为单套前引导、单套后引导、双套单向引导、前后单套引导和前后双套引导五种结构形式。

1）单套前引导。图 5-28a 所示为单套前引导式镗床夹具的镗套、刀具间的结构布置形式。所谓单套前引导，是指用单个镗套设置于刀具切削加工部的前方，对刀具的切削进行引导。这种结构一般适用于加工孔径 $D>60\text{mm}$、$L/D<1$ 的通孔。镗套位于被加工孔的前方，镗杆引导部分直径 d 必须小于孔径 D 才有可能穿过孔坯到达镗套。为减小支承距离，镗套与工件间距 h 应尽量小些，但考虑安装、测量、观察及清屑的方便，h 尺寸一般不应小于 20mm，一般情况下 $h=(0.5\sim1)D$，$H=(1.5\sim3)d$。

2）单套后引导。支架布置在刀具后方，镗杆与主轴刚性连接，适用于 $D<60\text{mm}$ 的通孔或不通孔。为尽量增大刀杆的直径，提高刀具的刚性，此类设置结构可按被加工孔的长径比 L/D 的不同分为图 5-28b、c 所示两种结构情况：

当 $L/D<1$ 时，如图 5-28b 所示。此时为 $L<D$，即孔的深度较浅，一般不需要刀具的引导部分伸入工件被加工孔内，故允许镗杆或刀杆引导部分直径 d 大于工件孔径 D，使刀具得到足够的刚性。

当 $L/D>1$ 时，如图 5-29c 所示，此时为 $L>D$，孔的深度大于孔径，由于孔镗到一定深度（孔深等于孔径）后，再往里镗，需要一定的镗杆引导部分长度伸入孔内，故镗杆引导部分直径 d 不能大于孔径 D，而且，只有取 d 小于 D，才能使镗套对镗杆的支承点前移，才能减小由镗刀尖到支承点的这一段刀具悬伸量，从而减小镗杆的弯曲变形，提高刀具系统的刚性，减小切削振动，提高孔加工精度。

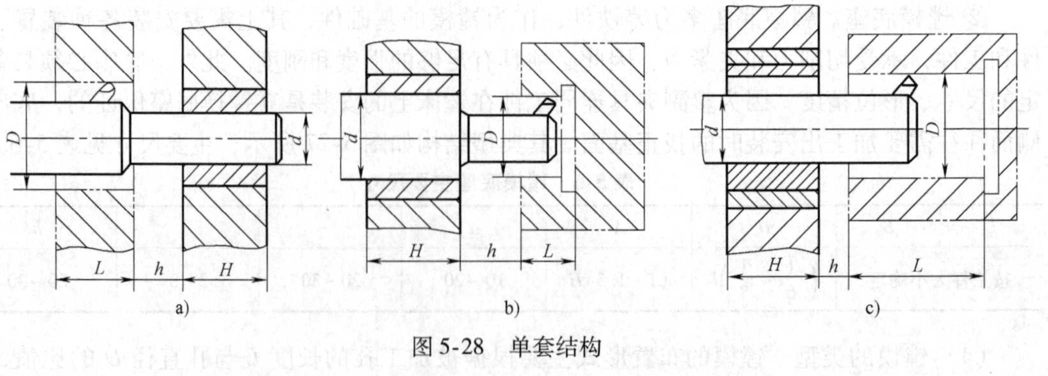

图 5-28　单套结构

单套引导结构夹具的刀杆与机床主轴之间需要保持刚性连接。这种布置方式调整工件比较费时，且机床的精度影响孔的加工精度，所以一般适用于小孔或短孔加工。

3）双套单向引导结构。双套单向引导结构是指在工件的一侧，一般是在刀具的后方，利用距离较远的两个镗套对刀具的镗杆进行引导，如图5-29a所示。这种结构多用于机床主轴不便于直接靠近工件的孔端面（如深孔位于箱体的另一侧）。由于此类结构的镗套支架与工件间的相对位置关系往往较严格，而机床主轴与每一工件的位置精度误差使得主轴与镗套间很难保证严格的同轴度，所以，主轴与镗杆间都采用非刚性的浮动连接，孔位精度直接靠双镗套来保证，与机床精度和主轴相对夹具的位置精度无关。这种布置方式装卸工件方便，更换镗杆容易，便于观察与测量，较多应用于大批量生产之中。

4）前、后单套引导结构。前、后单套引导结构是指在工件的前、后侧各设置一个镗套，并由一根长的镗杆作导向杆，加工同一轴线上安排的孔系或较深通孔，如图5-29b所示。这种引导支承结构应用较为普遍，常用于对箱体、机座工件上的轴承座孔等进行镗削。由于两个引导支承的跨度较大，镗杆与主轴间为浮动连接结构。这种布置方式是镗杆比较长，刚性差，更换刀具不方便。

注意

当跨度间隔过大（L/d）>10时，应注意增加中间辅助引导支承。

5）前、后双套引导结构。前、后双套引导结构如图5-29c所示，主要应用于专业化生产的组合机床上，对工件同时进行双面对镗。如工件两端孔系较深，需要较长的引导长度，且工件两端孔之间需保持严格的相对位置关系（同轴或相平行），多采用这种结构的引导。利用两端对镗结构，可以缩短整个工件孔加工的镗孔节拍，并可左右平衡对孔的切削扭力矩，提高工件安装的可靠性。而两端孔的相对位置精度由组合机床本身直接保证，可实现对箱体孔的多面、高效加工。

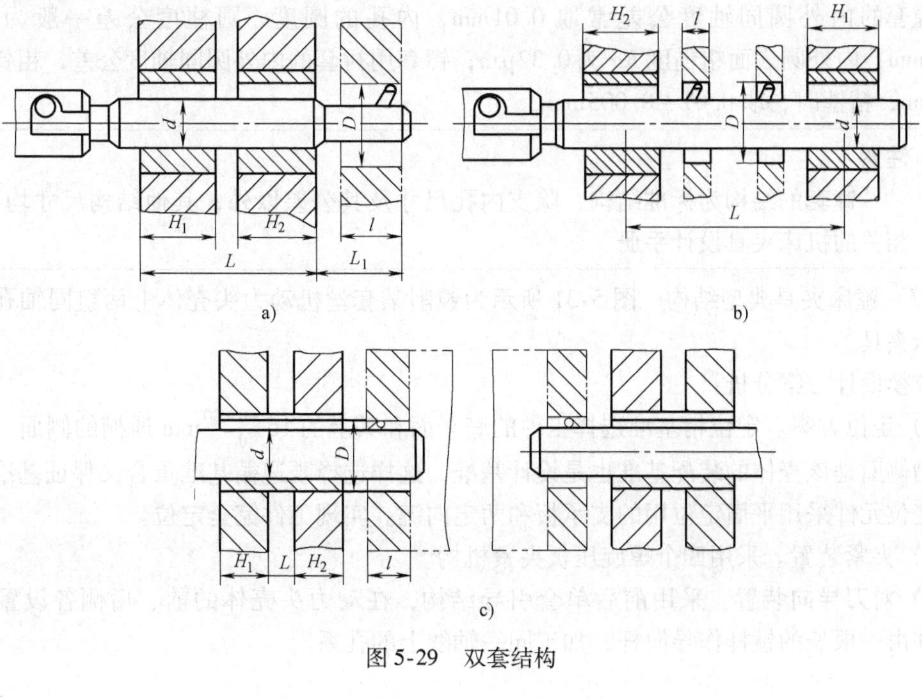

图5-29　双套结构

（5）浮动接头　浮动接头又称浮动卡头，用于避免机床主轴与镗杆间同轴度误差较大时，机床主轴与镗杆因不同轴造成的传动“别劲”，影响正常镗削；通过浮动接头把镗杆与主轴间实行浮动连接，使二者按各自的轴线进行正常的回转，互不影响。

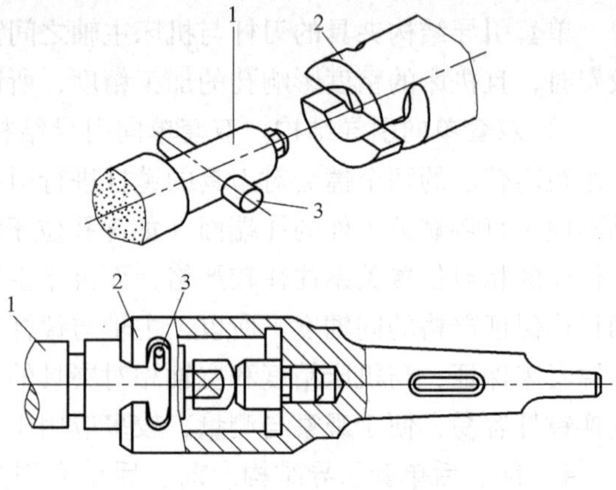

图 5-30　一种常用浮动接头
1、2—接头　3—拨动销

图 5-30 所示为一种常用浮动接头，镗杆与接头 1、2 之间留有足够的浮动间隙。主轴的回转运动通过接头的开口销槽结构，经拨动销 3 传给镗杆，从而消除镗杆与主轴间的同轴度误差影响。采用浮动连接结构，应注意主轴与镗杆间的同轴度误差不能太大，以防止同轴度误差造成的镗杆回转的不等速，影响镗孔切削速度的均匀性和镗孔表面质量。

（6）镗套与镗杆、衬套等配合选择　镗套与镗杆、衬套等配合必须选择恰当，过紧容易咬死，过松不能布置加工精度。一般加工低于公差等级 IT8 的孔或粗镗，镗杆选用 IT6；当加工 IT7 的孔时，镗杆通常选用 IT5，见表 5-7。

表 5-7　镗套与镗杆、衬套等配合选择表

配合表面	镗杆与镗套	镗套与衬套	衬套与支架
配合性质	H7/g6,(H7/h6) H6/g5,(H6/h5)	H7/h6,(H7/js6) H6/g5,(H6/h5)	H7/n5,H6/h5

镗套的内外圆同轴度公差常取 0.01mm，内孔的圆度、圆柱度公差一般为 0.01 ~ 0.002mm，内外圆表面粗糙度 Ra 为 0.32μm；镗套用衬套的内外圆同轴度公差，粗镗时，取 0.01mm，精镗时，取 0.01 ~ 0.005mm。

注意

镗套的结构为标准结构，除支内孔尺寸及其公差以外，其他结构尺寸均可参阅相关的机床夹具设计手册。

（7）镗床夹具典型结构　图 5-31 所示为镗削某套丝机动力头壳体上两组同轴孔系的一副镗床夹具。

镗模设计方案分析：

1）定位方案。定位精基准选择工件的底平面和其上的 $16^{+0.030}_{\ 0}$ mm 通槽的侧面。底平面与通槽侧面是该壳体的装配基准也是设计基准，这样选择既遵循基准重合又保证基准统一。

定位元件采用平面定位用的支承板和两定向键。实现工件完全定位。

2）夹紧装置。采用四个螺旋压板夹紧机构。

3）对刀导向装置。采用前后单套引导结构，在动力头壳体的前、后侧各设置一个镗套，并由一根长的镗杆作导向杆，加工同一轴线上的孔系。

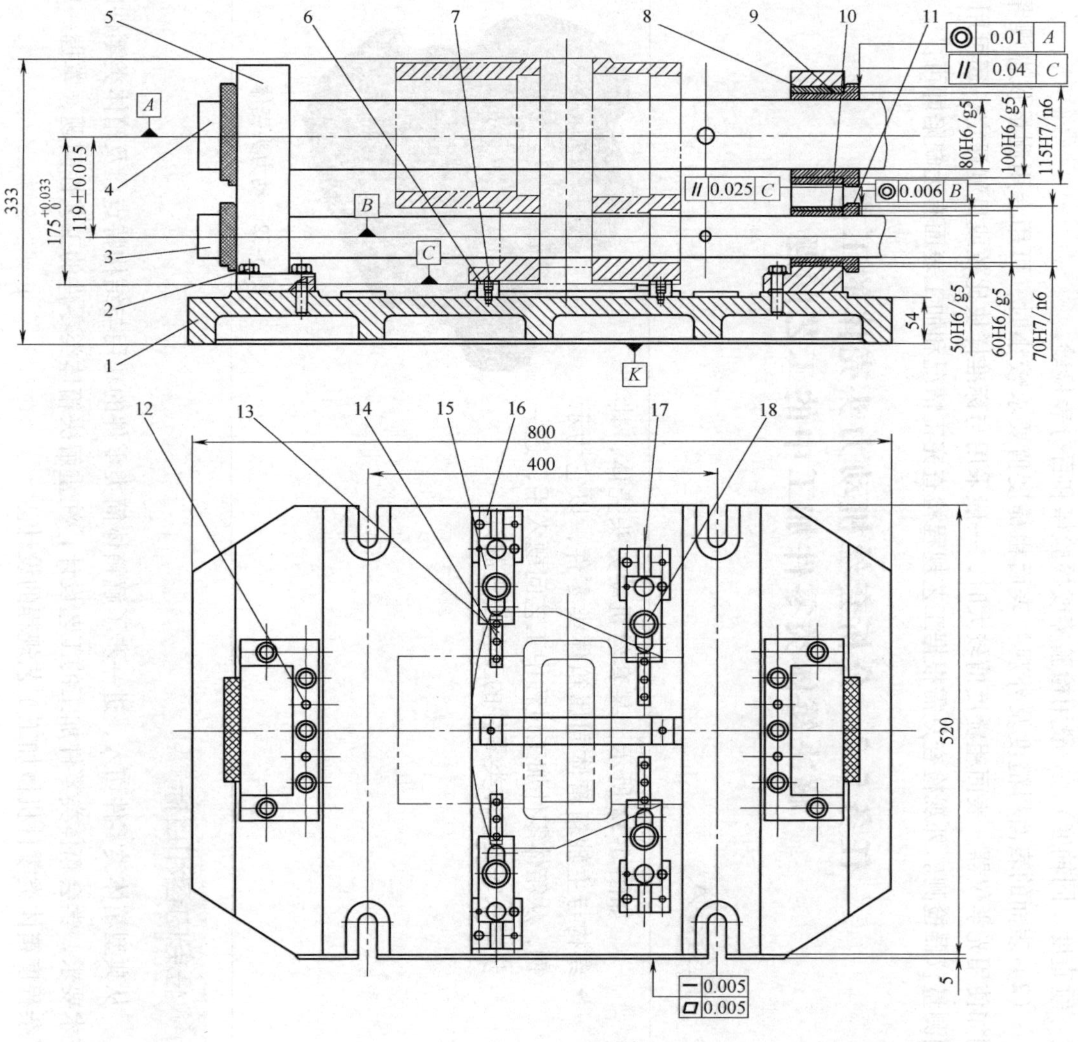

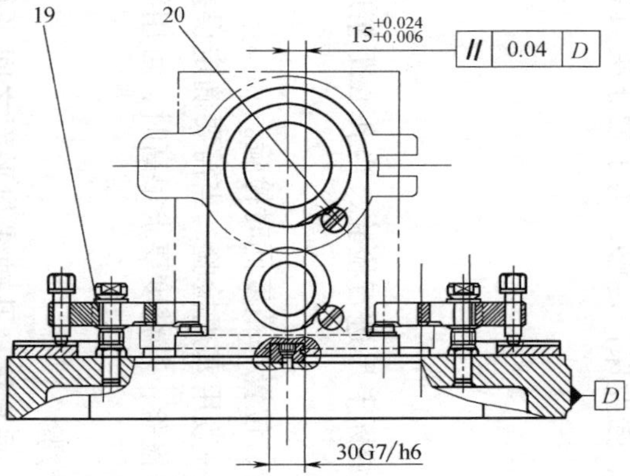

序号	代号	名称
20	JB/T 8006.1—1999	压紧螺钉
19	JB/T 2089—2009	圆柱螺旋压缩弹簧
18	JB/T 8007.1—1999	A型球头螺栓
17	JB/T 8006.2—1999	压紧螺钉
16		支撑板
15	JB/T 8010.2—1999	移动压板
14	GB/T 68—2000	开槽沉头螺钉
13	JB/T 8029.1—1999	支承板
12	GB/T 119—2000	圆柱销
11	JB/T 8046.1—1999	镗套
10	JB/T 8046.2—1999	衬套
9	JB/T 8046.1—1999	镗套
8	JB/T 8046.2—1999	衬套
7	GB/T 68—2000	开槽沉头螺钉
6	JB/T 8016—1999	键
5		镗模支架
4		镗杆
3		镗杆
2	GB/T 5782—2000	螺栓
1		底座

图 5-31　镗削某套丝机动力头壳体上两组同轴孔系的一副镗床夹具

4）夹具体。镗模夹具体即镗模底座采用铸件，刚度、强度保证足够，为了便于夹具在镗床上安装，在底座的侧面加工出找正基准面。

4. 检测量具的选择

（1）一般箱体零件的主要检验项目

1）各加工表面的表面粗糙度以及外观。

2）孔距精度。当孔心距精度要求不高时，可直接用游标卡尺进行检验，当孔心距精度要求较高时，可用心轴和千分尺，还可用心轴和量块检验。

目前，利用三坐标测量机可同时对零件的尺寸、形状、位置等精度同时检验。

3）孔与平面的尺寸精度及形状精度。孔的尺寸精度一般用塞规检验，当需要确定误差的数值或单件小批量生产时，用内径千分尺或内径千分表检验；若精度要求很高时，可用气动量仪检验（示值误差大 1.2 ~ 0.4μm）。

4）平面的平面度。用水平仪与桥板检验或平板涂色检验。

5）孔系的位置精度（孔轴线之间同轴度、平行度、垂直度；孔轴线与平面之间平行度、垂直度、同轴度）。一般用检验棒或检验棒和百分表检验。

（2）表面的表面粗糙度及外观　表面粗糙度值要求较小时，可用专用测量仪器测量，例如使用光学仪器。表面粗糙度值较大时，一般采用与标准样块比较或目测评定，还可用专用测量仪器检测。外观检查只需根据工艺规程检查完工情况和加工表面有无缺陷即可。

任务 5.2　分析套丝机动力头壳体的工艺，解决箱体类零件加工中的工艺问题

任务导入

如图 5-32 所示，某套丝机动力头壳体，其结构与主轴箱箱体同属箱体类零件，以它为示例，从箱体零件加工过程中工艺问题入手，进一步深入掌握箱体类零件的工艺规程制订。

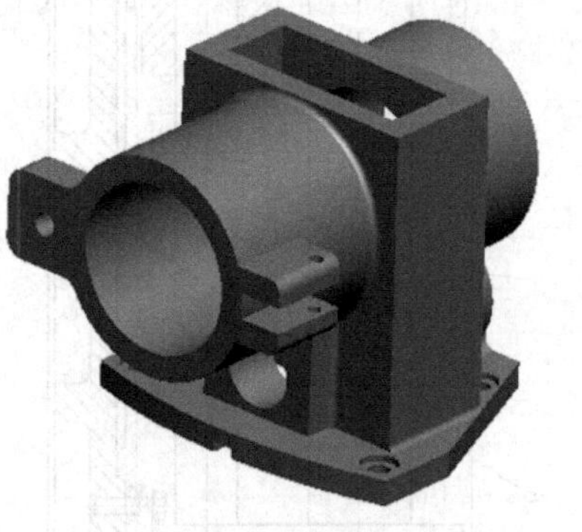

图 5-32　动力头壳体

任务内容和目标

从典型箱体类零件切入，进一步了解箱体简类零件的功用与结构特点，及箱体类零件的技术要求，学会箱体类零件加工的工艺设计，注重解决箱体类零件的工艺性问题，掌握一般复杂程度箱体类零件机械加工工艺规程的设计。

知识网络结构

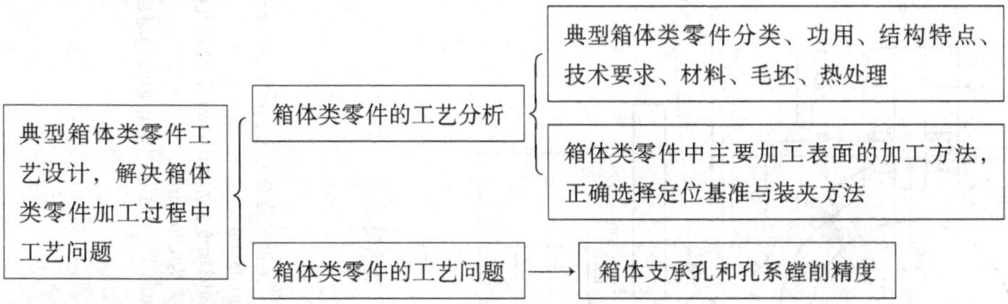

教学情景分析

从动力头壳体零件切入，进一步了解箱体类零件的功用与结构特点，及箱体简类零件的技术要求，学会箱体类零件加工的工艺设计，注重解决箱体类零件的工艺性问题，掌握一般复杂程度箱体类零件机械加工工艺规程的设计。

工作任务书

产品名称：动力头壳体。

材料：HT200。

生产类型：批量生产250/年。

工作任务：

1）根据图5-33所示零件图，分析该壳体零件的结构、技术要求、主要加工表面及其对应的加工方法，拟定其加工工艺路线。

2）确定详细的工艺参数，编制工艺规程。

5.2.1　套丝机动力头壳体加工工艺

1. 动力头壳体零件的主要表面及其技术要求

此箱体是丝杠架的基准件，主要加工表面：底平面是装配基面；两对支承孔用来安装圆柱齿轮及轴。动力经圆柱齿轮传到主轴，通过丝杠架的丝杠机构使主轴做旋转运动和轴向进给运动，完成工件的加工。

（1）箱体零件技术要求：

1）主轴孔和其他轴承本身的尺寸精度。包括主轴孔与端面的垂直度，主轴孔与装配基准面的尺寸精度及相互位置精度。

2）孔系之间各轴线的同轴度。包括各组孔系轴线之间的尺寸距离精度、平行度。

3）各加工平面和支承孔系的表面粗糙度等。

（2）动力头壳体的技术要求　由零件图可知，动力头壳体的技术要求有：

1）$\phi140^{+0.040}_{0}$mm、$\phi55^{+0.030}_{0}$mm、$\phi62^{+0.030}_{0}$mm、(119 ± 0.070)mm、$175^{+0.1}_{0}$mm。

2）孔$\phi130^{+0.063}_{0}$mm对$\phi140^{+0.040}_{0}$mm的同轴度公差为0.012mm，此两孔轴线对底面的平行度公差为0.08mm。

3）孔$\phi55^{+0.030}_{0}$mm对$\phi62^{+0.030}_{0}$mm的同轴度公差为0.01mm，此两孔的轴线对底面的平行度公差为0.1mm。

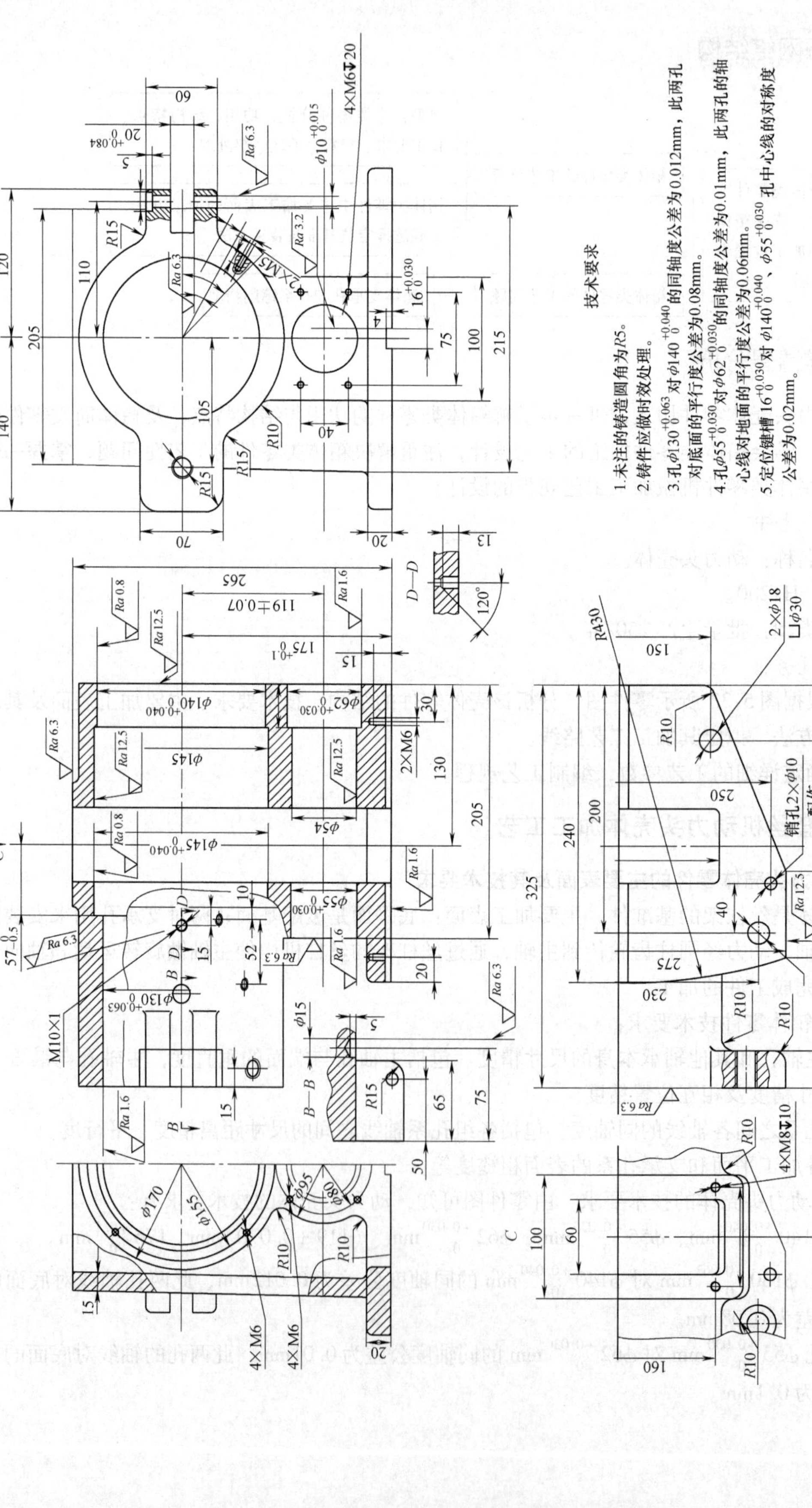

图 5-33 动力头壳体零件

4）定位键槽 $15^{+0.030}_{0}$ mm 对 $\phi140^{+0.040}_{0}$ mm，$\phi55^{+0.030}_{0}$ mm 孔中心线的对称度公差为0.02mm。

5）表面粗糙度。孔的 Ra 为0.8～12.5μm，平面的 Ra 为1.6～6.3μm。

故从以上要求可以看出，主要加工表面是两对支承孔和装配基面（底面）及定位键槽，工艺难度是孔系加工。

2. 工艺分析

（1）主要表面的加工方法　两对支承孔的加工采用钻、扩、粗镗、半精镗、精镗方法。装配基准面及其他平面采用刨、铣、磨的方法。

（2）确定定位基准

1）精基准选择。精基准选择为底面及定位键槽，即装配基准面。这样符合基准重合原则，也满足定位基准统一的要求，有利于控制主要表面的位置精度。

2）粗基准的选择。铸件大孔已经铸出底孔，选择大孔底孔作为粗基准，以此划线加工精基准。

（3）选择毛坯的类型　因为材料为HT200，故采用铸造，且因毛坯尺寸较大，故而采用砂型铸造。大孔铸出底孔，小孔较小故不铸出底孔。毛坯图如图5-34所示。

（4）选择加工机床和刀具　采用龙门刨床B2010A和龙门铣床TX2010×3。

（5）划分加工阶段和安排加工顺序　用上述精基准定位，在镗模上镗两对孔，能保证图样要求的位置精度，且生产效率较高。镗孔前的预备工序为大孔粗镗、半精镗，小孔采用钻、粗镗、半精镗。

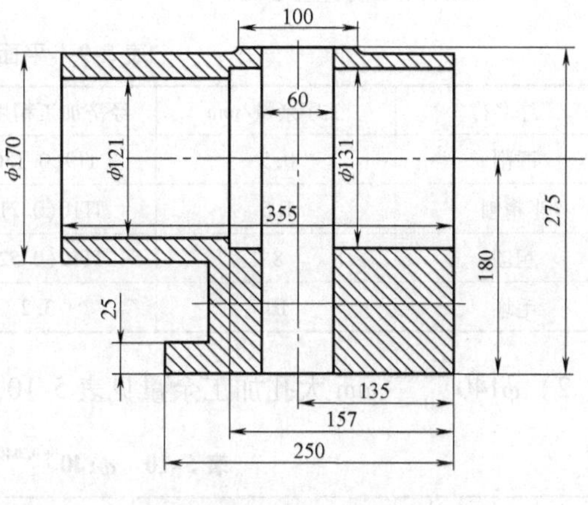

图5-34　动力头壳体毛坯图

平面的加工在镗孔前进行。底面的最终加工为粗磨。其预备工序为粗刨、半精刨，两侧面为粗铣、半精铣。

为了消除铸造应力，稳定加工精度，铸造后应进行人工时效。

其余光孔、螺纹孔，最后钳工装配中采用钳工加工。故其加工工艺路线为铸造→人工时效→涂防锈漆→划刨铣加工线→刨底平面及上平面→铣左右侧面→镗孔→钻所有孔、所有螺纹孔→验收。

（6）拟定工艺路线（表5-8）

表5-8　动力头壳体加工路线

工序号	工序名称	工序内容	定位基准
1	备料	铸件	
2	热处理	人工时效	
3	油漆		
4	钳工	划线	

（续）

工序号	工序名称	工序内容	定位基准
5	刨削	底平面和上表面	$\phi140^{+0.040}_{0}$ mm 毛坯底孔
6	铣削	左右侧面	底面
7	磨削	底面	
8	划线		
9	铣削	铣底面槽	底面
10	镗削	粗、半精、精镗两对支承孔	底面和槽
11	油漆	非加工面	
12	钳工	加工各螺纹联接孔	
13	钳工	配作销孔	

（7）确定加工余量、工序尺寸与公差

1）平面的加工余量见表 5-9。

表 5-9　平面的加工余量

工序名称	工序余量/mm	经济加工精度/mm	工序尺寸/mm	表面粗糙度 Ra/μm
磨削	0.5	IT9(0.130)	265 ±0.065	1.6
半精刨	1.5	IT10(0.210)	265.5 ±0.105	6.3
粗刨	8	IT12(0.520)	267 ±0.26	12.5
毛坯	10	3.2	275 ±1.6	

2）$\phi140^{+0.040}_{0}$ mm 大孔加工余量见表 5-10。

表 5-10　$\phi140^{+0.040}_{0}$ mm 大孔加工余量

工序名称	工序余量/mm	经济精度/mm	工序尺寸/mm	表面粗糙度 Ra/μm
精镗	0.2	H7(0.040)	$\phi140^{+0.040}_{0}$	1.6
半精镗	0.8	H10(0.160)	$\phi139.8^{+0.160}_{0}$	3.2
粗镗	8	H12(0.400)	$\phi139^{+0.400}_{0}$	12.5
毛坯	9	±1.2	$\phi131\pm1.2$	

3）$\phi130^{+0.063}_{0}$ mm 小孔加工见表 5-11。

表 5-11　$\phi130^{+0.063}_{0}$ mm 小孔加工余量

工序名称	工序余量	经济精度	工序尺寸	表面粗糙度 Ra/mm
精镗	0.2	H8(0.063)	$\phi130^{+0.063}_{0}$	1.6
半精镗	0.8	H10(0.160)	$\phi129.8^{+0.160}_{0}$	3.2
粗镗	8	H12(0.400)	$\phi129^{+0.400}_{0}$	12.5
毛坯	9	±1.2	$\phi121\pm1.2$	

（8）确定切削用量和工时定额　略。

做一做

同学们请参照前述例子，确定套丝机动力头壳体加工中主要加工表面的切削用量。

（9）确定检验方法　检验基本方法同前例所述。

（10）填写机械加工工艺过程卡片（表 5-12）

表 5-12　动力头壳体机械加工工艺过程卡片

（工厂名）		机械加工工艺过程卡片		产品名称		零件图号		文件编号	
				型号规格		零件名称		共　页	第　页
材质	材料规格	毛坯	种类	零件重量/kg	毛重		每料件数	每台件数	每批件数
			尺寸		净重				

工序号	安装	工步号	工序内容	加工车间	设备名称及编号	工艺装备名称及编号：夹具	刀具	量具	辅助工具	工时定额：准备终结	单件
1		1	备料：选用铸造箱体毛坯								
2		1	热处理：人工时效	热处理							
3			油漆：涂防锈漆								
4		1	划线：刨、铣加工线	钳工							
5		1	按划线找正，粗刨、半精刨底平面，预留磨量 0.4mm	机加工	B2010A		弯头焊接式硬质合金刨刀				
		2	按划线找正，粗刨、半精刨上平面								
		3	检验								
6		1	铣壳体左右端面保证尺寸 325mm、130mm、205mm		X208		YG 硬质合金盘铣刀				
		2	检验								
7		1	磨底面，保证上下面 265mm		M7120						
			检验								
8		1	划线：划槽 $16^{+0.030}_{0}$ mm、$20^{+0.084}_{0}$ mm 的找正线、加工线								
9		1	铣槽 $16^{+0.030}_{0}$ mm、$20^{+0.084}_{0}$ mm		X208				三面刃铣刀		
		2	钻 ϕ15mm 深 5mm 的不通孔				麻花钻头				
10		1	粗镗 $\phi130^{+0.063}_{0}$ mm、$\phi140^{+0.040}_{0}$ mm		T612	专用镗夹具	YG 硬质合金镗刀				
		2	钻孔 ϕ35mm				麻花钻头				
		3	扩孔 ϕ50mm				扩孔钻				

（续）

工序号	安装	工步号	工序内容	加工车间	设备名称及编号	工艺装备名称及编号				工时定额	
						夹具	刀具	量具	辅助工具	准备终结	单件
		4	粗镗 $\phi55^{+0.030}_{0}$ mm、$\phi62^{0.030}_{0}$ mm		T612	专用镗夹具	YG 硬质合金镗刀				
		5	半精镗 $\phi130^{+0.063}_{0}$ mm、$\phi140^{+0.040}_{0}$ mm								
		6	半精镗 $\phi55^{+0.030}_{0}$ mm、$\phi62^{0.030}_{0}$ mm								
		7	精镗 $\phi130^{+0.063}_{0}$ mm、$\phi140^{+0.040}_{0}$ mm								
		8	精镗 $\phi55^{+0.030}_{0}$ mm、$\phi62^{0.030}_{0}$ mm 保证（119 ± 0.070）mm								
		9	检验								
11		1	非加工面喷漆								
12		1	加工螺纹孔 M18				M18 丝锥				
		2	M6				M6 丝锥				
		3	M8				M8 丝锥				
		4	M5				M5 丝锥				
		5	M10				M10 丝锥				
			钻 $\phi10$mm 孔				麻花钻				
			钻 $4\times\phi18$mm 孔				麻花钻				
			检验								
13			钳装配作 $2\times\phi10$mm 销孔								
			检验								
14			验收								
更改内容											
制定		审核		校对		会签		批准		日期	

5.2.2　箱体类零件的加工工艺性问题

箱体上的轴承孔及孔系是箱体零件上最为关键和主要的加工部位，其加工方法大多数采用镗孔加工。和其他机械加工相比，镗孔加工是一种较难的加工。它只靠调节一枚刀片（或刀片座）加工出像 H7、H6 这样等级的孔。

1. 镗杆受力变形对镗孔精度的影响

悬臂镗杆在镗孔过程中，受到切削力矩、切削力及镗杆自重的作用，如图 5-35、图 5-36所示。切削力矩使镗杆产生弹性扭曲，主要影响工件的表面粗糙度和刀具的寿命；切削力和自重使镗杆产生弹性弯曲（挠曲变形），对孔系加工精度的影响严重。

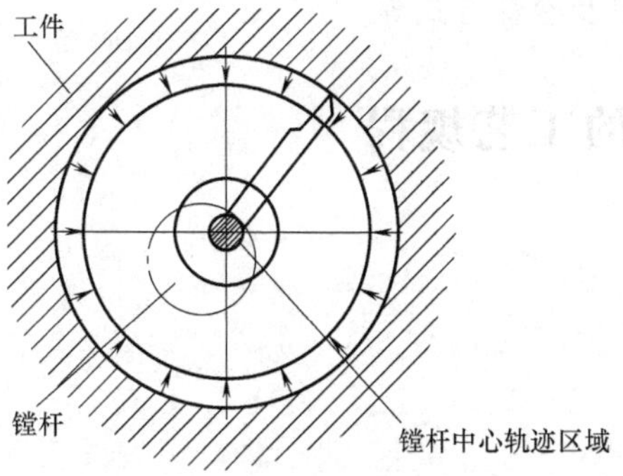

图5-35　切削力对镗杆变形的影响

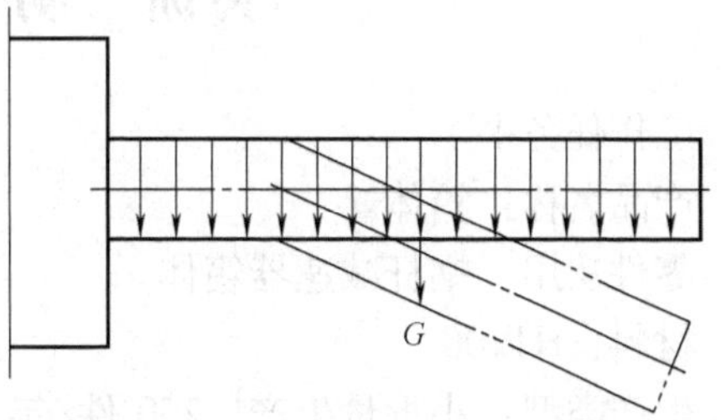

图5-36　自重对镗杆变形的影响

2. 镗杆和镗套的精度与配合间隙对镗孔加工精度的影响

1）镗杆圆度与镗套内孔的圆度误差对镗孔精度产生影响。

2）镗杆与镗套的配合间隙对镗孔精度的影响。粗镗时，对镗孔精度影响不明显，精镗时，间隙越大，镗杆的摆动范围就越大，引起的加工误差越大。

3）切削用量、加工余量、材质不均匀性的影响。加工时，由于同一箱体孔系加工时加工余量、材质不均匀性，选择切削用量不一致，切削加工时引起镗杆摆动，对同一孔的加工引起圆度误差，对不同孔的加工引起位置精度和孔心距的误差。

3. 进给方式不同对加工精度的影响

（1）镗杆直接进给　镗杆与镗床主轴浮动连接采用导向装置或镗模镗孔时，进给方式对孔系加工精度的影响不太明显。采用刚性连接悬臂镗孔时，进给方式对孔系加工精度有较大影响。

悬臂镗孔时，以提镗杆直接进给。随着镗杆的不断伸长，镗杆的弯曲变形也增大。对同一孔而言，引起圆度误差。对同轴孔系而言，则会产生同轴度误差。

（2）工作台进给　当采用工作台进给时，机床导轨直线度误差会使镗孔产生圆度误差，使同轴孔系产生同轴度误差，机床导轨与主轴的平行度误差，则使镗孔产生圆度误差，工作台与床身导轨的配合间隙，使同轴孔系产生同轴度误差，使相邻的平行孔系产生孔心距和平行度误差。

4. 颤振

镗孔加工时最常出现的、也是最麻烦的问题是颤振。在加工中心上镗孔发生颤振的原因主要有以下几点。

（1）工具系统的刚性　包括刀柄、镗杆、镗头以及中间连接部分的刚性。因为是悬臂加工，工具系统的刚性尤为重要。

（2）工具系统的动平衡　相对于工具系统的转动轴心，工具自身如有一个不平衡质量，在转动时因不平衡的离心力作用而导致颤振的发生。特别是在高速加工时工具的动平衡性所产生影响很大。

（3）工件自身或工件的固定刚性　像一些较小、较薄的工件由于其自身的刚性不足，或由于工件形状等原因无法使用合理的机床夹具进行充分的固定导致的固定刚性不足。

（4）刀片的刀尖形状　刀片的前角、主偏角、刀尖半径、断屑槽形状等均会导致切削抗力不同。

（5）切削参数的选择，包括切削速度，进给量及冷却方式等。

实训　制订箱体的工艺规程

工作任务书

产品名称：箱体。

零件功用：蜗杆减速器箱体。

材料：HT200。

生产类型：小批量生产，250 件/年。

热处理：退火。

工作任务：

根据图 5-37 所示零件图分析该箱体类零件的结构、技术要求、主要加工表面及其对应的加工方法、拟定其加工工艺路线。

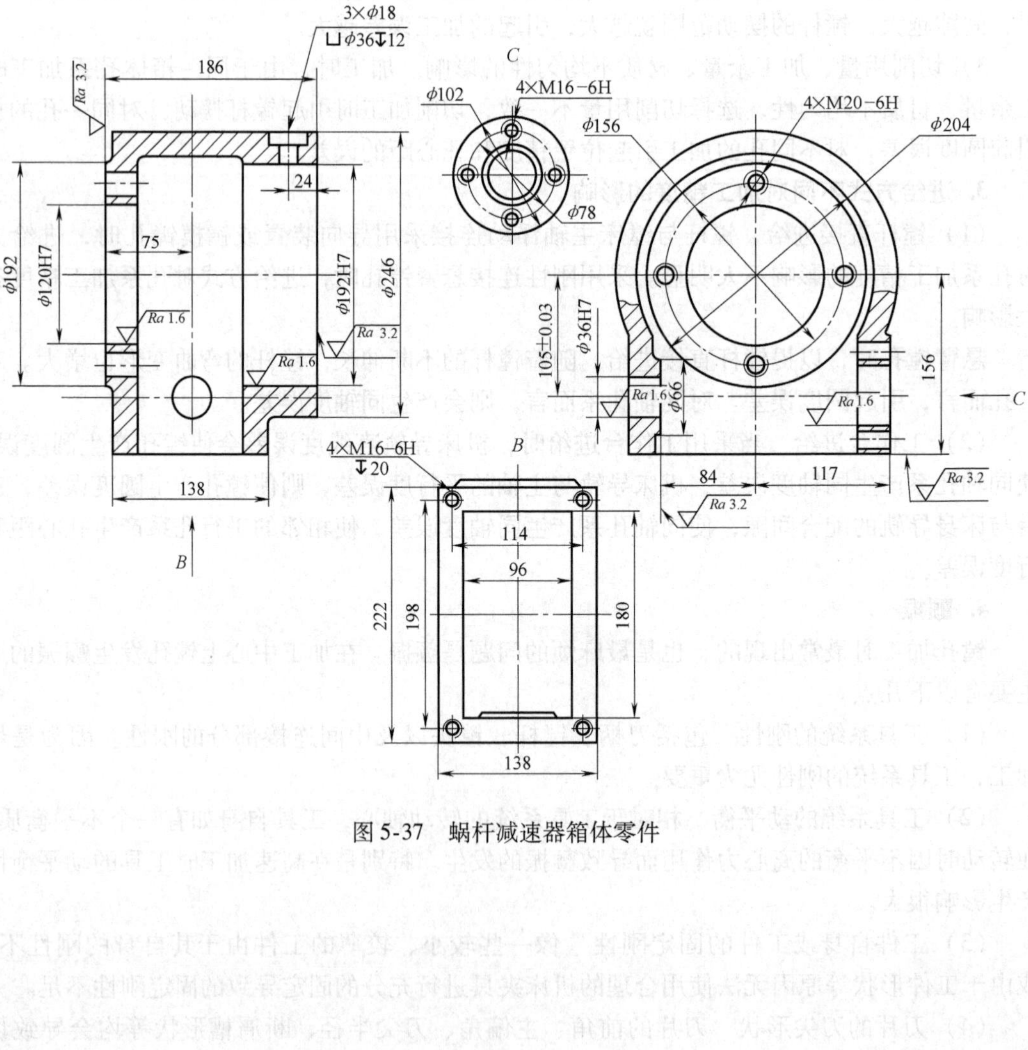

图 5-37　蜗杆减速器箱体零件

项目6　叉杆类零件的加工工艺

教学导航

学习目标	掌握平面的加工方法，叉杆类零件机械加工工艺制订的思路与方法
工作任务	根据工作“任务”编制叉杆类零件加工工艺文件，并确定有关装备
教学重点	叉杆类零件机械加工工艺制订的思路与方法、加工工艺文件编制
教学难点	叉杆类零件机械加工工艺参数确定、刀具合理选择、工艺装备选择
教学方法建议	采用任务驱动教学，用任务导入，教、学、做一体化
选用案例	拨叉、连杆
教学设施、设备及工具	教学课件、零件实物、机械加工实训教室
考核与评价	任务成果评定、学习团队评定、学习过程评定
参考学时	12 学时

任务6.1　制订拨叉零件的工艺规程，分析叉杆类零件的加工艺工装

任务导入

如图 6-1 所示一拨叉零件，如何利用所学的工艺理论知识完成其工艺规程的编制及工装的选用呢？

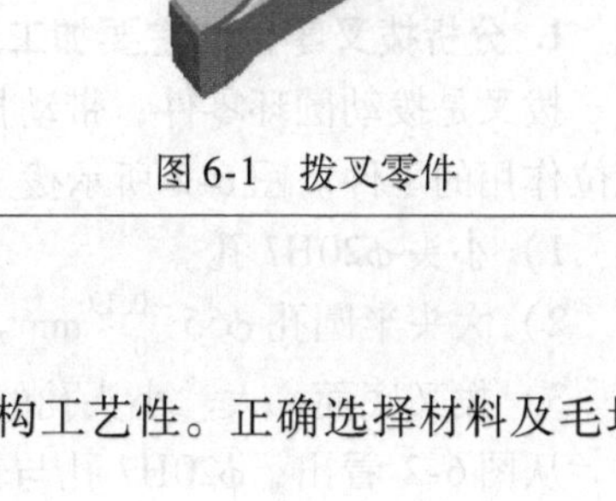

图 6-1　拨叉零件

任务内容和目标

分析叉杆类零件的功用，叉杆类零件的技术要求及结构工艺性。正确选择材料及毛坯、定位基准，拟定工艺路线，选择工艺参数及装备。

知识网络结构

- 拨叉与连杆加工
  - 拨叉加工工艺 → 分析零件图→确定毛坯→确定各表面加工方法及选择刀具→划分加工阶段→安排加工顺序→确定零件装夹方法及选择夹具→拟定机械加工工艺路线→确定加工余量与工序尺寸→确定切削用量与工时定额→确定检测方法→填写工艺卡片
  - 叉杆类零件的工艺分析
    - 零件分类、功用、结构构点、技术要求、材料、毛坯、热处理
    - 主要加工表面的加工方法，正确选择定位基准与装夹方法
  - 叉杆类零件的工艺装备选择
    - 刀具的正确选择
    - 夹具的设计与选择
    - 检测量具选择

教学情景分析

本任务采用“教、学、做”一体化教学，教师将“教学任务”布置下去，学生预先分组，每组学生利用已经学习的工艺理论知识，在教师的辅导下，完成“教学任务”，即拨叉的工艺设计。每组的工艺设计方案进行比较，教师总结工艺方案的优劣。

工作任务书

产品名称：拨叉。

零件功用：变速换档、导向、变位的作用。

材料：HT200。

生产类型：中批量生产。

热处理：时效、退火。

工作任务：

1）根据图 6-2 所示零件图分析该零件的结构、技术要求、主要加工表面及其对应的加工方法，拟定其加工工艺路线。

2）确定详细的工艺参数，编制工艺规程、工艺任务书。

6.1.1　制订拨叉零件的工艺规程

1. 分析拨叉零件的主要加工表面及技术要求

拨叉是拨动圆环零件，带动拉杆左右移动，完成主轴的起动、制动或反转，起到导向、变位作用的零件。图 6-2 所示拨叉零件主要加工表面是：

1）小头 ϕ20H7 孔。

2）大头半圆孔 $\phi55^{+0.19}_{0}$ mm。

3）拨叉底面，大、小头孔的端面，大头半圆孔端面对小头孔中心的垂直度要求。

从图 6-2 看出，ϕ20H7 孔与轴为间隙配合，左部小头呈圆筒状，右部大头为厚 20mm 的

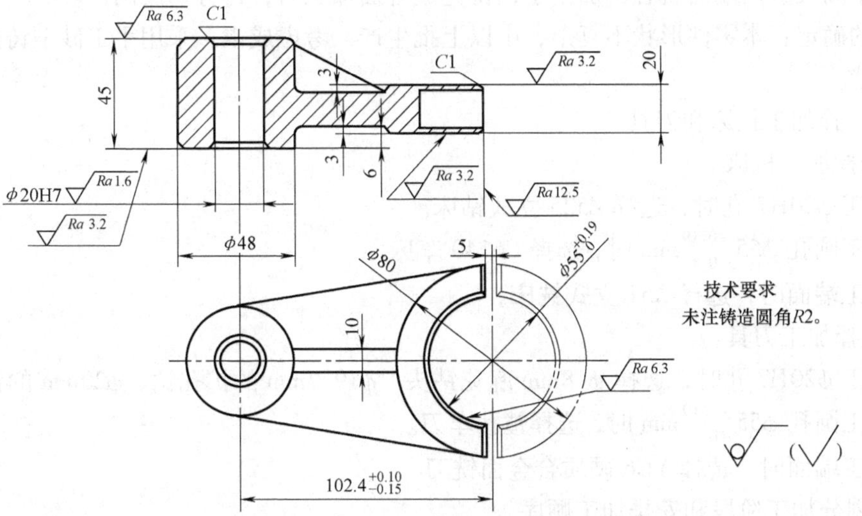

图6-2　拨叉零件图

半圆叉爪，两部分上下都不在同一平面上，工件安装有一定困难。

零件的主要加工表面和主要技术要求也分两个部分：一是以 ϕ20H7 孔为中心的加工表面；二是以半圆叉爪为中心的加工表面，这些加工表面和技术要求，用一般的工艺方法都能做到，唯有叉爪的内半圆面较难加工。

上述分析，此零件在制订工艺上必须解决好安装和叉爪内半圆面的加工两个主要问题。

2. 工艺分析

（1）主要加工表面的加工方法　拨叉小头 ϕ20H7 孔采用的加工方法是钻、扩、铰；由于采用联模铸造，半圆叉爪的半圆孔 $\phi 55^{+0.19}_{0}$ mm 采用车孔的方法，小头孔的端面采用铣削的方法；最终利用锯片铣刀将合模连体零件锯断，但必须保证锯断后，两个拨叉均为合格件。

（2）确定定位基准

1）粗基准的选择。选尺寸 14mm 的上平面（毛面）和 ϕ48mm 外圆毛面作粗基准，既能加工出已选各精基准面，又能保证加工面对不加工毛面的位置和尺寸。

2）精基准的选择。考虑要保证零件的加工精度和装夹准确方便，依据“基准重合”原则和“基准统一”原则，以加工后的 $\phi 55^{+0.19}_{0}$ mm 及端面为主要的定位精基准，目的是希望工件分切开后左右两件较为对称。

（3）毛坯的选择　零件材料为 HT200。针对零件的两个主要问题，采取将毛坯两件合一铸出。如图6-3所示为拨叉零件毛坯图，两件合铸后的毛坯，左右等高，便于安装。同时叉爪合成了

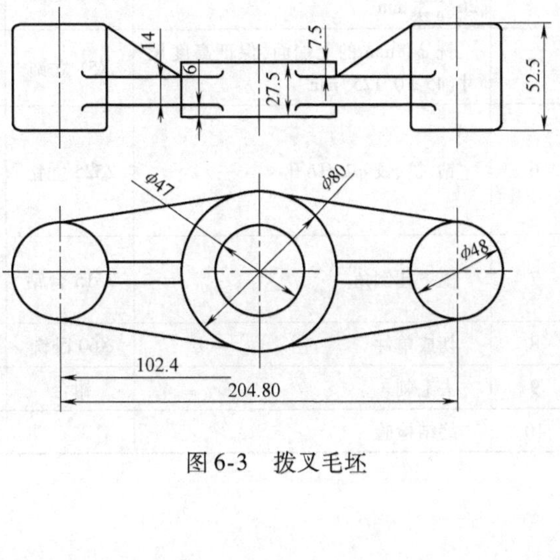

图6-3　拨叉毛坯

整圆，内半圆及其两端面就容易加工了，待完成各面加工后，再分切成两件。

毛坯的确定：本零件形状不复杂，中以上批生产，考虑成本，采用手工砂型铸造，且两件联模铸造。

（4）选择加工机床和刀具

1）选择加工机床

① 加工 ϕ20H7 孔时，选择 Z525 立式钻床。

② 加工圆孔 $\phi55^{+0.19}_{0}$mm 时，选择 C6140 车床。

③ 加工端面时，选择 X51 立式铣床。

2）选择加工刀具。

① 加工 ϕ20H7 孔时，选择 ϕ18mm 麻花钻头、ϕ19.7mm 的扩孔钻、ϕ20mm 的铰刀。

② 加工圆孔 $\phi55^{+0.19}_{0}$mm 时，选择镗孔车刀。

③ 加工端面时，选择 YG6 硬质合金面铣刀

（5）划分加工阶段和安排加工顺序

1）圆孔 $\phi55^{+0.19}_{0}$mm 其端面，Ra 为 6.3μm，通过粗车→半精车加工顺序满足加工要求。

2）ϕ20H7 孔尺寸公差等级为 IT7，Ra 为 1.6μm，通过钻→扩→铰加工顺序满足加工要求。

3）ϕ48mm 外圆端面及其他端面通过粗铣→半精铣加工顺序满足加工要求。

（6）拟定工艺路线（表 6-1）

表 6-1　拨叉零件机械加工工艺路线

工序号	工序内容	设备名称及型号	工艺装备名称及代号		
			夹具	刀具	量具
1	铸件				
2	退火				
3	车 $\phi55^{+0.19}_{0}$mm 孔及两端面，保证尺寸(20 ± 0.105)mm	C6140	车夹具	YT5 弯头外圆车刀	CL-01 量规
				YT5 通孔镗刀	CL-02 量规
				YT5 车后端面镗刀	CL-03 量规
4	铣 ϕ48mm 的下端面，保证尺寸 $26^{-0.115}_{-0.235}$mm	X51 立铣	铣夹具	ϕ50mm 可转位立铣刀	XL-01 量规
5	铣 ϕ48mm 的上端面，保证高度尺寸(45 ± 0.125)mm	X51 立铣	铣夹具	ϕ50mm 可转位立铣刀	0 ~ 125 游标卡尺
6	钻、扩、铰 ϕ20H7 孔	Z525 立钻	钻模	ϕ18mm 麻花钻	
				ϕ19.7mm 的锥柄	
				ϕ20mm 铰刀	
7	上下孔倒角	Z515 台钻		锥柄锥面锪钻	
8	切成单件	X60 卧铣	铣夹具	中齿锯片铣刀	
9	去毛刺	钳台		锉刀	
10	终结检验				

（7）确定加工余量、工序尺寸与公差

1）半精车叉爪下端面时工序尺寸的确定（以此为例）。本工序加工时，选择尺寸14mm的上平面为定位基准，即定位基准与设计基准不重合，故叉爪的上端面工序尺寸 A 需作尺寸链求得。如图6-4所示，尺寸3mm是加工面即叉爪的上端面与永久性毛面之间的距离，它比非配合的加工面尺寸要求还低，故公差等级取IT15，公差常按零线对称分布，即该尺寸按（3±0.2）mm加工。

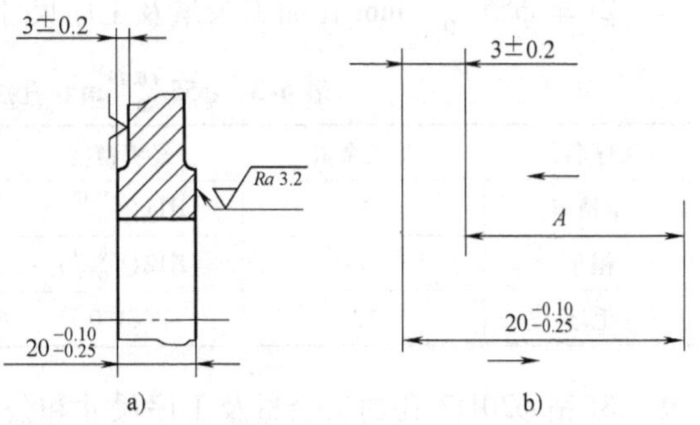

图6-4　工艺尺寸链图

从图6-4b中可知：

封闭环：（3±0.2）mm。

增环：$20^{-0.10}_{-0.25}$mm。

减环：A。

据：

$$A_0 = \sum_{i=1}^{m}\overrightarrow{A_i} - \sum_{j=m+1}^{n-1}\overleftarrow{A_j}$$

$$3\text{mm} = 20\text{mm} - A$$

$$A = 17$$

$$ES(A_0) = \sum_{i=1}^{m}ES(\overrightarrow{A_j}) - \sum_{j=m+1}^{n-1}EI(\overleftarrow{A_j})$$

$$0.2\text{mm} = (-0.10\text{mm}) - EI(A)$$

$$EI(A) = -0.3\text{mm}$$

$$EI(A_0) = \sum_{i=1}^{m}EI(\overrightarrow{A_i}) - \sum_{j=m+1}^{n-1}ES(\overleftarrow{A_j})$$

$$-0.2\text{mm} = (-0.25\text{mm}) - ES(A)$$

$$ES(A) = -0.05\text{mm}$$

$$A = 17^{-0.05}_{-0.30}\text{mm}$$

2）确定其余各加工面的工序余量和工序尺寸。

① 各端面加工余量与工序尺寸（表6-2）

表6-2　各端面加工余量与工序尺寸　（单位：mm）

加工表面	工序名称	加工余量	工序尺寸
叉爪下端面	半精车	1	$17^{-0.05}_{-0.30}$
	粗车		18
叉爪上端面	半精车	1	$20^{-0.10}_{-0.25}$
	粗车		21
ϕ48下端面	半精铣	1	$26^{-0.115}_{-0.235}$
	粗铣		27
ϕ48上端面	半精铣	1	45
	粗铣		46

② 车 $\phi55^{+0.19}_{0}$ mm 孔加工余量及工序尺寸和公差（表6-3）

表6-3　$\phi55^{+0.19}_{0}$ mm 孔加工余量及工序尺寸和公差　　（单位：mm）

工序名称	加工余量	经济精度	工序公称尺寸	工序尺寸	
半精车	1	H11($^{+0.19}_{0}$)	$\phi55$	$\phi55^{+0.19}_{0}$	*Ra* 为6.3μm
粗车	9	H12($^{+0.30}_{0}$)	$\phi54$	$\phi54^{+0.30}_{0}$	*Ra* 为12.5μm
毛坯	10	±1.0	$\phi45$	$\phi45\pm1.0$	

③ 钻 $\phi20$H7 孔加工余量及工序尺寸和公差（表6-4）

表6-4　$\phi20$H7 孔加工余量及工序尺寸和公差　　单位：mm

工序名称	加工余量	经济精度	工序公称尺寸	工序尺寸	
精铰	0.06	H7($^{+0.021}_{0}$)	$\phi20$	$\phi20$H7($^{+0.021}_{0}$)	*Ra* 为1.6μm
粗铰	0.24	H9($^{+0.052}_{0}$)	$\phi19.94$	$\phi19.94$H9($^{+0.052}_{0}$)	*Ra* 为3.2μm
扩孔	1.7	H11($^{+0.13}_{0}$)	$\phi19.7$	$\phi19.8$H11($^{+0.13}_{0}$)	*Ra* 为6.3μm
钻孔	18	H12($^{+0.21}_{0}$)	$\phi18$	$\phi18$H12($^{+0.21}_{0}$)	*Ra* 为12.5μm

（8）确定切削用量　以镗 $\phi55^{+0.19}_{0}$ mm 孔为例进行切削用量及工时定额计算。

1）背吃刀量。已知孔的余量 $2Z=10$mm，单面 $Z=5$mm。考虑镗刀刚度差，铸孔形状不规则，为了减小误差反映，采用两次走刀车成。即 $a_p=(5/2)\text{mm}=2.5\text{mm}$

2）进给量。查得 $f=0.25\sim0.35$，取 $f=0.3\text{mm/r}$。

3）切削速度。当 $a_p=2.5$mm，$f=0.3$mm 时，$v_c=70\sim90\text{m/min}$ 。取 $v_c=90\text{m/min}$，镗孔应降低20%，故 $v_c=[90\times(1-0.2)]\text{m/min}=72\text{m/min}$

确定车床主轴转速 $n=[1000\times72/(3.14\times55)]\text{r/min}\approx416.92\text{r/min}$。对照车床资料，取实际转速 $n=400\text{r/min}$。

故，实际切削速度 $v_c=(3.14\times55\times400/1000)\text{m/min}\approx69.08\text{m/min}$。

（9）确定检验方法

1）尺寸精度的检测。孔尺寸精度可用内径卡尺或内径百分表测量。端面用卡尺测量。

2）位置精度的检测。端面对内孔轴线的垂直度测量方法：在平板上，$\phi20$H7 孔装在心轴上，并在心轴上安装百分表，用百分表测量头垂直于端面，并与端面接触，即可测出孔与端面的垂直度。

（10）填写拨叉零件机械加工工艺卡片（表6-5）

6.1.2　分析叉杆类零件工艺

1. 叉杆类零件的功用与结构特点

叉杆是一些外形不规则的中小型零件，是机器上连接或操纵机构的零件，常见的叉杆类零件有摇臂、拨叉、摇臂座、连杆等，如图6-5所示。叉杆类零件在机器中的作用各不相同，所以其结构、精度要求差别较大，这类零件最显著的特点是：外形不规则，刚性较差易变形。主要加工表面为一些作为装配基准和精度要求较高的孔和平面等。

表 6-5　拨叉零件机械加工工艺卡片

（工厂名）			机械加工工艺卡片	产品名称	拨叉	零件图号			文件编号		
				型号规格		零件名称			共　页	第　页	
材质	材料规格		毛坯　种类　铸件	零件重量/kg	毛重			每料件数	每台件数	每批件数	
	HT200		尺寸		净重						
工序号	安装	工步号	工序内容	加工车间	设备名称及编号	工艺装备名称及编号				工时定额	
						夹具	刀具	量具	辅助工具	准备终结	单件
1		1	铸造	铸造							
2	A	1	清砂	铸造		自定心卡盘	45°车刀				
3		1	退火	热处理			45°车刀				
4		1	粗车 $\phi55^{+0.19}_{0}$ mm 孔端面	机加工	C6140	专用车夹具	YG6 弯头外圆车刀	游标卡尺			
		2	半精车 $\phi55^{+0.19}_{0}$ mm 孔端面，保证 $17^{-0.05}_{-0.30}$ mm				YG6 弯头外圆车刀	游标卡尺			
		3	车 $\phi55^{+0.19}_{0}$ mm 孔				YG6 通孔镗刀	量规			
		4	粗车 $\phi55^{+0.19}_{0}$ mm 孔后端面				钩头端面车刀	游标卡尺			
		5	半精车 $\phi55^{+0.19}_{0}$ mm 孔后端面，保证 $20^{-0.10}_{-0.25}$ mm				钩头端面车刀	游标卡尺			
5			粗铣 $\phi48$mm 下端面		X52K	专用夹具	$\phi40$mm 可转位面铣刀				
			半精铣 $\phi48$mm 下端面，保证尺寸 $26^{-0.115}_{-0.235}$ mm					高度量规			
6	A	1	粗铣 $\phi48$mm 上端面		X52K	专用夹具	$\phi40$mm 可转位面铣刀				
			半精铣 $\phi48$mm 上端面，保证尺寸 45mm								
7	A	1	钻 $\phi18$mm 孔		Z525	专用夹具	$\phi18$mm 麻花钻				
		2	扩 $\phi19.7$mm				$\phi19.7$mm 扩孔钻				
		3	粗铰 $\phi19.94$mm				$\phi19.94$mm 粗铰刀				
		4	精铰 20H7				$\phi20$H7 铰刀	量规			
8		1	锪孔口，倒角 $C1$				锥柄锥面锪钻 25mm × 90°				
9		4	切成单件		X61W	专用铣夹具	中齿锯片铣刀 $\phi63$mm × 5mm				
10		5	去毛刺		钳工台		锉刀				
11			终结检验								
更改内容											
制定			审核　　　校对		会签		批准		日期		

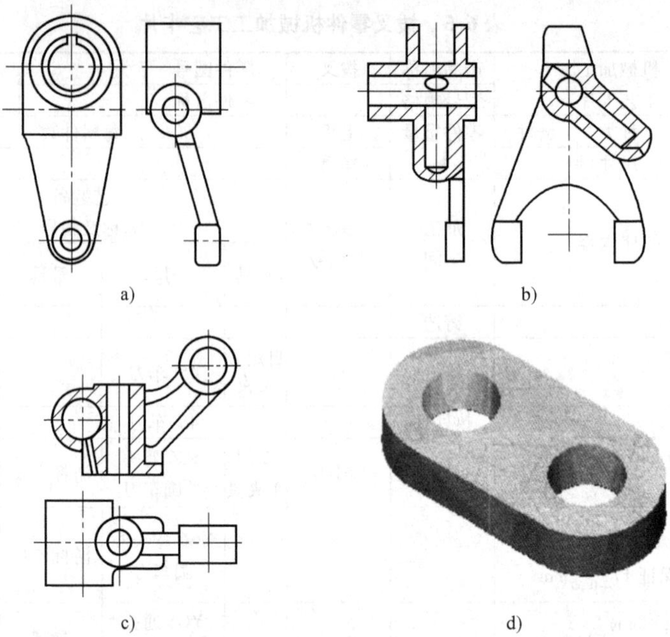

图 6-5　常见的叉杆类零件

a）摇臂　b）拨叉　c）摇臂座　d）连杆

2. 叉杆类零件的主要技术要求

叉杆类零件随用途不同，其技术要求也有所不同。主要技术要求有：

1）基准孔的尺寸满足 IT7～IT10，形状精度一般控制在孔径公差之内，表面粗糙度值 Ra 为 3.2～0.8μm。

2）工作表面对基准孔的相对位置精度（如垂直度）为 0.05～0.15mm/100mm，工作表面的尺寸精度为 IT8～IT10，表面粗糙度值 Ra 为 6.3～1.6μm。

3. 叉杆类零件的材料与毛坯

叉杆类零件常用的材料多为碳钢（20、45），有时受力不大的零件也可用灰铸铁或可锻铸铁代替钢材。这样可以大大降低材料消耗及毛坯制造成本。叉杆类零件的毛坯在单件小批生产时，采用焊接成形、自由锻或木模铸造；大批量生产时，采用模锻或金属模铸造；具有半圆孔的叉杆类零件，可将其毛坯两件连在一起铸造，也可单件铸造。

4. 叉杆类零件的定位基准和定位方法

由于叉杆类零件结构形状复杂而不规则，在机器中的作用各不相同，所以其结构、精度要求差别较大，刚性较差，易变现。为此，必须合理选择定位粗、精基准和装夹方法，以准确定位，避免零件在加工中发生变形。

（1）粗基准的选择和定位方法　定位基准的选择是影响叉杆类零件加工精度的关键因素。如图 6-6 所示，加工拨叉时，可以选择基准孔的外圆表面作为粗基准（作为粗基准的表面应平整，没有飞边、毛刺或其他表面缺陷）加工内孔，可保证不加工的外圆与加工的内孔壁厚均匀；选择叉爪的一个表面为粗基准，可使不加工的叉脚面与加工叉脚面两侧对称不干涉；选择叉脚外侧面为粗基准防止转动，方便又可靠，同时为后续工序准备好精基准。

（2）精基准的选择和定位方法　由于零件功能的需要，叉杆零件一般都有 1～2 个主要孔，既是装配基准又是设计基准，其本身的精度及其与其他表面之间的位置精度要求较高，零件上的很多表面都可以采用它们作为精基准进行加工。选择这些位置精度要求较高的基准孔作为精基准，并辅以端面和其他表面定位，保证被加工表面的位置要求，既满足大多数表面的位置精度要求，符合“基准重合”原则，又使它们定位比较稳定，夹具结构也比较简单。如图 6-6 所示拨叉零件，加工时，选择 ϕ14H9 内孔及其端面为定位基准。

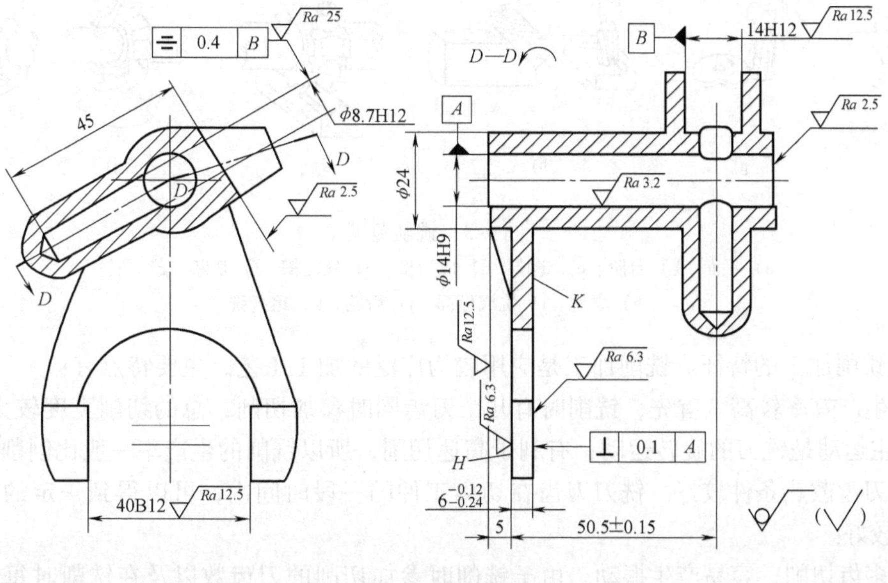

图 6-6　拨叉零件图

5. 叉杆类零件加工的工艺设计

叉杆类零件结构形状复杂而不规则，刚性差易变形，给定位、夹紧和加工都带来困难，加工时要注意正确选择定位基准装夹方法，合理选择加工方法和加工顺序。

(1) 加工方法的选择　平面加工方法有刨、铣、拉、磨等。刨削和铣削常用作平面的粗加工和半精加工，而磨削则用作平面的精加工。此外还有刮研、研磨、超精加工、抛光等光整加工方法。

1) 刨削。刨削是单件小批量生产的平面加工最常用的加工方法，加工公差等级一般可达 IT7 ~ IT9，表面粗糙值 Ra 为 12.5 ~ 1.6μm，直线度可达 0.04 ~ 0.12mm。刨削可以在牛头刨床或龙门刨床上进行，如图 6-7 所示。刨削的主运动是往复直线运动。因为断续切削，冲击现象严重，并且在回程时不切削，限制了切削速度的提高，所以刨削加工生产效率低。但刨削所需的机床、刀具结构简单，制造安装方便，调整容易，通用性强。因此在单件、小批生产中特别是加工狭长平面时被广泛应用。

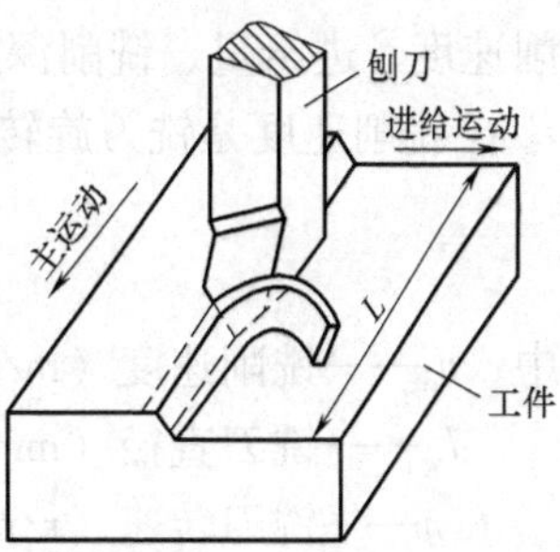

图 6-7　刨削

2) 铣削。铣削是平面加工中应用最普遍的一种方法，利用各种铣床、铣刀和附件，可以铣削平面、沟槽、弧形面、螺旋槽、齿轮、凸轮和特形面，如图 6-8 所示。一般经粗铣、精铣后，尺寸精度可达 IT7 ~ IT9，表面粗糙度 Ra 可达 12.5 ~ 0.63μm。

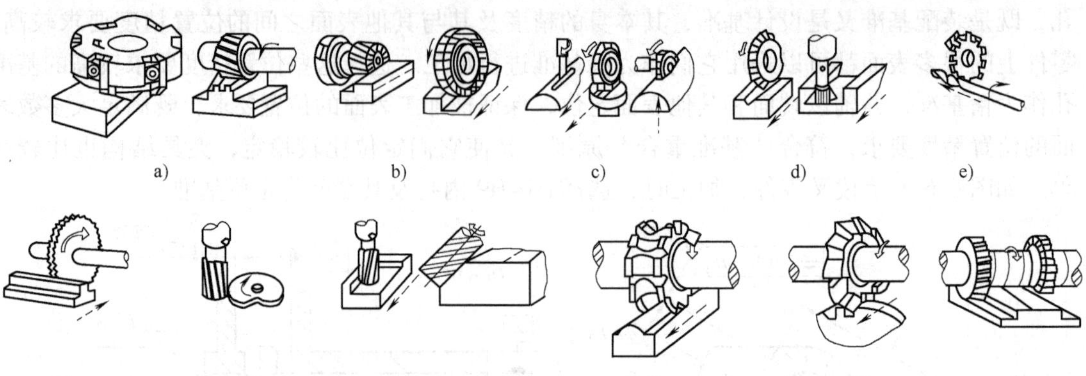

图 6-8　铣削范围

a）平面　b）台阶　c）键槽　d）成形槽　e）螺旋槽　f）切断　g）凸轮

h）立铣　i）铣成形面　j）齿轮　k）组合铣

① 铣削加工的特征。铣削加工是应用较为广泛的加工工艺，主要特点有：

a. 生产效率较高。首先，铣削时有几个刀齿同时参加切削，总的切削宽度较大；其次，铣削的主运动是铣刀的旋转运动，有利于高速切削，所以铣削的生产率一般比刨削高。

b. 刀齿散热条件较好。铣刀刀齿在切离工件的一段时间内，可以得到一定的冷却，散热条件较好。

c. 多齿切削，容易产生振动。由于铣削时参加切削的刀齿数以及在铣削时每个刀齿的切削厚度的变化，会引起切削力和切削面积的变化，导致铣削过程不平稳，而产生振动。铣削加工的不平稳性，限制了铣削加工质量和生产率的进一步提高。

d. 加工成本较高。这是由于铣床结构比较复杂，铣刀的制造和刃磨比较困难。

e. 半封闭切削。由于铣刀是多齿刀具，刀齿之间的空间有限，若切屑不能顺利排出或有足够的容屑槽，则会影响铣削质量或造成铣刀的破损，所以选择铣刀时要把容屑槽当作一个重要因素考虑。

② 铣削运动与铣削用量。铣削时，铣刀的旋转运动为主运动，工件的移动为进给运动。铣削速度、进给量、铣削深度和铣削宽度称为铣削用量。图 6-9 所示铣削用量四要素如下：

a. 铣削速度是铣刀旋转时的切削速度。

$$v_c = \frac{\pi d_w n}{1000}$$

式中　v_c——铣削速度（m/min）；

d_w——铣刀直径（mm）；

n——铣刀转速（r/min）。

b. 进给量指工件相对铣刀移动的距离，分别用三种方法表示，即 f、f_z、v_f。

每转进给量 f：指铣刀每转动一周，工件与铣刀的相对位移量，单位为 mm/r。

每齿进给量 f_z：指铣刀每转过一个刀齿，工件与铣刀沿进给方向的相对位移量，单位为 mm/z。

进给速度 v_f：指单位时间内工件与铣刀沿进给方向的相对位移量，单位为 mm/min。

通常情况下，铣床加工时的进给量均指进给速度 v_f，三者之间的关系为

$$v_f = fn = f_z Zn$$

式中　z——铣刀齿数；

n——铣刀转速（r/min）。

c. 铣削深度 a_p 指平行于铣刀轴线方向测量的切削层尺寸。

d. 铣削宽度 a_c 指垂直于铣刀轴线并垂直于进给方向度量的切削层尺寸。

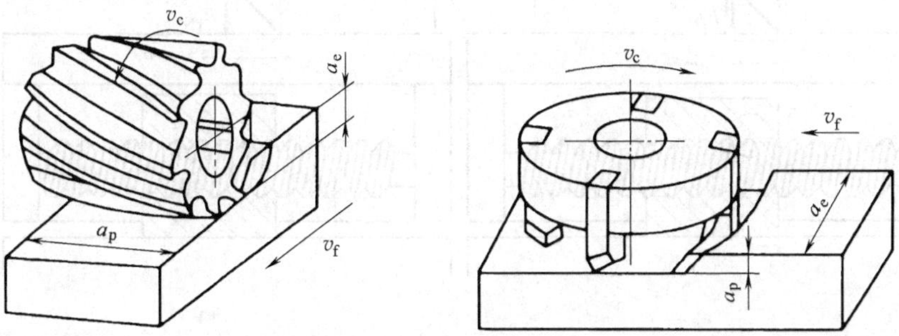

图 6-9　铣削用量四要素

③ 铣削方式及其合理选用。铣削方式是指铣削时铣刀相对于工件的运动关系。

a. 周铣法（圆周铣削方式）。如图 6-10 所示，周铣法铣削工件时有两种方式，即逆铣与顺铣。铣削时若铣刀旋转切入工件的切削速度方向与工件的进给方向相反称为逆铣，反之则称为顺铣。顺、逆铣加工有其各自特点，见表 6-6。

表 6-6　顺铣和逆铣特点

项　目	顺　铣	逆　铣
铣削平稳性	好	差
刀具磨损	小	大
工作台丝杠和螺母有无间隙	有	无
由工作台传动引起的质量事故	多	少
加工工序	精加工	粗加工
表面粗糙度值	小	大
生产效率	低	高
加工范围	无硬皮的工件	有硬皮的工件

b. 端铣。用面铣刀加工平面时，根据工件对铣刀的位置是否对称，可分为对称铣削、不对称逆铣和不对称顺铣三种方式，如图 6-11 所示。

对称铣削：如图 6-11a 所示，铣刀轴线始终位于工件的对称面内，它切入、切出时切削厚度相同，有较大的平均切削厚度。一般端铣多用此种铣削方式。

不对称逆铣：如图 6-11b 所示，铣刀偏置于工件对称面的一侧，它切入时切削厚度最小，切出时切削厚度最大。这种加工方法，切入冲击较小，切削力变化小，切削过程平稳，适用于铣削普通碳钢和高强度低合金钢，并且加工表面的表面粗糙度值小，刀具寿命较高。

不对称顺铣：如图 6-11c 所示，铣刀偏置于工件对称面的一侧，它切出时切削厚度最小，这种铣削方法适用于加工不锈钢等中等强度和高塑性的材料。

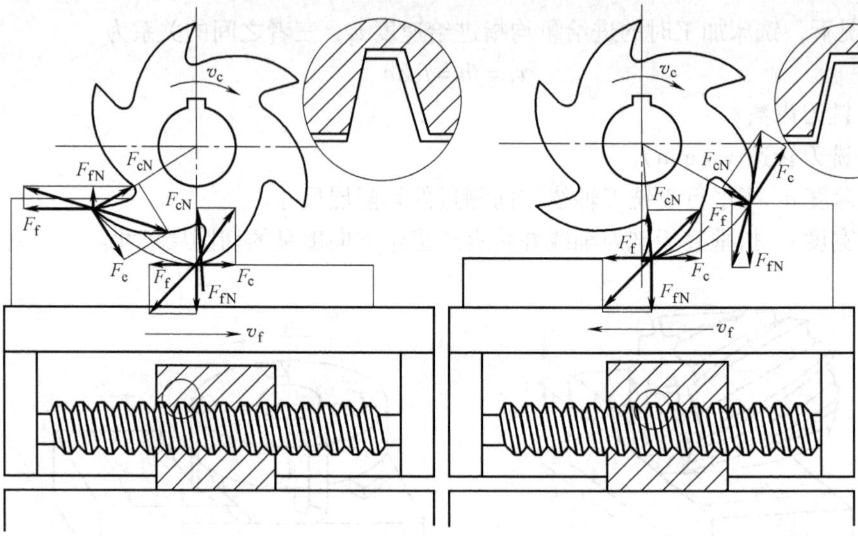

图 6-10　顺铣与逆铣

a）逆铣　b）顺铣

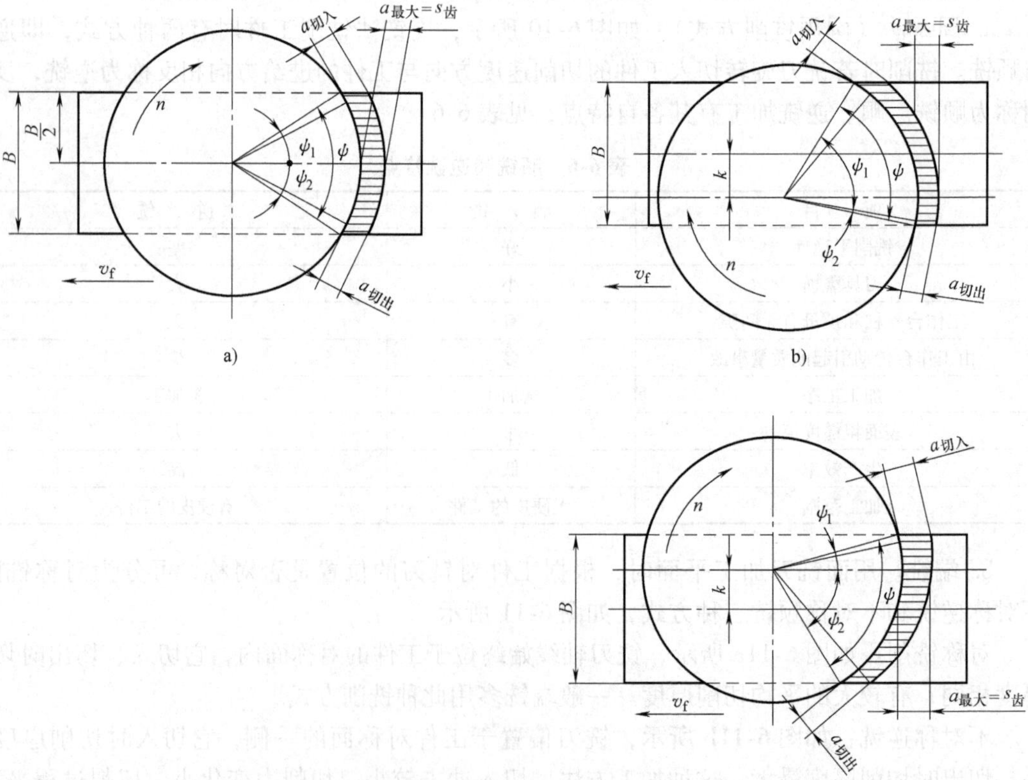

图 6-11　端铣

a）对称铣削　b）不对称逆铣　c）不对称顺铣

3）平面磨削。平面磨削与其他表面磨削一样，具有切削速度高、进给量小、尺寸精度易于控制及能获得较小的表面粗糙度值等特点，加工精度一般可达 IT5 ~ IT7，表面粗糙度值 Ra 可达 1.6 ~ 0.2μm。平面磨削的加工质量比刨和铣都高，而且还可以加工淬硬零件，因而多用于零件的半精加工和精加工。

工艺系统刚度较大的平面磨削时，可采用强力磨削，不仅能对高硬度材料和淬火表面进行精加工，而且还能对带硬皮、余量较均匀的毛坯平面进行粗加工。同时平面磨削可在电磁工作平台上同时安装多个零件，进行连续加工，因此，在精加工中对需保持一定尺寸精度和相互位置精度的中小型零件的表面来说，不仅加工质量高，而且能获得较高的生产效率。

平面磨削方式有平磨和端磨两种。

① 平磨。如图 6-12 所示，砂轮的工作面是圆周表面，磨削时砂轮与工件接触面积小，发热小，散热快，排屑与冷却条件好，因此可获得较高的加工精度和表面质量，通常适用于加工精度要求较高的零件。但由于平磨采用间断的横向进给，因而生产效率较低。

② 端磨。如图 6-13 所示，砂轮工作面是端面。磨削时磨头轴伸出长度短，刚性好，磨头又主要承受轴向力，弯曲变形小，因此可采用较大的磨削用量。砂轮与工件接触面积大，同时参加磨削的磨粒多，故生产效率高，但散热和冷却条件差，且砂轮端面沿径向各点圆周速度不等而产生磨损不均匀，故磨削精度较低。一般适用于大批生产中精度要求不太高的零件表面加工，或直接对毛坯进行粗磨。为减小砂轮与工件接触面积，将砂轮端面修成内锥面形，或使磨头倾斜一微小的角度，这样可改善散热条件，提高加工效率，磨出的平面中间略成凹形，但由于倾斜角度很小，下凹量极微。

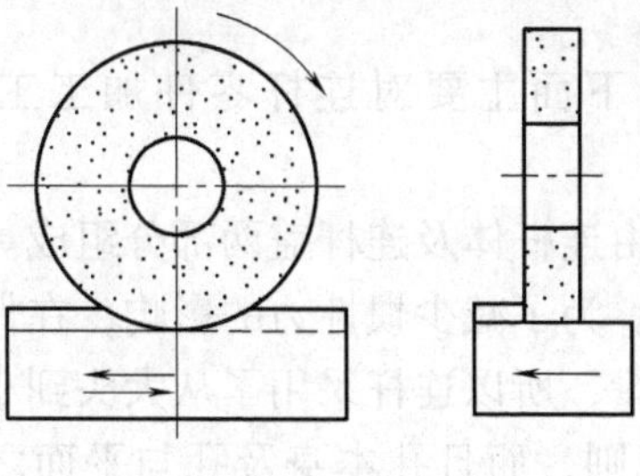

图 6-12　平磨

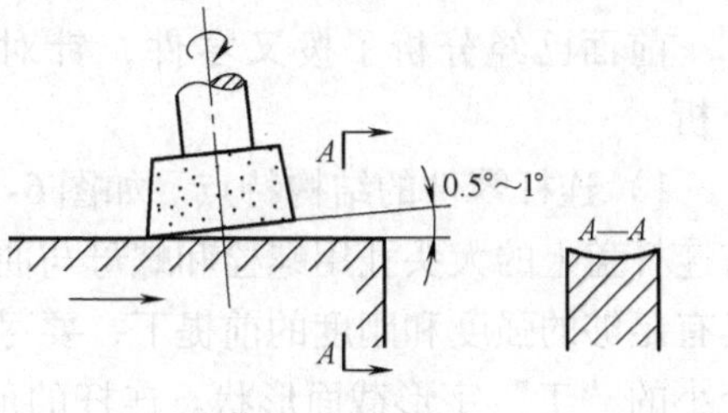

图 6-13　端磨

③ 平磨常出现的磨削工艺问题

a. 工件在磨削前已有挠曲度（淬火变形）。当翘曲薄板零件在电磁工作台上被吸紧时，在磁力作用下被吸平，但磨削完毕松开后，又恢复原形，如图 6-14a 所示。针对这种情况，可以减小电磁工作台的吸力，吸力大小只需使工件在磨削时不打滑即可，以减小工件的变形。还可在工件与电磁工作台之间垫入一块很薄的纸或橡皮（0.5mm 以下），工件在电磁工作台上吸紧时变形就能减小，因而可得到平面度较高的平面，如图 6-14b 所示。

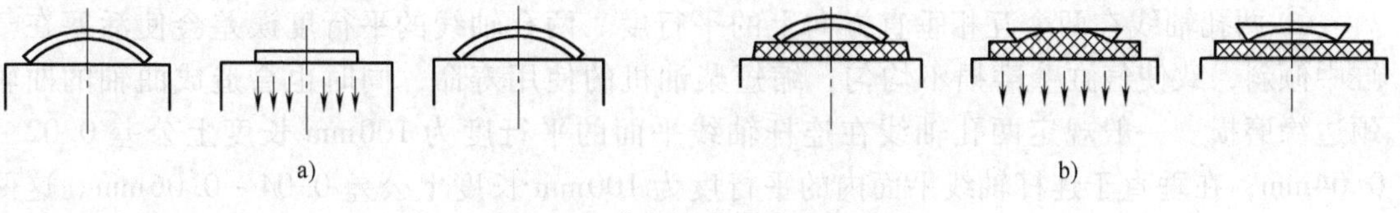

图 6-14　薄板翘曲零件夹紧变形

b. 工件磨削受热产生挠曲。磨削热使工件局部温度升高，上层热下层冷，工件就会突起，如两端被夹住不能自由伸展，工件势必产生翘曲。针对这种情况，可用开槽砂轮进行磨削。由于工件和砂轮间断接触，改善了散热条件，而且工件受热时间缩短，温度升高缓慢。磨削过程中采用充足的冷却液也能收到较好的效果。

4）平面的光整加工。对于尺寸精度和表面粗糙度要求很高的零件，一般都要进行光整加工。平面的光整加工方法很多，一般有研磨、刮研、超精加工、抛光。下面介绍研磨和刮研。

① 研磨。研磨加工是应用较广的一种光整加工，加工后公差等级可达 IT5，表面粗糙度值 Ra 可达 0.1～0.006μm，既可加工金属材料，也可以加工非金属材料。

研磨加工时，在研具和工件表面间存在分散的细粒度砂粒（磨料和研磨剂）在两者之间施加一定的压力，并使其产生复杂的相对运动，这样经过砂粒的磨削和研磨剂的化学、物理作用，在工件表面上去掉极薄的一层，获得很高的精度和较小的表面粗糙度值。

② 刮研。刮研平面用于未淬火的工件，它可使两个平面之间达到紧密接触，能获得较高的形状和位置精度，加工精度可达 IT7 以上，表面粗糙度值 Ra 为 0.8～0.1μm。刮研后的平面能形成具有润滑油膜的滑动面，因此能减少相对运动表面间的磨损和增强零件接合面间的接触刚度。刮研表面质量是用单位面积上接触点的数目来评定的，粗刮为 1～2 点/cm^2，半精刮为 2～3 点/cm^2，精刮为 3～4 点/cm^2。

刮研劳动强度大，生产率低；但刮研所需设备简单，生产准备时间短，刮研力小，发热小，变形小，加工精度和表面质量高。此法常用于单件小批生产及维修工作中。

（2）叉杆类零件加工工艺性分析

前面已经分析了拨叉零件，针对叉杆类零件，下面主要对连杆零件加工工艺进行分析。

1）连杆零件的结构特点。如图 6-15 所示，连杆由连杆体及连杆盖两部分组成。连杆体与连杆盖上的大头孔用螺栓和螺母与曲轴装配在一起。为了减少惯性力的影响，在保证连杆具有足够的强度和刚度的前提下，要尽可能减轻其重量，所以连杆采用了从大头到小头逐步变小的“工”字形截面形状。连杆的形状复杂而不规则，而且孔本身及孔与平面之间的位置精度要求较高；杆身断面不大，刚度较差，易变形。

2）连杆零件的主要技术要求。连杆机械加工的主要表面有大、小头孔及端面、结合面，定位孔及螺孔等，其主要技术要求为：

① 大、小头孔的精度。为了使大头孔与轴瓦及曲轴，小头孔与活塞销配合良好，其尺寸公差等级为 IT6，并规定了严格的圆度及圆柱度公差（一般在 0.004～0.008mm）。

② 两孔中心距。大、小头孔的中心距影响气缸的压缩比，进而直接影响柴油机的效率，所以也规定了较高的要求。

③ 两孔轴线在两个互相垂直方向上的平行度。两孔轴线的平行度误差会使活塞在气缸中倾斜，致使气缸壁磨损不均匀，缩短柴油机的使用寿命，同时也会造成曲轴的曲轴颈边缘磨损。一般规定两孔轴线在连杆轴线平面的平行度为 100mm 长度上公差 0.02～0.04mm；在垂直于连杆轴线平面内的平行度为 100mm 长度上公差 0.04～0.06mm。这两项技术要求对于结构刚性较差的连杆来说，在制订工艺规程时要给予足够重视，以保证

达到此项精度。

④ 大头孔两端面对其轴线的垂直度。大头孔两端面对其轴线的垂直度误差也会对曲轴的轴颈产生边缘磨损，所以对它提出了一定的要求。

⑤ 两螺钉孔（定位孔）在两个互相垂直方向上的平行度及对结合面的垂直度。连杆在工作中受到急剧变化的动载荷作用，动载荷又传递到两个螺钉（或螺栓和螺母）上，因此除了对螺钉提出高的技术要求外，对螺钉孔（定位孔）也提出了一定的要求。平行度和垂直度误差会使连杆体和盖的结合面结合不良，影响螺钉的承载能力，并引起大头孔轴瓦与曲轴的曲轴颈配合不良，而产生不均匀磨损。一般规定两螺钉孔（定位孔）在两个垂直方向上的平行度为100mm 长度上公差 0. 2 ~ 0. 4mm，对结合面的垂直度为100mm 长度上公差0. 1 ~0. 2mm。

⑥ 为了保证柴油机运转平稳，连杆重量差别不能超过一定的范围。

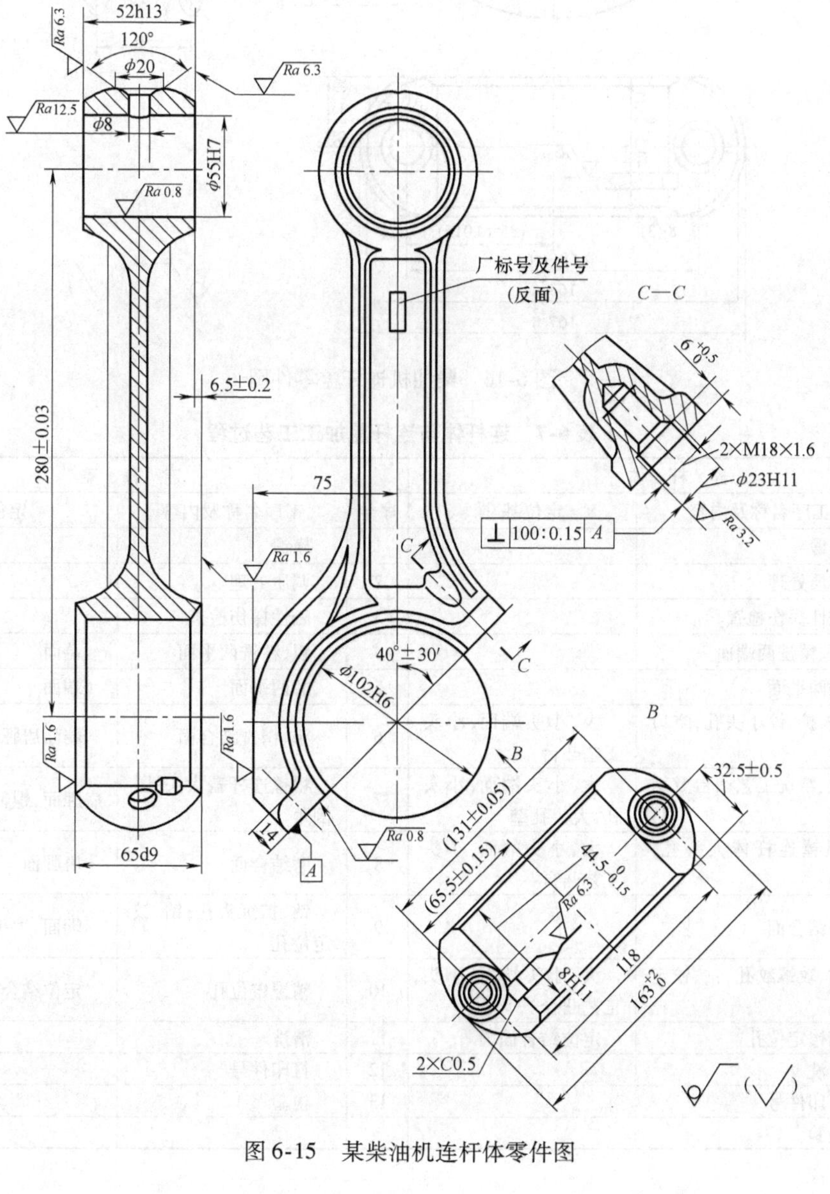

图 6-15　某柴油机连杆体零件图

（3）连杆加工工艺过程及分析

1）连杆零件加工工艺。图6-15所示为某柴油机连杆体零件图，图6-16所示为其连杆盖的零件图，这两个零件用螺钉或螺栓连接，用定位套定位。连杆的生产属于大批量生产，采用流水线加工，机床按连杆的机械加工工艺过程连续排列，设备多为专用机床。该连杆采用分开锻造工艺，先分别加工连杆和连杆盖，然后合件加工。其机械加工工艺过程见表6-7、表6-8。

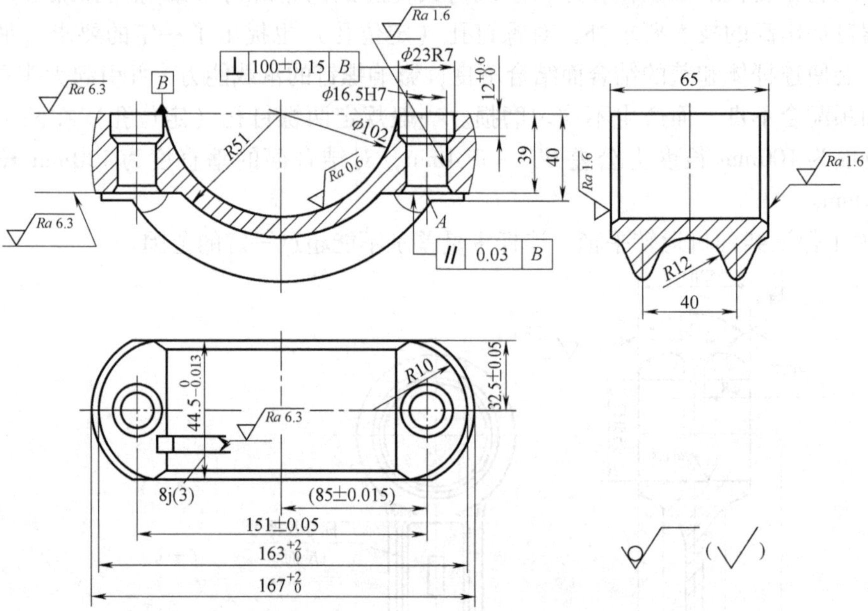

图6-16　柴油机连杆盖零件图

表6-7　连杆体与连杆盖加工工艺过程

连杆体			连杆盖		
序号	工序名称及内容	定位基准	序号	工序名称及内容	定位基准
1	模锻		1	模锻	
2	调质处理		2	调质处理	
3	磁性探伤检查		3	磁性探伤检查	
4	粗、精铣两端面		4	粗、精铣两平面	端面
5	磨两平面		5	磨两平面	端面
6	钻、扩、铰小头孔，空口倒角	大、小头端面，小头工艺凸台	6	粗、精铣结合面	端面肩胛面
7	粗、精铣工艺凸台及结合面	大、小头端面，小头孔，大头孔壁	7	粗镗连杆盖大头孔，倒角	肩胛面，螺钉孔外侧
8	粗镗连杆体大头孔，倒角	大、小头端面，小头工艺凸台	8	磨结合面	肩胛面
9	磨结合面		9	钻、扩沉头孔；钻、铰定位孔	端面，大头孔壁
10	钻、攻螺纹孔，钻、铰定位孔	大、小头端面，小头工艺凸台	10	精镗定位孔	定位结合面
11	精镗定位孔	定位结合面	11	清洗	
12	清洗		12	打印件号	
13	打印件号		13	检验	
14	检验				

表6-8　连杆合件加工工艺过程

序号	工序名称及内容	定位基准
1	连杆体与连杆盖对号	
2	磨两平面	大、小头端面
3	半精镗大、小头孔及孔口倒角	大、小头端面，小头孔及工艺凸台
4	精镗大、小头孔	大头端面，小头孔及工艺凸台
5	钻小头油孔及孔口倒角	小头孔及端面，大端外侧
6	珩磨大头孔	
7	小头孔内压入活塞销轴承	小头外圆
8	铣小头两端面	大、小头端面
9	精镗小头轴承孔	大、小头孔
10	拆开连杆盖	
11	铣连杆体与盖大头轴瓦定位槽	大头半外圆及端面
12	对号	
13	退磁	
14	检验	

2）连杆零件加工工艺特点

① 基准的选择。连杆加工工艺过程大部分工序都采用统一的定位基准：一个端面、小头孔及工艺凸台。这样有利于保证连杆的加工精度，而且端面的面积大，定位也较稳定。其中，端面、小头孔作为定位基准，也符合基准重合原则。

由于连杆的外形不规则，为了定位需要，在连杆体大头处做出工艺凸台，作为辅助基面。连杆大、小头端面对称分布在杆身的两侧，由于大、小头孔厚度不等，所以大头端面与同侧小头端面不在一个平面上，这样的端面作为定位基准显然是不利的。为了避免用阶梯面定位产生的定位误差，拟订工艺规程时，先把大、小头做成一样厚度，这样不仅避免了上述缺点，而且加大了定位面积，增加了定位稳定性。再加上的最后阶段才铣出这个阶梯面。用端面定位安装工件时，注意将厂标号及件标号标记的一面不与夹具的定位元件接触。

在精镗小头孔及小头活塞销轴承孔时，用小头孔（轴承孔）作为定位基准，这是精加工中自身定位的典型例子。将定位销做成活动的，当连杆定位夹紧后，定位销从小头孔中抽出。精镗大、小头孔时，用大头端面起主要定位作用，有利于保证大头孔与端面的垂直度要求，而精镗小头轴承时，大头孔用可胀心轴起主要定位作用，有利于保证大、小头孔轴线的平行度。

② 加工阶段的划分和加工顺序的安排。由于连杆本身的刚度差，切削加工时产生的残余应力，易产生变形。因此，在安排工艺过程时，应把各主要表面的粗、精加工工序分开。这样，粗加工产生的变形就可以在半精加工中得到修正；半精加工中产生的变形可以在精加工中得到修正，最后达到零件的技术要求。在工序安排上先加工定位基准，如端面加工的铣磨工序放在加工过程的前面，然后再加工孔，符合先面后孔的工序安装原则。

③ 确定合理的夹紧方法。连杆的杆身细长，刚性差，易变形，所以应该合理确定夹紧力的方向、作用点及大小。图6-17所示夹紧力作用于杆身上，显然是不正确的。若定位端面不平

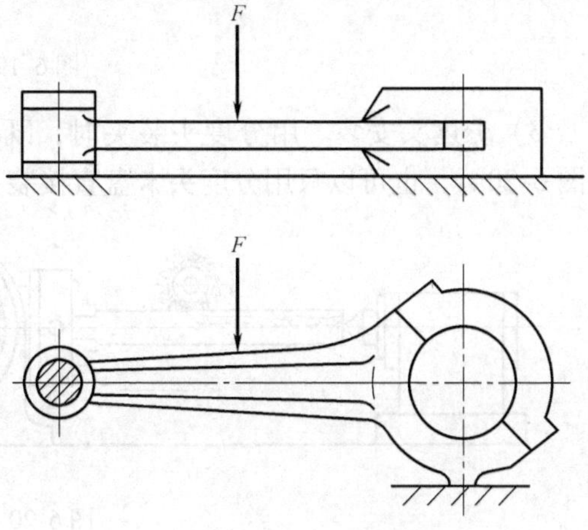

图6-17　连杆夹紧变形

或大、小头孔端面不在一个平面上，那么连杆在夹紧后的变形，会使大、小头孔轴心线在工件松开后产生平行度误差和垂直度误差。一般应使夹紧力的方向与连杆端面平行或垂直。如粗、精铣两平面的工序中，夹紧力方向与端面平行，在夹紧力作用的方向上，连杆大头与小头的刚度高，变形小。又如加工大、小头孔工序中，夹紧力垂直作用于大头端面，并由定位元件直接承受，这样可避免连杆产生弯曲或扭转变形，以保证所加工孔的圆度和平行度。

6.1.3 叉杆类零件工艺装备设计与选用

1. 刀具的选择与应用

叉杆类零件主要加工表面为平面及孔：对于平面的加工可选择的刀具有铣刀、刨刀和砂轮；对于孔加工主要选择的定尺寸刀具有麻花钻头、扩孔钻、铰刀，对于直径比较大的孔选择镗刀进行加工。

2. 加工机床设备选择与应用

对于平面加工，选择铣床、刨床、磨床；对于孔加工，选择钻床、镗床等机床设备。

3. 铣床类夹具选择与设计

（1）铣削加工常用的装夹方法

1）用平口钳安装。铣削加工常用平口钳夹紧工件。它具有结构简单、夹紧可靠和使用方便等特点，广泛用于小型的和形状规则的工件。如图 6-18 所示，生产中常用的是可调整的回转式平口钳。

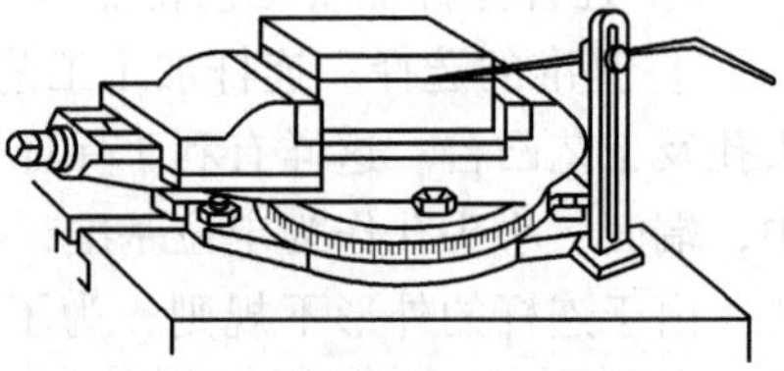

图 6-18　可调整的回转式平口钳

2）压板安装。如图 6-19 所示，对于较大或形状特殊的工件，可用压板、螺栓直接安装在铣床的工作台上。

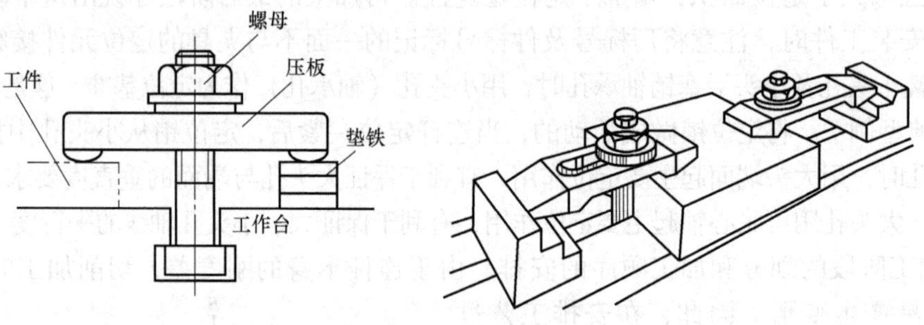

图 6-19　压板安装

3）分度头安装。用分度头装夹时，既可用分度头卡盘与尾座顶尖一起装夹轴类零件（图 6-20a），也可以只用分度头卡盘直接装夹工件（图 6-20b）。

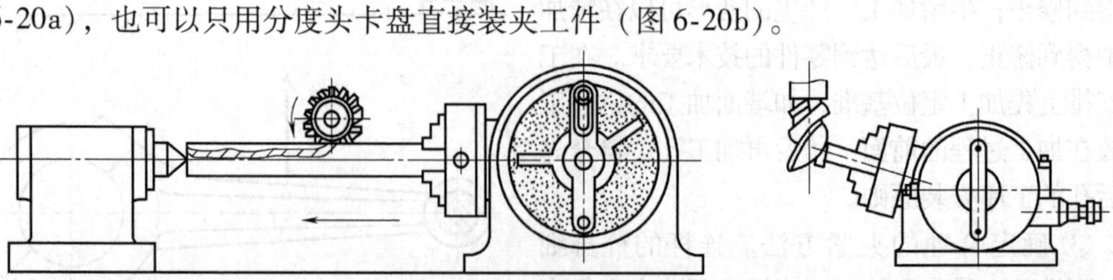

图 6-20　分度头安装

4）回转工作台安装。如图6-21所示，当铣削一些弧形表面的工件时，可通过回转工作台安装。

5）V形块安装工件。如图6-22所示，这种方法一般适用于轴类零件，除了具有较好的对中性以外，还能承受较大的切削力。

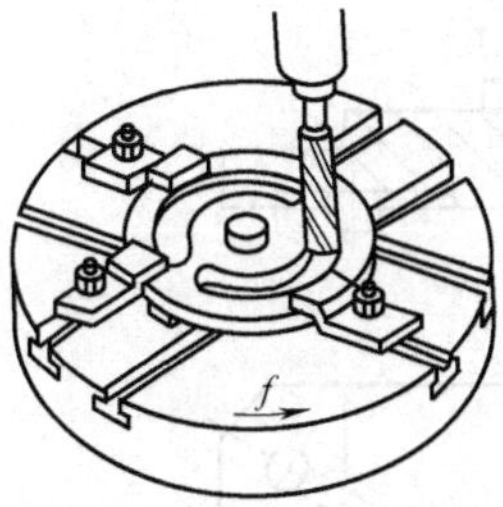

图6-21　回转工作台安装工件

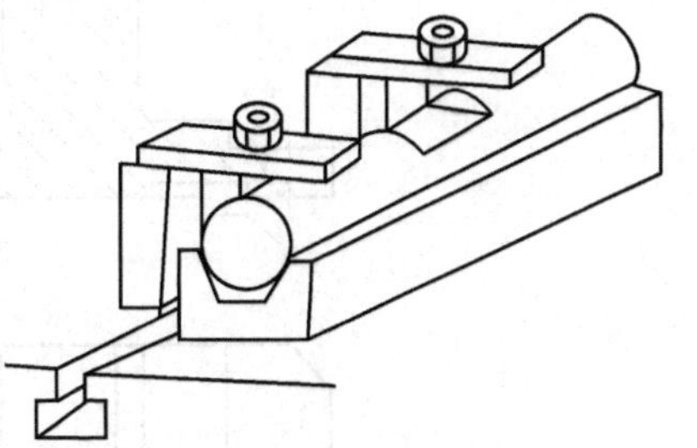

图6-22　V形块安装工件

（2）铣床夹具的主要类型　铣床夹具按使用范围，可分为通用铣夹具、专用铣夹具和组合铣夹具三类。按工件在铣床上加工的运动特点，可分为直线进给夹具、圆周进给夹具、沿曲线进给夹具（如仿形装置）三类。还可按自动化程度和夹紧动力源的不同（如气动、电动、液压）以及装夹工件数量的多少（如单件、双件、多件）等进行分类。

1）直线进给铣夹具。这类夹具安装在铣床工作台上，随工作台一起做直线进给运动。图6-23所示连杆结合面铣削夹具和图6-24所示轴端面通槽的铣削夹具为单件直线进给铣夹具。这类夹具较多适用于中、小批量生产之中。图6-25所示轴端方头铣夹具为多件直线进给铣夹具。这类夹具广泛应用于大批量，加工中、小型零件之中。

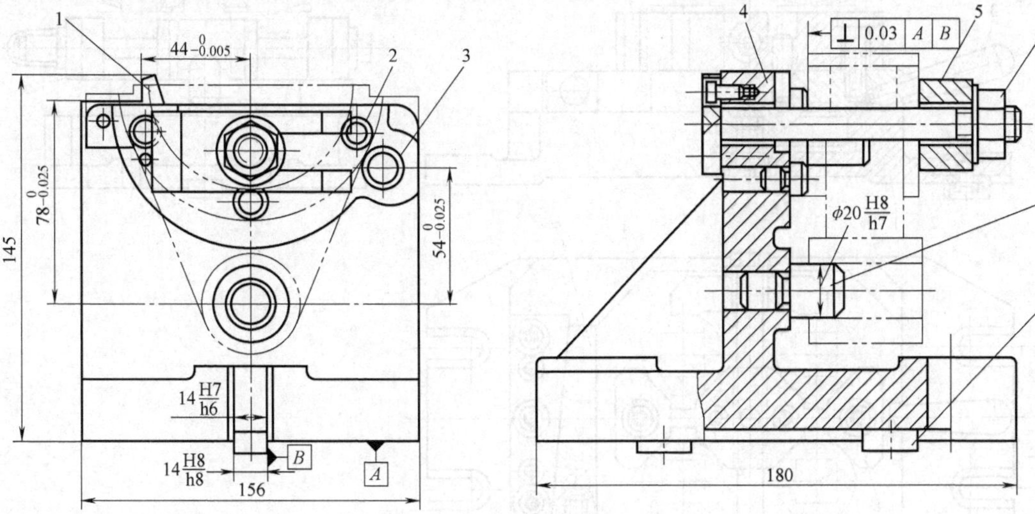

图6-23　连杆结合面铣削夹具

1—对刀块　2—支承钉　3—防转销　4—夹具体　5—开口压板　6—螺母　7—定位销　8—定位键

2）圆周进给铣床夹具。这类夹具常常应用于具有回转工作台的铣床上，加工时，夹具连同工件随回转工作台旋转做连续的圆周运动，能在不停车的情况下装卸工件，实现多工位加工。图6-26所示为拨叉端面多件圆周进给铣床夹具。

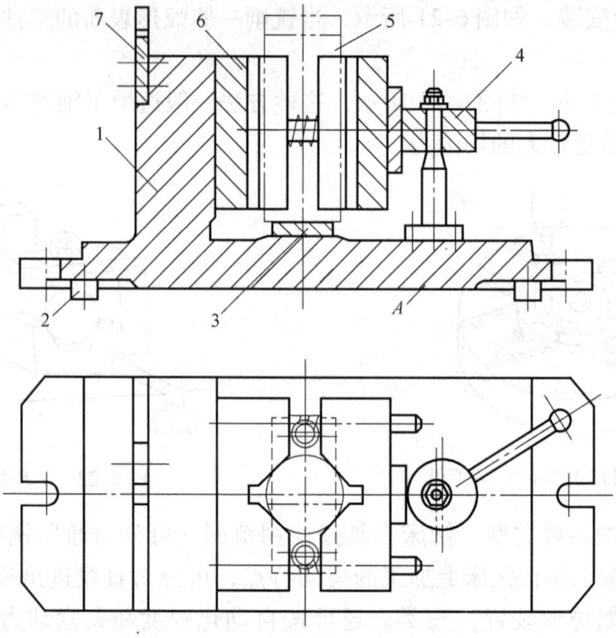

图 6-24　轴端面通槽的铣削夹具

1—夹具体　2—定向键　3—支承板　4—偏心轮　5—工件　6—V 形块　7—对刀块

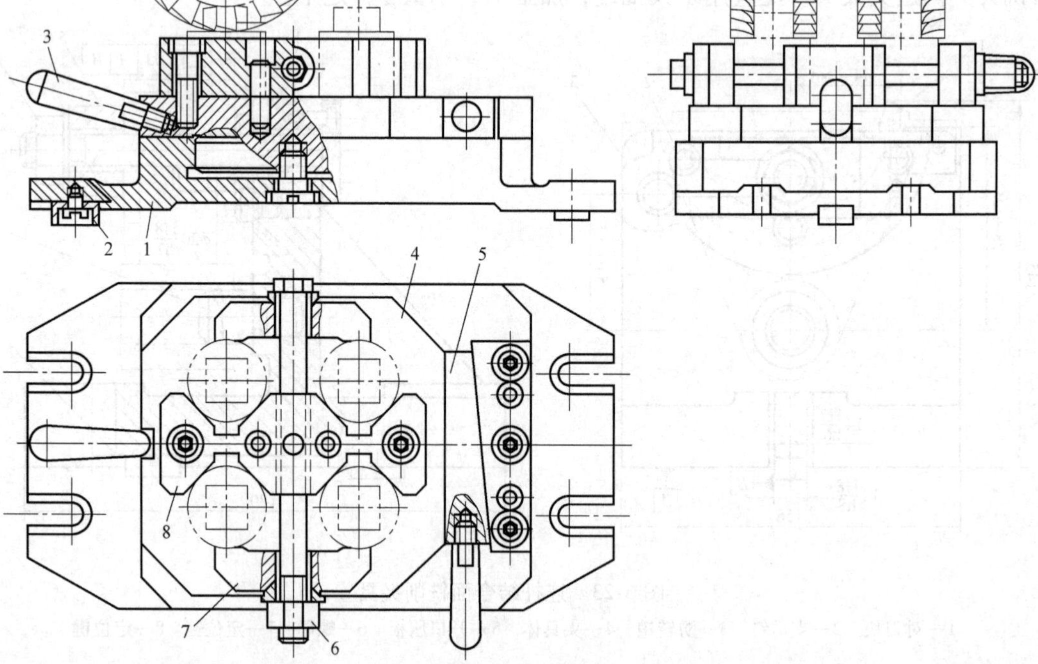

图 6-25　轴端方头铣夹具

1—夹具体　2—定位键　3—手柄　4—回转座　5—楔块　6—螺母　7—压板　8—V 形块

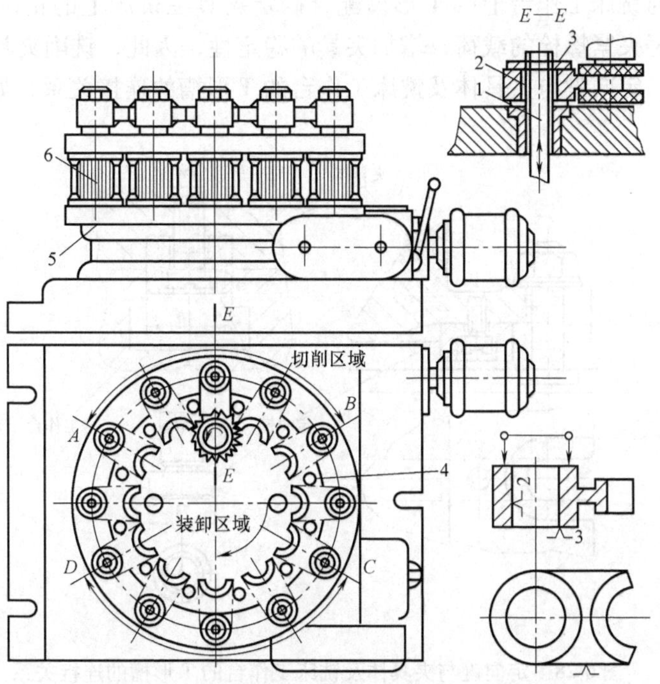

图6-26　拨叉端面多件周围进给铣床夹具

1—拉杆　2—定位销　3—开口垫圈　4—挡销　5—回转工作台　6—液压缸

(3) 铣床夹具的设计要点　由于铣削加工切削用量及切削力较大，又是多刃断续切削，加工时易产生振动，因此设计铣床夹具时应注意：夹紧力要足够且反行程自锁；夹具的安装要准确可靠，既安装及加工时要正确使用定向键、对刀装置；夹具体要有足够的刚度和稳定性，结构要合理。

1）定向键。定向键有矩形和圆形两种。常用的为矩形结构。

定向键也称定位键。如图6-27所示，定向键安装在夹具底面的纵向槽中，一般用两个，安装在一条直线上，其距离越远，导向精度越高，并用螺钉紧固在夹具体上。

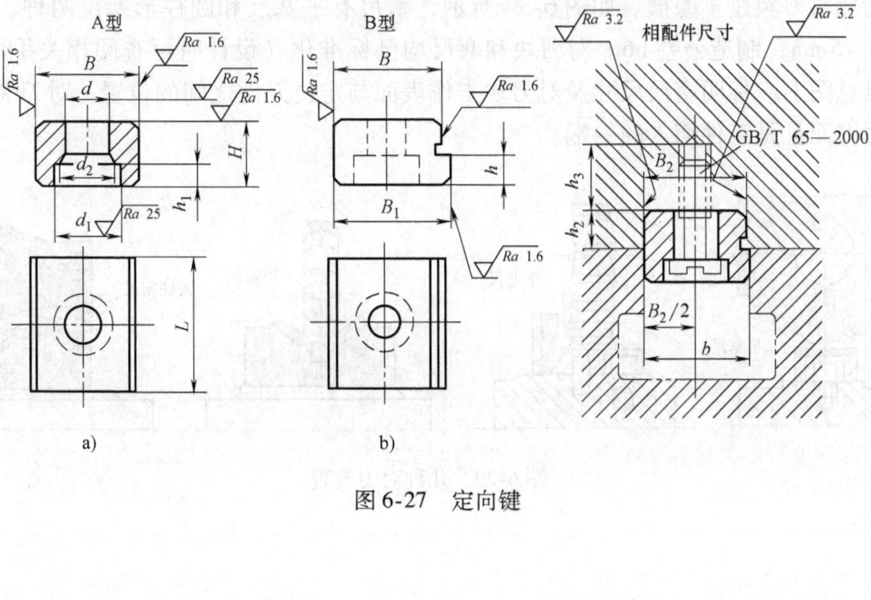

图6-27　定向键

定向键通过与铣床工作台上的 T 形槽配合确定夹具在机床上的正确位置；还能承受部分切削扭矩，减轻夹紧螺栓的载荷，增加夹具的稳定性，因此，铣削夹具及有些专用钻、镗床夹具也常使用。定向键与夹具体及铣床工作台的 T 形槽的连接关系，如图 6-28 所示。

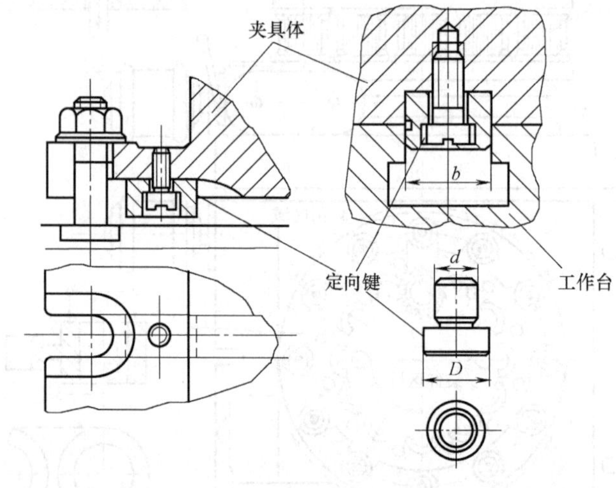

图 6-28　定向键与夹具体及铣床工作台的 T 形槽的连接关系

注意

定向精度要求高或重型夹具不宜采用定向键，而是在夹具体上加工出一窄长面作为找正基准面来校正夹具的安装位置。

2）对刀装置。

对刀装置由对刀块和塞尺组成，用来确定夹具和刀具的相对位置。对刀装置的结构形式取决于加工表面的形状。图 6-29 所示为加工不同形状表面时的几种对刀装置。

对刀块常用销钉和螺钉紧固在夹具体上，其位置应便于使用塞尺对刀，不妨碍工件装卸。对刀时，在刀具与对刀块之间加一塞尺，其目的是避免刀具与对刀块直接接触而损坏切削刃或造成对刀块过早磨损。如图 6-30 所示，塞尺有平塞尺和圆柱形塞尺两种，其厚度和直径为 3 ~5mm，制造公差 h6。对刀块和塞尺均已标准化（设计时可查阅相关手册），使用时，夹具总图上应标明塞尺尺寸及对刀块工作表面与定位元件之间的位置。对刀装置应设置在便于对刀而且是工件切入的一端。

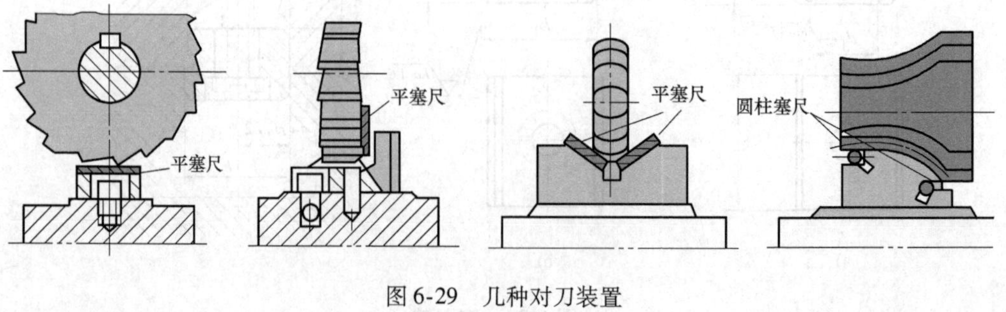

图 6-29　几种对刀装置

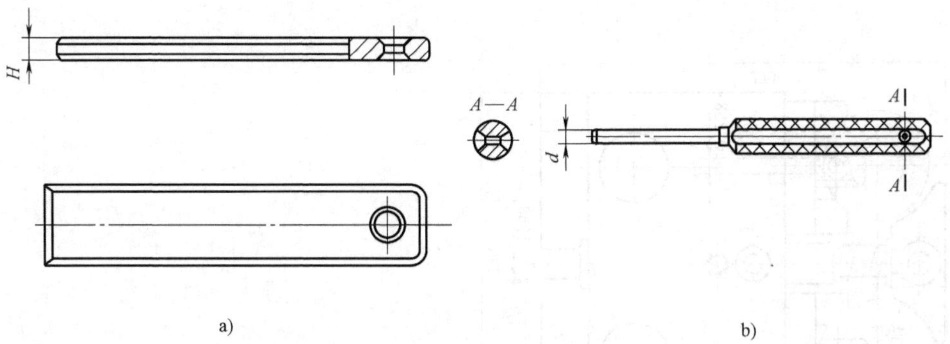

图6-30　塞尺

a）平塞尺　b）圆塞尺

3）夹具体设计。为提高铣床夹具在机床上安装的稳固性，减轻其断续切削可能引起的振动，夹具体不仅要有足够的刚度和强度，其高度和宽度比也应恰当，一般有 $H/B \leqslant 1 \sim 1.25$，以降低夹具重心，使工件加工表面尽量靠近工作台面。此外，还要合理地设置加强肋和耳座。图6-31所示为耳座结构。

若夹具体较宽，可在同一侧设置两个与铣床工作台T形槽间等距的耳座；对重型铣床夹具，夹具体两端还应设置吊装孔或吊环等以便搬运。

（4）几种典型铣床夹具结构分析

1）双件铣双槽夹具。图6-32所示为车床尾座套筒零件图，外圆和两端面均已加工完毕。

本工序加工键槽和油槽，如图6-33所示，采用两把铣刀同时进行加工、所用两件同时安装的铣槽专用夹具。

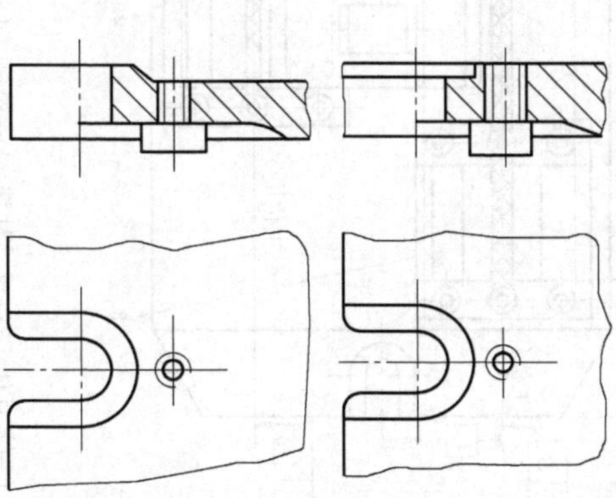

图6-31　耳座结构

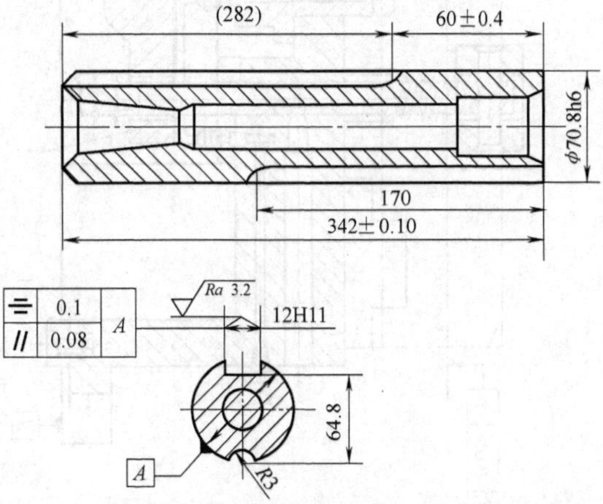

图6-32　车床尾座套筒零件图

① 定位装置。如图6-33所示零件，加工键槽时，除了绕自身轴线旋转的自由度不需限制，其余五个自由度均需限制，故采用两个短V形块8、10和一个端面止推支承钉13定位

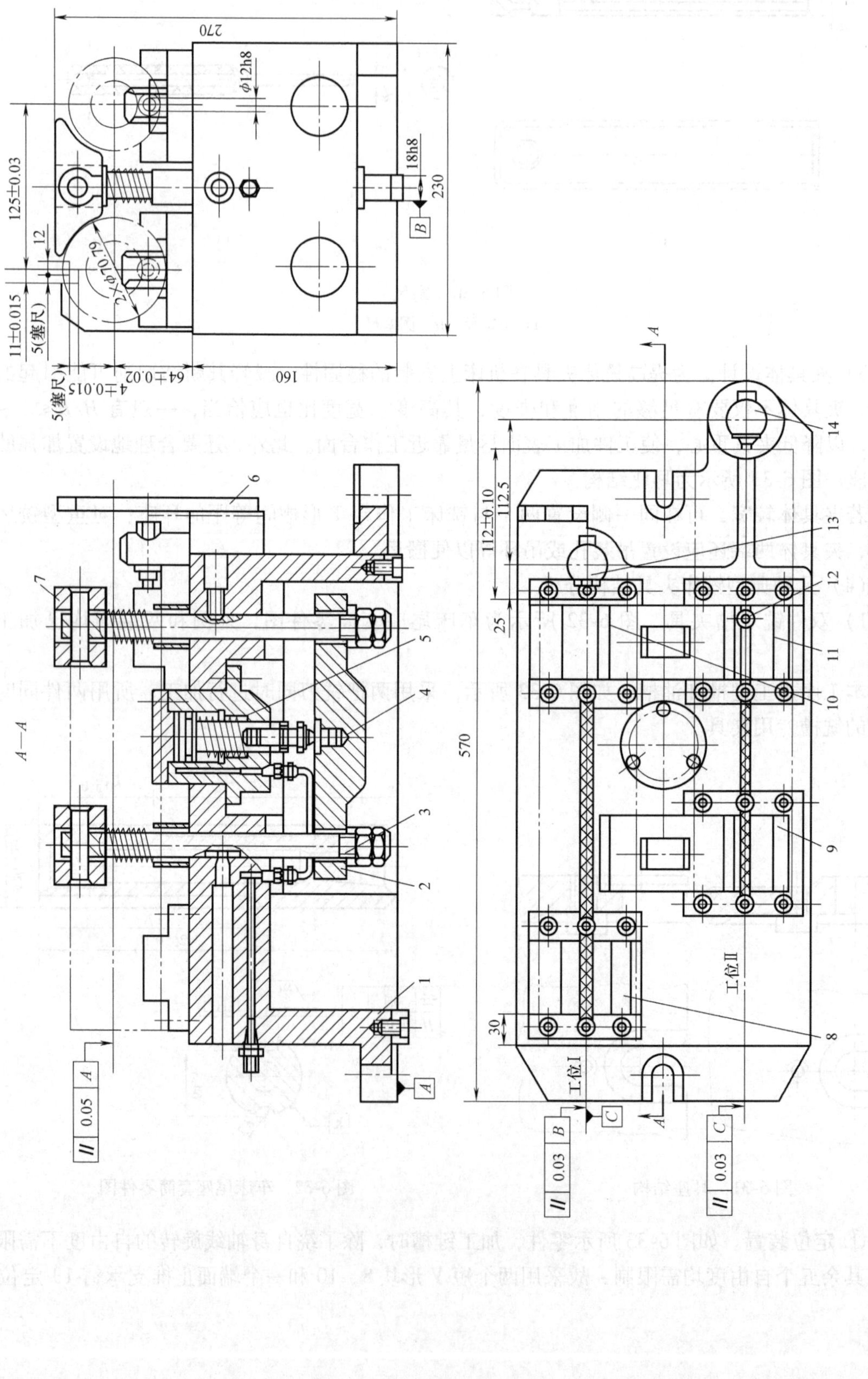

图 6-33　双件铣双槽夹具

1—夹具体　2—浮动杠杆　3—镗杆　4—支承　5—液压缸　6—对刀块　7—压板　8、9、10、11—V 形块　12—定位销　13、14—支承钉

（图6-33工位Ⅰ）。加工油槽时，由于油槽与键槽有对称位置关系，所以六个自由度均需限制，采用两个短V形块9、11和一个端面止推支承钉14及一个置于键槽侧面的防转定位销12进行定位。

② 夹紧装置。由于车床尾座套筒比较长，采用两件四点联动螺旋压板夹紧机构。

③ 对刀装置。由于键槽要求比较严格，夹具结构中设置了对刀块6。铣键槽需要两方向，即水平、垂直对刀，所以，对刀块为直角对刀块。

④ 与铣床连接装置。如图6-33所示，沿用了定向键、耳座的典型铣床夹具的结构。

2）拨叉切断铣床夹具。如图6-2所示拨叉零件，由于毛坯采用的两件联模铸造，故在该件的加工工艺规程中，最后机加工工序将两个合件一分为二，并保证两个拨叉件都是合格零件。图6-34所示为拨叉切断铣床夹具。

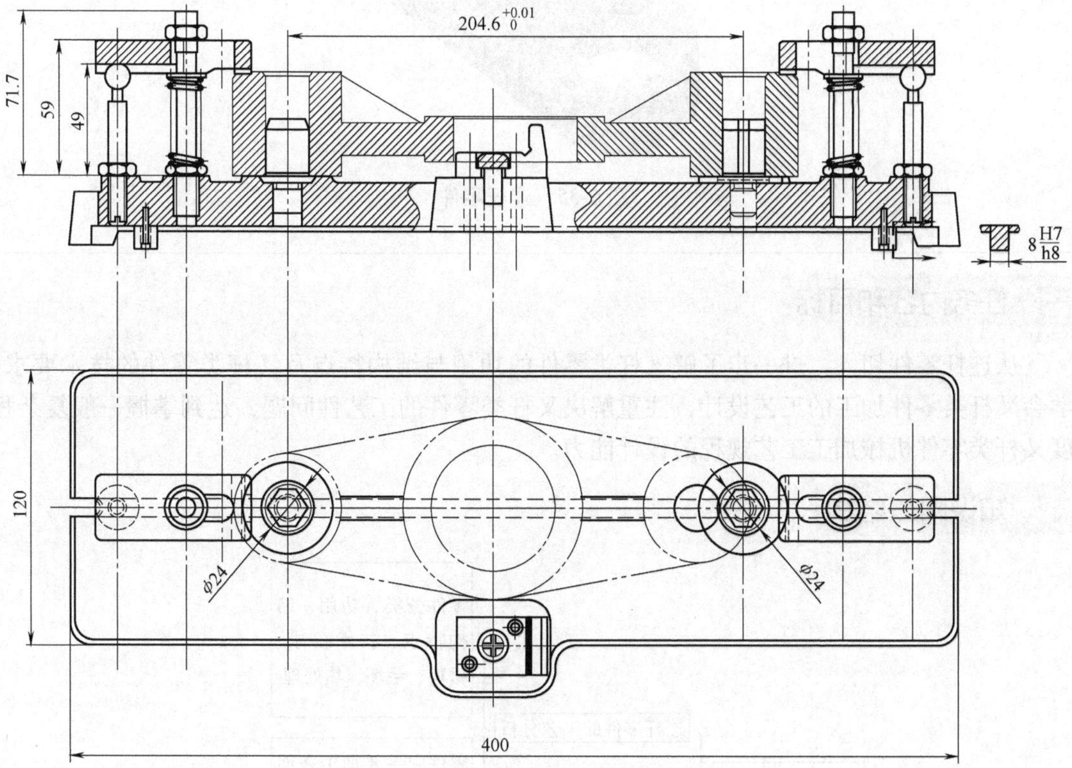

图6-34　拨叉切断铣床夹具

① 定位装置分析。如图6-34所示，将组合件利用锯片铣刀一分为二进行切断，根据此加工要求，除去切断面上两个方向的移动自由度不需限制，其余四个自由度均需限制，但考虑定位的准确性和稳定性，该夹具采用了完全定位的方式，即利用双孔一面，分别在短圆柱销、短削边销和支承板进行定位。

② 夹紧装置分析。采用典型螺旋压板夹紧。

③ 对刀装置。采用定尺寸锯片铣刀，利用对刀块准确对刀。

④ 与铣床连接。采用定向键、耳座结构。

任务 6.2　分析连杆类零件工艺，解决叉杆类零件加工中的工艺问题

任务导入

如图 6-35 所示连杆零件，以它为示例，从连杆零件加工过程中工艺问题入手，进一步深入掌握叉杆类零件的工艺规程制订。

图 6-35　连杆零件

任务内容和目标

从连杆零件切入，进一步了解叉杆类零件的功用与结构特点及叉杆类零件的技术要求，学会叉杆类零件加工的工艺设计，注重解决叉杆类零件的工艺性问题，达到掌握一般复杂程度叉杆类零件机械加工工艺规程的设计能力。

知识网络结构

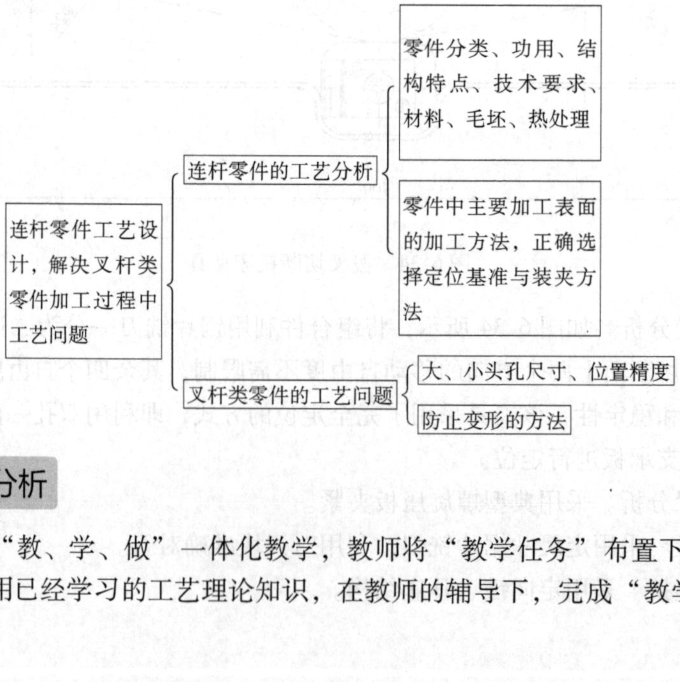

教学情景分析

本任务采用“教、学、做”一体化教学，教师将“教学任务”布置下去，学生预先分组，每组学生利用已经学习的工艺理论知识，在教师的辅导下，完成“教学任务”，即连杆

的工艺设计。

工作任务书

产品名称：连杆。

材料：ZG310-570。

生产类型：大批量生产，5000 件/年。

工作任务：

1）根据如图 6-36 所示连杆零件图，分析该零件的结构、技术要求、主要加工表面及其对应的加工方法、拟定其加工工艺路线。

2）确定详细的工艺参数，编制工艺规程。

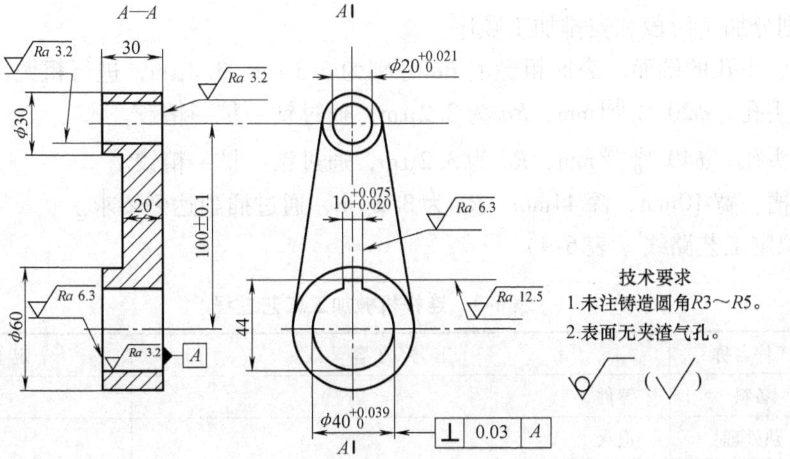

图 6-36　连杆零件图

6.2.1　连杆零件加工工艺

1. 连杆零件的主要加工表面及技术要求

图 6-36 所示为一般精度连杆机构中的连杆，其主要加工表面是大、小头孔及其端面。小头孔公差等级为 IT7，表面粗糙度 *Ra* 为 3.2μm；大头孔的中心相对孔端面的垂直度公差为 0.03mm；大头孔公差等级为 IT8，表面粗糙度 *Ra* 为 3.2μm。大、小头孔的中心距影响机构的运动流畅，所以规定一定精度要求为 100±0.1mm。连杆大、小头孔两端面加工提出了一定的要求，表面粗糙度 *Ra* 为 6.3μm。

2. 工艺分析

（1）连杆主要加工表面的加工方法　连杆主要加工表面，小头孔 $\phi 20^{+0.021}_{0}$ mm，*Ra* 为 3.2μm；大头孔 $\phi 40^{+0.039}_{0}$ mm，*Ra* 为 3.2μm；大、小头孔的，*Ra* 为 6.3μm。

1）小头孔加工方法。钻、扩、铰达到公差等级 IT7。

2）大头孔加工方法。钻、扩、铰。

3）大小孔的端面。表面粗糙度 *Ra* 分别为 6.3μm、3.2μm，先进行粗铣，后精铣。

4）孔键槽。键槽表面粗糙度 *Ra* 为 12.5μm，没很高精度的要求，插键槽至尺寸要求。

（2）确定定位基准

1）粗基准 。按照粗基准的选择原则，为保证不加工表面和加工表面的位置要求，应选择不加工表面为粗基准，因此，采用小头的外圆、端面及大头外圆表面为定位粗基准。

2）精基准的选择 。以基准 *A* 面、小头孔及大头孔为定位精基准，这样选择利于做到基准重合和基准统一。

（3）选择毛坯的类型　连杆零件采用铸钢 ZG310-570，毛坯选择方案为铸件，5000 件为大批量生产，故选择金属型铸造。

（4）选择加工机床和刀具

1）大、小头端面加工。X5042 型万能卧铣床，直齿或错齿的面铣刀。

2）小头孔 $\phi20^{+0.021}_{0}$ mm、大头孔 $\phi40^{+0.039}_{0}$ mm 钻孔工序，采用钻、扩、精铰加工。选择普通的钻床 Z525 和标准定尺寸刀具。

（5）划分加工阶段和安排加工顺序

1）大、小孔的端面。表面粗糙度 *Ra* 分别为 6.3μm、3.2μm，进行粗铣→半精铣。

2）小头孔。$\phi20^{+0.021}_{0}$ mm，*Ra* 为 3.2μm，通过钻→扩→精铰。

3）大头孔。$\phi40^{+0.039}_{0}$ mm，*Ra* 为 3.2μm，通过钻→扩→精铰。

4）键槽。宽 10mm，深 44mm，*Ra* 为 3.2μm，通过插削达到要求。

（6）拟定工艺路线（表 6-9）

表 6-9　连杆机械加工工艺过程

工序号	工序名称	工序内容	定位基准
1	备料	铸件	
2	热处理	退火	
3	粗铣	粗铣连杆端面 *A*	小头、大头外圆及另一端面
4	粗铣	粗铣连杆另一端面	小头、大头外圆及端面 *A*
5	半精铣	半精铣连杆端面 *A*	
6	半精铣	半精铣连杆另一端面	
7	钻孔	钻 ϕ20mm 孔，第一次至 ϕ18mm，扩孔至 ϕ19.7mm，精铰至 ϕ20H7	端面 *A* 及大头外圆
8	钻孔	钻 ϕ40mm 孔第 1 次至 ϕ25mm，第 2 次 ϕ38mm；扩孔至 ϕ39.75mm；铰孔至 ϕ40H8，保证孔心距（100 ± 0.1）mm	端面 *A* 及 ϕ20H7 孔
9	插键槽	插削键槽至键槽设计尺寸	端面 *A* 及 ϕ20H7 孔
10	去毛刺		
11	清洗		
12	入库		

（7）确定加工余量、工序尺寸与公差　该杠杆的端面、小头孔及大头孔的加工均遵循基准重合原则，所以各工序的工序尺寸可以从最终加工工序开始，向前推算各工序的基本尺寸；公差按各自采用加工方法的经济精度确定，按入体原则进行标注。端面、小头孔、大头孔各道工序的加工余量与工序尺寸见表 6-10 ~ 表 6-12。

1）连杆端面加工余量与工序尺寸见表 6-10。

表 6-10　连杆端面加工余量与工序尺寸

工序名称	单面余量/mm	经济精度	工序尺寸/mm	表面粗糙度 $Ra/\mu m$
毛坯			36	
粗铣	2.5	IT12	31	12.5
精铣	0.5	IT10	30	3.2

2）小头孔加工余量与工序尺寸见表 6-11。

表 6-11　小头孔加工余量与工序尺寸

工序名称	工序基本余量（双边）/mm	工序经济精度 /mm	工序公称尺寸 /mm	工序尺寸/mm	表面粗糙度 $Ra/\mu m$
精铰孔	0.3	IT7($^{+0.021}_{0}$)	$\phi20$	$\phi20^{+0.021}_{0}$	3.2
扩孔	1.7	IT9($^{+0.052}_{0}$)	$\phi19.7$	$\phi19.7^{+0.052}_{0}$	6.3
钻孔	18	IT12($^{+0.270}_{0}$)	$\phi18$	$\phi18^{+0.270}_{0}$	12.5
毛坯	20				

3）大头孔加工余量与工序尺寸见表 6-12。

表 6-12　大头孔加工余量与工序尺寸

工序名称	工序基本余量（双边）/mm	工序经济精度 /mm	工序公称尺寸 /mm	工序尺寸/mm	表面粗糙度 $Ra/\mu m$
精铰孔	0.25	IT8($^{+0.039}_{0}$)	$\phi40$	$\phi40^{+0.039}_{0}$	3.2
扩孔	1.75	IT10($^{+0.100}_{0}$)	$\phi39.75$	$\phi39.75^{+0.100}_{0}$	6.3
第 2 次钻孔	13	IT12( )$^{+0.250}_{0}$	$\phi38$	$\phi38^{+0.250}_{0}$	12.5
第 1 次钻孔	25	IT13($^{+0.330}_{0}$)	$\phi25$	$\phi25^{+0.330}_{0}$	12.5
毛坯	40				

（8）确定切削用量和工时定额　这里以粗铣两端面为例，介绍切削用量和工时定额的确定。

选用 X52K 机床，查阅《机械制造工艺人员设计手册》选取数据 。

1）铣刀直径 $d_w = 100mm$，铣刀齿数 $z = 6$。

2）$f_z = 0.15mm/z$，$a_p = 2.5mm$。

3）切削速度 $v_c = 80m/min$。

4）切削宽度 $a_e = 40mm$，则主轴转速为

$$n = \frac{1000v_c}{\pi d_w} = \frac{1000 \times 80}{3.14 \times 100} r/min = 255r/min$$

根据 X52K 机床使用说明书，取 $n = 235r/min$。

则实际切削速度为

$$v_c = \frac{\pi d_w n}{1000} = \frac{3.14 \times 100 \times 235}{1000} = 73.8m/min$$

（9）确定检验方法

1）尺寸精度的检测。孔尺寸精度可用内径卡尺或内径百分表测量；端面用卡尺测量。

2）位置精度的检测

① 平行度。图 6-37 所示为连杆两孔的平行度检测。在平台上用等高 V 形块支承连杆大头孔心轴，测量小头孔心轴在最高位置时两端面的差值，其差值的一半即为平行度。

② 端面对内孔轴线的垂直度测量方法。一般方法为平板上，ϕ20H7 孔装在心轴上，并在心轴上安装百分表，用百分表测量头垂直于端面，并与端面接触，即可测出孔与端面的垂直度。

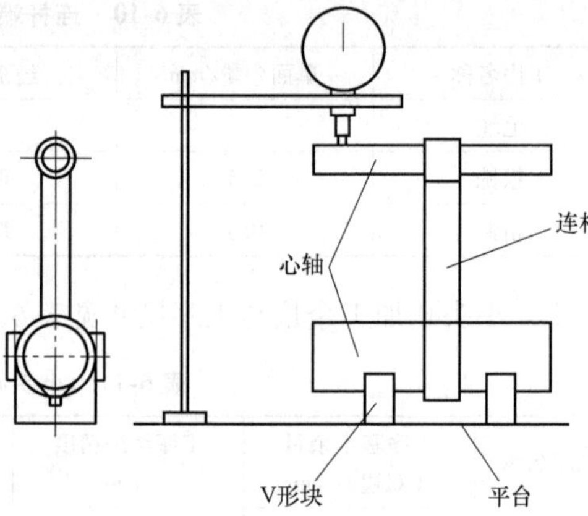

图 6-37　连杆两孔的平行度检测

（10）填写工艺卡片（表 6-13）

表 6-13　连杆零件机械加工工艺卡片

（工厂名）	机械加工工艺卡片	产品名称		零件图号		文件编号			
		型号规格		零件名称		共　页	第　页		
材质	材料规格	毛坯	种类	零件重量/kg	毛重		每料件数	每台件数	每批件数
			尺寸		净重				

工序号	安装	工步号	工序内容	加工车间	设备名称及编号	工艺装备名称及编号：夹具	刀具	量具	辅助工具	工时定额：准备终结	单件
1			备料，铸件								
2		1	退火	热处理							
3	A	1	粗铣端面 *A*		X52K	专用铣夹具	硬质合金镶齿端面铣刀		卡尺		
4	A	2	粗铣另一端面								
5	A	1	半精铣端面 *A*		X52K	专用铣夹具	硬质合金镶齿端面铣刀		卡尺		
6	A	2	半精铣另一端面								
7	A	1	钻 ϕ18mm 孔		Z3080	专用钻床夹具	ϕ18mm 麻花钻头				
		2	扩孔至 ϕ19.7mm				ϕ19.7mm 扩孔钻				
		3	精铰 ϕ20H7mm				ϕ20H7 铰刀		内径千分表		
8	A	1	钻 ϕ25mm 孔				ϕ25mm 钻头				
		2	钻 ϕ38mm 孔				ϕ38mm 花钻头				
		3	扩孔至 ϕ39.75mm				ϕ39.75mm 扩孔钻				
		4	精铰孔至 ϕ40H8				ϕ40H8 铰刀		内径千分表		
9	A	1	插键槽		B5032B	专用夹具	键槽插刀		卡尺		
10			去毛刺								
11			清洗								
12			入库								
更改内容											

制定		审核		校对		会签		批准		日期	

6.2.2　叉杆类零件的加工工艺问题

一般叉杆类零件在机械加工中的主要工艺问题是保证大、小头孔的尺寸精度及两者之间的平行度，大、小头孔与端面的垂直度等位置精度和防止夹紧变形。

1. 粗、精分开

连杆加工工序安排应注意两个影响精度的因素。

1）夹紧变形。连杆的杆身较细长，刚性差，易变性，所以应正确确定夹紧力的方向、作用点及大小。一般夹紧力作用在连杆刚性较好的部位，方向与连杆端面平行或垂直，这样可避免连杆产生弯曲变形，以保证加工孔的几何公差要求。

2）连杆毛坯多采用铸件、模锻件，孔的加工余量大，切削时会产生较大的残余内应力。因此在连杆加工工艺中，各主要表面的粗、精加工工序一定要分开。

2. 合理选择定位基准

1）统一精基准。以大、小头端面，小头孔、大头孔一侧面定位。因为端面的面积大，定位稳定可靠；用小头孔定位可直接控制大、小头孔的中心距，同时也符合基准重合原则。

2）考虑装配基准与工作面之间的位置要求，合理选择定位基准。

实训　制订连杆的工艺规程

工作任务书

产品名称：连杆。

零件功用：传递运动。

材料：HT200。

生产类型：大批量生产。

热处理：退火。

工作任务：

根据如图6-38所示零件图分析该连杆零件的结构、技术要求、主要加工表面及其对应的加工方法，拟定其加工工艺路线。

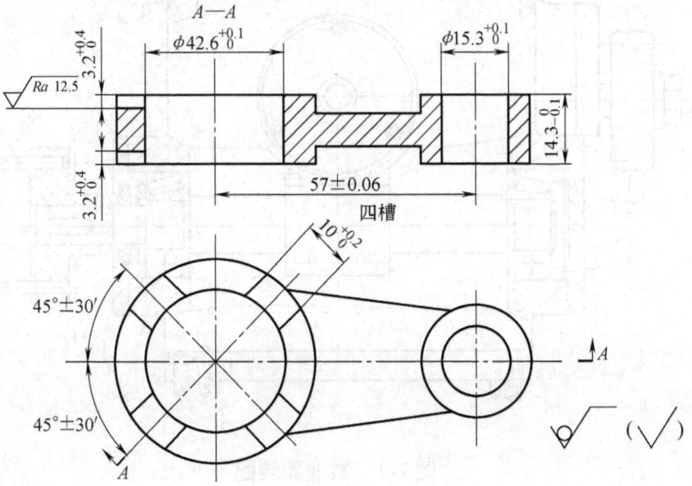

图6-38　连杆零件

项目 7　机械装配工艺基础

教学导航

学习目标	掌握各种装配方法的特点及应用、装配的内容和步骤、保证装配精度的方法及各种方法的特点和应用范围、装配操作方法
工作任务	装配的内容和步骤、保证装配精度的方法及其应用范围、装配操作方法
教学重点	装配的内容和步骤、保证装配精度的方法及其应用范围、装配操作方法
教学难点	各种装配方法的特点及应用、保证装配精度的计算方法、装配操作方法
教学方法建议	任务导入，任务分析、实施、评价
选用案例	减速器
教学设施、设备及工具	教学课件、零件实物、情境教室、机械装配实训教室
考核与评价	任务成果评定、学习团队评定
参考学时	14 学时

任务 7.1　了解装配概念

任务导入

零件装配为产品时，应采取什么方法和注意什么问题，完成哪些具体内容，才能保证产品的使用性能和质量？这就是本任务学习的主要内容——装配。图 7-1 所示减速器如何装配？

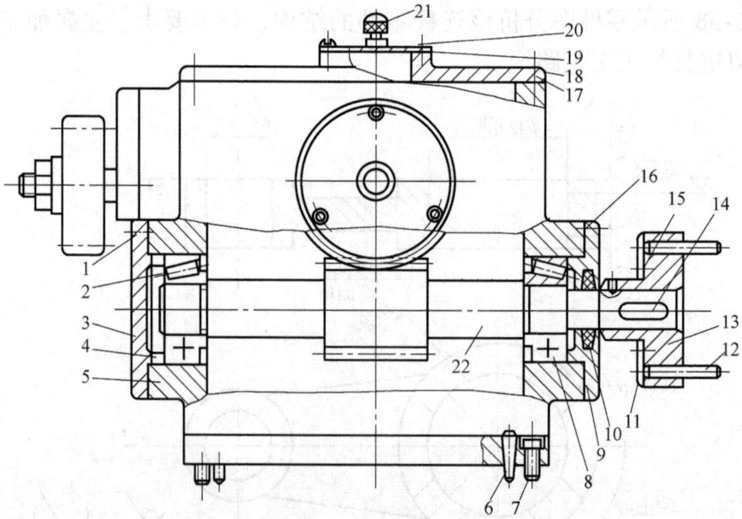

图 7-1　减速器装配

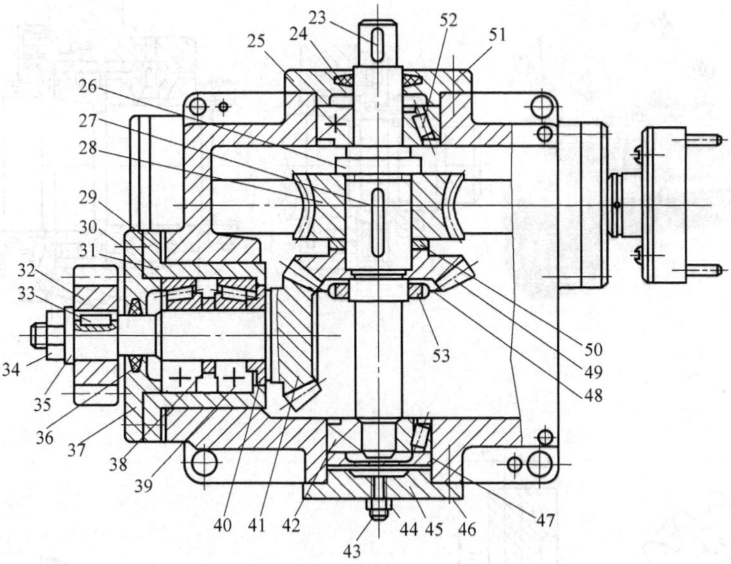

图 7-1　减速器装配（续）

1、7、15、16、17、20、30、43、46、51—螺钉　2、8、39、42、52—轴承　3、9、25、37、45—轴承盖　4、29、50—调整垫圈　5—箱体　6、12—销　10、24、36—毛毡　11—环　13—联轴器　14、23、27、33—平键　18—箱盖　19—盖板　21—手把　22—蜗杆轴　26—轴　28—蜗轮　31—轴承套　32—圆柱齿轮　34、44、53—螺母　35、48—垫圈　38—隔圈　40—衬垫　41、49—锥齿轮　47—压盖

任务内容和目标

在机械制造过程中，应遵循怎样的操作步骤，完成哪些装配内容，才能把任务中的减速器产品装配出来，并满足产品图样的最终精度和性能指标？这就是本任务学习的主要内容——了解装配的概念和基本内容。

知识网络结构

装配基本概念及基本知识
- 装配的概念
- 装配的内容和步骤、工艺流程

教学情景分析

利用减速器—传动轴装配组件，在实训车间完成其装配，在学、做过程中深入理解装配的概念，掌握装配工作的内容和操作步骤。

7.1.1　装配的概念

机械产品一般由许多零件和部件组合而成。按规定的技术要求，将零件或部件进行配合和连接，使之成为半成品或成品的工艺过程，称为装配，如图 7-2 所示。

装配是机械制造过程的最后阶段，在机械产品的制造过程中占有非常重要的地位，装配工

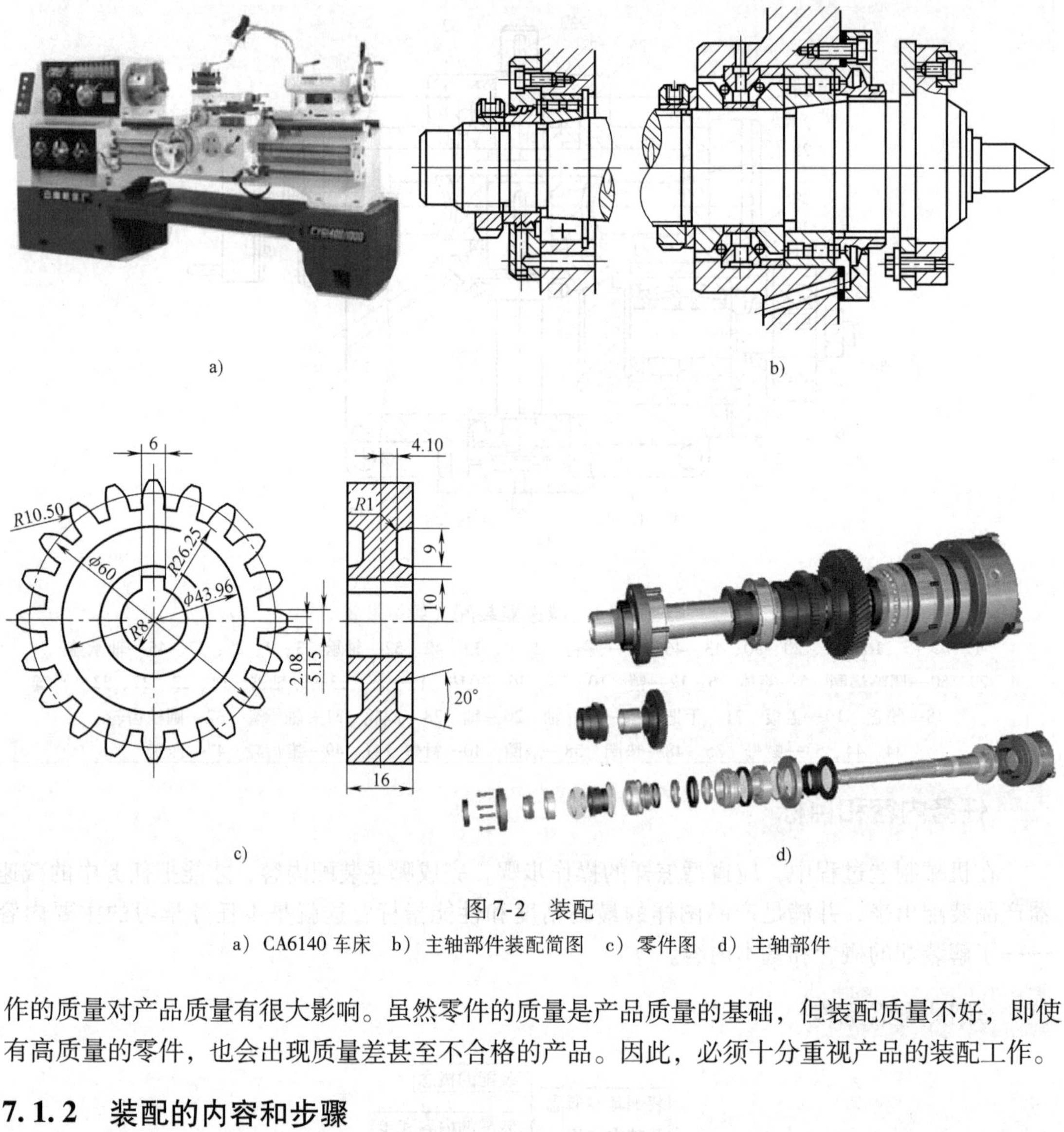

图 7-2　装配

a）CA6140 车床　b）主轴部件装配简图　c）零件图　d）主轴部件

作的质量对产品质量有很大影响。虽然零件的质量是产品质量的基础，但装配质量不好，即使有高质量的零件，也会出现质量差甚至不合格的产品。因此，必须十分重视产品的装配工作。

7.1.2　装配的内容和步骤

装配过程并不是将合格零件简单地进行连接，而是根据各级组装、部装和总装的技术要求，通过校正、调整、平衡、配作及反复试验来保证产品质量合格的过程。机械产品的装配过程可以分为以下三个阶段。

1. 装配前的准备

1）熟悉产品（包括部件、组件）装配图样、装配工艺文件和产品质量验收标准等，分析产品（包括部件、组件）结构，了解零件间的连接关系和装配技术要求。

2）确定装配的顺序、方法，准备所需的装配工具。

3）对装配所需的零件启封、清洗，去除油污等。

2. 装配

根据产品结构的复杂程度，装配工作可以分成组件装配、部件装配和总装配。

（1）组件装配　是将若干零件连接成组件或将若干零件和组件连接成结构更为复杂组件的工艺过程。如变速箱中齿轮轴（轴和轴上零件）的装配，如图 7-3 所示。

（2）部件装配　是将若干零件和组件连接成部件的工艺过程，如减速箱等部件的装配，如图 7-4 所示。

（3）总装配　是将若干零件和部件装配成最终产品的工艺过程，如完整的机床、汽车、汽轮机等的装配。

图 7-3　组件装配

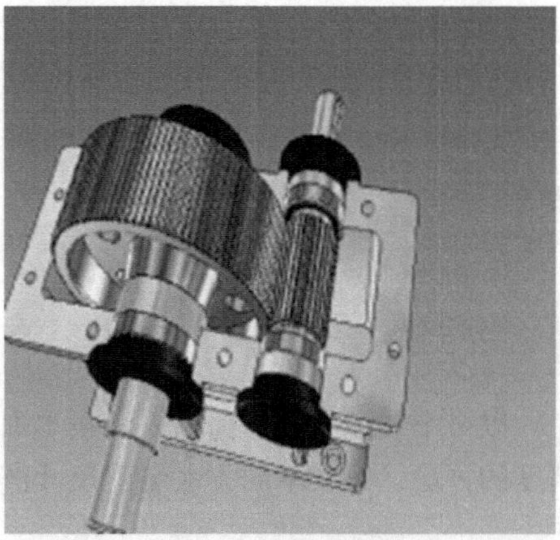

图 7-4　部件装配

3. 调整、精度检验和试车

（1）调整　是指调节零件或机构间结合的松紧程度、配合间隙和相互位置精度，使产品各机构能协调地工作。常见的调整有轴承间隙调整、镶条位置调整、蜗轮轴向位置调整等。

（2）精度检验　包括几何精度检验和工作精度检验。前者主要检查产品静态时的精度，如车床主轴轴线与床身导轨平行度的检验、主轴顶尖与尾座顶尖的等高性检验、滑板导轨与主轴轴线的垂直度检验等；后者主要检查产品在工作状态下的精度，对于机床来说，主要是切削试验，如车削螺纹的螺距精度检验、车削外圆的圆度及圆柱度检验、车削端面的平面度检验等。

（3）试车　是指机器装配后，按设计要求进行的运转试验。试车用来检查产品运转的灵活性、工作温升、密封性能、振动、噪声、转速和输出功率等是否达到设计要求。试车包括空运转试验、负荷试验和超负荷试验。

任务 7.2　了解保证装配精度的方法

任务导入

零件的精度是保证装配精度的基础，但装配精度不完全取决于零件精度。生产实际中，常常采用一些装配方法保证装配精度。装配精度是由零件加工精度和合理的装配方法共同保证的。如何合理、正确选择装配方法，是本任务将要解决的问题。

任务内容和目标

掌握装配精度的基本概念，了解保证装配精度的有几种方法，以及每一种方法的概念、应用条件与场合、在装配中如何正确选用。学会装配尺寸链的计算。

知识网络结构

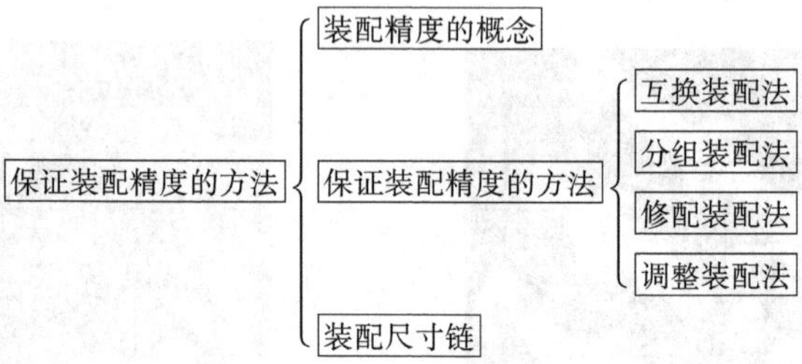

教学情景分析

以一个装配组件作为切入，在实训车间，通过装配组件，认识装配，深入了解保证装配精度的方法，以及不同方法装配尺寸链的计算。

7.2.1　装配精度的概念

1. 装配精度

机器或部件装配后的实际几何参数与理想几何参数的符合程度称为装配精度。一般机械产品的装配精度包括零、部件间的距离精度、相互位置精度、相对运动精度以及接触精度等。

(1) 距离精度　指相关零件间距离的尺寸精度和装配中应保证的间隙，如卧式车床主轴轴线与尾座孔轴线不等高的精度、齿轮副的侧隙等。

(2) 相互位置精度　包括相关零、部件间的平行度、垂直度、同轴度、跳动等，如主轴莫氏锥孔的径向圆跳动、其轴线对床身导轨面的平行度等。

(3) 相对运动精度　指产品中有相对运动的零、部件间在相对运动方向和相对速度方面的精度。相对运动方向精度表现为零、部件间相对运动的平行度和垂直度，如铣床工作台移动对主轴轴线的平行度或垂直度。相对速度精度即传动精度，如滚齿机主轴与工作台的相对运动速度等。

(4) 接触精度　零、部件间的接触精度通常以接触面积的大小、接触点的多少及分布的均匀性来衡量，如主轴与轴承的接触、机床工作台与床身导轨的接触等。

2. 装配精度与零件精度的关系

装配精度与零件精度有着密切的关系，零件的精度特别是关键零件的精度直接影响相应的部件和机器的装配精度。例如，在卧式车床装配中，要满足尾座移动相对溜板移动的平行度要求，该平行度主要取决于溜板导轨 A 与尾座导轨 B 之间的平行度，如图 7-5 所示。

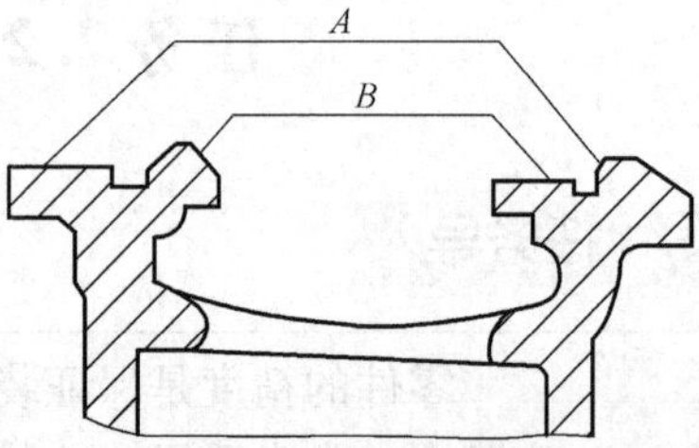

图 7-5　床身导轨简图
A—溜板导轨　B—尾座导轨

机器的装配精度与相关若干个零件或部件的加工精度有关，即这些零件加工误差的累积将影响机器的装配精度。如图7-6所示，在某车床主轴箱中主轴前顶尖中心要求与尾座后顶尖中心等高，这一装配要求与主轴箱1、尾座2、尾座底板3和床身4等零件的加工精度有关。由此可见，在装配过程中，零件加工误差的累积会影响产品的装配精度，只要在装配中采取适当的装配方法，就可以将零件的加工误差的影响降到最低，以保证装配质量。

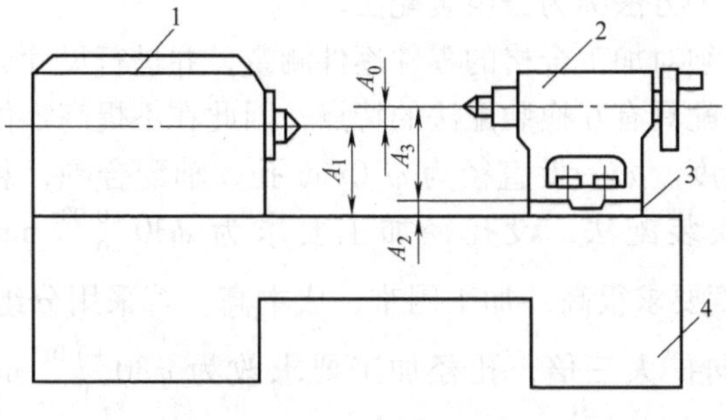

图7-6 主轴箱主轴前顶尖中心与尾座后顶尖中心等高示意图

1—主轴箱 2—尾座 3—尾座底板 4—床身

零件的精度是保证装配精度的基础，但装配精度不完全取决于零件精度。对于装配精度要求较高，组成零件较多的结构，如果仍利用零件的加工精度保证装配精度，则零件的加工难度加大，很难达到要求，在这种情况下，常常采用一些装配方法保证装配精度，由此可知装配精度是由零件加工精度和合理的装配方法共同保证的。

7.2.2 保证装配精度的方法

装配工作的主要任务是保证产品在装配后达到规定的各项精度要求，因此，必须采取合理的装配方法。保证装配精度的方法主要有以下几种。

1. 互换装配法

在装配时各配合零件不经修理、选择或调整即可达到装配精度的方法称为互换装配法。互换装配法具有装配工作简单、生产率高、便于协作生产和维修、配件供应方便等优点，但应用有局限性，仅适用于高精度少环尺寸链或低精度多环尺寸链的大批大量生产。

产品采用互换装配法时，装配精度主要取决于零件的加工精度。其实质就是用控制零件的加工误差来保证产品的装配精度。按互换程度的不同，互换装配法又分为完全互换法和大数互换法两种。

（1）完全互换法　在全部产品中，装配时各零件不需挑选、修配或调整就能保证装配精度的装配方法称为完全互换法。选择完全互换装配法时，其装配尺寸链采用极值公差公式计算，即各有关零件的公差之和小于或等于装配精度。

$$\sum_{i=1}^{n-1} T(A_i) \leqslant T(A_0)$$

（2）大数互换法（不完全互换法）　大数互换法是指在绝大多数产品中，装配时各零件不需挑选、修配或调整就能保证装配精度要求的装配方法。该方法尺寸链计算采用概率法公差公式计算，即当各组成环呈正态分布时，各有关零件公差值的平方之和的平方根小于或等于装配精度。

$$\sqrt{\sum_{i=1}^{n-1} T^2(A_i)} \leqslant T(A_0)$$

2. 分组装配法

在成批或大量生产中，将产品各配合副的零件按实测尺寸分组，装配时按组进行互换装配以达到装配精度，这种方法称为分组装配法。

分组装配法装配前须对加工合格的零件逐件测量，并进行尺寸分组，装配时按对应组别进行互换装配，每组装配具有互换装配法的特点，因此在不提高零件制造精度的条件下，仍可以获得很高的装配精度。如一批直径为 $\phi30$mm 孔、轴配合副，装配间隙要求为 0.005 ~ 0.015mm，若采用互换装配法，设孔径加工要求为 $\phi30^{+0.005}_{0}$ mm，轴径加工要求应为 $\phi30^{-0.005}_{-0.010}$mm，显然精度要求很高，加工困难，成本高。若采用分组装配法，将孔、轴零件的制造公差向同一方向扩大三倍，孔径加工要求改为 $\phi30^{+0.015}_{0}$ mm，轴径加工要求改为 $\phi30^{+0.005}_{-0.010}$mm，然后对加工后的孔径、轴径逐个进行精确测量，按实测尺寸分成三组，再将对应组别的孔、轴零件进行互换装配，仍能保证 0.005 ~ 0.010mm 的间隙要求。分组与配合的情况见表 7-1。

表 7-1　孔、轴的分组尺寸及配合间隙　　（单位：mm）

组别	标记颜色	孔径尺寸	轴径尺寸	配合情况	
				最小间隙	最大间隙
1	红	$\phi30^{+0.015}_{+0.010}$	$\phi30^{+0.005}_{0}$	0.005	0.015
2	黄	$\phi30^{+0.010}_{-0.005}$	$\phi30^{0}_{-0.005}$	0.005	0.015
3	蓝	$\phi30^{+0.005}_{0}$	$\phi30^{-0.005}_{-0.010}$	0.005	0.015

分组装配法的优点是降低了零件的制造精度（公差放大为原来的三倍），并且经分组选择后，获得很高装配精度。

分组装配法的缺点是增加了零件的检测、分组工作量，还增加了零件的投入批量、贮存量及相应的管理工作，一般应用于成批或大量生产中装配精度要求高、参与装配的零件数量少且不便于调整装配的场合，如中、小型柴油机的活塞与缸套、活塞与活塞销、滚动轴承内、外圈和滚动体的装配等。

3. 修配装配法

在装配时修去指定零件上预留修配量以达到装配精度的方法称为修配装配法。修配装配法的特点是参与装配的零件仍按经济精度加工，其中一件预留修配量，装配时进行修配，补偿装配中的累积误差，从而达到装配质量的要求。用修配装配法可以获得较高的装配精度，但增加了装配工作量，生产率低，且要求工人技术水平高。多用于单件、小批生产，以及装配精度要求高的场合。修配件应选择易于拆、装并且修配量较小的零件。图 7-7 所示为修配装配法实例，图中压板是在机床工作时，用以控制床鞍与床面的间隙（即压板与床身下导轨面的间隙）$\Delta = a - b$，装配时通过修整压板使间隙 Δ 满足装配要求。由于床身和床鞍都是笨重的零件，采用控制 a、b 的尺寸（提高其精度）保证间隙的方法是不经济的。

修配法分为：

(1) 单件修配法　这种方法是在多环尺寸链中，选定某一固定的零件作为修配环，装配时进行修配以达到装配精度。

(2) 合并加工修配法　这种方法是将两个或多个零件合并在一起当作一个修配环进行修配加工。合并加工的尺寸可看作一个组成环，这样减少尺寸链的环数，有利于减少修配量。

(3) 自身加工修配法　在机床制造中，有一些装配精度要求，总装时用自己加工自己的方法去保证比较方便，这种方法即自身加工修配法。如牛头刨床总装时，用自刨工作台面来达到滑枕运动方向对工作台面的平行度要求。

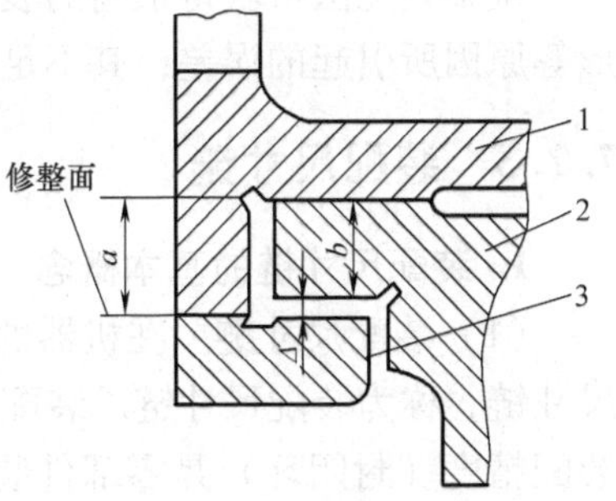

图7-7　修配装配法实例

1—床鞍　2—床身　3—床板

4. 调整装配法

在装配时改变产品中可调整零件的相对位置或选用合适的调整件以达到装配精度的方法称为调整装配法。调整装配法的特点是零件按经济加工精度制造，装配时产生的累积误差，用机构设计时预先设定的固定调整件（又称补偿件）或改变可动调整件相对位置来消除。

调整法和修配法在补偿原则上是相似的，而方法上有所不同。常用的调整方法有以下两种。

(1) 固定调整法　预先制造各种尺寸的固定调整件（如不同厚度的垫圈、垫片等），装配时根据实际累积误差，选定所需尺寸的调整件装入，以保证装配精度要求。如图7-8所示，传动轴组件装入箱体时，使用适当厚度的调整垫圈（补偿件）补偿累积误差，保证箱体内侧面与传动轴组件的轴向间隙。

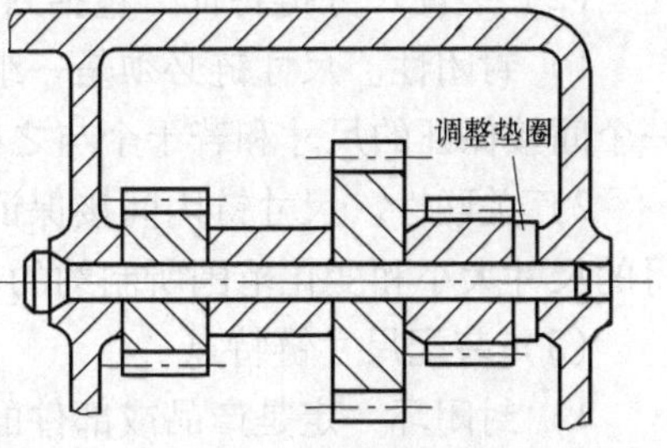

图7-8　用调整垫圈调整轴向间隙

(2) 可动调整法　使调整件移动、回转或移动和回转同时进行，以改变其位置，进而达到装配精度。常用的可动调整件有螺钉、螺母、楔块等。可动调整法在调整过程中不需拆卸零件，故应用较广。图7-9所示为通过调整螺钉使楔块上下移动，改变两螺母间距，以调整传动丝杠和螺母的轴向间隙。图7-10所示为用螺钉调整轴承间隙。

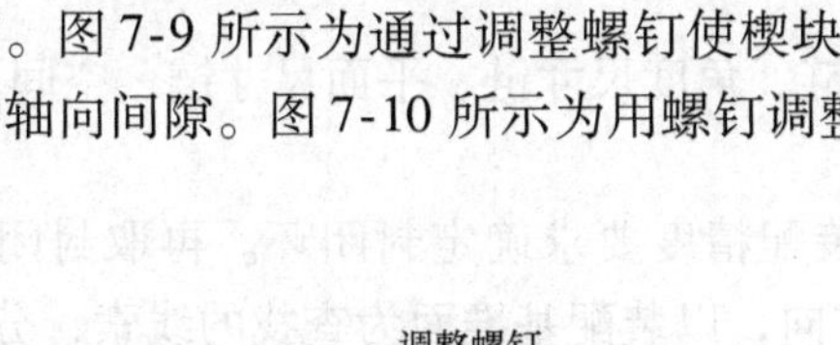

图7-9　螺钉、楔块调整丝杠和螺母的轴向间隙

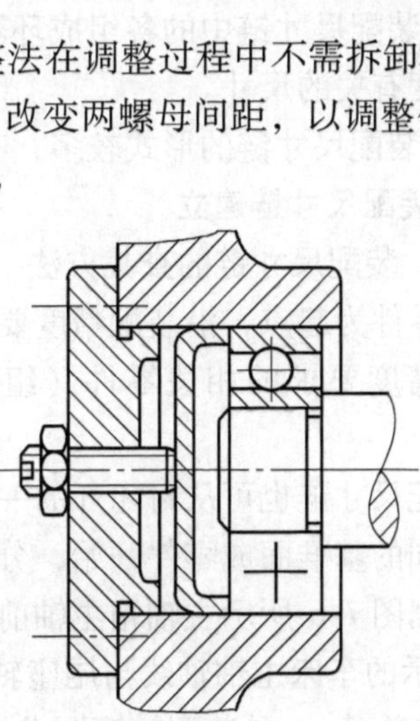
图7-10　用螺钉调整轴承间隙

调整装配法可获得很高的装配精度，并且可以随时调整因磨损、热变形或弹性及塑性变形等原因所引起的误差，其不足是增加了零件数量及较复杂的调整工作量。

7.2.3 装配尺寸链

1. 装配尺寸链的基本概念

（1）装配尺寸链　在机器的装配关系中，由相关零件的尺寸或相互位置关系所组成的尺寸链，称为装配尺寸链。装配尺寸链的封闭环就是装配所要保证的装配精度或技术要求。装配精度（封闭环）是零部件装配后才最后形成的尺寸或位置关系。在装配关系中，对装配精度有直接影响的零、部件的尺寸和位置关系，都是装配尺寸链的组成环。如同工艺尺寸链一样，装配尺寸链的组成环也分为增环和减环。图 7-11 所示为孔、轴装配及其尺寸链。

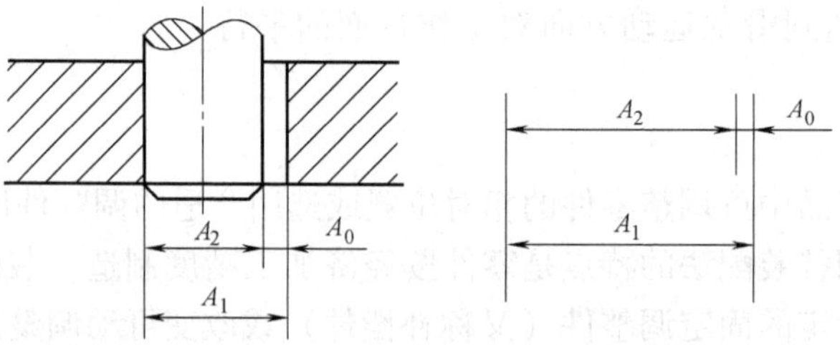

图 7-11　孔、轴装配及其尺寸链

（2）装配尺寸链特征　包括封闭性和相关性。

1）封闭性。尺寸链必须是一组相关尺寸顺序首尾相接而形成的封闭轮廓，其中应包含一个间接保证的尺寸和若干个与之有关的直接获得的尺寸。

2）关联性。尺寸链内间接保证的尺寸的大小和变化范围（即精度）是受该链内直接获得的尺寸大小和变化范围所制约的；彼此间具有特定的装配关系。

（3）装配尺寸链特点

1）封闭环一定是产品或部件的某项装配精度。

2）装配精度只有在机械产品装配后才能测量，故封闭环是装配后自然形成的。

3）装配尺寸链中的各组成环不仅是一个零件上的尺寸，而是在几个零件或部件之间与装配精度有关的尺寸。

4）装配尺寸链的形式较多，有线性尺寸链、角度尺寸链、平面尺寸链、空间尺寸链。

2. 装配尺寸链建立

（1）装配尺寸链的查找方法　首先根据装配精度要求确定封闭环。再取封闭环两端的任一个零件为起点，沿装配精度要求的位置方向，以装配基准面为查找的线索，分别找出影响装配精度要求的相关零件（组成环），直至找到同一基准零件，甚至是同一基准表面为止。

装配尺寸链也可从封闭环的一端开始，依次查找相关零部件直至封闭环的另一端，也可以从共同的基准面或零件开始，分别查到封闭环的两端。

依据图 7-6 所示主轴箱主轴前顶尖中心与尾座后顶尖中心等高装配示意图而建立的如图 7-12 所示的车床主轴轴线与尾座轴线高度差装配尺寸链，其中车床主轴轴线与尾座轴线高度差的允许值 A_0 是装配精度要求，为封闭环。组成环可从尾座顶尖开始查找，尾座顶尖轴

线到底面的高度 A_3、与床身面相连的底板的厚度 A_2、床身面到主轴轴线的距离 A_1，最后回到封闭环。A_1、A_2 和 A_3 均为组成环。

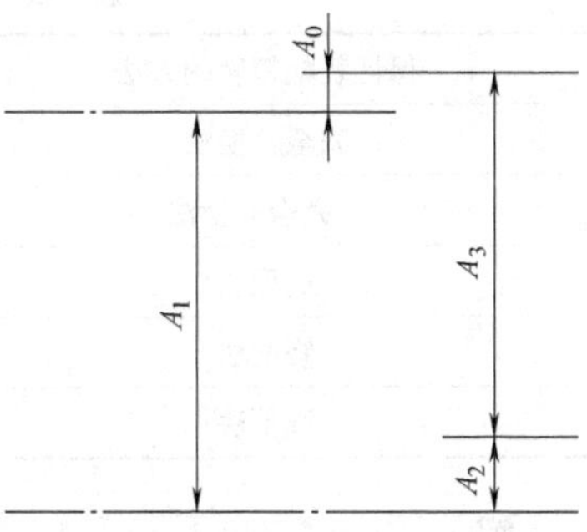

图7-12　车床主轴轴线与尾座轴线高度差装配尺寸链

（2）查找装配尺寸链应注意的问题　在查找装配尺寸链时，应注意以下问题。

1）装配尺寸链应进行必要的简化。机械产品的结构通常都比较复杂，对装配精度有影响的因素很多，查找尺寸链时，在保证装配精度的前提下，可以不考虑那些影响较小的因素，使装配尺寸链适当简化。

2）装配尺寸链组成的“一件一环”原则。在装配精度既定的条件下，组成环数越少，则各组成环所分配到的公差值就越大，零件加工越容易、越经济。在查找装配尺寸链时，每个相关的零、部件只应有一个尺寸作为组成环列入装配尺寸链，即将连接两个装配基准面间的位置尺寸直接标注在零件图上。这样组成环的数目就等于有关零、部件的数目，即“一件一环”，这就是装配尺寸链的最短路线（环数最少）原则。

3）装配尺寸链的“方向性”。在同一装配结构中，在不同位置方向都有装配精度的要求时，应按不同方向分别建立装配尺寸链。

3. 装配尺寸链计算类型

为了正确合理地确定装配尺寸链中各环的尺寸和精度，主要解决两种类型的任务。

（1）正计算　已知各组成环的公称尺寸和极限偏差，求封闭环的公称尺寸和极限偏差，这方面的计算主要用于验证设计的正确性。

（2）反计算　已知封闭环公称尺寸和极限偏差，以及各组成环的公称尺寸，求各组成环的极限偏差或公差。这类计算主要用在设计上，即根据产品的装配精度来分配各相关零件的公差。

4. 装配精度工艺方法与计算方法的配合

（1）计算方法

1）极值法。极值法是从极大或极小两种极端情况下出发，推导出的计算公式，比较保守。当封闭环的公差较小，而组成环的数目又较多时，则各组成环分得的公差是很小的，使加工困难，制造成本增加。但极值法计算比较简单。

2）概率法。生产实践证明，加工一批零件时，其实际尺寸处于公差中间部分的是多数，而处于极限尺寸的零件是极少数的，而且一批零件在装配中，尤其是对于多环尺寸链的装配，同一部件的各组成环，恰好都处于极限尺寸情况，更是少见。因此，在成批，大量生产中，当装配精度要求高，而且组成环的数目又较多时，应用概率法解算装配尺寸链比较合理。

（2）计算方法与保证装配精度方法的匹配（表7-2）

5. 举例

例7-1　如图7-13所示齿轮部件装配图，轴是固定不动的，齿轮在轴上回转，装配后要求齿轮与挡圈的轴向间隙为0.1～0.35mm，已知：$A_1=30\text{mm}$、$A_2=5\text{mm}$、$A_3=43\text{mm}$、$A_4=3_{-0.05}^{\ 0}\text{mm}$、$A_5=5\text{mm}$　现采用完全互换法装配，试确定各组成环公差和极限偏差。

表 7-2　计算方法与保证装配精度方法的匹配关系

保证装配精度的方法	计 算 方 法
完全互换法	一般极值法，大批量时可用概率法
不完全互换法	概率法
选配法	极值法
修配法	一般批量极值法
调整法	一般用极值法，针对大批量时用概率法

解：

1）画装配尺寸链图（图 7-14）并分析尺寸链，检验各组成环公称尺寸。

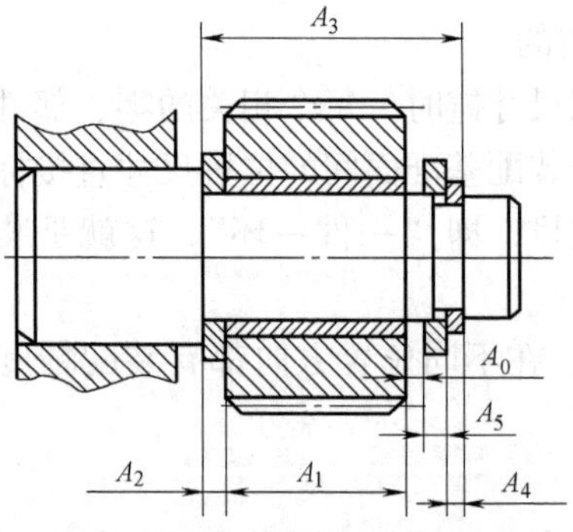

图 7-13　齿轮部件装配图

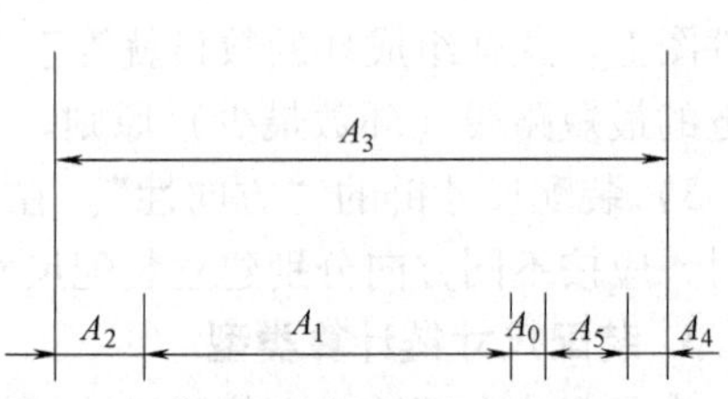

图 7-14　齿轮部件装配尺寸链

封闭环：$A_0 = 0^{+0.35}_{+0.10}$。

增环：$A_3 = 43\text{mm}$。

减环：$A_2 = 5\text{mm}$，$A_4 = 3^{\ 0}_{-0.05}\text{mm}$，$A_1 = 30\text{mm}$，$A_5 = 5\text{mm}$。

先验算封闭环公称尺寸。

封闭环公差：$T_0 = 0.25\text{mm}$。

封闭环公称尺寸：

$$A_0 = \sum_{i=1}^{m} \overrightarrow{A_i} - \sum_{j=m+1}^{n-1} \overleftarrow{A_j}$$

$A_0 = [43 - (30 + 5 + 3 + 5)]\text{mm} = 0$，由计算可知，各组成环公称尺寸正确。

2）确定各组成环公差。

① 计算各组成环平均极值公差

$$T_{\text{平均}} = \frac{T(A_0)}{n-1} = \frac{0.35 - 0.10}{6-1}\text{mm} = 0.05\text{mm}$$

② 以 $T_{\text{平均}}$ 为基础，据各组成环尺寸、零件加工难易程度确定各组成环公差。

$T(A_1) = 0.07\text{mm}$，$T(A_2) = T(A_5) = 0.05\text{mm}$，$T(A_3) = 0.09\text{mm}$，$T(A_4) = 0.05\text{mm}$

$$\sum_{i=1}^{n-1} T(A_i) = (0.07 + 0.05 + 0.09 + 0.05 + 0.05)\text{mm} = 0.31\text{mm}$$

$$T(A_0) = 0.25\text{mm}$$

此时

$$\sum_{i=1}^{n-1} T(A_i) > T(A_0)$$

显然，依据平均公差和按上述公差确定原则初步确定各组成环公差时，常常不符合封闭环要求，即不能满足装配精度。为此，常选一组成环，其公差及分布经计算后确定，以便与其他组成环相协调，保证最终满足封闭环的精度要求。这个事先选定的尺寸链中起协调作用的组成环，称为协调环。

注意

确定调整各组成环公差的原则如下。

1）组成环为标准件（轴承、弹性挡圈等）的厚度，公差按标准已确定，应为确定值。

2）尺寸相近，加工方法相同的组成环，其公差值相等。

3）难加工或难测量的组成环，其公差取较大值；易加工或易测量的组成环，其公差取较小值。

4）组成环为几个尺寸链的公共环，其公差值及其分布由其中最严的尺寸链先行确定，其余尺寸链则应为确定值。

注意

选择协调环的原则如下。

1）不能选标准件和公共环。

2）选易加工件为协调环，而将难加工零件的公差从宽选取。

3）选难加工件为协调环，而将易加工零件的公差从严选取。

③ 计算。

a. 选择协调环。挡圈 A_5，易加工、易测量。

b. 确定各组成环公差。A_4 为标准件，$A_4 = 3_{-0.05}^{\ 0}$ mm，$T(A_4) = 0.05$mm，$T(A_1) = 0.06$mm，$T(A_2) = 0.04$mm，$T(A_3) = 0.07$mm（各组成环公差等级约为 IT9）。

c. 确定各组成环的极限偏差。将各组成环的公差转换成极限偏差时，一般遵循“入体原则”，内尺寸为正，即将公差取为上极限偏差为正值，下极限偏差为“零”；外尺寸为负，即将公差取为下极限偏差为负值，上极限偏差为“零”。

A_1、A_2 为外尺寸，$A_1 = 30_{-0.06}^{\ 0}$ mm，$A_2 = 5_{-0.04}^{\ 0}$ mm。

A_3 为内尺寸，$A_3 = 43_{\ 0}^{+0.07}$ mm。

A_4 为标准件，所以 $A_4 = 3_{-0.05}^{\ 0}$ mm。

计算协调环 A_5 公差和极限偏差。

据

$$T(A_0) = \sum_{i=1}^{n-1} T(A_i)$$

$$0.25\text{mm} = (0.06 + 0.04 + 0.07 + 0.05)\text{mm} + T(A_5)$$

所以

$$T(A_5) = 0.03\text{mm}$$

据

$$B_s(A_0) = \sum_{i=1}^{m} B_s(\overrightarrow{A_i}) - \sum_{j=m+1}^{n-1} B_x(\overleftarrow{A_j})$$

$$0.35\text{mm} = 0.07\text{mm} - [(-0.06\text{mm}) + (-0.04\text{mm}) + (-0.05\text{mm}) + B_x(A_5)]$$

$$B_x(A_5) = -0.13\text{mm}$$

$$B_x(A_\Sigma) = \sum_{i=1}^{m} B_x(\overrightarrow{A_i}) - \sum_{j=m+1}^{n-1} B_s(\overleftarrow{A_j})$$

$$0.10\text{mm} = 0 - [0 + 0 + 0 + B_s(A_5)]$$

$$B_s(A_5) = -0.10\text{mm}$$

所以

$$A_5 = 5^{-0.10}_{-0.13}\text{mm}$$

最后可得各组成环尺寸和极限偏差为：

$A_1 = 30^{\ 0}_{-0.06}$mm、$A_2 = 5^{\ 0}_{-0.04}$mm、$A_3 = 43^{+0.07}_{\ 0}$mm、$A_4 = 3^{\ 0}_{-0.05}$mm、$A_5 = 5^{-0.10}_{-0.13}$mm。

例 7-2　题目同例 7-1，区别是采用不完全互换法装配，利用概率法计算，求解各组成环的尺寸和极限偏差。

解：

1）画装配尺寸链图并分析尺寸链，验算各组成环公称尺寸，同例 7-1。

2）按概率法确定各组成环尺寸公差及其分布。

① 计算平均公差

$$T_{平均} = \frac{T_\Sigma}{\sqrt{n-1}} = \frac{T_\Sigma}{n-1}\sqrt{n-1}$$

$$T_{平均} = \frac{0.35 - 0.10}{6 - 1}\sqrt{6-1}\text{mm} \approx 0.11\text{mm}$$

显然，$T_{平均}$大了$\sqrt{n-1}$倍。

② 以 $T_{平均}$为基础，据各组成环尺寸、零件加工难易程度确定各组成环的公差（公差确定原则相同）。

a. 选 A_3 为协调环。

b. 确定其他组成环公差。$T(A_1) = 0.14$mm，$T(A_2) = T(A_5) = 0.08$mm，A_4 为标准件，$T(A_4) = 0.05$mm（约按 IT10）。

c. 确定各组成环的极限偏差。$A_1 = 30^{\ 0}_{-0.14}$mm，$A_2 = 5^{\ 0}_{-0.08}$mm，$A_4 = 3^{\ 0}_{-0.05}$mm　$A_5 = 5^{\ 0}_{-0.08}$mm。

d. 计算协调环 A_3 的公差和极限偏差。

据

$$T^2(A_0) = \sum_{i=1}^{n-1} T^2(A_i)$$

$$T(A_3) = \sqrt{T(A_0)^2 - [T^2(A_1) + T^2(A_2) + T^2(A_4) + T^2(A_5)]}$$

$$= \sqrt{0.25^2 - (0.14^2 + 0.08^2 + 0.05^2 + 0.08^2)}\text{mm} = 0.16\text{mm}$$

据

$$E_{\mathrm{M}}(A_0) = \sum_{i=1}^{m} E_{\mathrm{M}}(\overrightarrow{A_i}) - \sum_{j=m+1}^{n-1} E_{\mathrm{M}}(\overleftarrow{A_j})$$

$$0.225\mathrm{mm} = E_{\mathrm{M}}(A_3) - (-0.07 - 0.04 - 0.04 - 0.025)\mathrm{mm}$$

$$E_{\mathrm{M}}(A_3) = 0.05\mathrm{mm}$$

据

$$E_{\mathrm{s}}(A_3) = E_{\mathrm{M}}(A_3) + \frac{T(A_3)}{2}$$

$$E_{\mathrm{s}}(A_3) = (0.05 + 0.08)\mathrm{mm} = 0.13\mathrm{mm}$$

$$E_{\mathrm{x}}(A_3) = E_{\mathrm{M}}(A_3) - \frac{T(A_3)}{2}$$

$$E_{\mathrm{x}}(A_3) = (0.05 - 0.08)\mathrm{mm} = -0.03\mathrm{mm}$$

所以 $A_3 = 43^{+0.13}_{-0.03}\mathrm{mm}$

最后可得各组成环尺寸和极限偏差为：

$A_1 = 30^{\ 0}_{-0.14}\mathrm{mm}$，$A_2 = 5^{\ 0}_{-0.08}\mathrm{mm}$，$A_3 = 43^{+0.13}_{-0.03}\mathrm{mm}$，$A_4 = 3^{\ 0}_{-0.05}\mathrm{mm}$，$A_5 = 5^{\ 0}_{-0.08}\mathrm{mm}$。

例 7-3　题目同例 7-1，区别是采用修配法装配，利用极值法计算，求解各组成环的尺寸和极限偏差。

采用修配法装配解算装配尺寸链，相对例 7-1、例 7-2 的互换法装配而言，思路有些不同，计算复杂一些，故计算前进行必要的说明。

1）修配法是将尺寸链中各个组成环按经济加工精度制造。装配时，通过改变尺寸链中某一预先确定的组成环尺寸的方法来保证装配精度。装配时进行修配的零件叫修配件，该组成环称为修配环。

2）采用修配法装配时，解算尺寸链的主要问题是在保证修配量足够且最小的原则下，计算修配环的尺寸。

注意

正确选择修配环，在保证修配量足够且最小原则下计算修配环尺寸。

3）修配环的选择

① 便于装卸，零件形状比较简单，易于修配（如采用刮研修配，刮研面积要小）。

② 不应为公共环。

③ 不能选择表面处理的零件作为修配环。

修配环被修配后对封闭环尺寸变化的影响，有两种情况。

第一种情况：修配环若为减环，修配环越修，则封闭环尺寸就越大，但是为了保证装配精度，封闭环最大也不能超过装配精度即封闭环规定的最大值，即满足

$A_{0\max}$（装配要求所规定的封闭环最大尺寸）$= A'_{0\max}$（封闭环的实际上极限尺寸）

第二种情况：修配环若为增环，修配环越修，则封闭环尺寸就越小，但是为了保证装配精度，封闭环最小也不能超过装配精度即封闭环规定的最小值，即满足

$A_{0\min}$（装配要求所规定的封闭环最小尺寸）$= A'_{0\min}$（实际下极限尺寸）

解：

1）画装配尺寸链图并分析尺寸链，验算各组成环公称尺寸，同例 7-2。

2）按极值法确定各组成环尺寸公差及其分布。

① 确定修配环，判别修配后对封闭环的影响。

选 A_5 为修配环，A_5 为减环，所以修配后，使封闭环 A_0 增加，故属第一种情况，必须满足：$A_{0max}=A'_{0max}$。

由已知得：$A_0=0^{+0.35}_{+0.10}$mm，$T(A_0)=0.25$mm。

② 定各组成环公差。按经济加工精度分配各组成环公差，各组成环公差相对完全互换法可有较大扩大。$T(A_1)=T(A_3)=0.20$mm，$T(A_2)=T(A_5)=0.10$mm（约按公差等级 IT11），A_4 为标准件，$T(A_4)=0.05$mm。

③ 确定修配环的最大修配量 F_{max}。

据

$$T(A_0)=\sum_{i=1}^{n-1}T(A_i)$$

$$T'(A_0)=(0.20+0.10+0.20+0.05+0.10)\text{mm}=0.65\text{mm}$$

已知　$T(A_0)=0.25$mm，即

$$F_{max}=T'(A_0)-T(A_0)=(0.65-0.25)\text{mm}=0.40\text{mm}$$

④ 确定各组成环（除修配环）极限偏差。

A_3 为内尺寸，$A_3=43^{+0.20}_{0}$mm。

A_1、A_2 为外尺寸，$A_1=30^{0}_{-0.20}$mm，$A_2=5^{0}_{-0.10}$mm。$A_4=3^{0}_{-0.05}$mm

⑤ 计算修配环 A_5 的极限偏差。因为 A_5 为减环，所以修配后，使封闭环增加，必须保证 $A_{0max}=A'_{0max}$时才能进行修配，否则，满足不了最终装配精度。

据

$$A_{0max}=\sum_{i=1}^{m}\overrightarrow{A}_{imax}-\sum_{j=m+1}^{n-1}\overleftarrow{A}_{jmin}$$

$$0.35\text{mm}=(43+0.20)\text{mm}-[(30-0.20)\text{mm}+(5-0.10)+(3-0.05)+A_{5min}]$$

$$A_{5min}=(5+0.20)\text{mm}=5.20\text{mm}$$

因为　$T(A_5)=0.10$mm，所以

$$A_{5max}=(5.20+0.10)\text{mm},A_5=5.20^{+0.10}_{0}\text{mm}$$

最后可得各组成环尺寸和极限偏差为：

$A_1=30^{0}_{-0.20}$mm，$A_2=5^{0}_{-0.10}$mm，$A_3=43^{+0.20}_{0}$mm，$A_4=3^{0}_{-0.05}$mm，$A_5=5.20^{+0.10}_{0}$mm。

例 7-4　如图 7-6 所示卧式车床装配。在装配时，要求床尾中心线比床头主轴中心线高 0～0.06mm。已知 $A_1=202$mm、$A_2=46$mm、$A_3=156$mm，现采用修配法装配，试确定各组成环公差和极限偏差（单件修配法）。

1）画装配尺寸链图并分析尺寸链，验算各组成环公称尺寸。装配尺寸链图如图 7-12 所示。

封闭环：$0^{+0.06}_{0}$mm，

增环：$A_2=46$mm、$A_3=156$mm。

减环：$A_1=202$mm。

据

$$A_0 = \sum_{i=1}^{m} \overrightarrow{A}_i - \sum_{j=m+1}^{n-1} \overleftarrow{A}_j$$

$$A_0 = [(156+46)-202]\text{mm} = 0$$

由计算可知，各组成环公称尺寸正确。

$$T_{\text{平均}} = \frac{T_0}{n-1} = \frac{0.06}{4-1}\text{mm} = 0.02\text{mm}$$

显然各组成环公差太小，零件加工困难，故采用修配装配法。

2）确定修配环，判别修配后对封闭环的影响。

如图7-6所示，组成环 A_2 为尾座垫板，其表面积不大，结构简单便于装卸和修配，故选 A_2 为修配环。A_2 为增环，越修配，封闭环 A_0 越小，因此，属于第二种情况，必须满足：$A_{0\min} = A'_{0\min}$。

已知可得

$$A_0 = 0^{+0.06}_{\ 0}\text{mm}, T(A_0) = 0.06\text{mm}$$

3）确定各组成环公差。

$$T(A_1) = T(A_3) = 0.10\text{mm}(\text{镗模精镗}), T(A_2) = 0.15\text{mm}(\text{精刨})$$

4）计算修配环 A_2 的最大补偿量 $F_{\max}$。

$$T'(A_0) = T(A_1) + T(A_2) + T(A_3) = (0.10+0.15+0.10)\text{mm} = 0.35\text{mm}$$

$$T(A_0) = 0.06\text{mm}$$

$$F_{\max} = T'_{A_0} - T(A_0) = 0.29\text{mm}$$

5）确定各组成环（除修配环）极限偏差。A_1、A_3 既不是内尺寸也不是外尺寸，所以其极限偏差按上、下对称分布标注

$$A_1 = (202 \pm 0.05)\text{mm} \quad A_3 = (156 \pm 0.05)\text{mm}$$

6）计算修配环 A_2 的极限偏差。因为装配时，只允许尾座中心线高，所以 $A_{0\min} = 0\text{mm}$。又因为，A_2 越修，A_0 越小，必须保证 $A_{0\min} = A'_{0\min}$。

据

$$A_{0\min} = \sum_{i=1}^{m} \overrightarrow{A}_{i\min} - \sum_{j=m+1}^{n-1} \overleftarrow{A}_{j\max}$$

$$0 = A_{2\min} + (156-0.05)\text{mm} - (202+0.05)\text{mm}$$

$$A_{2\min} = (46+0.10)\text{mm} = 46.10\text{mm}$$

$$A_{2\max} = (46.10+0.15)\text{mm} = 46.25\text{mm}$$

$$A_2 = 46^{+0.25}_{+0.10}\text{mm}$$

由于本装配有特殊工艺要求，即垫板的底面在总装配时必须留有一定的修刮量，而上述计算是按 $A_{0\min} = A'_{0\min}$ 条件求出的 A_2 尺寸。此时最大修配量能符合总装配精度，但最小修配量为0，不符合总装配要求，所以必须将 A_2 尺寸放大些，以保留最小修刮量。考虑垫板底面为刮削进行修配，最小修刮量可留0.1mm即可，故修正后的 A_2 的实际尺寸应再增加0.1mm即

$$A_2 = (46+0.10)^{+0.25}_{+0.10}\text{mm}$$

做一做

上例若采用尾座体 A_3 和垫板 A_2 合并修配进行装配，装配尺寸链将如何解算？

任务 7.3 装配的操作方法与作业要点

任务导入

在掌握装配的基础知识的前提下，要想完成某一产品的组件、部件甚至总装配，必须掌握实际装配的操作方法及作业要点，本任务就是解决操作方法和作业要点等问题。

任务内容和目标

了解装配的组件、部件等的技术要求，学会装配过程中的操作方法，掌握作业要点，在教、学、做的过程中，加深对上述内容的理解。

知识网络结构

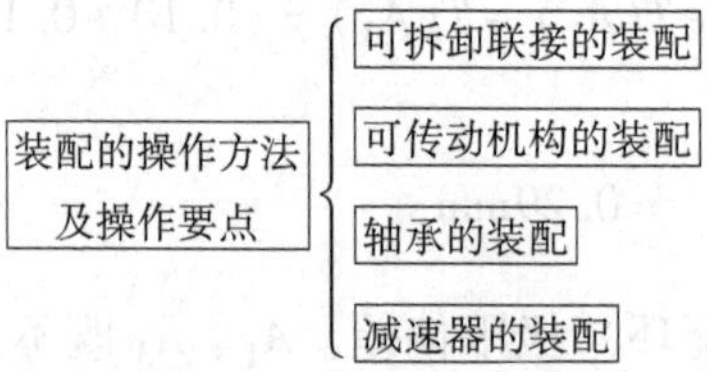

教学情景分析

以减速器的装配作为任务，在实训车间，从简单到复杂，学会可拆卸联接中的螺纹、键、销的装配方法及操作要点，可传动机构中的带传动、齿轮传动机构的装配方法及操作要点，轴承的装配方法及操作要点，最终完成减速器的装配任务。

7.3.1 可拆卸联接的装配

常见的可拆卸联接有螺纹联接（图 7-15a）、键联接、销联接（图 7-15b）等。

1. 螺纹联接件的装配

（1）主要技术要求 螺纹联接件装配的主要技术要求是有合适、均衡的预紧力，联接后有关零件不发生变形，螺钉、螺母不产生偏斜和弯曲以及防松装置可靠等。

（2）装配作业要点 装配时，螺纹件通常采用各种扳手（呆扳手、活扳手、套筒扳手等，如图 7-16 所示）拧紧，拧紧力矩应适当，太小会降低联接强度，太大则可能扭断螺纹件。对于需要控制拧紧力矩的螺纹联接件，须采用限力矩扳手或指示式扭力扳手拧紧。

成组螺纹联接件装配时，为了保证各螺钉（或螺母）具有相等的预紧力，使联接零件均匀受压，紧密贴合，必须注意各螺钉（或螺母）拧紧的顺序，如图 7-17 所示，各组螺纹联接均采用对称拧紧的顺序。

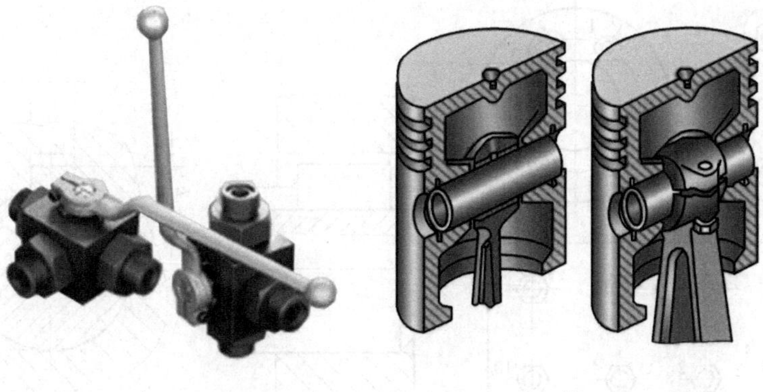

a) b)

图7-15 常见的可拆卸联接

a）螺纹联接 b）销联接

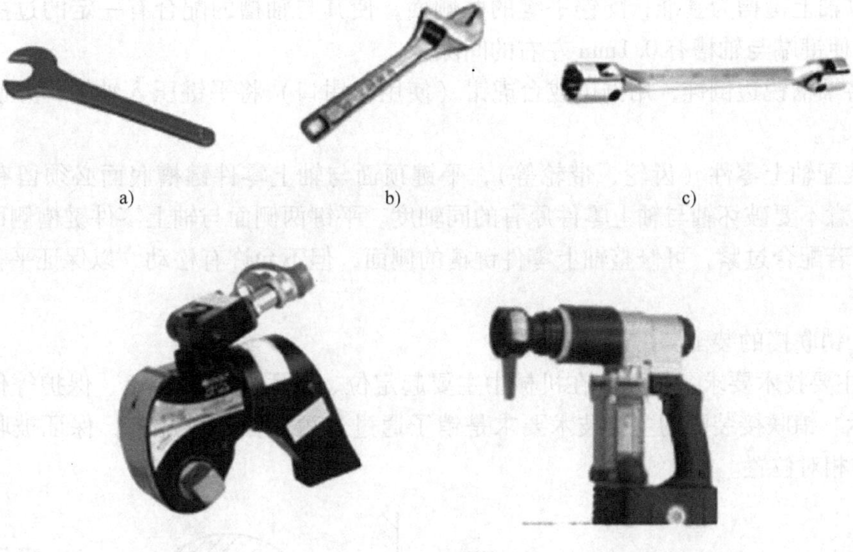

a) b) c) d) e)

图7-16 各种扳手

a）呆扳手 b）活扳手 c）套筒扳手 d）液压扳手 e）电动扳手

（3）螺纹联接的防松措施 作紧固用的螺纹联接一般具有自锁作用，但在受到冲击、振动或变载荷作用时，有可能松动，因此应采取相应的防松措施。常用的方法是设置锁紧螺母、弹簧垫圈、串联钢丝和使用开口销与带槽螺母等防松装置。

2. 键、销联接的装配

（1）平键联接的装配

1）主要技术要求 保证平键与轴及轴上零件键槽间的配合要求，能平稳地传递运动与转矩。普通平键联接的结构及剖面尺寸如图7-18所示。

2）装配作业要点。成批、大量生产中，平键采用标准件，轴与轴上零件键槽均按标准加工，装配后即可保证配合要求。单件、小批生产中，常用手工修配的方法达到配合要求，

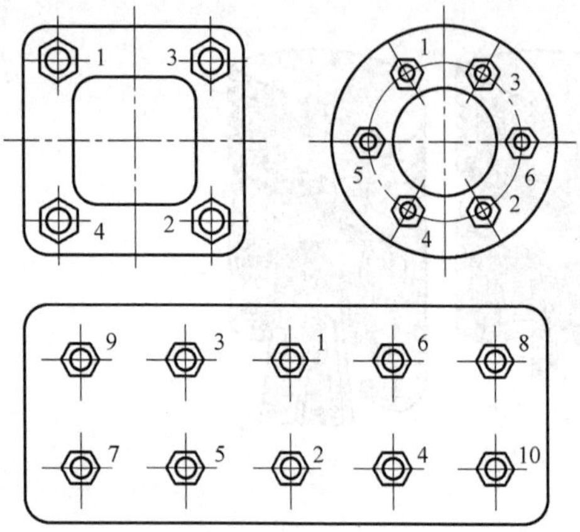

图 7-17　螺钉（螺母）的拧紧顺序

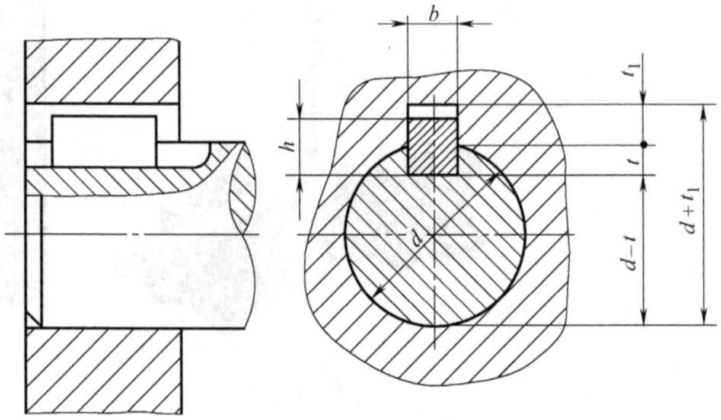

图 7-18　普通平键联接的结构及剖面尺寸

其作业要点如下。

① 以轴上键槽为基准，配锉平键的两侧面，使其与轴槽的配合有一定的过盈；同时配锉键长，使键端与轴槽有 0.1mm 左右的间隙。

② 将轴槽锐边倒钝，用铜棒或台虎钳（使用软钳口）将平键压入轴槽，并使键的底面与槽底贴合。

③ 装配轴上零件（齿轮、带轮等），平键顶面与轴上零件键槽底面必须留有一定的间隙，并注意不要破坏轴与轴上零件原有的同轴度。平键两侧面与轴上零件键槽侧面间应有一定过盈，若配合过紧，可修整轴上零件键槽的侧面，但不允许有松动，以保证平稳地传递运动和转矩。

（2）销联接的装配

1）主要技术要求。销联接在机械中主要起定位、紧固及传递转矩、保护等作用，如图 7-19 所示。销联接装配的主要技术要求是销子通过过盈紧固在销孔中，保证被联接零件具有正确的相对位置。

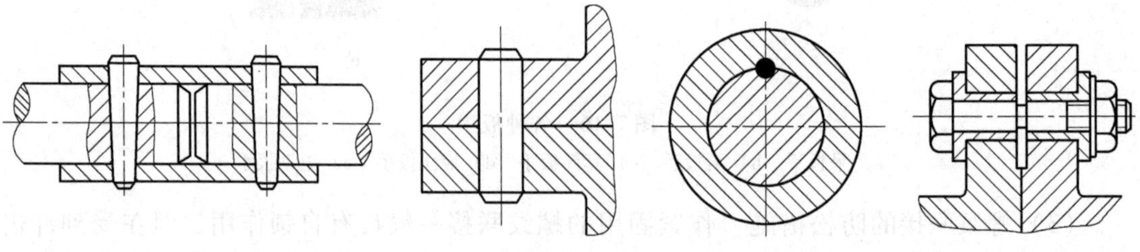

a)　　b)　　c)　　d)

图 7-19　销联接的应用

a）紧固并转递转矩　b）定位　c）定位　d）保护

2）装配作业要点。销联接的装配作业要点如下。

① 将被联接的两零件按规定的相对位置装配，达到位置精度要求后予以固定。

② 将零件组合一起钻孔、铰孔，以保证两零件销孔位置的一致性。对于圆柱销孔，应选用正确尺寸的铰刀铰孔，以保证与圆柱销的过盈配合要求；对于圆锥销孔（锥度 1:50），

铰孔时应将圆锥销塞入销孔试配，以圆锥销大端露出零件端面 3～4mm 为宜，如图 7-20 所示。铰削后的销孔，表面粗糙度 *Ra* 值应不大于 1.6μm。

③ 装配时，在圆柱销或圆锥销上涂油，使用铜锤将销敲入销孔，使销仅露出倒角部分。有的圆锥销大端制有螺孔，便于拆卸时用拔销器将销取出，如图 7-21 所示。

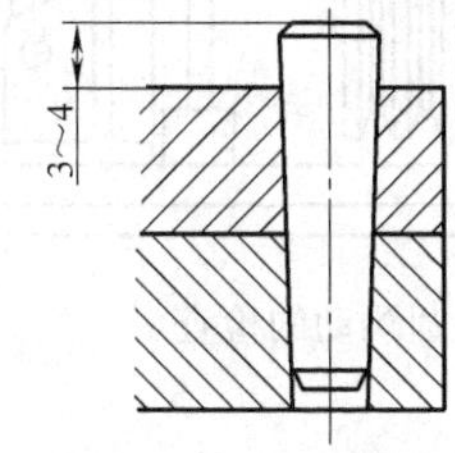

图 7-20　用圆锥销试配销孔尺寸

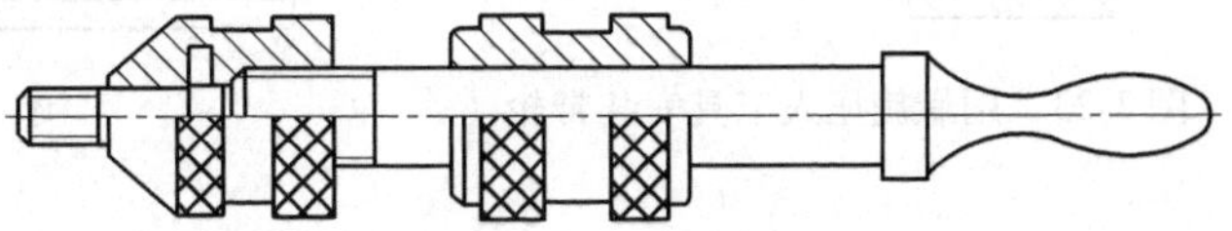

图 7-21　拔销器

7.3.2　可传动机构的装配

1. 带传动机构的装配

常用的带传动有平带传动和 V 带传动等（图 7-22）。

a)　b)

图 7-22　带传动

a）平带传动　b）V 带传动

（1）主要技术要求　带传动机构装配的主要技术要求如下。

1）带轮装于轴上，圆跳动不超过公差。

2）两带轮的对称中心平面应重合，其倾斜误差和轴向偏移误差不超过规定要求。

3）传动带的张紧程度适当。

（2）装配作业要点

1）带轮安装。带轮在轴上安装一般采用过渡配合。为防止带轮歪斜，安装时应尽量采用专用工具，如图 7-23 所示。安装后，使用划针盘或百分表检查带轮径向圆跳动和轴向圆跳动，如图 7-24 所示。如发现跳动量超过允许的误差，可以从传动轴的弯曲或带轮装置不正、键的修配不正确、带轮本身不合格这三个方面找原因。

2）带轮间相互位置的保证。带轮间相互位置的正确性一般在装配过程中通过调整达到。两带轮对称中心平面的重合程度，当两轮中心距不大时可用钢直尺检查，中心距较大时可用拉线方法检查，如图 7-25 所示。

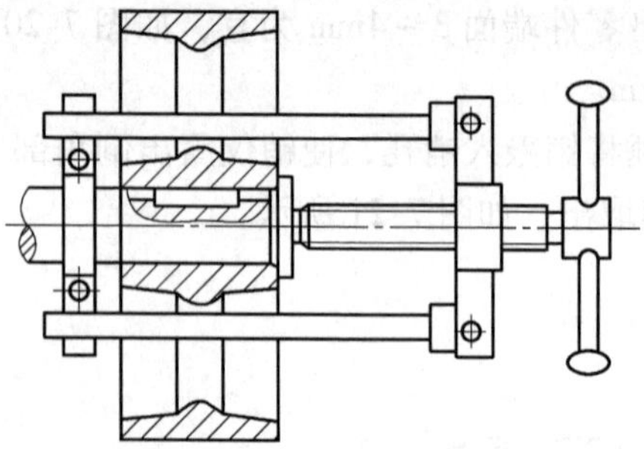

图 7-23　用螺旋压入工具安装带轮

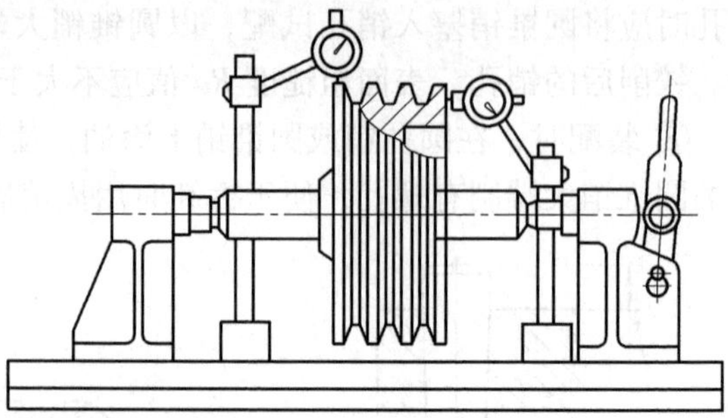

图 7-24　带轮圆跳动的检查

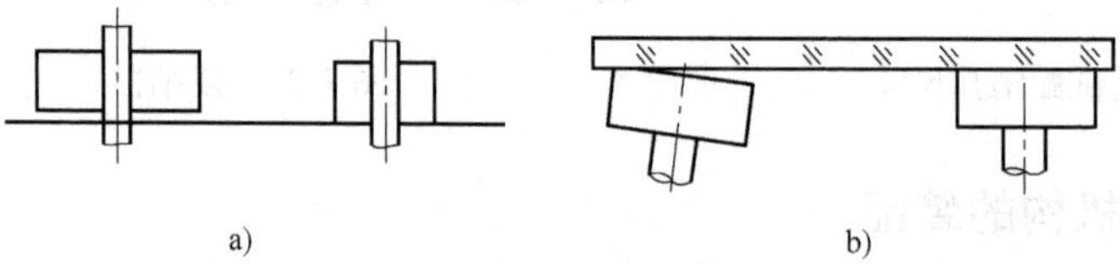

图 7-25　带轮间相互位置的检查
a）拉线法　b）钢直尺法

3）V 带的安装。先将 V 带套在小带轮槽中，然后边转动大带轮，边用手或工具将 V 带拨入大带轮槽中。安装好的 V 带在带轮槽中的正确位置应是 V 带的外边缘与带轮轮缘平齐（新装 V 带可略高于轮缘），如图 7-26a 所示。V 带陷入槽底会导致工作侧面接触不良，如图 7-26b 所示。V 带高出轮缘则使工作侧面接触面积减小，导致传动能力降低，如图 7-26c 所示。

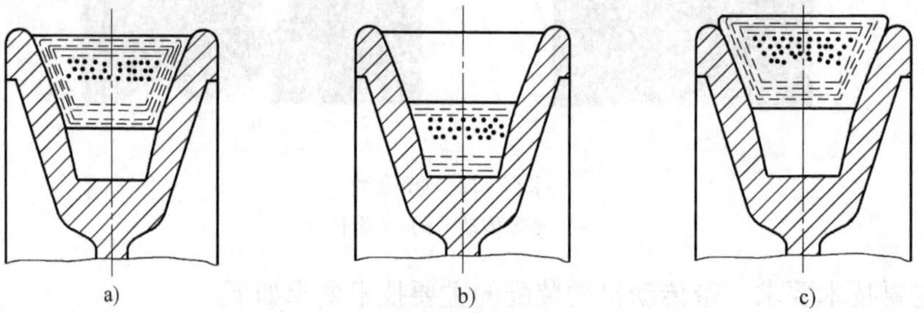

图 7-26　V 带在带轮槽中的位置

4）张紧力的调整。张紧力应适当，张紧力太小会使带传动打滑并引起带的跳动；张紧力太大将造成传动带、轴和轴承的过早磨损，并使传动效率降低。张紧力的调整可以通过调整两带轮间中心距或使用张紧轮的方法进行。对于中等中心距的 V 带传动，其张紧程度，以大拇指将 V 带中部压下 15mm 左右为宜，如图 7-27 所示。

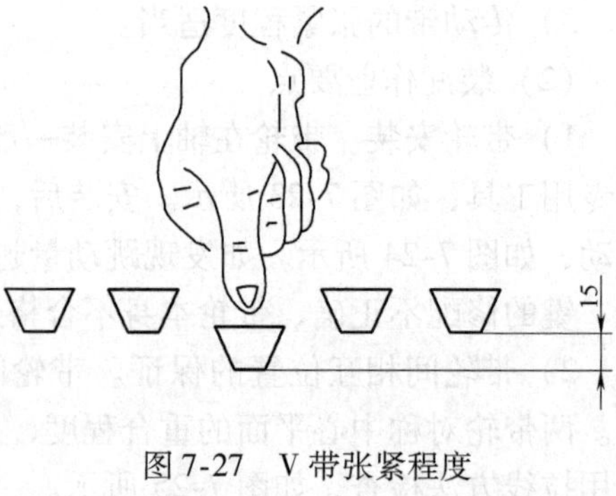

图 7-27　V 带张紧程度

2. 齿轮传动机构的装配

圆柱齿轮传动机构是齿轮传动中最常见、应

用最普遍的一种。

（1）主要技术要求 圆柱齿轮传动机构装配的主要技术要求是：保证两齿轮间严格的传动比；轮齿之间的侧隙和齿面的接触质量符合规定要求；齿宽的错位误差小于规定值。

（2）装配作业要点

1）齿轮的安装。齿轮与轴的联接有固定联接和空套联接两种方式。齿轮与轴固定联接时，一般采用过渡配合和键联接；齿轮空套在轴上时则采用间隙配合。齿轮的轴向位置通常用轴肩保证。齿轮压装在轴上后，须检查径向和轴向圆跳动，应不超过公差。

齿轮圆跳动检查的方法如图 7-28 所示。将齿轮轴架在 V 形架上，把适当规格的圆柱规放在齿轮的齿槽内，百分表的测量杆垂直抵在圆柱规工作表面的最高处，记录读数，每隔 3～4 齿检测一次。齿轮回转一周百分表最大读数与最小读数之差就是径向圆跳动值。检查轴向圆跳动时应防止齿轮轴向移动。

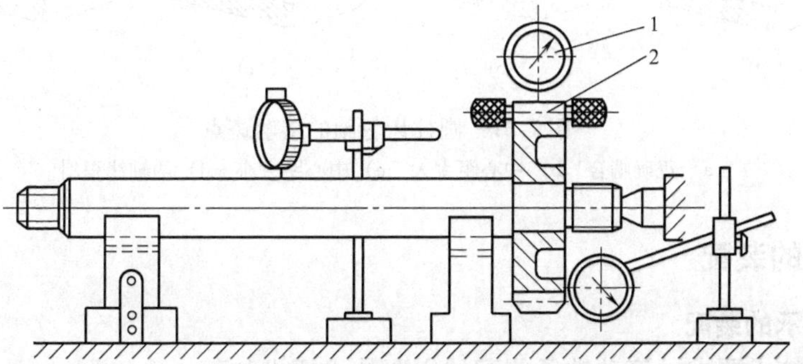

图 7-28 齿轮圆跳动检查的方法

1—百分表 2—圆柱规

2）齿轮副侧隙的保证。齿轮啮合时应具有规定要求的侧隙。侧隙在齿轮零件加工时用控制齿厚的上、下极限偏差来保证，也可在装配时通过调整中心距来达到。装配时，侧隙可用塞尺或百分表直接测量。用百分表直接测量时，应先将一齿轮固定，再将百分表测量杆抵在另一齿轮的齿面上，测出的可动齿轮齿面的摆动量即为侧隙。若用百分表不便直接测量时，则可使用拨杆进行，如图 7-29 所示。侧隙值可通过下式换算

$$J_n = \frac{cd}{2L}$$

式中 J_n——齿轮副法向侧隙（mm）；

c——摆动齿轮时百分表读数差（mm）；

d——齿轮分度圆直径（mm）；

L——拨杆长（测量点至齿轮中心的距离）（mm）。

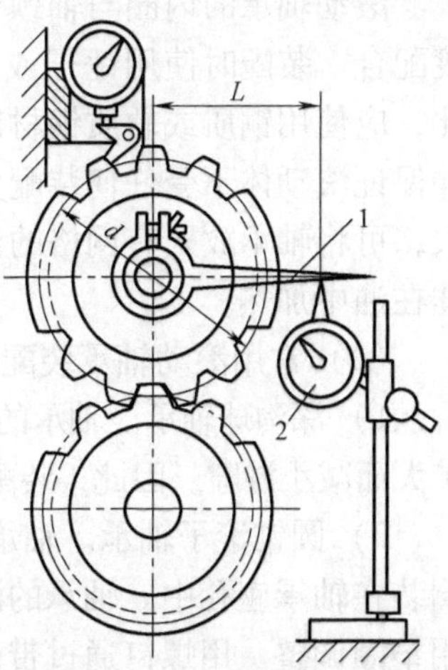

图 7-29 齿轮副侧隙的检查

1—拨杆 2—百分表

大模数齿轮副的侧隙较大，可用压扁软金属丝的方法测量。将直径适当的软金属丝垂直于齿轮轴线方向放置在齿面上，齿轮啮合时被压扁的软金属丝厚度即为侧隙，如图 7-30 所示。

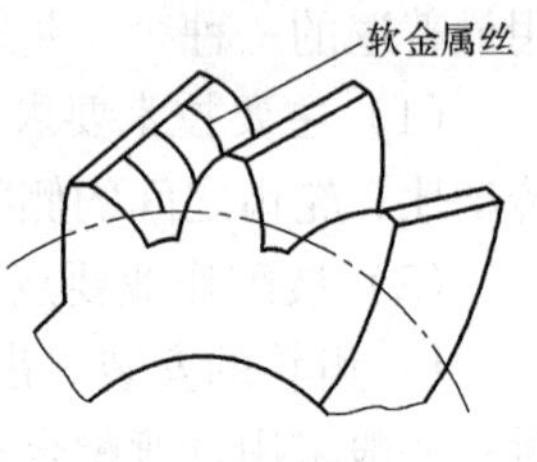

图 7-30　大模数齿轮副的侧隙的检验

3）齿轮副的接触质量。齿轮副啮合的接触质量用接触斑点的大小及位置来衡量，用涂色法经无载荷跑合后检查。如图 7-31a 所示，好的接触质量其接触斑点大小按高度方向度量，一般为 40% ~55%，按长度（齿宽）方向度量一般为 50% ~80%，接触斑点应在齿面的中部；如图 7-31b 所示，中心距太大接触斑点上移；如图 7-31c 所示，中心距太小，接触斑点下移；如图 7-31d 所示，两齿轮轴线不平行则接触斑点偏向齿宽方向一侧。如出现上述情形，可在中心距公差的范围内，通过刮削轴瓦或调整轴承座改善。

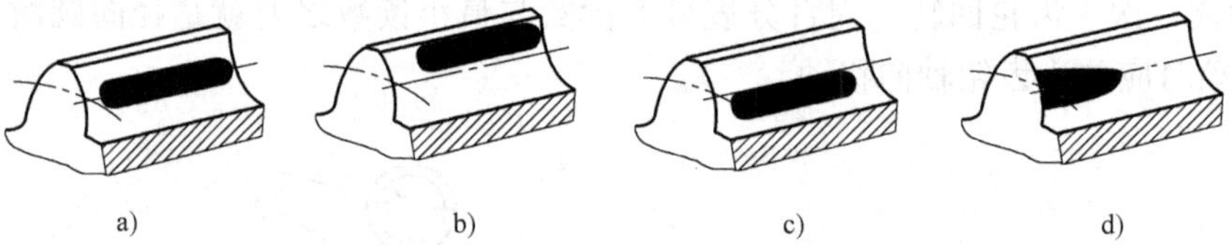

图 7-31　圆柱齿轮副的接触斑点

a）正确啮合　b）中心距太大　c）中心距太小　d）两轴线歪斜

7.3.3　轴承的装配

1. 滚动轴承的装配

（1）主要技术要求　滚动轴承装配的主要技术要求如下。

1）装配前应先将滚动轴承去除油封，轴承和与之相配合的零件用煤油清洗干净，并在配合表面上涂以润滑油。需要用润滑脂润滑的轴承，在清洗后按要求涂上洁净的润滑脂。

2）保证轴承内圈与轴颈、轴承外圈与轴承座孔的正确配合。

3）径向、轴向游隙符合要求。

4）回转灵活，噪声和温升值符合规定要求。

滚动轴承的内圈与轴颈一般采用过盈配合，外圈与轴承座孔（或箱体孔）一般采用过渡配合。装配时使用锤子或压力机压装。由于轴承的内、外圈较薄，装配时容易变形，因此，应使用铜质或软质钢材制造的装配套筒垫在内、外圈上，使压装时内、外圈受力均匀，并保证滚动体不受任何装配力作用，如图 7-32 所示。如果轴承内圈与轴颈配合的过盈量较大，可将轴承放入有网格的油箱（以保证受热均匀）中加热后装配；小型轴承则可用挂钩挂在油中加热。

（2）常用滚动轴承装配作业要点

1）深沟球轴承。轴承的游隙不能调整。轴承内圈以过盈配合装到轴颈上后，会引起直径扩大而减小游隙。因此，装配时应注意控制其实际过盈量，以保证装配后仍有合适的游隙。

2）圆锥滚子轴承。轴承的内、外圈分开安装，内圈、保持架和滚动体装在轴颈上，外圈装在轴承座孔中。轴承的游隙通过调整内、外圈的轴向相对位置控制。常用的调整方法有用垫圈调整、用螺钉通过带凸缘的垫片调整、用螺纹圆环调整三种，如图 7-33 所示。

3）推力角接触球轴承。这种轴承可承受径向和单向轴向载荷，通常成对使用，常用在转速较高、回转精度要求较高的场合，如机床主轴、蜗杆减速器等。为了提高轴承的刚度和

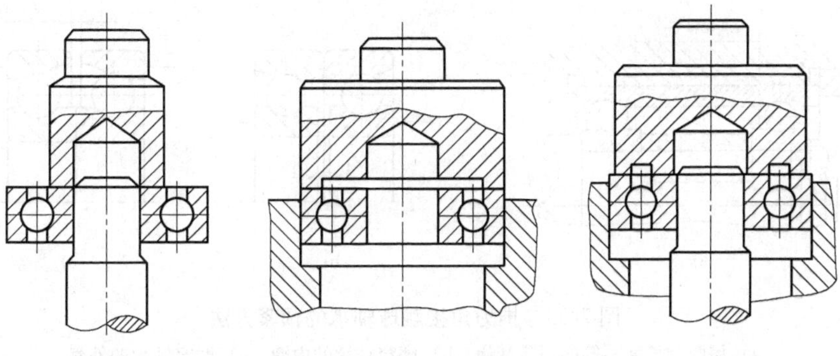

图7-32　滚动轴承的压装

a）压装内圈　b）压装外圈　c）同时压装内、外圈

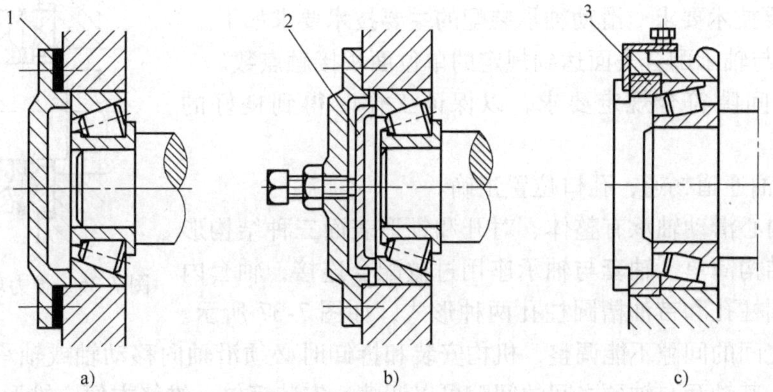

图7-33　圆锥滚子轴承的间隙调整

a）用垫圈调整　b）用螺钉通过带凸缘的垫片调整　c）用螺纹圆环调整

1—垫圈　2—带凸缘的垫片　3—螺纹圆环

回转精度，常在装配时给轴承内、外圈加一预载荷，使轴承内、外圈产生轴向相对位移，消除轴承的游隙，使滚动体与内、外圈滚道产生初始的接触弹性变形，这种方法称为预紧，如图7-34所示。预紧后，滚动体与滚道的接触面积增大，承载的滚动体数量增多，各滚动体受力较均匀，因此轴承刚度增大，寿命延长。但预紧力不能过大，否则会使轴承磨损和发热增加，降低其寿命。

预紧方法：用两个长度不等的间隔套筒分别抵住成对轴承的内、外圈；将成对轴承的内圈或外圈的宽度磨窄，如图7-35所示。为了获得一定的预紧力，事先必须测出轴承在给定预紧力作用下内、外圈的相对偏移量，据此确定间隔套筒的尺寸，或内、外圈宽度的磨窄量。

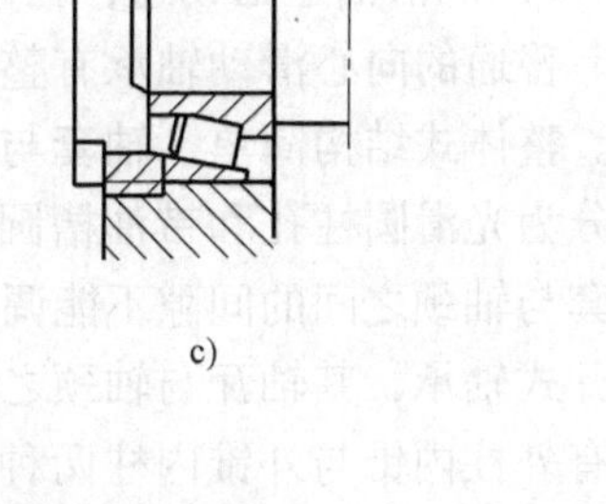

图7-34　推力角接触球轴承的预紧

4）推力球轴承。这种轴承只能承受轴向载荷，且不宜高速工作（高速时常用推力角接触球轴承替代）。装配时，内径较小的紧圈与轴颈过盈配合并紧靠轴肩，以保

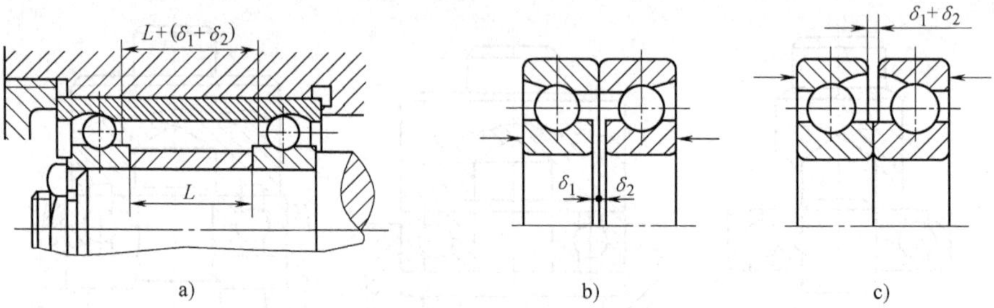

图 7-35　推力角接触球轴承的预紧方法

a）用两个长度不等的间隔套筒　b）磨窄轴承的内圈　c）磨窄轴承的外圈

证与轴颈无相对运动，内径较大的松圈则紧靠在轴承座孔的端面上，不能装反，如图 7-36 所示。

2. 滑动轴承的装配

（1）主要技术要求　滑动轴承装配的主要技术要求如下。

1）轴颈与轴承配合表面达到规定的单位面积接触点数。

2）配合间隙符合规定要求，以保证工作时得到良好的润滑。

3）润滑油通道畅通，孔口位置正确。

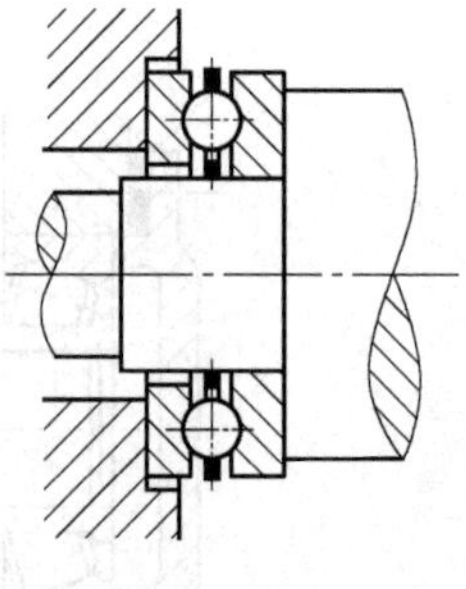

图 7-36　推力球轴承的安装

普通的向心滑动轴承有整体、对开和锥形表面三种结构形式。整体式结构简单，轴套与轴承座用过盈配合连接，轴套内孔分为光滑圆柱孔和带油槽圆柱孔两种形式，如图 7-37 所示。轴套与轴颈之间的间隙不能调整，机构安装和拆卸时必须沿轴向移动轴或轴承，很不方便。对开式轴承，其轴瓦与轴颈之间的间隙可以调整，安装简单，维修方便。锥形表面轴承的轴套有外柱内锥与外锥内柱两种结构，轴套与轴颈之间的间隙通过轴与轴套的轴向相对位移调整。

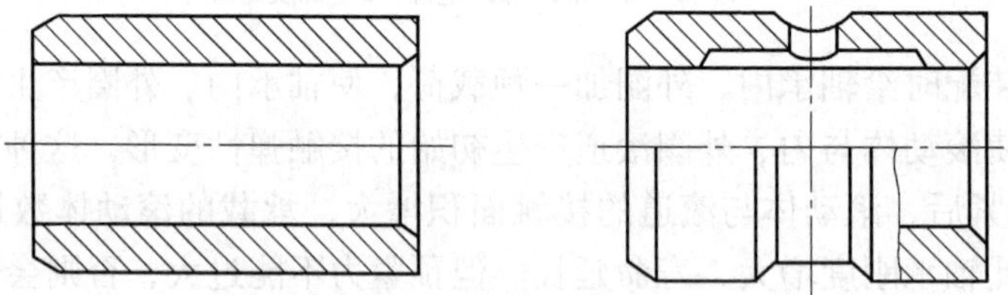

图 7-37　整体式滑动轴承的轴套

a）光滑圆柱孔　b）带油槽圆柱孔

（2）整体式轴承装配作业要点

1）压装轴套。压装前，应清洁配合表面并涂以润滑油。有油孔的轴套压前应与轴承座上的油孔周向位置对齐，不带凸肩的轴套压入轴承座后应与座孔端面齐平。压装轴套可用锤子敲入或用压力机压入，但均应注意防止轴套歪斜。常用的压装方法有三种，如图 7-38 所示。

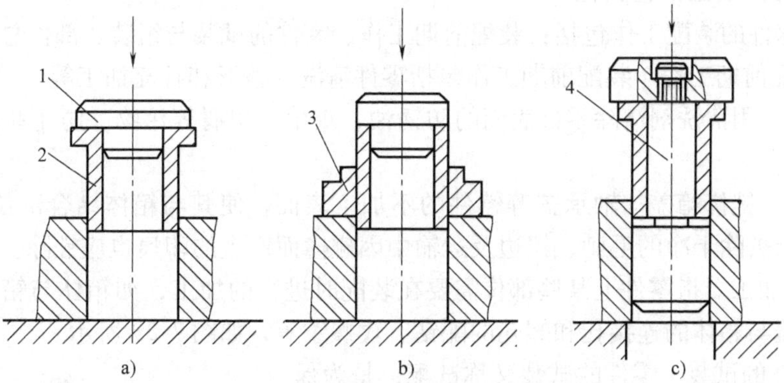

图7-38　轴套的压装方法
a）用衬垫　b）用导向套　c）用专用心轴
1—衬套　2—轴套　3—导向套　4—专用心轴

① 使用衬垫压入，是在轴套上垫以衬垫，用锤子直接将其敲入轴承座。衬垫的作用主要是避免击伤轴套。这种方法简单，但容易发生轴套歪斜。

② 使用导向套压入，在使用衬垫同时采用导向套，由导向套控制压入方向，防止轴套歪斜。

③ 使用专用心轴导向，主要用于薄壁轴套的压装。

2）轴套孔壁的修正。轴套压入后，其内孔容易发生变形，如尺寸变小，圆度和圆柱度误差增大等，此外箱体（机体）两端轴承的轴套孔的同轴度误差也会增大。因此，应检查轴承与轴的配合情况，并根据轴套与轴颈之间规定的间隙和单位面积接触点数的要求进行修正，直至达到规定要求。轴套孔壁修正常采用铰孔、刮削或滚压等方法。

7.3.4　综合训练——减速器的装配

1. 减速器的结构

减速器安装在原动机与工作机之间，用来降低转速和相应增大转矩。图7-1所示为常用的减速器。这类减速器具有结构紧凑、外廓尺寸较小、降速比大、工作平稳和噪声小等特点，应用较广泛。蜗杆副的作用是减速，降速比很大；锥齿轮副的作用主要是改变输出轴方向。蜗杆采用浸油润滑，齿轮副和各轴承的润滑、冷却条件良好。

原动机的运动与动力通过联轴器输入减速器，经蜗杆副减速增矩后，再经锥齿轮副，由圆柱齿轮输出。

2. 减速器装配的主要技术要求

1）零件和组件必须正确安装在规定位置，不允许装入图样未规定的垫圈、衬套之类的零件。

2）各轴线之间相互位置精度（如平行度、垂直度等）必须严格保证。

3）蜗杆副、锥齿轮副正确啮合，符合相应规定要求。

4）回转件运转灵活；滚动轴承游隙合适，润滑良好，不漏油。

5）各固定联接牢固、可靠。

3. 减速器的装配工艺过程

减速器部件的装配工作包括：装配前期工作、零件的试装与组装、部件总装、调整等。

（1）装配前期工作　装配前期工作包括零件清洗、整形和补充加工等。

1）清洗。用清洗剂清除零件表面的防锈油、灰尘、切屑等污物，防止装配时划伤、研损配合表面。

2）整形。锉修箱盖、轴承盖等铸件的不加工表面，使其与箱体结合部位的外形一致。对于零件上未去除干净的毛刺、锐边及运输中因碰撞而产生的印痕也应锉除。

3）补充加工。指零件上某些部位需要在装配时进行的加工，如箱体与箱盖、箱盖与盖板、各轴承盖与箱体的连接孔和螺孔的配钻、攻螺纹等，如图7-39所示。

（2）零件的试装　零件的试装又称试配，是为保证产品总装质量而进行的各连接部位的局部试验性装配。为了保证装配精度，某些相配的零件需要进行试装，对未满足装配要求的，须进行调整或更换零件。例如减速器中有三处平键联接：蜗杆轴与联轴器、轴与蜗轮和锥齿轮、锥齿轮轴与圆柱齿轮，均须进行平键联接试配，如图7-40所示。零件试配合适后，一般仍要卸下，并做好配套标记，待部件总装时再重新安装。

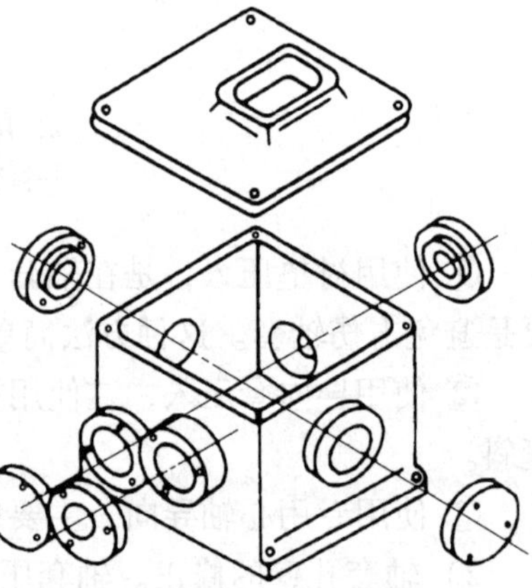

图7-39　箱体与有关零件的补充加工

（3）组件装配　由图7-40可以看出，减速器主要的组件有锥齿轮轴—轴承套组件，蜗轮轴组件和蜗杆轴组件等。其中只有锥齿轮轴—轴承套组件可以独立装配后再整体装入箱体，其余两个组件均必须在部件总装时与箱体一起装配。图7-41所示为锥齿轮轴—轴承套组件的装配顺序，锥齿轮轴是

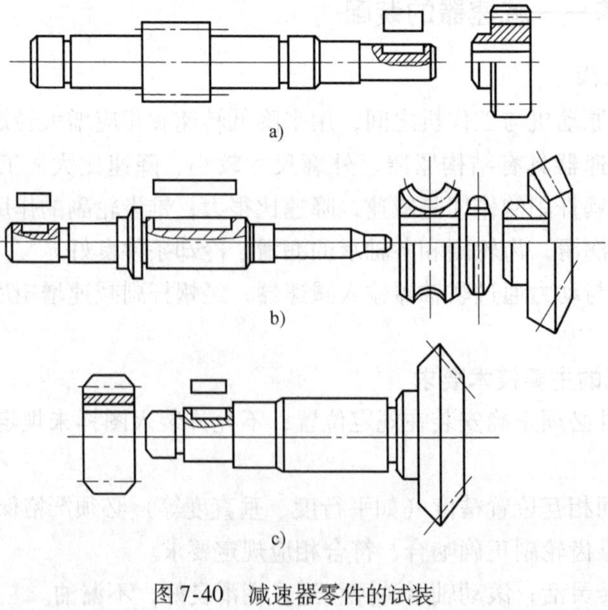

a）

b）

c）

图7-40　减速器零件的试装

a）蜗杆轴与联轴器试装　b）轴与蜗轮和锥齿轮试装　c）锥齿轮轴与圆柱齿轮试装

组件的装配基准件。组件中各零件的相互装配关系和装配顺序，通常用图 7-42 所示的装配系统图表示。由装配系统图可知有三个分组件，分别是锥齿轮轴分组件、轴承套分组件和轴承盖分组件。装配时，先装配各分组件，然后与其他零件依顺序装配及调整、固定，装配后组件应进行检验。

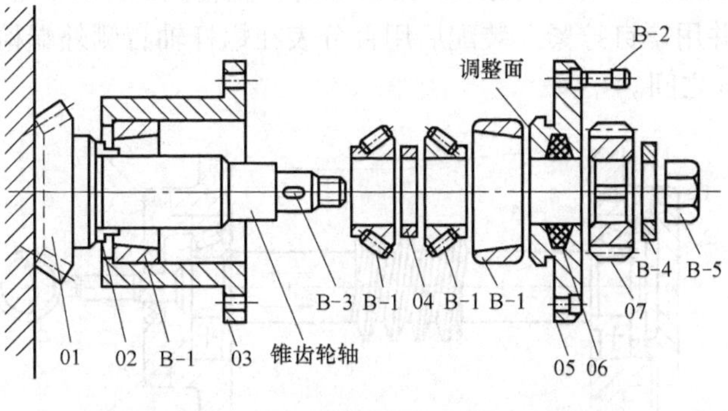

图 7-41　锥齿轮轴—轴承套组件的装配顺序

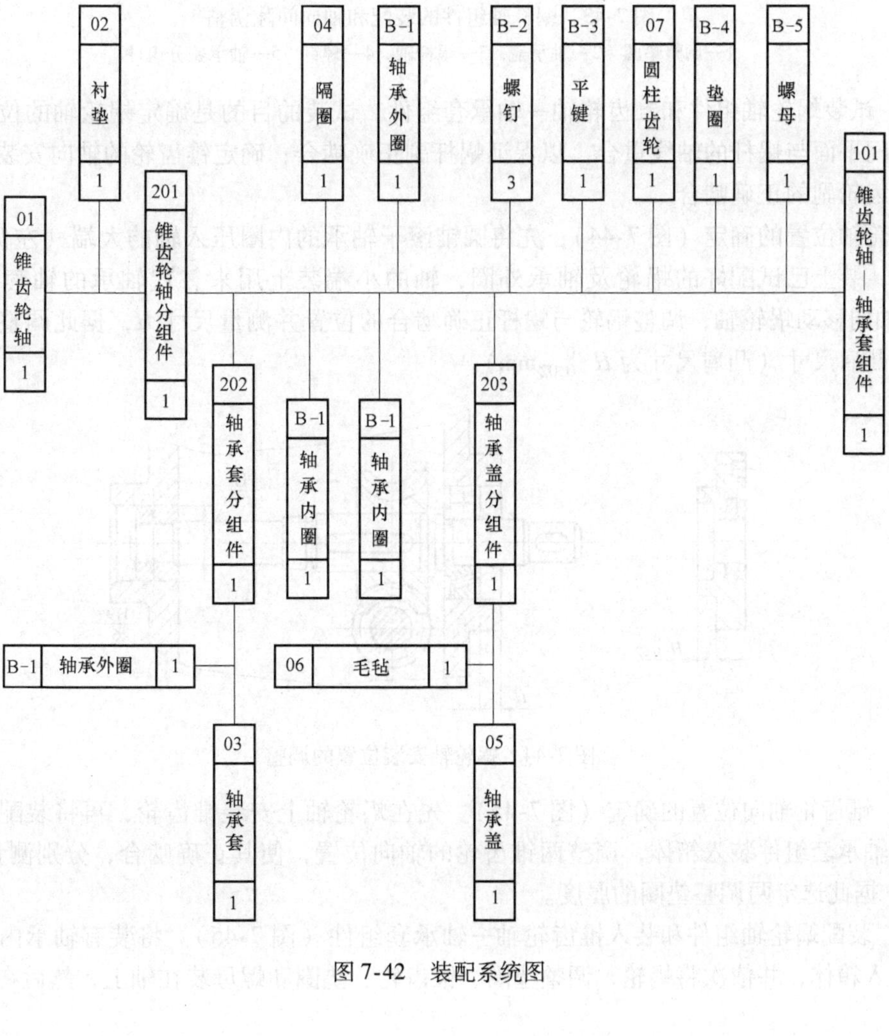

图 7-42　装配系统图

（4）减速器部件总装和调整　减速器部件总装的基准件是箱体。

1）装配蜗杆轴组件（图 7-43）。先装配两个分组件，即蜗杆轴与两轴承内圈分组件和轴承盖与毛毡分组件。然后将蜗杆轴分组件装入箱体，从箱体两端装入两轴承的外圈，再装上轴承盖分组件，并用螺钉拧紧。轻轻敲击蜗杆轴左端，使右端轴承消除游隙并贴紧轴承盖。调整垫圈和轴承盖，并测量间隙 Δ，据以确定调整垫圈的厚度，最后，将合适的调整垫圈和轴承盖装好，并用螺钉拧紧。装配后用百分表在蜗杆轴右侧外端检查轴向间隙，间隙值应在 0.01 ~ 0.02mm 之间。

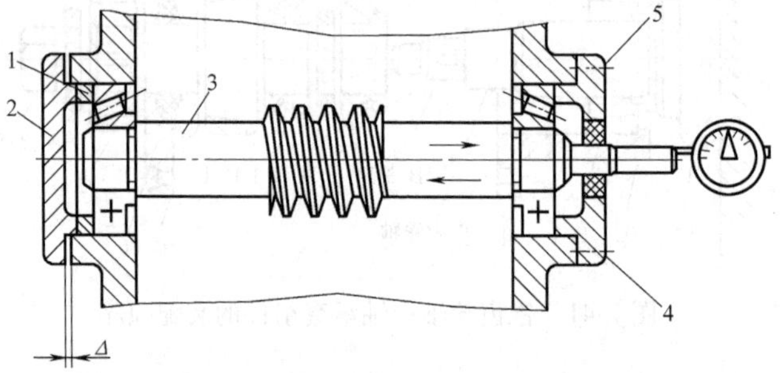

图 7-43　蜗杆轴组件的装配和轴向间隙调整

1—调整垫圈　2—轴承盖　3—蜗杆轴　4—螺钉　5—轴承盖分组件

2）试装蜗轮轴组件和锥齿轮轴—轴承套组件。试装的目的是确定蜗轮轴的位置，使蜗轮的中间平面与蜗杆的轴线重合，以保证蜗杆副正确啮合；确定锥齿轮的轴向安装位置，以保证锥齿轮副的正确啮合。

蜗轮轴位置的确定（图 7-44）：先将圆锥滚子轴承的内圈压入轴的大端（左侧），通过箱体孔，装上已试配好的蜗轮及轴承外圈，轴的小端装上用来替代轴承的轴套（便于拆卸）。轴向移动蜗轮轴，调整蜗轮与蜗杆正确啮合的位置并测量尺寸 H，据此调整轴承盖分组件的凸肩尺寸（凸肩尺寸为 $H_{-0.02}^{\ 0}$mm）。

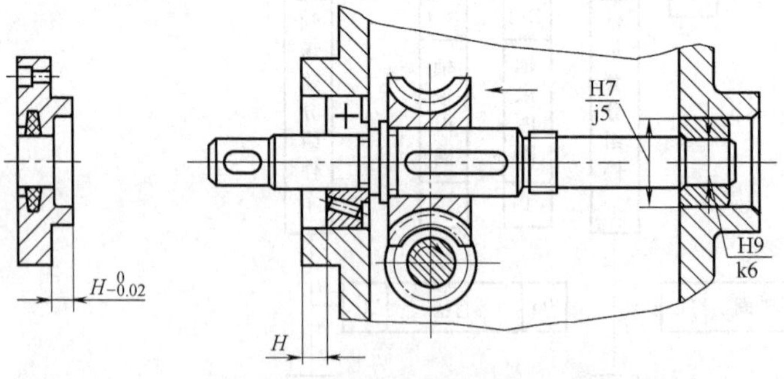

图 7-44　蜗轮轴安装位置的调整

3）锥齿轮轴向位置的确定（图 7-45）。先在蜗轮轴上安装锥齿轮，再将装配好的锥齿轮轴—轴承套组件装入箱体，调整两锥齿轮的轴向位置，使其正确啮合，分别测量尺寸 H_1 和 H_2，据此选定两调整垫圈的厚度。

4）装配蜗轮轴组件和装入锥齿轮轴—轴承套组件（图 7-45）。将装有轴承内圈和平键的轴放入箱体，并依次将蜗轮、调整垫圈、锥齿轮、垫圈和螺母装在轴上，然后在箱体大轴

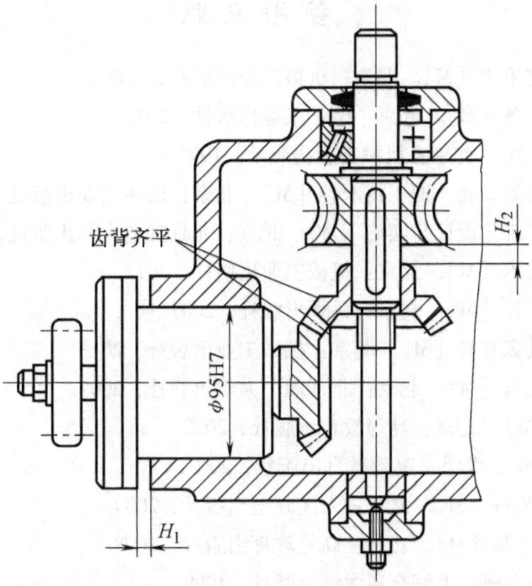

图 7-45　锥齿轮轴向位置的确定

承孔处（上端）装入轴承外圈和轴承盖分组件，在箱体小轴承孔处装入轴承、压盖和轴承盖，两端均用螺钉紧固。最后将锥齿轮轴—轴承套组件和调整垫圈一起装入箱体，用螺钉紧固。

5）安装联轴器分组件。

6）安装箱盖。

7）运转试验。

总装完成后，减速器部件应进行运转试验。首先须清理箱体内腔，注入润滑油，用拨动联轴器的方法使润滑油均匀流至各润滑点。然后装上箱盖，连接电动机，并用手拨动联轴器使减速器回转，在一切符合要求后，接通电源进行空载试车。运转中齿轮应无明显噪声，传动性能符合要求，运转 30min 后检查轴承温度应不超过规定要求。

参考文献

[1] 陈宏钧. 实用机械加工工艺手册 [M]. 北京：机械工业出版社，2009.

[2] 吴慧媛. 零件制造工艺与装备 [M]. 北京：电子工业出版社，2010 .

[3] 王先逵. 机械制造工艺学 [M]. 北京：机械工业出版社，1995.

[4] 王先逵. 机械加工工艺手册第 2 卷：加工技术卷 [M]. 北京：机械工业出版社，2006.

[5] 范仁杰. 典型零件机械加工工艺设计与实施 [M]. 北京：北京邮电大学出版社，2013.

[6] 黄云清. 公差配合与测量技术 [M]. 北京：机械工业出版社，2012.

[7] 谢旭华. 机械制造工艺与工装 [M]. 北京：科学出版社，2007.

[8] 刘守勇. 机械制造工艺与机床夹具 [M]. 北京：机械工业出版社，2013.

[9] 周世学. 机械制造工艺与夹具 [M]. 北京：北京理工大学出版社，2007.

[10] 闵小琪. 机械制造工艺 [M]. 北京：高等教育出版社，2009.

[11] 张绪祥. 机械制造工艺 [M]. 北京：高等教育出版社，2007.

[12] 赵宏立. 机械加工工艺与装备 [M]. 北京：人民邮电出版社，2009.

[13] 韩洪涛. 机械加工设备与工装 [M]. 北京：高等教育出版社，2008.

[14] 陈立德. 工装设计 [M]. 上海：上海交通大学出版社，1999.

[15] 陈宏钧. 机械加工技师综合手册 [M]. 北京：机械工业出版社，2007.

[16] 杨叔子. 机械加工工艺师手册 [M]. 北京：机械工业出版社，2011.

[17] 何七荣. 机械零件常规加工 [M]. 哈尔滨：哈尔滨工程大学出版社，2010.

[18] 机械工程师手册编委会. 机械工程师手册 [M]. 北京：机械工业出版社，2007.